电力电子系统可靠性

Reliability of Power Electronic Converter Systems

[中] 钟树鸿（Henry Shu-hung Chung）
[中] 王　怀（Huai Wang）
[丹麦] 弗雷德·布拉伯杰格（Frede Blaabjerg） 主编
[美] 迈克尔·派切特（Michael Pecht）

王　怀　王浩然　徐德鸿　译

机械工业出版社

本书重点介绍电力电子系统可靠性的分析和设计方法。电力电子系统可靠性涉及可靠性工程、材料科学与工程、电工电子技术、自动控制理论等，是一门多学科交叉的应用型技术。本书从元器件级出发，分别介绍各种工况下的开关管、开关模块、电容等元器件的多时间尺度寿命预测方法、在线监控技术和可靠性提升策略，然后从系统级层面评估电力电子系统整体的可靠性，并介绍其改善方法。

本书旨在帮助从事电力电子、电气工程和可靠性工程等相关领域的科研人员了解并掌握电力电子系统可靠性的分析和设计方法，并将其灵活运用在科研平台搭建和产品设计过程中，为促进我国电力电子产品可靠性的提高贡献微薄之力。

Reliability of Power Electronic Coverter Systems by Henry Shu-Hung Chung, Huai Wang, Frede Blaabjerg, Michael Pecht

ISBN 978-1-84919-901-8

Original English Language Edition published by the IET

Copyright © The Institution of Engineering and Technology 2015

Simplified Chinese Translation Copyright © 2024 China Machine Press. This edition is authorized for sale in the Chinese mainland (excluding Hong Kong SAR, Macao SAR and Taiwan). All rights reserved.

此版本仅限在中国大陆地区（不包括香港、澳门特别行政区及台湾地区）销售。未经出版者书面许可，不得以任何方式抄袭、复制或节录本书中的任何部分。

北京市版权局著作权合同登记　图字：01-2016-4299号。

图书在版编目（CIP）数据

电力电子系统可靠性/钟树鸿等主编；王怀，王浩然，徐德鸿译. —北京：机械工业出版社，2024.4

书名原文：Reliability of Power Electronic Converter Systems

ISBN 978-7-111-75429-9

Ⅰ.①电… Ⅱ.①钟… ②王… ③王… ④徐… Ⅲ.①电力电子技术－可靠性－研究 Ⅳ.①TM76

中国国家版本馆CIP数据核字（2024）第060006号

机械工业出版社（北京市百万庄大街22号　邮政编码100037）

策划编辑：付承桂　　　　　　责任编辑：付承桂　阎洪庆
责任校对：李　婷　刘雅娜　　封面设计：马精明
责任印制：张　博

北京建宏印刷有限公司印刷

2024年5月第1版第1次印刷
169mm×239mm·25.5印张·497千字
标准书号：ISBN 978-7-111-75429-9
定价：150.00元

电话服务　　　　　　　　　　网络服务
客服电话：010-88361066　　　机　工　官　网：www.cmpbook.com
　　　　　010-88379833　　　机　工　官　博：weibo.com/cmp1952
　　　　　010-68326294　　　金　书　网：www.golden-book.com
封底无防伪标均为盗版　　　　机工教育服务网：www.cmpedu.com

译者序

原书主编为香港城市大学钟树鸿（Henry Shu-hung Chung）教授，奥尔堡大学王怀（Huai Wang）教授、Frede Blaabjerg 教授，马里兰大学 Michael Pecht 教授。原书由英国工程技术学会（Institution of Engineering and Technology，IET）于2015年出版。全书共16章，由电力电子及可靠性领域知名专家撰写。原书弥补了电力电子可靠性领域图书的空白，受到国际上各大高校、研究所和企业的广泛关注。

近50年来，电力电子领域的研究更多地关注于电能变换效率和功率密度的提高、研发和生产成本的降低，缺乏可靠性方面的系统考虑，以及与可靠性工程学科的有效结合。随着电力电子装置和器件的广泛应用，如新能源、数据中心、电气化智能化交通、多电或全电飞机、智能电网以及生物医学等，电力电子装置作为能量变换的关键环节通常是系统寿命和可靠性的短板，对系统的安全性和全寿命周期成本产生至关重要的影响。中国在电力电子领域发展迅速，应用需求不断扩大，使得电力电子可靠性成为亟需研究的重要方向之一。希望原书的中译本能够对学术界、工业界的广大同仁了解该交叉领域的发展提供一定的帮助。

全书共16章，内容涵盖以下几个方面：1）可靠性工程概念和方法在现代电力电子中的应用及其面临的挑战；2）电力电子器件的可靠性（包含封装、功率半导体开关、电容器）；3）电力电子器件物理失效机理；4）电力电子器件寿命及可靠性建模方法（包含功率半导体开关、电容器）；5）基于长时间尺度运行工况的电力电子系统可靠性建模方法；6）面向可靠性的电力电子系统设计及控制方法（包含面向可靠性的设计概念、有源电容器的设计、主动温度控制方法等）；7）电力电子变换器的异常检测、容错控制、健康状况评估；8）开关电源、电机驱动、光伏、风电及大功率变换器等应用中面临的可靠性问题及研究现状。

本书由奥尔堡大学王怀教授、王浩然助理教授及浙江大学徐德鸿教授共同翻译完成。全书由王怀教授审核。本书的翻译工作得到了奥尔堡大学电力电子可靠性研究中心研究人员的大力支持和帮助。非常感谢周导、申彦峰、张毅、王忠旭、罗皓泽、赵帅、彭英舟、沈湛、殷志健等在校核译稿中提供的帮助。同时非常感谢机械工业出版社电工电子分社付承桂副社长在翻译过程中给予的大力支持和鼓励。

由于译者水平有限，错漏之处，敬请指正。

王 怀　王浩然　徐德鸿

目 录

译者序

第1章 可靠性工程在电力电子系统中的应用 …………………… 1
  1.1 电力电子系统的性能指标 ………………………………… 1
    1.1.1 电力电子变换器 ……………………………………… 1
    1.1.2 电力电子变换器的设计目标 ………………………… 2
    1.1.3 典型电力电子应用中的可靠性需求 ………………… 3
  1.2 电力电子与可靠性工程 …………………………………… 5
    1.2.1 可靠性工程中的关键术语和指标 …………………… 5
    1.2.2 电力电子与可靠性工程的发展历史 ………………… 9
    1.2.3 电力电子器件物理失效机理 ………………………… 11
    1.2.4 面向可靠性的电力电子变换器设计 ………………… 13
    1.2.5 可靠性工程中加速测试的概念 ……………………… 16
    1.2.6 提高电力电子变换器系统可靠性的策略 …………… 18
  1.3 电力电子可靠性研究的挑战与机遇 ……………………… 19
    1.3.1 电力电子系统可靠性研究的挑战 …………………… 19
    1.3.2 电力电子可靠性研究的机遇 ………………………… 19
  参考文献 ………………………………………………………… 20

第2章 电力电子的异常检测和剩余寿命预测 …………………… 24
  2.1 引言 ………………………………………………………… 24
  2.2 失效模型 …………………………………………………… 25
    2.2.1 时间相关的电介质击穿模型 ………………………… 25
    2.2.2 基于能量的模型 ……………………………………… 27
    2.2.3 热循环模型 …………………………………………… 28
  2.3 用于失效机理分析的 FMMEA ……………………………… 29
  2.4 基于数据驱动的寿命预测方法 …………………………… 32
    2.4.1 变量缩减法 …………………………………………… 32
    2.4.2 Mahalanobis 距离确定故障阈值 …………………… 34
    2.4.3 K-近邻算法 …………………………………………… 37

2.4.4　基于粒子滤波的剩余寿命估计方法 ································· 38
　　2.4.5　基于数据驱动的电路的异常检测和预测 ························· 41
　　2.4.6　基于金丝雀方法的电路的异常检测和预测 ····················· 42
2.5　总结 ··· 42
参考文献 ··· 43

第3章　电力电子变换器 DC-link 电容器可靠性 **47**
3.1　电力电子变换器 DC-link 电容器 ·· 47
　　3.1.1　用于 DC-link 的几种典型电容器 ······································ 47
　　3.1.2　不同种类 DC-link 电容器的对比 ······································ 47
　　3.1.3　电力电子变换器中电容器的可靠性挑战 ··························· 51
3.2　电容器的失效机理和寿命模型 ·· 51
　　3.2.1　DC-link 电容器的失效模式、失效机理和关键应力 ············ 51
　　3.2.2　DC-link 电容器的寿命模型 ··· 53
　　3.2.3　湿度条件下 DC-link 电容器的加速寿命测试 ····················· 54
3.3　DC-link 的可靠性设计 ·· 57
　　3.3.1　六种典型的 DC-link 设计方案 ··· 57
　　3.3.2　容性 DC-link 的可靠性设计方法 ······································ 58
3.4　DC-link 电容器的状态监测 ·· 61
参考文献 ··· 63

第4章　电力电子器件封装的可靠性 **68**
4.1　引言 ··· 68
4.2　电力电子器件封装的可靠性概念 ··· 68
4.3　电力电子器件封装的可靠性测试 ··· 70
　　4.3.1　热冲击测试 ·· 70
　　4.3.2　温度循环测试 ··· 71
　　4.3.3　功率循环测试 ··· 71
　　4.3.4　高压釜测试 ·· 72
　　4.3.5　栅极电介质可靠性测试 ·· 72
　　4.3.6　高强度加速应力试验（HAST） ······································· 73
　　4.3.7　高温存储寿命（HSTL）测试 ·· 73
　　4.3.8　老化测试 ··· 73
　　4.3.9　其他测试 ··· 74
4.4　功率半导体封装或模块可靠性 ·· 74
　　4.4.1　焊接可靠性 ·· 74
　　4.4.2　键合线可靠性 ··· 75

4.5 高温电力电子模块的可靠性 …… 77
　4.5.1 功率衬底 …… 77
　4.5.2 高温管芯附着可靠性 …… 78
　4.5.3 管芯顶面电气互连 …… 80
　4.5.4 封装技术 …… 80
4.6 总结 …… 81
参考文献 …… 81

第5章 功率半导体模块的寿命预测模型 …… 84
5.1 加速循环测试 …… 85
5.2 主要失效机理 …… 86
5.3 寿命模型 …… 88
　5.3.1 热建模 …… 88
　5.3.2 经验寿命模型 …… 89
　5.3.3 基于物理的寿命模型 …… 91
　5.3.4 基于 PC 寿命模型的寿命预测 …… 95
5.4 基于物理建模的功率半导体模块焊点寿命估计 …… 95
　5.4.1 应力-应变（磁滞）焊接行为 …… 96
　5.4.2 组成焊料方程 …… 97
　5.4.3 Clech 算法 …… 99
　5.4.4 基于能量的寿命预测模型 …… 100
5.5 基于物理建模的焊点寿命模型示例 …… 100
　5.5.1 热仿真 …… 101
　5.5.2 应力-应变建模 …… 102
　5.5.3 应力-应变分析 …… 105
　5.5.4 模型验证 …… 105
　5.5.5 寿命曲线的提取 …… 107
　5.5.6 模型精度和参数敏感度 …… 108
　5.5.7 寿命预测工具 …… 109
5.6 总结 …… 110
参考文献 …… 111

第6章 电力电子变换器最小化 DC-link 电容器设计 …… 115
6.1 引言 …… 115
6.2 性能权衡 …… 117
6.3 无源方法 …… 118
　6.3.1 无源滤波技术 …… 118

6.3.2　纹波减小技术 ·· 119
　6.4　有源方法 ··· 120
　　　6.4.1　功率解耦技术 ·· 120
　　　6.4.2　纹波减小技术 ·· 126
　　　6.4.3　控制和调制方法 ··· 126
　　　6.4.4　特殊电路结构 ·· 127
　6.5　总结 ··· 128
　参考文献 ·· 128

第7章　风力发电系统可靠性 ··· **135**
　7.1　引言 ··· 135
　7.2　主要风力发电系统中电力电子架构综述 ·· 136
　　　7.2.1　陆上和海上风电机组 ··· 136
　7.3　电力电子变换器可靠性 ·· 141
　　　7.3.1　可靠性结构 ··· 141
　　　7.3.2　SCADA 数据 ··· 143
　　　7.3.3　变换器可靠性 ·· 146
　7.4　组件的可靠性 FMEA 和前瞻性对比 ··· 150
　　　7.4.1　简介 ·· 150
　　　7.4.2　组件 ·· 150
　　　7.4.3　小结 ·· 154
　7.5　故障的根本原因 ·· 155
　7.6　提升风电机组变换器的可靠性和可用性的方法 ····································· 156
　　　7.6.1　结构 ·· 156
　　　7.6.2　热管理 ··· 156
　　　7.6.3　控制 ·· 156
　　　7.6.4　监测 ·· 156
　7.7　总结 ··· 156
　7.8　建议 ··· 157
　参考文献 ·· 157

第8章　提升电力电子系统可靠性的主动热控制方法 ······································· **160**
　8.1　引言 ··· 160
　　　8.1.1　电力电子的热应力和可靠性 ·· 160
　　　8.1.2　提高可靠性的主动热控制概念 ··· 162
　8.2　减小热应力的调制方法 ·· 163
　　　8.2.1　调制方法对热应力的影响 ··· 163

8.2.2 额定工况下的调制方法 · 164
8.2.3 故障条件下的调制方法 · 166
8.3 优化热循环的无功功率控制 · 169
8.3.1 无功功率的影响 · 169
8.3.2 基于DFIG的风电机组的案例分析 · 169
8.3.3 并联变换器案例分析 · 173
8.4 基于有功功率的热控制 · 175
8.4.1 有功功率对热应力的影响 · 175
8.4.2 大型风电变换器中的储能装置 · 176
8.5 总结 · 179
参考文献 · 179

第9章 功率器件的寿命建模及预测 · 183
9.1 引言 · 183
9.2 功率模块的故障机理 · 184
9.2.1 封装相关故障机理 · 184
9.2.2 器件烧毁故障 · 186
9.3 寿命模型 · 187
9.3.1 寿命和可用性 · 187
9.3.2 指数分布 · 188
9.3.3 威布尔分布 · 189
9.3.4 冗余 · 190
9.4 寿命建模及元器件设计 · 191
9.4.1 基于任务剖面的寿命预测 · 191
9.4.2 具有恒定故障率的系统的寿命建模 · 191
9.4.3 低周疲劳的寿命建模 · 193
9.5 总结和结论 · 197
参考文献 · 197

第10章 功率模块的寿命测试和状态监测 · 200
10.1 功率循环测试方法概述 · 200
10.2 交流电流加速测试 · 201
10.2.1 简介 · 201
10.2.2 交流功率循环测试的应力 · 202
10.3 功率模块的老化失效 · 204
10.3.1 导通电压测量方法 · 205
10.3.2 电流测量 · 208

目 录 IX

- 10.3.3 冷却温度测量 ………………………………………………………… 209
- 10.4 IGBT 和二极管的电压演变 ………………………………………………… 210
  - 10.4.1 $v_{ce,on}$ 监测的应用 …………………………………………………… 213
  - 10.4.2 老化和失效机理 …………………………………………………… 214
  - 10.4.3 故障后调查 ………………………………………………………… 215
- 10.5 芯片温度估计 ………………………………………………………………… 217
  - 10.5.1 简介 ………………………………………………………………… 217
  - 10.5.2 结温预测方法综述 ………………………………………………… 217
  - 10.5.3 $v_{ce,on}$ 负载电流方法 ……………………………………………… 218
  - 10.5.4 变换器运行条件下的温度估计 …………………………………… 223
  - 10.5.5 温度的直接测量方法 ……………………………………………… 225
  - 10.5.6 温度预测的评估 …………………………………………………… 227
- 10.6 状态监测数据的处理 ………………………………………………………… 231
  - 10.6.1 状态数据处理的基本类型 ………………………………………… 232
  - 10.6.2 状态监测的应用 …………………………………………………… 233
- 10.7 总结 …………………………………………………………………………… 234
- 参考文献 …………………………………………………………………………… 235

第 11 章 随机混合系统模型在电力电子系统性能和可靠性分析中的应用 **239**

- 11.1 引言 …………………………………………………………………………… 239
- 11.2 SHS 的基本原理 ……………………………………………………………… 240
  - 11.2.1 连续和离散状态的演变 …………………………………………… 240
  - 11.2.2 测试函数、扩展算子和矩演变 …………………………………… 241
  - 11.2.3 动态状态矩的演变 ………………………………………………… 242
  - 11.2.4 利用连续状态矩进行动态风险评估 ……………………………… 243
  - 11.2.5 从 SHS 恢复马尔可夫可靠性和补偿模型 ………………………… 244
- 11.3 SHS 在光伏系统经济学中的应用 …………………………………………… 245
- 11.4 总结 …………………………………………………………………………… 249
- 参考文献 …………………………………………………………………………… 249

第 12 章 容错可调速驱动系统 **252**

- 12.1 引言 …………………………………………………………………………… 252
- 12.2 影响 ASD 可靠性的主要因素 ………………………………………………… 253
  - 12.2.1 功率器件 …………………………………………………………… 253
  - 12.2.2 电解电容器 ………………………………………………………… 254
  - 12.2.3 其他因素 …………………………………………………………… 254

12.3　容错 ASD 系统 ·· 255
12.4　容错系统设计中的变换器故障隔离 ····························· 255
12.5　容错系统设计中的控制或硬件重配置 ·························· 257
　　12.5.1　拓扑结构 ··· 259
　　12.5.2　控制策略 ··· 265
　　12.5.3　冗余硬件技术 ·· 274
12.6　总结 ··· 283
参考文献 ··· 287

第13章　风力发电和光伏系统基于任务剖面的可靠性设计 ········ 294
13.1　可再生能源发电系统的任务剖面 ································ 294
　　13.1.1　运行环境 ··· 294
　　13.1.2　电网要求 ··· 297
13.2　基于任务剖面的可靠性评估 ····································· 300
　　13.2.1　热应力的影响 ·· 300
　　13.2.2　功率器件的寿命模型 ···································· 301
　　13.2.3　不同时间尺度负荷的转移 ······························· 302
　　13.2.4　寿命预测方法 ·· 304
13.3　风电机组的可靠性评估 ·· 304
　　13.3.1　风电变换器的寿命预测 ································· 305
　　13.3.2　任务剖面对寿命的影响 ································· 308
13.4　光伏系统的可靠性评估 ·· 312
　　13.4.1　光伏逆变器 ··· 313
　　13.4.2　单相光伏系统的可靠性评估 ···························· 315
　　13.4.3　光伏系统的热应力优化运行方案 ······················· 318
13.5　总结 ··· 321
参考文献 ··· 321

第14章　光伏系统中电力电子变换器可靠性 ························ 327
14.1　光伏系统简介 ··· 327
　　14.1.1　DC/DC 变换 ·· 327
　　14.1.2　DC/AC 变换 ·· 330
14.2　光伏系统中功率变换器的可靠性 ································ 331
　　14.2.1　电容器 ··· 333
　　14.2.2　IGBT/MOSFET ··· 334
14.3　可靠性研究的挑战 ··· 337
　　14.3.1　高级逆变器功能 ·· 338

14.3.2　高 W_{DC}/W_{AC} 比能量变换 ……………………………… 341
14.3.3　模块化变换器 …………………………………………… 343
参考文献 ……………………………………………………………… 346

第15章　计算机电源的可靠性 353
15.1　设计目标和需求 ………………………………………………… 353
　　15.1.1　设计失效模式和影响分析 …………………………… 354
15.2　热剖面分析 ……………………………………………………… 358
15.3　降额分析 ………………………………………………………… 360
15.4　电容器寿命分析 ………………………………………………… 362
　　15.4.1　铝电解电容器 ………………………………………… 362
　　15.4.2　Os-con 型电容器 ……………………………………… 363
15.5　风扇寿命 ………………………………………………………… 364
15.6　高加速寿命测试 ………………………………………………… 366
　　15.6.1　低温应力 ……………………………………………… 367
　　15.6.2　高温应力 ……………………………………………… 368
　　15.6.3　振动应力 ……………………………………………… 368
　　15.6.4　组合温度-振动应力 …………………………………… 370
15.7　振动、冲击和跌落测试 ………………………………………… 370
　　15.7.1　振动测试 ……………………………………………… 371
　　15.7.2　冲击和跌落测试 ……………………………………… 372
15.8　制造一致性测试 ………………………………………………… 372
　　15.8.1　持续可靠性测试 ……………………………………… 372
15.9　总结 ……………………………………………………………… 374
参考文献 ……………………………………………………………… 374

第16章　大功率变换器可靠性 376
16.1　大功率应用 ……………………………………………………… 376
　　16.1.1　概述 …………………………………………………… 376
16.2　基于晶闸管的大功率器件 ……………………………………… 377
　　16.2.1　集成门极换向晶闸管（IGCT） ……………………… 377
　　16.2.2　内部换向晶闸管（ICT） ……………………………… 379
　　16.2.3　双 ICT ………………………………………………… 380
　　16.2.4　ETO/IETO …………………………………………… 381
　　16.2.5　基于晶闸管的器件的可靠性 ………………………… 383
16.3　大功率逆变器拓扑 ……………………………………………… 383
　　16.3.1　两电平变换器 ………………………………………… 383

16.3.2 多电平变换器 ………………………………………………… 384
16.4 大功率 DC/DC 变换器拓扑 ………………………………………… 387
　16.4.1 DAB 变换器 ………………………………………………… 388
　16.4.2 模块化 DC/DC 变换器系统 ………………………………… 391
参考文献 …………………………………………………………………… 393

第1章
可靠性工程在电力电子系统中的应用

Huai Wang[1], Frede Blaabjerg[1], Henry Shu-hung Chung[2], Michael Pecht[3]

1. 奥尔堡大学,丹麦
2. 香港城市大学,中国
3. 马里兰大学帕克分校,美国

1.1 电力电子系统的性能指标

电力电子变换器主要用于实现高效的电能变换,本章主要介绍电力电子系统的基本结构、设计目标和性能指标。

1.1.1 电力电子变换器

用于电能变换的电力电子系统主要被分为以下四类[1]:
- 交流和直流之间的电压和功率变换。
- 频率变换。
- 波形变换。
- 相位变换。

上述四种电能转换系统广泛用于汽车、电信、便携式设备、可再生能源、智能电网、高压直流、柔性交流输电系统、牵引、采矿、调速系统、驱动器、多电飞机和航空航天等多个领域。功率范围覆盖瓦级到兆瓦级,由单个功率变换器或多个功率变换器共同实现。

图 1.1 所示为典型的电力电子系统,输入和输出可以通过输入电压 v_{in}、输入电流 i_{in}、输入侧频率 f_{in}、输出电压 v_o、输出电流 i_o 和输出侧频率 f_o 来表示。图 1.1 中两个模块代表电力电子系统中功率模块和控制模块。功率模块主要由功率开关器件和无源元件组成,通过不同的连接方式组合为不同功能的电路结构。根据开关器件的特性和应用场合,开关频率运行在几百赫兹到兆赫兹范围中。电容器和电感器用于储能和滤波,变压器通常为高频变压器,用于电气隔离和升压/降压。由于电阻器会引入功率损耗,电力电子系统中通常不期望包含

阻性元件。然而，在实际的系统中，元器件通常包含寄生电阻，并且缓冲电路、平衡电路、滤波器振荡阻尼等应用中通常也会添加少量电阻用于稳定系统。控制模块从功率模块中采集低电压信号，并输出驱动信号以控制开关器件的导通/关断，通常通过模拟电路、数字电路或模拟和数字混合方式来实现。

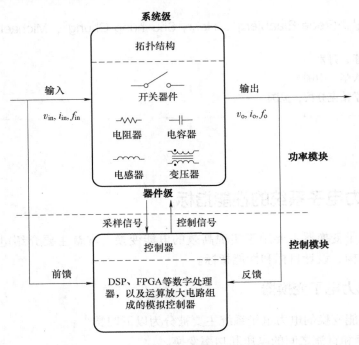

图1.1 电力电子变换器的基本结构

1.1.2 电力电子变换器的设计目标

随着功率开关器件、无源元件、电路拓扑、控制策略、传感器、数字信号处理器和系统集成技术的发展，出现了多种功能和类型的电力电子变换系统。系统的性能主要由元器件性能、所采用的拓扑结构、控制策略、设计方法和应用场合来决定。除特定条件下的功能外，电力电子变换器的设计主要需要考虑以下五个性能因素：

（1）成本

成本通常是消费类和工业应用中需要考虑的重要因素，例如，照明系统、光伏和风力发电系统。对于可靠性和稳定性要求极高的应用场合，如航空航天、铁路和飞机，其他性能指标的要求可能会超过成本。综合成本分析应包括设计成本、制造成本、运营成本以及全生命周期成本。

（2）效率

电力电子变换器的特点之一是高效地转换和控制电能。因此，高效率是电力电子系统设计的一个重要目标。广泛使用的效率定义包含峰值效率、额定功率效率和多种负载条件下的加权效率。对于可再生能源应用（如光伏和风力发电）中的电力电子变换器，天气变化会导致功率的波动，能量效率被定义为功率变换器的年输出能量与年输入能量的比值，该定义将长期环境、运行状况以及组件退化的影响都考虑在内。

（3）功率密度（kW/L 或 kW/kg）

电力电子产品的趋势是在给定额定功率条件下，减小体积和重量，提高功率密度。目前主要通过减小无源元件、提高功率器件的开关频率和优化热管理来实现。

（4）可靠性

可靠性的定义是在规定的时间和规定的条件下，系统正常运行而不失效的概率[2]。因此，可靠性描述包括五个重要方面：故障的定义、应力条件、可靠度（%）、置信水平（%）以及可靠度和置信度的适用时间。可靠度随着其他四个方面中的任何一个的变化而变化，因此，有必要理解可靠度与各个因素之间的关系。如 1.1.3 节中所述，现代工业的典型应用和新兴应用对电力电子变换器的可靠性和成本提出了更高的要求。

（5）制造工艺

随着制造过程中劳动力成本的增加，制造商期望能够降低产品的制造难度，从而降低生产成本，因此，工程师在产品设计阶段就需要将产品的可制造性和制造工艺考虑在内[3]。电力电子变换器通过器件、功率模块和系统的模块化设计提高集成度，以提高可制造性[4]。新兴制造技术，例如 3D 打印技术能够具有更好的可制造性，并且降低制造成本，这将为电力电子变换器设计提供新的机遇[5]。

目前，电力电子产品对上述性能的要求越来越严格。值得一提的是，电力电子产品的可靠性对系统的安全性、服役性能、寿命、可用性和全生命周期成本有决定性作用。

1.1.3 典型电力电子应用中的可靠性需求

随着电力电子技术的进步，高效率电力电子变换器产品已经逐渐市场化。与此同时，变换器的可靠性受到了越来越多的关注[6]，并且面临新的挑战：

1）针对特定的应用场合（例如，航空航天、军事、航空电子、铁路牵引、汽车、数据中心和医疗电子），复杂的任务剖面尚未考虑在现有的可靠性评估中。

2）电力电子变换器的运行工况多变，在一些应用场合，长期运行在恶劣的环境中（例如，陆上和海上风力发电机、光伏系统、空调和泵系统）。

3）电力电子变换器的设计面临愈发严格的成本限制、可靠性要求和安全合规性要求（例如，未来产品中对故障率的要求为百万分之一（ppm）数量级）。

4）更高功率密度的电力电子集成系统可能会引发新的故障机理。

5）新的材料和封装技术将会带来新的可靠性问题（例如，SiC 和 GaN 器件）。

6）电力电子系统和软件结构的复杂度逐渐增加也会增加系统可靠性的设计难度。

7）由于上市时间压力和财务压力，可靠性测试和鲁棒性验证面临资源约束（例如，时间、成本）的问题。

表 1.1 从过去、现在和未来的角度阐述了工业界面临的可靠性方面的挑战。为了满足未来应用趋势和客户对 ppm 级故障率的需求，必须深刻理解电力电子组件的故障机理，并探索新的研发方法设计高可靠性电力电子系统。

表 1.1 工业界面临的可靠性挑战[6]

	过去	现在	未来
用户期望	- 故障后替换 - 多年维护	- 低失效率 - 短期维护	- 长期可靠 - 预测性维护
可靠性目标	- 可承担的故障率	- 低故障率	- ppm 级故障率
R&D 方法	- 可靠性测试 - 保护设计	- 鲁棒性测试 - 加强薄弱点	- 可靠性设计 - 结合工况和负载状态调控
R&D 工具	- 产品功能性测试	- 极限测试	- 故障机理分析及其测试 - 多场仿真 - …

表 1.2 总结了不同应用中典型的设计寿命目标。为了满足这些要求，汽车电子、航空电子和铁路牵引领域电力电子系统设计方案正在发生转变[7-9]，这需要引入新的可靠性设计工具和鲁棒性验证方法。

表 1.2 不同电力电子应用场合的寿命需求

应用场合	典型寿命需求
飞机	24 年（100000h 飞行时间）
汽车	15 年（10000h，300000km）
工业驱动器	5~20 年（60000h 满载运行）
铁路	20~30 年（73000~110000h）
风力机	20 年（120000h）
光伏发电站	30 年（90000~130000h）

从表 1.2 列出的应用中不难看出，电力电子变换器通常是限制系统寿命的

脆弱环节之一。例如，在风力发电机、光伏系统和电机驱动的应用中，电力电子变换器故障率较高[10,11]。现场经验表明，电力电子变换器通常是故障级别、寿命和维护成本方面最重要的组件之一[12]。参考文献［13］中显示变频器的失效引起大规模风电场13%的故障和350个陆上风电机组35000次停机事件中的18.4%。参考文献［14］得出结论，在3.5MW光伏发电站运行五年的成本统计中，光伏逆变器的失效会引起37%的非计划维护和59%的附加成本。该统计数据依托于十年前的数据，随着技术的进步，失效以及成本的统计数据会发生变化。

为了满足未来的可靠性要求，需要针对电力电子和可靠性工程交叉性学科进行深入研究。电力电子学的传统学术研究侧重于提高效率和功率密度，在设计阶段通常不考虑可靠性性能。因此，有必要在设计阶段充分考虑各项性能指标，减小电力电子研究与工业需求之间的差距。

1.2 电力电子与可靠性工程

本节首先介绍可靠性工程中广泛使用的关键术语和指标，然后讨论电力电子和可靠性工程的历史发展。最后分别从电力电子器件的可靠性、电力电子器件的可靠性设计、加速测试以及提高电力电子变换器系统可靠性的途径等多个方面进行介绍。

1.2.1 可靠性工程中的关键术语和指标

1.2.1.1 故障分布

故障分布用故障发生的频率直方图来表示，可通过概率密度函数（pdf）$f(x)$建模分析。变量x可以是时间、距离、周期或其他重要参数。图1.2所示为用于电力电子应用的一组电容器的故障分布示例。$F(x)$定义为累积分布函数，则可靠度为

$$R(x) = 1 - F(x) = 1 - \int_0^x f(x)\,\mathrm{d}x \tag{1.1}$$

故障率$h(x)$被定义为间隔x到$(x+\Delta x)$的条件故障概率[2]

$$h(x) = \frac{f(x)}{R(x)} \tag{1.2}$$

故障分布函数包含多种。本章主要讨论指数分布和威布尔分布。指数分布的概率密度函数如下：

$$f(x) = \lambda \exp(-\lambda x) \tag{1.3}$$

根据式（1.1）~式（1.3），其故障率可以表示为

$$h(x) = \lambda \tag{1.4}$$

从式（1.4）可以看出，指数分布描述了恒定故障率的应用，也称为恒定故障率 λ。

威布尔分布于 1951 年由 Weibull 提出[15]。其概率密度函数、可靠度函数和故障率定义为

$$f(x) = \frac{\beta}{\eta^\beta} x^{\beta-1} \exp\left[-\left(\frac{x-\gamma}{\eta}\right)^\beta\right] \tag{1.5}$$

$$R(x) = \exp\left[-\left(\frac{x-\gamma}{\eta}\right)^\beta\right] \tag{1.6}$$

$$h(x) = \frac{\beta}{\eta^\beta} x^{\beta-1} \tag{1.7}$$

式中，β 是形状参数，η 是尺度参数或特征寿命，即 63.2% 的产品失效时的寿命。γ 是位置参数，称为无故障期。式（1.5）中的分布是 3-参数威布尔分布。在许多实际应用中，从时间零点开始出现故障，此时 γ 为零，式（1.5）相应地变为 2-参数威布尔分布。威布尔分布可用于建模工程产品的各种寿命分布，当使用不同的 β 值时，威布尔分布可以与其他类型的分布非常近似。例如，当 $\beta=1$ 时，分布为具有恒定故障率的指数分布；当 $\beta=3.5$ 时，其接近正态分布。当 $\beta<1$ 时，故障率 $h(x)$ 随着 x 而减小；当 $\beta>1$ 时，故障率 $h(x)$ 随着 x 而增加。

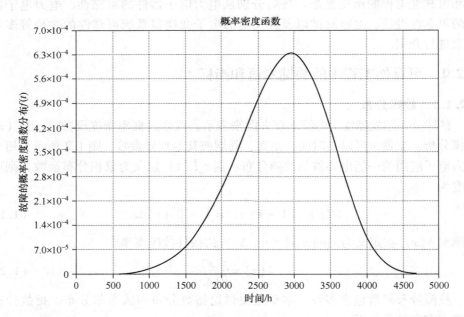

图 1.2 电容器的故障分布示例

1.2.1.2 寿命和百分比寿命

生命周期是产品达到其失效标准的时间，失效标准可能是完全丧失功能、

一定程度上退化或无法经济运行的阶段等。在实际应用中，百分比寿命广泛地用于描述产品的寿命，其定义为失效的产品数量到达一定百分比时的时间。例如，B10 生命周期对应于 10% 的产品失效的时间，即当可靠度等于 0.9 时的时间。图 1.3 描述了基于图 1.2 所示示例的可靠度和寿命之间的关系。示例中的 B1 生命周期和 B10 生命周期分别为 1277h 和 2003h。

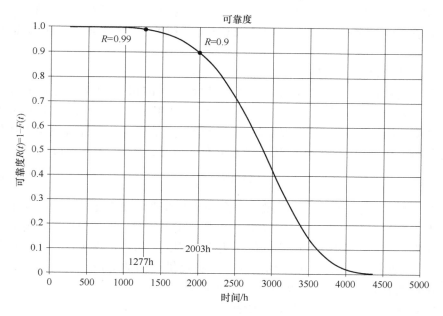

图 1.3 基于图 1.2 的电容器可靠度和寿命示例

1.2.1.3 浴盆曲线

浴盆曲线[16]如图 1.4 所示，被广泛用于说明电子元器件或系统在整个寿命期间的失效率变化轨迹。其包含三个不同的阶段，如下所示：

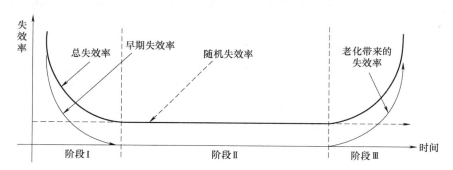

图 1.4 浴盆曲线：广泛应用的电子元器件和系统失效率曲线

阶段Ⅰ：早期失效主要是由于质量控制问题，此阶段失效率逐渐降低（即

$\beta<1$)。

阶段Ⅱ：随机失效占主导地位；例如，由于过电压、过电流或过热的单一事件或人为操作导致的灾难性故障。人们普遍认为失效率在该时间间隔内是恒定的（即$\beta=1$）。

阶段Ⅲ：由于老化而导致的器件的使用寿命缩短，失效率增加（即$\beta>1$）。

值得注意的是，在实际应用中，阶段Ⅱ中的失效率可能不是恒定的。此外，电力电子器件的老化通常从初始阶段就已经开始，比图1.4所示的起始时间要早。

1.2.1.4　MTTF 和 MTBF

平均故障时间（MTTF）和平均无故障时间（MTBF）是两种经典的度量标准，在文献和产品手册中都广泛出现。它们分别用于不可维修的产品和可维修的产品中。统计学中，该值为故障分布函数$f(x)$的期望值，并且适用于任何类型的分布。在可靠性工程中常用于指数分布的情况，MTBF（和MTTF）是

$$\text{MTBF} = \frac{1}{\lambda} \tag{1.8}$$

式（1.8）的基本假设是，整个寿命期间的故障率是不变的，这对工业应用中的大多数耐用部件和系统是无效的[12,17,18]。此外，MTTF或MTBF对应于63%的产品失效，即可靠度为0.37的使用寿命。因此，MTTF或MTBF对于可靠性设计和可靠性性能具有一定的局限性，无法提供全面的寿命模型。通常，电力电子用户关心的是可靠度0.9以上的使用时间。

1.2.1.5　平均累积函数（MCF）曲线

如前所述，运行时间的故障率通常不是恒定的，因此不推荐使用MTTF和MTBF以避免误导。用于描述故障等级和时间的另一种技术是MCF曲线[19]。在分析可修复系统时，MCF曲线图显示投入运行后的故障次数与时间，以通过平均故障次数与时间来描述系统的行为。MCF曲线是故障率对时间的积分，用户将会看到由于退化而导致所有随机故障和故障的累积故障等级。关于MCF曲线的更多细节如参考文献[6]所述。

1.2.1.6　六西格玛6σ

6σ来自统计学，用于描述如图1.5所示的变化。$f(x)$是概率密度函数，μ和σ分别是数据集的平均值和标准差。考虑平均值μ的$\pm1.5\sigma$偏移，6σ最初来源于制造工艺在规格范围内99.99966%或以上产量的能力（即每百万份不超过3.4个缺陷）。6σ方法由摩托罗拉公司于1986年提出，其应用范围已扩展到各种技术和工具中，通过识别和消除缺陷，最大限度地减少制造和业务流程的变异性，提高过程输出的质量[20]。

上述六个术语和指标经常用于可靠性工程以及本书中。此外，以下三个可靠性术语也会在后面章节中用到[7]：

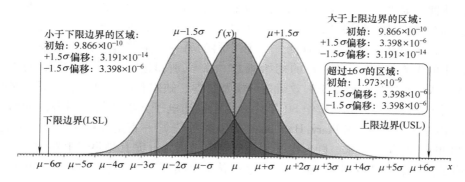

图1.5 正态分布图是 6σ 模型统计假设的基础

1）任务剖面：表示在某个特定应用中，系统在整个生命周期内的运行工况。

2）鲁棒性：对噪声（即操作环境、制造、分配等方面的变化以及生命周期中的所有干扰因素和压力）的不敏感程度。

3）鲁棒性验证：证明产品是否能够在规定的生命周期内、定义的任务剖面中，以足够的裕量来执行其预期功能。

1.2.2 电力电子与可靠性工程的发展历史

19世纪80年代，变压器和多相交流系统被提出，这是推动电力电子技术初期发展的关键因素。1957年晶闸管的发明被认为是现代电力电子技术的开端。此后，电力电子技术的发展历程由器件的进步来驱动，如图1.6所示。功率半导体器件的发展使电力电子系统具有更高的开关速度，更广泛的功率和温度范围，以及更高的效率和可靠性。

图1.6 电力电子技术发展的关键阶段

1654年统计学的兴起和1913年工业产品的批量生产是可靠性工程发展的重要因素[21]。第一次世界大战后，美国国防部开始研究真空管的故障。1957年，随着电力电子时代的到来，电子设备可靠性咨询小组（AGREE）发布可靠性报告,从此可靠性工程成为一个独立的学科。如图 1.7 所示,许多开创性的工作一直围绕可靠性主题展开,主要分析方法是基于经验数据和军工行业发布的规格手册,定量地进行可靠性预测[17]。该学科的另一个主要分析方式是基于 1962 年提出的失效物理学(PoF)的初始概念[22],识别和建模分析器件故障的物理原因。PoF 方法是一种基于失效机理分析及材料、缺陷和压力对产品可靠性影响的分析方法[23]。直到 20 世纪 80 年代,用于描述电子元器件的使用寿命的恒定故障率模型(例如,Military- Handbook-217 系列[24])一直是可靠性预测的主流。自 20 世纪 90 年代以来,随着电子系统的独立性增加,尤其是集成电路的应用越来越多,逐渐发现恒定故障率模型存在诸多不足[25]。因此,1995 年 Military- Handbook-217F 正式取消。在此基础上,PoF 开始在可靠性工程中发挥重要作用。

图 1.7 可靠性工程发展的关键阶段

近年来,更新 Military- Handbook-217F 已经转向了一种混合方式,用于建立新的 Military- Handbook-217H[26]。在采购阶段——供应商选择期间,使用新的经验模型来比较不同的解决方案,在实际系统设计和开发阶段,应用科学的可靠性建模与概率分析法。

如参考文献 [25,27] 所述,自 20 世纪 90 年代以来,PoF 研究一直针对微电子领域,将系统的分析从器件的组合转变为失效机理的组合。传统的基于手册的可靠性预测方法为各种组件提供了故障率模型,PoF 方法主要分析和建模由环境和应力引起的故障机理。对于给定的组件,可能会有多个故障机理,应单独识别。此外,故障机理不限于组件级别,如标准 ANSI/VITA51.2[27]中所讨论的,在组件(即单晶体管)、封装和印制电路板(PCB)均存在各种故障机理。由于 PoF 目前仅有有限数量的模型,应用在复杂的系统是非常困难的[27]。因此,需要针对特定应用识别其关键的故障机理。

随着从基于经验的方法转向科学的可靠性分析方法,可靠性研究的转变正在从以下几个方面进行[6]:

1)从元件到故障机理分析。
2)从恒定故障率 λ 到 MCF 曲线。
3)从可靠性预测到综合鲁棒性验证[7]。

4）从微电子到电力电子。

在电力电子应用中，可靠性已经成为许多应用的重要性能指标之一，如 1.1.3 节所述。电力电子工程师和科学家已经开始应用各种可靠性分析工具，实现电力电子变换器系统的可靠性预测和可靠性设计。近几年来，有关现场可靠性经验[28]、电力电子系统可靠性提高策略[29]和电力电子系统可靠性设计方法[30]的文献综述已被提出。针对不同应用场合分别进行了讨论，例如，飞机应用中三相变换器[31]、铁路牵引逆变器[32]、混合动力汽车的逆变器[33]、高速电机驱动器[34]和用于工业过程控制的脉冲功率变换器[35]。除了这些应用，在过去十年，风力发电机组功率变换器和光伏系统逆变器[38]的可靠性也取得了很多开创性的成果。但从这些研究中也不难看出，传统的手册方法仍然应用于这些研究中的可靠性预测。本书第 7 章、第 14 ~ 16 章将分别讨论风力发电系统、光伏系统、小功率变换器和大功率变换器应用中的可靠性问题。

虽然电力电子中 PoF 方法的发展比微电子发展相对较慢，但在汽车行业[7]等领域，这种模式转变已得到公认。特别是半导体方面，IGBT 模块[39]和基于物理的寿命模型[40]的失效机理已经得到大量研究，参考文献［41，42］分别研究了长期任务曲线下基于 Si 和 SiC 器件的热应力分析。微电子学研究为电力电子技术的发展提供非常重要的理论基础，尤其是从方法学的角度。然而，应该注意的是，大多数基于物理的模型对于电力电子器件是不可用的，系统级的可靠性问题和解决方案（例如，主动热应力，器件之间的互连，不同器件的相互作用）依然有待调查。

电力电子技术在高效可靠电源的应用场合中发挥着重要作用。20 世纪 70 年代，Newell 将电力电子学的范围定义为电气工程的三大学科，如图 1.8a 所示[43]。图 1.8b 中定义了涉及多学科知识的电力电子学可靠性的研究方向，涵盖三个主要方面：故障机理分析，了解电子产品如何失效；设计可靠性和鲁棒性验证过程，在每个开发过程中保证电力电子产品的可靠性和足够的鲁棒性；智能控制和状态监测，确保在特定任务情况下可靠运行。

1.2.3　电力电子器件物理失效机理

电力电子器件的故障可以由图 1.9 说明。当施加的负载 L 超过设计强度 S 时，器件失效。这里的负载 L 是指一种应力（例如电压、循环负载、温度等）；强度 S 是指任何抗物理性能（例如硬度、熔点、粘合力等）[2]。图 1.9 表示随时间变化的典型负载强度。电力电子器件的负载和强度分配在一定范围内，可以用特定的概率密度函数来描述。此外，材料或装置的强度随时间而降低，这也意味着可以通过增加强度（即增加设计余量）的设计或者通过控制（即应力控制或负载管理）减少负载，来减少或消除使用寿命期间的故障。

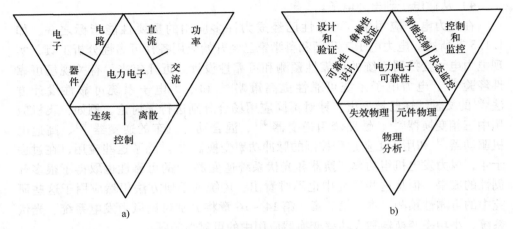

图1.8 a) 20世纪70年代Newell提出的电力电子学的范围定义[43];
b) 现代电力电子可靠性的研究方向

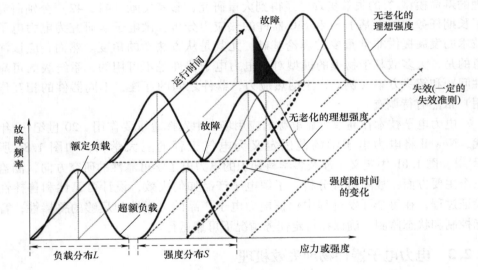

图1.9 解释过应力失效和磨损故障的负载强度分析

如图1.8b所示,理解电力电子器件的故障机理是研究可靠性的根本。在电力电子变换器系统中,功率半导体器件(例如,Si和SiC IGBT及MOSFET、GaN器件)、电容器、连接器和风扇被认为是最脆弱的组件,它们被认为是电力电子变换器中的可靠性关键组件,特别是中高功率应用中的IGBT模块与用于交流滤波和DC-link应用的电容器。IGBT模块和电容器的PoF的概述分别在参考文献[44,45]中给出。参考文献[46]介绍了SiC和GaN电源模块封装的高温材料和器件的可靠性。为了扩展电力电子器件PoF的讨论,本书第3章和第9

章将分别介绍电容器和 IGBT 模块的可靠性，第 4 章将重点介绍电力电子封装的可靠性。

如参考文献［7］中所述，聚焦点矩阵（FPM）是分析导致器件失效的关键应力的有效方式。基于工业经验和未来的研究需求，表 1.3 显示了电力电子系统中不同组件的临界应力。稳态温度、温度波动、湿度、电压和振动对半导体器件、电容器、电感器和低功率控制板有不同程度的影响。表 1.3 提供了确定关键故障机理的信息。有关各组件故障机理的更多细节将在本书第 2、3、5、9 章中介绍。

表 1.3　电力电子元件的可靠性聚焦点矩阵（FPM）

负　载			聚　焦　点									
环境 + 设计⇒应力			有源器件			无源元件		控制电路, IC, PCB, 连接器…				
环境	产品设计	应力	压模	LASJ	线键	电容器	电感器	焊点	MLCC	IC	PCB	连接器
相对湿度	-热系统	温度波动 ΔT	A	A	A			A				
		平均温度 T	C	C	C	B		C	C	D	D	D
-$RH(t)$	-工作点	dT/dt	D	D	D							
温度		水							A	A		D
-$T(t)$	-ON/OFF											
	-功率 $P(t)$											
		相对湿度	D	D	D	C	D	D	D	B	B	D
污染	密封性	污染						D		D		
主线	电路	电压	D	D	D	B	C		D	D	D	D
辐射	电路	电压	D									
装配	机械	振动	D			D		D	D			D

注：LASJ 表示大面积焊点，MLCC 表示多层陶瓷电容器，A-B-C-D 表示不同重要性（由高到低）。

1.2.4　面向可靠性的电力电子变换器设计

电力电子可靠性的第二个方面是通过 DFR（可靠性设计）流程为系统建立足够的可靠性和鲁棒性。工业界将可靠性工程的发展从传统的可靠性测试推向了 DFR[2]。DFR 是在组件或系统的设计阶段进行的过程，确保它们能够达到所需的可靠性水平，旨在了解和修复设计过程中的可靠性问题。

由于可靠性工具的选择和产品的具体要求存在差异，DFR 过程因行业而异；然而，通用形式通常涵盖识别、设计、分析、验证和控制[2]。适用于电力电子变换器系统设计的系统 DFR 流程如图 1.10 所示。在每个开发阶段，特别是在设计阶段，均对可靠性进行了充分的考虑和处理。电力电子变换器的设计需要考虑到参数变化（例如，温度波动、太阳辐照度变化、风速波动、负载变化、制造过程等）任务剖面。第 13 章将重点讨论基于任务剖面的案例研究。第 6 章将讨论不同可靠性的 DC-link 设计方法以最小化电容器的使用。详细过程如参考文献 [30] 所述。这里简要讨论可靠性预测工具，1.2.5 节将讨论各种加速测试的概念。

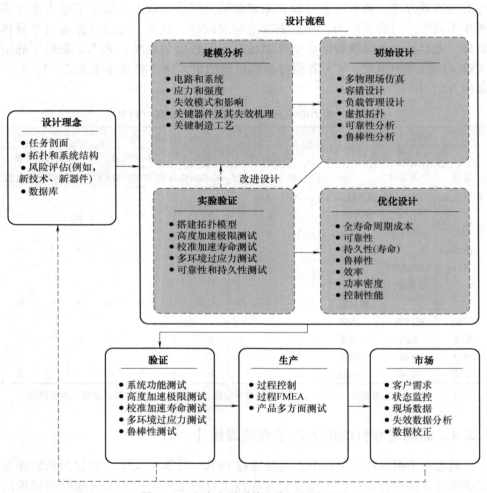

图 1.10 电力电子系统可靠性设计流程

可靠性预测是量化寿命、故障等级和设计鲁棒性的重要工具。图 1.11 提供了一个通用的预测工具，包括统计模型和寿命模型以及各种可用数据来源（例如，制造商测试数据、模拟数据和现场数据等）用于各个组件和整个系统的可靠性预测。统计模型在参考文献 [2] 中进行了详细阐述，但可用于电力电子器件的基于物理学的寿命模型仍然有限。加速测试和多学科模拟的研究工作将有助于获得基于物理的失效模型。本书第 5 章将介绍功率半导体模块的基于物理的寿命模型。

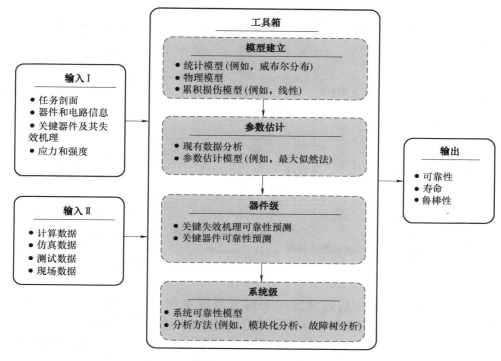

图 1.11 电力电子系统的可靠性预测工具

为了将器件级的可靠性映射到系统级[47],可靠性框图(RBD)、故障树分析(FTA)和状态空间分析(例如,马尔可夫分析(MA))被广泛应用,总结在表 1.4 中。本书第 11 章将讨论光伏应用中电力电子系统的系统级可靠性分析方法。

表 1.4 系统可靠性预测方法总结

	可靠性框图(RBD)	故障树分析(FTA)	马尔可夫分析(MA)
概念	RBD 是一种基于系统特性的分析技术,以图形方式表示系统组件及其可靠性性能的连接(从简单的串并联到复杂的连接)	FTA 是一种自顶向下方法的分析技术,用于分析可能导致系统故障(即顶级事件)的硬件、软件和人为故障(即子事件)的各种系统组合	MA 是一种动态状态空间分析技术,可显示所有可能的系统状态(即运行中或发生故障的状态)以及这些状态之间的转换关系
组成部分	- 组成模块 - 具有方向性的连接线 - 元件和子系统的故障等级和故障率	- 事件(初始事件,关联事件,故障事件) - 事件之间的逻辑关系 - 事件的可能性	- 状态量 - 状态转换关系 - 故障率、修复率和状态之间的转换率

(续)

	可靠性框图（RBD）	故障树分析（FTA）	马尔可夫分析（MA）
输出	- 系统可靠性	- 系统可靠性 - 辨识所有可能发生的事件	- 系统可靠性 - 系统可用性
应用	适用于无法修复的系统 - 无冗余 - 有冗余	适用于无法修复的系统 - 无冗余 - 有冗余	适用于可修复的系统 - 无冗余 - 有冗余
优势	- 设计简单	- 将所有人为因素考虑在内 - 识别故障原因	- 动态描述故障之间的关系 - 可用于可修复系统
劣势	- 无法考虑人为因素导致的故障 - 依赖于元器件和系统结构	- 依赖于元器件和系统结构	- 模型随着状态增加，其复杂度指数增加 - 主要适用于恒定故障率和修复率的分析

应当注意，三种方法通常适用于恒定故障率情况，即使在微电子学领域[24,27]，基于 PoF 的系统级可靠性预测仍然是一个开放的研究课题。不同故障机理之间的相互作用将为分析带来额外的复杂性。此外，应该指出，系统的可靠性不仅取决于器件，还取决于封装、互连、制造过程和人为错误。

1.2.5 可靠性工程中加速测试的概念

加速测试的目的在于：

1）在正常使用情况下定量获取有关产品寿命或性能信息。

2）定性识别产品的弱点，以改善设计和制造过程。

加速测试的基本思想是缩短产品的使用寿命，或通过在与正常使用相比加速的应力水平下进行测试，来加快性能的降低。基本的加速寿命测试（ALT）及相应的统计模型、测试计划和数据分析方法在参考文献 [48] 中有很好的讨论。根据测试条件和测试样本大小，还有各种其他加速测试概念，如校准加速寿命测试（CALT）[49]、多环境过压测试（MEOST）[50]和高速加速极限测试（HALT）[51]。下面将简要介绍 CALT 和 HALT 的基本概念。

CALT 是定量 ALT 的方法，可以在受限测试时间内使用，并且具有的最小样本量为 6，以得到有用的寿命估计值[49]。该方法包含三组加速测试，分别是测试Ⅰ、测试Ⅱ和测试Ⅲ，如图 1.12 所示。测试程序如下：

1）确定测试样品的破坏极限，而不改变故障机理。

2）测试Ⅰ：将应力水平降低到 90% 的破坏极限，并在此应力水平下测试两组失效。

3) 测试Ⅱ：将应力水平进一步降低到测试Ⅰ的90%，即破坏极限的81%，并在此应力水平下测试组失效。

4) 测试Ⅲ：根据时间限制，确定最低可能的应力水平，并在最低应力水平下测试两个或更多个组件。

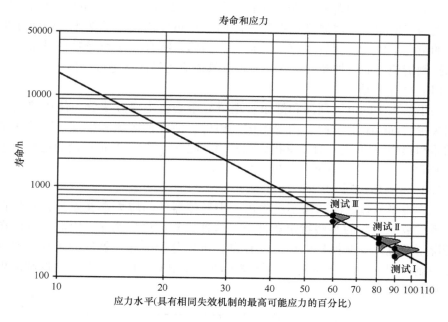

图1.12 用于说明CALT概念的示例

HALT的目标是确定操作限制、破坏限制、新的故障机理或最弱的设计点。它在接近破坏极限的加速条件下测试组件或系统，如图1.13所示。HALT是一种不预测可靠性的定性测试方法。关于HALT的详细讨论如参考文献［51］所述。

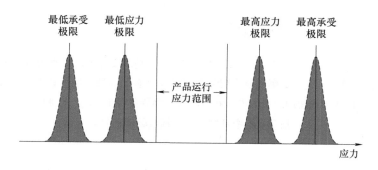

图1.13 HALT测试条件的图示

1.2.6 提高电力电子变换器系统可靠性的策略

电力电子变换器系统设计完成后,通过控制和状态监测可以进一步提高其可靠性。这是图 1.8b 所示的第三个重要方面。通常可以采取三个主要措施来提高电力电子系统的可靠性:预测和健康管理(PHM);控制影响老化的主要因素,例如降低功率模块温度和温度摆动的主动热控制;容错操作,即使在出现故障的情况下也可以保证系统继续运行。当然,所有方案均需要在设备、传感器和控制措施方面增加新的投入,应根据具体应用的成本进行评估。

(1) 健康管理

马里兰大学的电子预测和健康管理研究中心将主要方法分为使用熔丝和金丝雀装置(canary device),内置测试(BIT),故障前监测和推理,以及基于测量的累积损伤建模[52]。第 2 章将详细讨论。此外,第 10 章将讨论通过热敏电参数(TSEP)在线监测 IGBT 模块损耗状态。

(2) 主动热控制

从多电平或多电池结构不难看出,半导体器件的应力存在差异,并且在诸如由系统故障引起的某些特定条件下,这种差异会更加明显。因此,可以在特定情况下通过改变变换器的调制和控制,重新分配半导体器件的负荷,实现主动热控制,图 1.14 所示为功率半导体主动热控制的结构图。有关热控制的更多细节将在第 8 章中讨论。

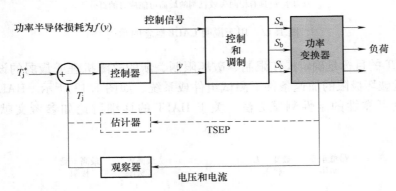

图 1.14 通过改变 y(开关频率、调制模式、无功功率等可以修改功率半导体损耗的因素),实现功率半导体结温 T_j 的主动热控制。通过使用基于 TSEP 的估计器或使用测量的电压和电流的观察器获得 T_j。S_a、S_b 和 S_c 是变换器中开关器件的栅极驱动信号。

(3) 容错控制

在安全操作区域外运行会导致电力电子器件损坏。以功率半导体开关为例,主要的故障原因是，故障电流——过电流、短路电流或接地故障电流，过电压，过温，宇宙辐射。功率半导体的驱动器也可能会存在其他问题：驱动器板故障，辅助电源故障，或 dv/dt 干扰。通常可以确定五种主要类型的故障：单开关短路（功率半导体不饱和，作为电流源工作或具有物理短路），相线短路，单开关开路，单相开路，间歇式短路。第 12 章将介绍可调速驱动应用中功率半导体开关的容错策略。

1.3 电力电子可靠性研究的挑战与机遇

可靠性是电力电子系统的重要性能指标。本章介绍了电力电子 DFR 的现状和未来发展趋势。电力电子可靠性研究已经转变为基于 PoF 方法和 DFR 过程的分析设计方法。需要多个学科的工程师和科学家的共同努力来满足研究需要，促进可靠性研究的转变。电力电子系统可靠性研究的主要挑战和机遇如下。

1.3.1 电力电子系统可靠性研究的挑战

1) 大量电力电子变换器应用在恶劣的工况条件下。
2) 某些应用（特别是消费品）的成本压力和物理尺寸要求尚未被考虑在内。
3) 对电力电子学的 DFR 过程缺乏理解。
4) 任务剖面的不确定性和部件强度的变化。
5) 电气/电子系统的复杂性。
6) 对可靠性关键部件的故障机理和故障模式缺乏了解。
7) 传统的系统级可靠性预测方法是基于恒定故障率。然而，基于 PoF 的组件级可靠性水平随时间变化。
8) 从组件到整个系统的可靠性预测和鲁棒性验证缺乏足够的测试和验证。
9) 大规模生产的电力电子产品逐渐以 ppm 级故障率为最终目标。
10) 更高的工作温度对总体可靠性和寿命提出了新的挑战。
11) 随着越来越多的数字控制器被引入到电力电子系统中，软件可靠性成为一个关键问题，应该得到充分考虑。

1.3.2 电力电子可靠性研究的机遇

1) 微电子技术的研究为电力电子学的发展和未来的工作提供了重要的基础，尤其是从方法论的角度。
2) 越来越多的任务剖面和现场在线监测数据可供查阅。
3) PoF 方法能够预测健康状态，避免电力电子器件、电路和系统中的故障。
4) 通过控制电力电子电路中的功率流动和损耗分布进行主动热控制。

5）组件级和系统级智能降额运行。

6）状态监测和容错设计，延长了使用寿命，降低了故障率。

7）新兴半导体和电容器技术能够实现更可靠的电力电子器件和系统。

8）计算机辅助自动设计软件在开发过程中可节省时间和成本。

9）功率变换器和标准化电力电子器件模块化设计和封装技术是发展趋势，例如，高级功率集成或杂交，如3D封装。

10）通过更深入地了解电力电子器件的故障机理，可以设计出针对特定故障机理的加速测试，提高可靠性预测准确性。

11）多目标优化方法可应用于电力电子系统的成本、运行服务时间和可靠性之间的设计中。

参 考 文 献

[1] P. T. Krein, *Elements of power electronics*, New York: Oxford University Press, 1998, p. 10, ISBN: 978-0198090496.

[2] P. O'Connor and A. Kleyner, *Practical reliability engineering*, 5th edition, West Sussex: John Wiley & Sons, 2012, ISBN: 978-0470979822.

[3] J. Bralla, *Design for manufacturability handbook*, 2nd edition, Boston, MA: McGraw-Hill Professional, 1998, ISBN: 978-0070071391.

[4] J. D. van Wyk and F. C. Lee, "On a future for power electronics," *IEEE Journal of Emerging and Selected Topics in Power Electronics*, vol. 1, no. 2, pp. 59–72, Jun. 2013.

[5] H. Ke and D. C. Hopkins, *3D packaging for high density and high performance GaN-based circuits*, Tutorial presentation at the IEEE Applied Power Electronics Conference and Exposition, Charlotte, 2015.

[6] H. Wang, M. Liserre, F. Blaabjerg, P. de Place Rimmen, J. B. Jacobsen, T. Kvisgaard, and J. Landkildehus, "Transitioning to physics-of-failure as a reliability driver in power electronics," *IEEE Journal of Emerging and Selected Topics in Power Electronics*, vol. 2, no. 1, pp. 97–114, Mar. 2014.

[7] ZVEI, *Handbook for robustness validation of automotive electrical/electronic modules*, revised version, Frankfurt am Main, Germany, Jun. 2013.

[8] T. Jomier, *Final public MOET technical report*, EU FP6 project on More Open Electrical Technologies, Dec. 2009. [Online]. Available: http://www.eurtd.com/moet/

[9] X. Perpinya, *Reliability and safety in railway*, Chapter 7, Rijeka, Croatia: InTech, 2012.

[10] F. Blaabjerg, Z. Chen, and S. B. Kjaer, "Power electronics as efficient interface in dispersed power generation systems," *IEEE Transactions on Power Electronics*, vol. 19, no. 4, pp. 1184–1194, Sep. 2004.

[11] S. B. Kjaer, J. K. Pedersen, and F. Blaabjerg, "A review of single-phase grid connected inverters for photovoltaic modules," *IEEE Transactions on Industry Applications*, vol. 41, no. 5, pp. 1292–1306, Sep./Oct. 2005.

[12] H. Wang, M. Liserre, and F. Blaabjerg, "Toward reliable power electronics – challenges, design tools and opportunities," *IEEE Industrial Electronics Magazine*, vol. 7, no. 2, pp. 17–26, Jun. 2013.

[13] Reliawind, *Report on wind turbine reliability profiles – field data reliability analysis*, 2011. [Online]. Available: http://www.reliawind.eu/files/file-inline/110502_Reliawind Deliverable_D.1.3ReliabilityProfilesResults.pdf

[14] L. M. Moore and H. N. Post, "Five years of operating experience at a large, utility-scale photovoltaic generating plant," *Journal of Progress in Photovoltaics: Research and Applications*, vol. 16, no. 3, pp. 249–259, May 2008.

[15] W. Weibull, "Statistical distribution function of wide applicability," *ASME Journal of Applied Mechanics*, vol. 18, no. 3, pp. 293–297, Sep. 1951.

[16] G. A. Klutke, Peter C. Kiessler, and M. A. Wortman, "A critical look at the Bathtub curve," *IEEE Transactions on Reliability*, vol. 52, no. 1, pp. 125–129, Mar., 2003.

[17] M. G. Pecht and F. R. Nash, "Predicting the reliability of electronic equipment," *Proceedings of IEEE*, vol. 82, no. 7, pp. 992–1004, Jul. 1994.

[18] M. Krasich, "How to estimate and use MTTF/MTBF would the real MTBF please stand up?" *in Proc. IEEE Annual Reliability and Maintainability Symposium*, pp. 353–359, 2009.

[19] W. B. Nelson, *Recurrent-events data analysis for repairs, disease episodes, and other applications*, Philadelphia, PA: Society for Industrial and Applied Mathematics 2003.

[20] T. Pyzdek and P. A. Keller, *The six sigma handbook*, 4th edition, Boston, MA: McGraw-Hill Professional, 2014, ISBN: 978-0071840538.

[21] J. H. Saleh and K. Marais, "Highlights from the early (and pre-)history of reliability engineering," *Reliability Engineering and System Safety*, vol. 91, no. 2, pp. 249–256, Feb. 2006.

[22] K. Chatterjee, M. Modarres, and J. B. Bernstein, "Fifty years of physics of failure," *Journal of the Reliability Information Analysis Center*, vol. 20, no. 1, Jan. 2012.

[23] M. Pecht and A. Dasgupta, "Physics-of-failure: an approach to reliable product development," *in Proc. International Integrated Reliability Workshop*, 1995, pp. 1–4.

[24] Military Handbook: *Reliability prediction of electronic equipment*, MIL-HDBK-217F, Washington, DC, Dec. 2, 1991.

[25] M. White and J. B. Bernstein, *Microelectronics reliability: physics-of-failure based modeling and life evaluation*, Pasadena, CA: Jet Propulsion Laboratory, 2008.

[26] J. G. Mecleish, "Enhancing MIL-HDBK-217 reliability predictions with physics of failure methods," *in Proc. IEEE Annual Reliability and Maintainability Symposium*, 2010, pp. 1–6.

[27] ANSI/VITA 51.2 Standard, *Physics of failure reliability predictions*, Oklahoma City, OK: VEMbus International Trade Association, 2011.

[28] S. Yang, A. T. Bryant, P. A. Mawby, D. Xiang, L. Ran, and P. Tavner, "An industry-based survey of reliability in power electronic converters," *IEEE*

Transactions on Industry Applications, vol. 47, no. 3, pp. 1441–1451, May/Jun. 2011.

[29] Y. Song and B. Wang, "Survey on reliability of power electronic systems," *IEEE Transactions on Power Electronics*, vol. 28, no. 1, pp. 591–604, Jan. 2013.

[30] H. Wang, K. Ma, and F. Blaabjerg, "Design for reliability of power electronic systems," in *Proc. IEEE Industrial Electronics Society Annual Conference*, 2012, pp. 33–44.

[31] R. Burgos, C. Gang, F. Wang, D. Boroyevich, W. G. Odendaal, and J. D. V. Wyk, "Reliability-oriented design of three-phase power converters for aircraft applications," *IEEE Transactions on Aerospace and Electronic Systems*, vol. 48, no. 2, pp. 1249–1263, Apr. 2012.

[32] X. Perpiñà, X. Jordà, M. Vellvehi, J. Rebollo, and M. Mermet-Guyennet, "Long-term reliability of railway power inverters cooled by heat-pipe-based systems," *IEEE Transactions on Industrial Electronics*, vol. 58, no. 7, pp. 2662–2672, Jan. 2011.

[33] D. Hirschmann, D. Tissen, S. Schroder, and R. W. De Doncker, "Reliability prediction for inverters in hybrid electrical vehicles," *IEEE Transactions on Power Electronics*, vol. 22, no. 6, pp. 2511–2517, Nov. 2007.

[34] P. Wikstrom, L. A. Terens, and H. Kobi, "Reliability, availability, and maintainability of high-power variable-speed drive systems," *IEEE Transactions on Industry Applications*, vol. 36, no. 1, pp. 231–241, Jan./Feb. 2000.

[35] F. Carastro, A. Castellazzi, J. Clare, and P. Wheeler, "High-efficiency high-reliability pulsed power converters for industrial processes," *IEEE Transactions on Power Electronics*, vol. 27, no. 1, pp. 37–45, Jan. 2012.

[36] S. S. Smater and A. D. Dominguez-Garcia, "A framework for reliability and performance assessment of wind energy conversion systems," *IEEE Transactions on Power Systems*, vol. 26, no. 4, pp. 2235–2245, Nov. 2011.

[37] K. Fischer, F. Besnard, and L. Bertling, "Reliability-centered maintenance for wind turbines based on statistical analysis and practical experience," *IEEE Transactions on Energy Conversion*, vol. 27, no. 1, pp. 184–195, Mar. 2012.

[38] S. Harb and R. S. Balog, "Reliability of candidate photovoltaic module-integrated-inverter (PV-MII) topologies – a usage model approach," *IEEE Transactions on Power Electronics*, vol. 28, no. 6, pp. 3019–3027, Jun. 2013.

[39] M. Ciappa, "Selected failure mechanisms of modern power modules," *Journal of Microelectronics Reliability*, vol. 42, no. 4–5, pp. 653–667, Apr./May 2002.

[40] L. Yang, P. A. Agyakwa, and C. M. Johnson, "Physics-of-failure lifetime prediction models for wire bond interconnects in power electronic modules," *IEEE Transactions on Device and Materials Reliability*, vol. 13, no. 1, pp. 9–17, Mar. 2013.

[41] Y. Yang, H. Wang, F. Blaabjerg, and K. Ma, "Mission profile based multi-disciplinary analysis of power modules in single-phase transformerless

photovoltaic inverters," *in Proc. European Conference on Power Electronics and Applications*, 2013, pp. 1–10.

[42] N. C. Sintamarean, F. Blaabjerg, H. Wang, F. Iannuzzo, and P. de Rimmen, "Reliability oriented design tool for the new generation of grid connected PV inverters," *IEEE Transactions on Power Electronics*, vol. 30, no. 5, pp. 2635–2644, May 2015.

[43] W. E. Newell, "Power electronics – emerging from limbo," *IEEE Transactions on Industry Applications,* vol. IA-10, no. 1, pp. 7–11, Jan./Feb. 1974.

[44] H. Oh, B. Han, P. McCluskey, C. Han, and B. D. Youn, "Physics-of-failure, condition monitoring, and prognostics of insulated gate bipolar transistor modules: a review," *IEEE Transactions on Power Electronics*, vol. 30, no. 5, pp. 2413–2426, May 2015.

[45] H. Wang and F. Blaabjerg, "Reliability of capacitors for DC-link applications in power electronic converters – an overview," *IEEE Transactions on Industry Applications*, vol. 50, no. 5, pp. 3569–3578, Sep./Oct. 2014.

[46] R. Khazaka, L. Mendizabal, D. Henry, and R. Hanna, "Survey of high-temperature reliability of power electronics packaging components," *IEEE Transactions on Power Electronics*, vol. 30, no. 5, pp. 2456–2464, May 2015.

[47] IEEE, *IEEE standard framework for the reliability prediction of hardware*, IEEE Std. 1413, New York, 2009.

[48] W. B. Nelson, *Accelerated testing – statistical models, test plans, and data analysis*, Hoboken: John Wiley & Sons, 2004, ISBN: 978-0471697367.

[49] General Motors Corporation Handbook GMW8758, *Calibrated accelerated life testing*, Detroit, MI, 2004.

[50] K. Bhote and A. Bhote, *World class reliability: using multiple environment overstress tests to make it happen*, West Sussex, England: AMACOM, 2004, ISBN: 978-0814407929.

[51] G. K. Hobbs, *Accelerated reliability engineering: HALT and HASS*, New York, NY: John Wiley & Sons Ltd., 2000, ISBN: 978-0471979661.

[52] M. G. Pecht, *Prognostics and health management of electronics*, Hoboken, NJ: John Wiley & Sons, 2008, ISBN: 978-0470278024.

第 2 章
电力电子的异常检测和剩余寿命预测

Michael Pecht

马里兰大学帕克分校,美国

2.1 引言

电力电子是固体电子(脉宽调制(PWM)变换器、绝缘栅双极型晶体管(IGBT)模块、电容器、电感器等)在电能变换中的一种应用。电力电子器件被广泛应用于各种电气领域,并且在人们日常生活中起到至关重要的作用,例如航空、航天、核电、高速铁路、交通运输系统、工业过程和国家安全等。由于电力电子器件的故障可能会对日常工作生活带来巨大的影响和损失,因此确保电力电子系统安全可靠运行尤为重要。

2014年市场研究报告显示,电力电子市场在未来若干年会有大幅的增长。该报告指出,2014年电力电子市场价值为368.6亿美元,预计从2014年到2020年将以年复合增长率7.74%不断提高[1]。电力电子的快速发展使其逐渐成为工业产品中的竞争核心,越来越多的关键系统依赖于电力电子器件,包括不间断电源、电力传输、汽车电子、电机驱动和能量存储等。

由于关键系统对电力电子器件的依赖性逐渐增加,电力电子器件的设计也变得越来越复杂。随着运行时间的增加与元器件的老化,电力电子器件的可靠性会逐渐降低。

电力电子器件的故障通常会导致灾难性事故,可能会造成人力、物力和财力的巨大损失。在实际运行过程中,工程师通常会采用定时维护或故障排查的方式减小损失,但这种方式无法及时有效地避免灾难的发生。为了解决传统定时维护中存在的问题,在线监控技术应运而生。该方法通过实时监测电力电子器件的状态信息,在线分析系统存在的问题,采取适当的措施进行保护或预警。小故障可以在其发生前排除,严重的故障根据在线分析结果可以将其控制或排除,系统的维护工作由被动维修转为主动保护。在线监控技术能够有效缩小系统的维护范围,节约维修成本,降低故障率,从而大幅提升设备的利用率。

预测和健康管理（Prognostics and Health Management，PHM）是一种有效的可靠性评估方法。它能够在实际的寿命周期中在线诊断故障并做出决策，从而降低系统失效的风险。目前，科研人员对机械系统 PHM 应用已经有了一定的认识，建立了故障前系统的状态转移模型（例如，磨损老化引起的轴承状态和声音的变化，最终体现为振动信号的变化），并开发了故障诊断算法。一些安全性要求极高的关键机械系统或结构，已经采用了先进的现场故障诊断（状态监测）、健康监测和寿命预测传感器[2-7]，并且取得了良好的管理效果和收益。与机械系统相比，电子系统的 PHM 存在更多问题。首先，电子元器件通常精确到微米或纳米级，内部结构复杂，它的老化更加难以检测和辨别。其次，一些工况中部分电子产品的故障不一定直接导致系统功能和电气性能的失效，所以准确量化电子产品的老化程度和预测剩余寿命存在一定困难。根据目前的研究现状来看，电子元器件失效状态研究还存在空白，有待进一步挖掘[8]。因此，要完全实现用于在线故障诊断和状态监测的诊断预警系统，还需克服很多挑战。

异常（Anomaly）是指是超出预期的行为、事件或观测值。异常有时也被称为异常值（outlier）、新异值（novelty）、噪声（noise）、偏差（deviation）或意外值（exception）。

剩余使用寿命（Remaining Useful Life，RUL）是指从特定的时间起，元器件正常使用到损坏的时间。RUL 通常是随机和未知的，预测的目的在于评估元器件或系统在当前时间是否能够正常工作，为故障诊断、故障排除或任务规划提供支撑。

诊断（Diagnostics）涉及故障的检测和隔离。预测（Prognostics）是基于当前和历史的状态数据预测未来状态（可靠性）的过程。PHM 是一种在实际寿命周期中在线评估系统可靠性的方法，用于预测故障的发生，减轻系统风险。

2.2 失效模型

电力电子器件的全寿命周期中伴随着各种复杂的应力，例如温度、雷击、湿度、振动等。统计结果显示，由环境带来的失效事件中，55% 的失效是由高温和温度循环引起的，20% 的失效与振动相关，20% 的失效与环境湿度相关[9]。针对热应力引起的电子元器件失效，Vichare 和 Pecht[10] 对故障诊断和预测方法进行了归纳与总结。目前，在电力电子领域最为常用的元器件失效模型包括时间相关的电介质击穿（Time-Dependent Dielectric Breakdown，TDDB）模型、基于能量的模型（energy-based model）、热循环模型（thermal cycling model）。

2.2.1 时间相关的电介质击穿模型

TDDB 是基于物理变化过程所建立的模型。电介质在恒定电场下（在材料所能承受的最大击穿强度条件下），其性能会随时间的累积逐渐衰减[11]。TDDB 是金属氧化物场效应晶体管（MOSFET）的一种失效机理，栅极氧化物正是由于长期施加弱电场而击穿失效（相对于强电场条件下瞬间击穿而言，长期施加的电场为弱电场）。当 MOSFET 接近或超过它的额定工作电压时，电子隧道电流会从栅极氧化物到衬底之间形成一个导电路径击穿电介质。

可靠性工程师通常采用的三种重要的氧化物击穿模型分别是热化学模型（thermochemical（E）model）、经典阳极空穴注入模型（classic anode hole injection（$1/E$）model）、Poole-Frenkel 传导机理（Poole-Frenkel conduction（$\sqrt{E}$）mechanism）。由 McPherson[12]提出的应用于栅极的热化学模型主要描述氧化物产生缺陷后形成电场的过程。需要说明的是，温度将加速这一过程的进行，其数学模型如下所示[12]：

$$\tau = A\exp\left(\frac{E_a}{kT}\right)\exp(-\gamma E_f) \tag{2.1}$$

式中，τ 为元器件距离失效的时间，A 为常数，E_a 为活化能（activation energy），k 为玻耳兹曼常数，T 为温度，γ 为场强加速因子，E_f 为加在氧化物上的电场强度。McPherson 等人[13]将热化学模型用于描述为弱场条件下 SiO_2 薄膜电介质的失效过程。

Chen 等人[14]所提的 $1/E$ 模型可以用于解释薄栅氧化物的时间相关的电介质击穿。在此基础上，Schuegraf 等人[15]在 1994 年提出一种简化模型如式（2.2）所示：

$$\tau = \frac{A\exp\left(\frac{E_a}{kT}\right)\exp\left(-\frac{\gamma}{E_f}\right)}{E_f^2} \tag{2.2}$$

式中，A、E_a、T、γ 等参数的意义与式（2.1）中一致。该模型无论在高能量或低能量条件下均适用，区别在于电子所含有的能量有所不同[16]。

$\sqrt{E}$ 模型基于两点假设，电荷堆积导致失效（Q_{BD}）和 Poole-Frenkel（PF）泄漏机理[17]。其数学模型如下所示：

$$t_{BD} \propto \frac{Q_{BD}}{E}\exp\left(\frac{q\left[\Phi_B - \sqrt{\frac{qE}{\pi\varepsilon_0\varepsilon_\infty}}\right]}{kT}\right) \tag{2.3}$$

式中，t_{BD} 为指定场强条件下电介质的剩余寿命。E 为外部场强，电场与上述两个模型相同，Q_{BD} 为临界电荷或击穿电荷，q 为单位电荷，Φ_B 为击穿深度，ε_0 为真空中的磁导率，ε_∞ 为电介质中的磁导率[17]。

虽然许多不同于 TDDB 的方法被提出并得到应用，但目前 TDDB 是 MOSFET 最重要的失效机理之一[18-20]。

2.2.2 基于能量的模型

基于能量的模型,通过对磁滞能量项或体积加权的平均应力-应变历史[21]的分析能够预测疲劳失效。基于总应变能量,Akay 等人[22]提出的疲劳模型如下:

$$N_\mathrm{f} = \left(\frac{\Delta W_\mathrm{total}}{W_\mathrm{o}} \right)^{\frac{1}{k}} \quad (2.4)$$

式中,N_f 为运行至失效所需完成的循环周期,W_o 和 k 为疲劳系数,ΔW_total 为总应变能量。Liang 等人[23]提出了一种用于焊接节点优化设计和可靠性评估的疲劳寿命预测方法,其计算采用基于能量疲劳的失效准则,如式(2.5)所示:

$$N_\mathrm{f} = C(W_\mathrm{ss})^{-m} \quad (2.5)$$

式中,W_ss 为应力-应变滞后能量密度,C 和 m 为从循环测试中提取的依赖于温度的材料系数。基于此模型,Jung 等人[24]对塑封球栅阵列(PBGA)封装中的裂纹进行了疲劳分析,其采用的模型如(2.6)所示:

$$N_0 = 7860(\Delta W_0)^{-1.00} \quad (2.6)$$

式中,N_0 为运行至出现裂纹时的循环周期数,ΔW_0(lb/in²)为粘塑应变能量密度(visco-plastic strain energy density)。为了预测焊接处的疲劳失效寿命,Wu 等人[25]采用 Heinrich 的能量模型来计算运行至出现裂纹的循环周期。N_0 可以表示为

$$N_0 = 18083 \Delta W^{-1.46} \quad (2.7)$$

式中,N_0 为运行至出现裂纹时的循环周期数,ΔW 为粘塑应变能量密度。从 Darveau 等人的研究成果可知,运行至出现裂纹时的循环周期数 N_0 和粘塑应变能量密度 ΔW 之间的关系可以表示为

$$N_0 = 54.2 \Delta W^{-1.00} \quad (2.8)$$

裂纹增长的速率 $\mathrm{d}a/\mathrm{d}N$(m/cycle)可以表示为

$$\frac{\mathrm{d}a}{\mathrm{d}N} = 3.49 \times 10^{-7} \cdot \Delta W^{1.13} \quad (2.9)$$

式(2.8)和式(2.9)表示主要(p)和次要(s)裂纹以两种不同的裂纹生长速率朝向彼此生长的模型。基于以上分析,Gustafsson 等人[26]提出了另一种基于能量的疲劳失效模型,如下式所示:

$$N_\mathrm{aw} = N_{0\mathrm{s}} + \frac{a - (N_{0\mathrm{s}} - N_{0\mathrm{p}}) \dfrac{\mathrm{d}a_\mathrm{p}}{\mathrm{d}N}}{\dfrac{\mathrm{d}a_\mathrm{s}}{\mathrm{d}N} + \dfrac{\mathrm{d}a_\mathrm{p}}{\mathrm{d}N}} \quad (2.10)$$

式中,N_aw 为运行至失效的循环周期数,a 为总裂纹长度。

与基于应变或基于蔓延的疲劳模型相比,基于能量的疲劳模型的优势在于能够以更高的精度捕获测试器件的状态量,但基于能量的疲劳模型的局限性在

于无法预测实际的失效周期数[21]。

2.2.3 热循环模型

在用于评估电子系统可靠性的许多环境加速测试方法中，热循环是一种最常用的方法。热循环是导致电力电子器件疲劳的一个重要原因，是许多电子产品最关键的故障机理。

电子组件的可靠性在很大程度上取决于焊点的质量。Ghaffarian 等人[27]使用两参数威布尔分布对 CBGA 625 热循环至失效的数据进行拟合，所采用的数学模型如下所示：

$$F(N) = 1 - \exp(-(N/N_0)^m) \qquad (2.11)$$

式中，$F(N)$ 为累积故障的分布函数，N 为热循环周期数，N_0 为特征寿命的尺度参数（通常是当故障率为 63.2% 时的热循环周期数），m 是形状参数。绝大多数的 m 值与变异系数（CV）成反比例关系，如 1.2/CV。

Coffin-Manson 模型能够在温度变化时，预测达到指定失效率时的循环周期数，其模型如下式所示：

$$N_f = \frac{\delta}{(\Delta T)^{\alpha_1}} \qquad (2.12)$$

式中，N_f 为运行至失效的热循环周期数，ΔT 为温度变化范围，δ 和 α_1 是材料的参数信息。上述模型关系解释了温度范围对热疲劳寿命的影响。

在经典 Coffin-Manson 模型的基础上，改进的 Coffin-Manson 模型成功地用于器件的寿命预测。器件的开关操作会产生重复的温度循环，并会进一步引起焊点和其他金属中裂纹的生长，导致失效[28]。该模型可以描述为

$$N_f = C \cdot f^\alpha \cdot \Delta T^{-\beta} \cdot G_{Tmax} \qquad (2.13)$$

式中，N_f 为运行至失效的热循环周期数，f 为循环频率，ΔT 为温度循环的变化范围，G_{Tmax} 为在循环周期达到最大值时的 Arrhenius 值，α 为循环频率指数（典型值为 0.33），β 为温度变化区间的指数参数（典型值为 1.9~2.0）。

Norris-Landzberg 等人[29]提出了另一种典型的分析焊点疲劳性能的热循环模型，如下：

$$AF = \frac{N_a}{N_t} = \left(\frac{f_a}{f_t}\right)^{\frac{1}{3}} \left(\frac{\Delta T_t}{\Delta T_a}\right)^2 \Phi(T_{max}) \qquad (2.14)$$

式中，

$$\Phi(T_{max}) = \frac{\text{life}(T_{max\_a})}{\text{life}(T_{max\_t})}$$

AF 为计算得到的加速因子，T_{max} 为焊点的最高温度，f 为循环频率，a、t 为两种应力状态。

2.3 用于失效机理分析的 FMMEA

为了预测产品的剩余使用寿命，必须要首先了解产品失效背后的根本原因以及产品在失效前的表现。为了解决故障的根本原因，不仅需要了解产品的故障模式，而且还需要深入研究导致故障的失效机理。如果故障机理和故障模式无法获知，则可能是由于错误地选择了用于状态监测的传感器、监测位置或用于分析监测数据的模型。

如果特征参数的确定不是基于对产品的故障机理的分析而得来的，则会导致错误的监测参数。监测错误的特征参数不仅无法准确反映产品的状态，并且有可能导致错误的预测，更有甚者会导致不正确或延迟的校正动作。例如，一些产品中通过嵌入金丝雀装置（canary device）来提前反映产品的失效，当一些关键故障发生之前，若金丝雀没有失效，那么这个装置所提供的预测信息是完全无效的。

先兆故障（Precursor failure）是指故障发生前的事件。特征参数通常是可以与后续故障相关联的可测量的变量。例如，稳压电源输出电压的偏移预示着反馈调节器和光隔离器电路存在即将失效的可能。在故障机理（PoF）分析的基础上，通过建立监测变量和后续失效行为之间的关系，能够对产品失效进行预测。Born 和 Boenning[30] 及 Pecht 等人[31] 提出了几种用于开关电源、电缆、连接器、CMOS 集成电路和压控高频振荡器的可测量参数，并对故障先兆进行了分析（见表 2.1）。并且通过测试验证了所选择参数用于检测电子系统初期故障的可行性。

表 2.1 电子产品的故障先兆

电子子系统	故障先兆参数
开关电源	• 直流输出（电压和电流）
	• 纹波
	• 脉冲宽度
	• 效率
	• 反馈信号（电压和电流）
	• 漏电流
	• RF 噪声
电线和端子	• 阻抗
	• 物理损坏
	• 电介质击穿

（续）

电子子系统	故障先兆参数
CMOS 集成芯片	• 漏电流 • 电流偏移 • 运行状态 • 电流噪声 • 逻辑偏移
压控振荡器	• 输出频率 • 功率损耗 • 效率 • 相位畸变 • 噪声
FET	• 栅极漏电流/阻抗 • 漏-源极漏电流/阻抗
瓷片电容	• 漏电流 • 耗散因子 • RF 噪声
通用二极管	• 反向漏电流 • 正向压降 • 热阻 • 功率损耗 • RF 噪声
电解电容器	• 漏电流 • 耗散因子 • RF 噪声
RF 功率放大器	• 电压驻波比 • 功率损耗 • 漏电流

故障模式、机理和影响分析（FMMEA）是一种经典的分析故障机理的方法[32]。潜在故障模式是指产品在故障前期的表现。故障机理是物理、电气、化学和机械应力单独或组合作用引起失效的过程。

FMMEA 是基于对产品的深度理解，需要建立产品需求和产品物理特性（考虑生产过程中的变化）之间的关系，研究产品材料与不同负载条件（应用条件下的应力）之间的相互作用以及它在不同应用工况下发生故障的敏感性[33]。FMMEA 步骤的示意图如图 2.1 所示。

Ganesan 等人[33]对 FMMEA 方法进行了详细的介绍。FMMEA 需要建立在全寿命周期的环境信息、工作条件和实际运行工况的基础上，分析产品的应力和潜在的故障模式。FMMEA 的目的是识别所有潜在故障模式的潜在故障机理和模型，并确定故障机理的优先级。为了确定故障机理的重要性，每一种故障机理均需要建立风险优先级（RPN）。RPN 越高则意味着其在故障机理中排名越高。图 2.2 为采用 RPN 方法计算的故障机理优先级建立流程。RPN 是严重性、事发率和检测度排名的乘积。事发率描述了故障机理发生的频率，严重性描述了故障的严重程度，检测度描述了故障机理是否便于检测的便捷程度。图 2.3 以三维图的形式展示了风险矩阵。为了准确预测产品失效，从影响产品的关键因素或主要故障机理的角度出发，产品的健康状态监测应选择适当的外界环境、常规工况和运行参数。

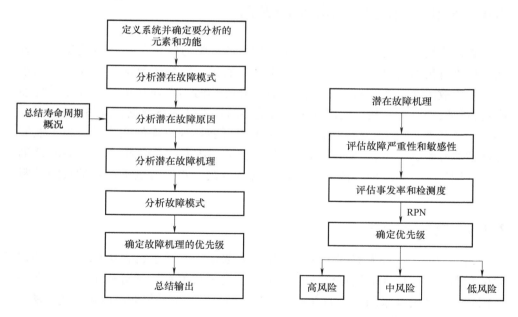

图 2.1　FMMEA 流程图[33]　　　　图 2.2　故障机理的优先级建立流程图

相对于传统的基于可靠性的设计方法而言，FMMEA 已经有了很大的提升，原因在于其决策过程的每个步骤都包含有分析故障机理的过程。基于故障机理的可靠性评估方法目前已经得到了广泛引用，已被如 IEEE[34]、EIA/JEDEC[35-40]和 SEMATECH[41-44]等学术组织接受。

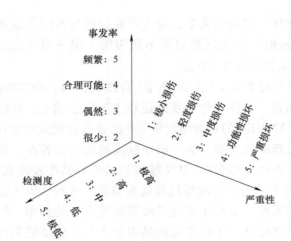

图 2.3 风险矩阵

2.4 基于数据驱动的寿命预测方法

数据驱动方法是基于大量传感器数据,通过学习统计关系和模式识别的方式,提供有价值的决策信息。它们基于以下假设,即系统数据的统计特性在系统中发生故障前保持相对不变。这种方法在操作时需要对环境、负载和系统参数进行持续的监测,然后使用针对异常检测的技术来分析数据,最终预测 RUL。异常检测技术常用于故障诊断,检测系统中可能导致故障的变化量。为了能够准确预测故障的发生,基于参数值、特征值或系统状态的概率变化趋势的预测算法常用于估计系统的故障时间。目前已经存在一些针对电子设备的故障诊断技术。

2.4.1 变量缩减法

当电力电子器件失效时,通常会建立大数据集,其中包含了许多变量和大量的数据,用于后期的故障机理的分析[45]。大量数据在统计分析中往往存在一些问题,因此需要采用特殊的方式减少变量的个数,下面将介绍两种主要方法。

2.4.1.1 主成分分析法

主成分分析(PCA)是减少数据集的维数而不干扰整个数据集主要特征的经典方法[46]。PCA 是一种变换,主成分的数量小于或等于原始变量的数量。该变换的运算方式被定义为:第一主分量具有最大方差,并且每个后继分量在与前面的分量正交(即不相关)的约束下具有最大的方差。如果数据集符合正态分布,那么主分量将保证是独立的。PCA 对原始变量的相对比例较为敏感,PCA

算法的计算过程如下：

1）标准化原数据。

从 p 维数据集 $\boldsymbol{x} = (x_1, x_2, \cdots, x_p)^\mathrm{T}$ 中选取 n 个采样数据 $x_j = (x_{j1}, x_{j2}, \cdots, x_{jp})^\mathrm{T}$，$j = 1, 2, \cdots, n, n > p$，建立一个简单的矩阵。对矩阵中的每个元素进行标准化变换，

$$Z_{ij} = \frac{x_{ij} - \bar{x}_j}{s_j}, i = 1, 2, \cdots, n; j = 1, 2, \cdots, p \tag{2.15}$$

式中，$\bar{x}_j = \dfrac{\sum_{i=1}^n x_{ij}}{n}$，$s_j = \dfrac{\sum_{i=1}^n (x_{ij} - \bar{x}_j)^2}{n-1}$，由此可以得到标准化矩阵 Z。

2）计算标准化矩阵 Z 的相关系数矩阵。

$$R = [r_{ij}]_p xp = \frac{Z^\mathrm{T} Z}{n-1} \tag{2.16}$$

式中，$r_{ij} = \dfrac{\sum z_{kj} \cdot z_{kj}}{n-1}$，$i, j = 1, 2, \cdots, p$。

3）求解关于矩阵 R 中特征方程 $|R - \lambda I_p| = 0$ 的特征根来确定主成分分量。

基于 $\dfrac{\sum_{j=1}^m \lambda_j}{\sum_{j=1}^p \lambda_j} \geq 0.85$，$m$ 为常数，可以用于将信息利用率控制在 85% 以上。

对于每一个 λ_j，$j = 1, 2, \cdots, m$，求解方程 $Rb = \lambda_j b$，得到特征矢量 b_j^o。

4）将标准化指标变量转换为主成分。

$$U_{ij} = z_i^\mathrm{T} b_i^o, j = 1, 2, \cdots, m \tag{2.17}$$

U_1 是第一主成分，U_2 是第二主成分，$\cdots$，U_p 是第 p 主成分。

5）对 m 个主成分进行综合评价。

6）计算 m 个主成分的加权和，得到最终评价值。e 权重是每个主成分方差的贡献率。

2.4.1.2 最小冗余最大相关性

最小冗余最大相关性（minimum redundancy maximum relevance，mRMR）方法是将交互信息、相关性和相似程度作为衡量标准评分筛选变量[47]。mRMR 是一种鲁棒的特征选择方法，可以基于特征与目标的相关性对特征进行排名，排除冗余特征。总而言之，这种组合方法得到的结果具有最大相关性和最小冗余特征。若给定两个离散变量 X 和 Y，这两个变量的相关性可以定义为

$$I(X;Y) = \sum_{y \in Y} \sum_{x \in X} p(x, y) \log\left(\frac{p(x, y)}{p(x)p(y)}\right) \tag{2.18}$$

式中，$p(x)$、$p(y)$ 是边缘概率分布函数。特征和变量的相关性可以表示为

$$D(S, c) = \frac{1}{|S|} \sum_{f_i \in S} I(f_i; c) \tag{2.19}$$

特征的冗余性可以表示为

$$R(S) = \frac{1}{|S|^2} \Sigma_{f_i,f_j \in S} I(f_i; f_j) \qquad (2.20)$$

最后，可以得到 mRMR 为

$$\text{Max}\{D(S,c) - R(S)\} \qquad (2.21)$$

2.4.2 Mahalanobis 距离确定故障阈值

异常检测的方法依赖系统可用的数据类型。当系统正常运行状态的数据可用时，往往基于该数据确定检测阈值，通过识别异常值来实现异常检测。阈值检测是诊断中的重要步骤，以便提前发出故障警告。阈值通常基于对故障的影响程度来定义。当无法提前获得故障的经验值时，这些诊断方法将无法使用。综上所述，广义概率方法确定阈值是一种有效的方法[48]。

Mahalanobis 距离（MD）是用于异常检测、模式识别和过程控制等应用的一种距离分析方法[49]。在电子学中，MD 已被用于检测个人计算机[48]和多层陶瓷电容器[50]中的异常。Kumar 等人[48]提出了一种基于 MD 的概率统计技术，用于确定检测阈值，然后对统计的 MD 值进行幂转换，使其遵循正态分布。最后基于转化数据的平均值和标准偏差计算统计阈值。

2.4.2.1 MD 异常检测方法

MD 异常检测方法包括使用距离测量区分正常数据和异常数据，从而将多变量数据减少为单变量数据。MD 考虑了不同参数之间的相关性，因此对各个参数之间的变化非常敏感。此外，MD 对所监测参数的不同比例关系并不敏感，这是由于 MD 值是使用归一化参数计算的。

正常的监测数据通常用于计算标准化的平均值和标准偏差，并且该正常数据也用于计算相关矩阵。利用平均值、标准偏差和从正常数据获得的相关矩阵，能够为每个测试数据点计算 MD。通过使用 Box-Cox 幂转换将 MD 值转换为正态分布，基于转化的 MD 数据的平均值和标准偏差计算检测阈值。然后使用从正常数据中得到的平均值、标准偏差、相关矩阵和 Box-Cox 变换参数对所有测试数据进行计算。当测试数据点变换的 MD 超过检测阈值时，将视为检测出异常。

图 2.4 所示为异常检测方法，从性能参数监测开始进行分析。对于测试对象，使用性能参数的平均值和标准偏差

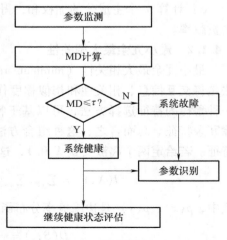

图 2.4 异常检测方法

以及从训练数据获得的相关系数矩阵计算每个观察值的 MD 值（见图 2.5）。然后将计算的 MD 值与阈值 MD 值 τ 进行比较，通过阈值 MD 值 τ 将产品分类为正常或异常。如果产品为异常产品，将进行进一步处理，通过处理故障参数以分析故障原因。

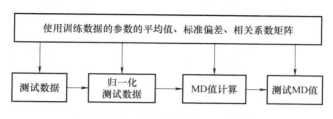

图 2.5　基于测试数据的 MD 值计算

不同工况条件下产品的性能由测量结果而定。性能参数的组合可以通过距离测量来描述，阈值的基准线包括 MD 分布、阈值 MD 值和性能参数的经验模型，构建基准线的过程如图 2.6 所示。

2.4.2.2　阈值确定

基于概率统计的方法常被用于确定两种类型的阈值 MD 值。第一，从训练数据获得的 MD 通用阈值，用于检测产品中存在的任何类型的故障或异常。第二，基于特定故障相关的历史数据，确定检测特定故障的特定阈值。第二种阈值被认为是高级别的故障隔离方案。

2.4.2.2.1　通用阈值的确定

一种用于故障诊断中确定通用阈值 MD 值的方法如图 2.7 所示。

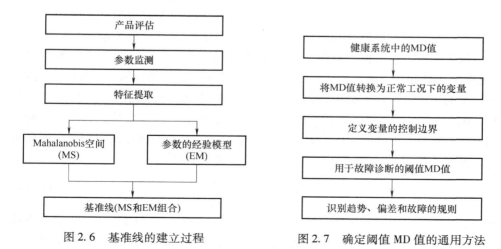

图 2.6　基准线的建立过程　　　　图 2.7　确定阈值 MD 值的通用方法

MD 值始终为正，并不完全遵循正态分布。Box-Cox 幂转换可以将该数据转换为符合正态分布的变量[51]。Box-Cox 变换定义如下：

$$x(\lambda) = \frac{(x^\lambda - 1)}{\lambda}, \lambda \neq 0$$

$$x(\lambda) = \ln(x), \lambda = 0 \quad (2.22)$$

式中，观测的矢量数据为 $x = x_1$，x_2，$\cdots$，x_n，$x(\lambda)$ 是变换后的数据。λ 通过使对数似然函数最大化获得：

$$f(x,\lambda) = -\frac{n}{2}\ln\left[\sum_{i=1}^{n} \frac{(x_i(\lambda) - \bar{x}(\lambda))^2}{n}\right] + (\lambda - 1)\sum_{i=1}^{n}\ln(x_i) \quad (2.23)$$

式中，

$$\bar{x}(\lambda) = \frac{1}{n}\sum_{i=1}^{n} x_i(\lambda) \quad (2.24)$$

变换变量 $x(\lambda)$ 的标准态（normality）需要通过将其绘制成状态图来确定。变换变量的平均值（μx）和标准差（σx）用于确定 x 条形图的控制限，并且能够得到警告极限（$\mu x + 2\sigma x$）的阈值和故障报警（$\mu x + 3\sigma x$）的阈值。更高的 MD 值意味着更高的风险，因此控制图的上部对于识别系统故障是非常重要的。质量控制包括偏差和方差识别等规则可以被用于异常检测分析[52]。

2.4.2.2.2 特定故障阈值确定

对 MD 值的正态分布变换变量，可以用于确定不同的错误类型：类型Ⅰ和类型Ⅱ[53]。错误类型Ⅰ（通常被称为假阳性（false positive））是评估产品为健康状况时统计出错的数据，即该产品是健康的但被错误地确定为非健康状态。错误类型Ⅱ（通常被称为假阴性（false negtive））是在评估产品为非健康时进行出现的统计错误，即当产品非健康时但评估该产品是健康的情况。图 2.8 所示为对于健康和非健康系统使用变量分布得到的错误类型Ⅰ和类型Ⅱ，其中，针对健康系统的分布是从训练数据中得到的，非健康系统的分布是基于系统中某一特定故障类型。对于已知故障，可以定义最优的变换变量，例如组合类型错误（类型Ⅰ和类型Ⅱ错误的和）、最小变量（图 2.8 中的阴影区域）、基于最优变换变量 x 的 MD 值。对于健康产品，具有高于阈值的 MD 值的概率是高于阈值的 MD 值的数量与健康产品总数的比值。类似地，对于非健康系统，具有小于阈值的 MD 值的概率是阈值 MD 值的数量与非健康产品的总数的比值。用于检测异常的变换变量的阈值 τ_x 需要建立在以下误差函数 ε 的基础上：

$$\varepsilon(\tau_x) = \frac{e_1}{n_h} + \frac{e_2}{n_u} \quad (2.25)$$

式中，τ_x 是阈值，e_1 是健康总数量 n_h 中的非健康数量的观测值，e_2 是非健康系统 n_u 中的健康数量的观测值。阈值从最小错误函数中可以获得（例如，选择一个不同的 τ_x 值来确定）。

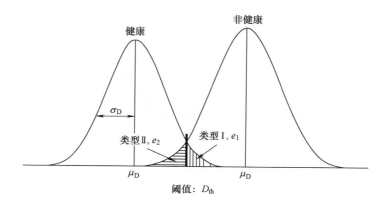

图 2.8 阈值的计算

2.4.3 K-近邻算法

K-近邻（KNN）算法是机器学习中的一种技术，新数据点类别是通过与已知类的其他数据点的邻近度来进行判定的[54,55]。通常 KNN 的分类是通过最近点的多数投票来完成的，其中具有最多邻居数量的类赢得投票并将新点分类添加为自己的类别。然而在本研究中，首先从每个类中选择三个最近邻，然后计算新点到每个类邻居的质心的距离。这种基于距离的 KNN 算法如图 2.9 所示。相比起基于多数投票的 KNN 而言，基于距离的 KNN 的优点是当跟踪距离变化时，能够获得关于特征空间的退化轨迹。本研究中使用的故障标准是当数据点到故障类的距离比到健康类的距离更近时，IGBT 被视为有故障的器件。该标准可以通过以下语句概括：

如果（到健康质心的距离 − 到故障质心的距离）>0，则存在异常。

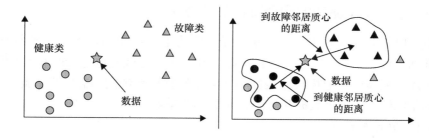

图 2.9 基于距离的 KNN 算法的图示

图 2.10 和图 2.11 所示为应用于两个 IGBT 样品的 KNN 异常检测算法的结果，表明当距离曲线超过零线时，算法成功地检测到故障前的异常情况。

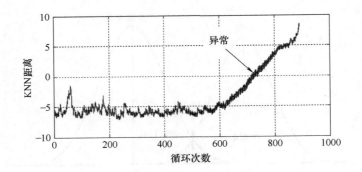

图 2.10　IGBT 测试样品#1 的异常检测。在 717 个循环检测到异常，
样品在 891 个循环失效。试验条件：1kHz
开关频率，50% 占空比，100℃温度摆幅

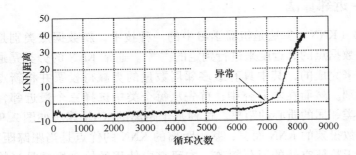

图 2.11　IGBT 测试样品#2 的异常检测。在 6973 个循环检测到异常，
样品在 8249 个循环失效。试验条件：1kHz
开关频率，50% 占空比，50℃温度摆幅

2.4.4　基于粒子滤波的剩余寿命估计方法

电力电子器件通常视为一个黑盒子，因为电力电子器件本身是非线性的，无法准确测量它们的状态。粒子滤波器（PF）方法已经在电池诊断和预测[54]中得到应用，能够精确地描绘非线性和非高斯性物理系统的动态特性。此外，更重要的是能够在线处理数据并迅速适应变化的信号[56,57]。

2.4.4.1　贝叶斯滤波

贝叶斯滤波旨在消除或减少噪声，然后恢复实际信号或估计系统的状态。基本思想是建立一个涉及隐藏状态变量的随机噪声与观测状态的空间模型：

$$x_k = f_k(x_{k-1}, v_k) \leftrightarrow p(x_k \mid x_{k-1}) \tag{2.26}$$

$$y_k = h_k(x_k, w_k) \leftrightarrow p(y_k \mid x_k) \tag{2.27}$$

式（2.26）和式（2.27）分别为系统状态和观测的非线性方程；v_k是独立同分布过程噪声序列；w_k是独立同分布观测噪声；$p(x_k|x_{k-1})$是转移概率密度；$p(y_k|x_k)$是观测概率密度。

递归贝叶斯估计提供了一种基于观测数据估计后验期望和后验概率密度函数（PDF）的通用方法。预测和更新是滤波的两个步骤。首先以系统模型前一步的概率密度来预测状态，然后使用当前测量状态来修改预测结果，并确定当前最终状态的估计。具体过程如下所述。

设$x_{0:k}$和$y_{1:k}$分别表示信号从0直到时间k的所有的状态集合和观测数据集合。在时间上递归地估计后验分布和期望。

1）预测：

$$p(x_{0:k}|y_{1:k-1}) = \int p(x_k|x_{k-1})p(x_{0:k-1}|y_{1:k-1})\mathrm{d}x_{0:k-1} \quad (2.28)$$

式中，$p(x_{0:k}|y_{1:k-1})$是先验状态概率密度函数。

2）更新：

$$p(x_{0:k}|y_{1:k}) \propto p(y_k|x_k)p(x_k|x_{k-1})p(x_{0:k-1}|y_{1:k-1})\mathrm{d}x_{0:k-1} \quad (2.29)$$

$$I(f_k)\int f_k(x_{0:k})p(x_{0:k}|y_{1:k})\mathrm{d}x_{0:k} \quad (2.30)$$

式中，$p(x_{0:k}|y_{1:k})$是后验状态概率密度函数。

这种递归思维推动了卡尔曼滤波器（KF）的出现。然而传统KF仅适用于线性滤波，其后验密度在每一步都是高斯运算[55]。基于KF的基本原理，扩展卡尔曼滤波器（EKF）能够通过泰勒级数展开的一阶项在状态估计周围局部线性化，从而拓展到非线性函数。与EKF类似，非线性卡尔曼滤波（unscented KF, UKF）同样建立在高斯分布的基础上。UKF的优点是采样点从高斯分布中近似确定，并通过真正的非线性系统传播[59]。因此，能够更准确地捕获到泰勒级数展开的二阶项的均值和协方差。虽然EKF和UKF将递归滤波拓展到非线性系统，但是两者估计的状态变量都服从高斯分布。事实上非高斯性在实际应用中更为常见。在这种情况下，基于蒙特卡罗（MC）模拟的粒子滤波方法更适用于求解非线性和非高斯问题。

2.4.4.2 粒子滤波

粒子滤波是一种与递归贝叶斯估计耦合的序贯蒙特卡罗（SMC）方法[60]。原理是利用加权样本（粒子）集来表示可用于任何状态空间模型的概率密度。随着样本数量（N_s）变大，蒙特卡罗表征可以为后验概率密度函数提供一种等效的表示方法[57]。引入$\{x_{0:k}^i, w_k^i\}$以表示后验的随机测量的概率密度函数$p(x_{0:k}|y_{1:k})$，$\{x_{0:k}^i, i=0,\cdots,N_s\}$是具有相关权重$\{w_{0:k}^i, i=0,\cdots,N_s\}$的一组数组。权重归一化表示为$\sum_i w_k^i = 1$。因此，在步骤$k$的后验滤波的概率密度函数可以近似为

$$p(x_k | y_{1:k}) \approx \sum_{i=1}^{N_s} w_k^i \delta(x_k - x_k^i) \quad (2.31)$$

通过重要性采样的原则确定权重 w_k^i[59,60]。$\delta(\cdot)$ 是 Dirac 函数，$x_{0:k}^i$ 可以从重要性密度 $q(x_{0:k} | y_{1:k})$ 得出。通过递归关系，权重由下式给出：

$$w_k^i \propto w_{k-1}^i \frac{p(y_k | x_k^i) p(x_k^i | x_{k-1}^i)}{q(x_k^i | x_{0:k-1}^i, y_{1:k})} \quad (2.32)$$

目前，仍然存在两个问题：一个问题是需要大量的采样点（粒子）以满足高精度的要求，这增加了算法的复杂性；另一个问题是无法避免用于序贯重要性采样（SIS）的粒子退化[60,61]。在几次迭代之后，极端情况是仅保留一个粒子，而其他粒子由于权重较低而被忽略。因此，有效采样粒子数 N_{eff} 被引入重采样阶段以便解决粒子的退化问题。

$$N_{\text{eff}} = \frac{N_s}{1 + \text{Var}(w_k^{*i})}, \text{其中 } w_k^{*i} = \frac{p(x_k^j | y_{1:k})}{q(x_k^i | x_{k-1}^i, y_k)} \quad (2.33)$$

由于无法准确估计权重 w_k^{*i}[16]，估计值 N_{eff} 可以被近似地表示为

$$N_{\text{eff}} = \frac{1}{\sum_{i=1}^{N_s} (w_k^i)^2} \quad (2.34)$$

式中，w_k^i 由式（2.33）中可以得到。

重采样的基本思想是消除具有小重量的粒子并集中在具有大重量的粒子上[54]（当 N_{eff} 降至阈值 N_T 以下时，将调用重采样过程）。

2.4.4.3 预测

预测的目标是能够预测步骤 j 之后系统的概率密度函数 $p(x_{k+j} | y_{0:k})$，$(j \geq 2 \in N^*)$，$j = 1, \cdots, T - k$，式中，T 是电池寿命末期（EOL）的时间范围。如果无法获得老化模型的详细信息，那么老化状态 $x_{k+1:k+j}$ 也将是无法预测的。因此，各个预测路径中的初始条件 $p(x_k | y_{0:k})$ 需要首先建立。从状态 x_{t-1} 到 x_t 的概率为 $p(x_t | x_{t-1}) \mathrm{d}x$，那么预测的概率分布可以表示为

$$p(x_{k+j} | y_{0:k}) = \int p(x_{k+j} | x_{k+j-1}) p(x_{k+j-1} | y_{0:k}) \mathrm{d}x_{k+j-1} \quad (2.35)$$

基于式（2.30），式（2.35）可以被简化为

$$p(x_{k+j} | y_{0:k}) \approx \int \sum_{i=1}^{N} w_{k+j-1}^i \delta_{x_{k+j-1}^i}(\mathrm{d}x_{k+j-1}) p(x_{k+j} | x_{k+j-1}) \mathrm{d}x_{k+j-1} \quad (2.36)$$

近期，非侵入式的故障诊断和检测方面的研究引起了极大的关注，因为这种方式比起增加硬件设备而言更加简单。这些方法的基本思想是通过给定一个特定的输入信号后从数据驱动的角度对输出信号进行分析。另外，电路级的金丝雀装置也是一种有效的方法，它通过设计其在故障前的提前失效来监测和预警系统故障。

2.4.5 基于数据驱动的电路的异常检测和预测

用于异常检测和预测的数据驱动方法不需要提前获得监测设备中的故障机理或使用材料方面的信息。这对于电路监测是有利的，因为电路中许多故障机理是无法预知的。多项研究已经表明，这种方式可以通过监测设备的输出特性来检测异常并进行 RUL 预测。对于模拟电路可以使用比电路带宽更大的带宽来完成电路的频率扫描，并且对输出数据进行分析，以确定器件的行为特性。

分析电路的频率扫描结果时，需要提取两个主要类别特征：时域特征和频域特征。在时域响应的典型频率分析过程中，傅里叶变换是一种常用的工具手段；然而，信号的傅里叶变换呈现为稳态信号，因为时域瞬变会被简单地集成到频率信号中。因此，小波变换被用于揭示傅里叶变换中可观察到的断点和不连续特性。除了小波特征之外，信号中提取出的时域特征，例如平均值、方差、偏度、峰度等也可以用于故障诊断。

通过长时间提取大量特征可能积累庞大的数据集，这会大大增加计算开销并且消耗大量的时间。因此，可以使用变量降维的方法简化计算，如先前讨论的 PCA，使大量数据更易于管理。为了跟踪异常检测的健康状况并进行预测，必须根据特征对目前状态包括故障或健康进行指示。例如，在一项研究中使用两个 MD 进行故障预测。其中一个用于频域特征，一个用于时域特征，从而绘制它们以创建电路的健康操作区域。在创建故障指示器之后，向电路注入各种故障信息以创建用于基于内核方法的机器学习预测系统的训练数据，该系统能够确定在电路内发生故障的时间和位置，并具有超过 96% 的准确度（见图 2.12）。

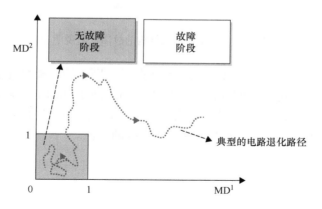

图 2.12 Mahalanobis 空间的故障传播机理

这种复杂系统的一个优点是它们可以通过数据总线便捷地进行检测。从该数据总线可以监测特定参数以更新故障指示器，例如设备的电压纹波。当电源滤波器失效后，电压纹波将会增加。对于这种情况，健康数据也可以被用于在线监测，通过确定阈值能够将故障进行分类。

2.4.6 基于金丝雀方法的电路的异常检测和预测

用于检测电路级故障的另一策略是将消耗型设备集成到电路中来监视其中组件的健康状态。这样的装置通常称为金丝雀或诊断单元（prognostics cell），它们的设计原则是按照过载标准来进行的。有两种方式可以被用来增强待检测的负载状态：第一种方法是放大装置上的负载并发送到预测单元；第二种方法是通过改变装置的几何形状或材料使得诊断单元中的装置鲁棒性降低。例如，为了产生用于焊接接头的金丝雀，可以通过使焊盘的拐角变薄或锐化来增加应力集中系数。然后将诊断单元隔离并放置在与电路相同的封装中。尽管增加相同的负载，但是增加的应力并不相同，诊断单元会在器件 RUL 结束之前发生故障。这个过程中，诊断单元与组件具有相同的机理失效，以用于准确的异常检测。金丝雀失效和电路故障之间的间隔称为预测距离（见图 2.13），产品可以根据这一参数来做针对性的设计。

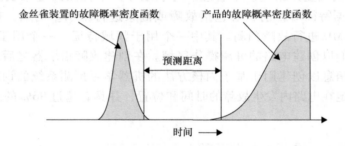

图 2.13 基于金丝雀结构的故障诊断说明

一项研究表明，诊断单元可以用于监测 MOSFET 的栅极氧化物中依赖时间的电介质击穿[27]。电路中的栅极氧化物 MOSFET 所加载的电场被放大，并施加到诊断单元中的 MOSFET 的栅极氧化物。同时，电路中需增加一个反馈模块，一旦诊断单元观察到故障，该电路将关闭系统的电源。

2.5 总结

由于目前大多数复杂系统包含大量的电力电子器件，因此，工业界和学术界对电力电子系统的可靠性与健康状况监测、预测剩余寿命的研究愈加关注。本章对电力电子的 PHM 进行了基本的介绍，介绍了电力电子的故障模型，包括

TDDB、基于能量的模型、热循环模型。本章还讨论了 PoF 预测方法，基于 PoF 的预测方法可以提供对给定负载条件和故障机理下的损坏估计，并且识别对系统可靠性至关重要的组件。

数据驱动预测通过对当前和历史数据进行统计和概率分析，估计产品的 RUL。数据驱动的方法不需要产品的特定知识，例如材料属性、构造、故障机理等。数据驱动方法可以捕获复杂的关系并学习数据中不同状态的转化趋势，无需特定的故障模型。本章介绍了两种方法（PCA 和 mRMR）以减少变量数量，优化算法，并根据 MD 定义故障阈值。最后，介绍了 KNN 分类和 PF 的数据驱动方法，用于预测电力电子器件的 RUL。

参 考 文 献

[1] Marketsandmarkets.com, Power Electronics Market by Substrate Wafer Technology (GaN, SiC, and Others), Devices (Power IC, Power Module & Power Discrete), Applications, and Geography—Analysis & Forecast to 2014–2020: May 2014. Report Code: SE 2434.

[2] I. Tumer and A. Bajwa, "A survey of aircraft engine health monitoring systems," in *Proc. AIAA*, 1999, pp. 1–6.

[3] E. P. Carden and P. Fanning, "Vibration based condition monitoring: A review," *J. Struct. Health Monit.*, vol. 3, no. 4, pp. 355–377, 2004.

[4] P. Chang, A. Flatau, and S. Liu, "Review paper: Health monitoring of civil infrastructure," *J. Struct. Health Monit.*, vol. 3, no. 3, pp. 257–267, 2003.

[5] M. Krok and K. Goebel, "Prognostics for advanced compressor health monitoring," in *Proc. SPIE*, vol. 5107, 2003, pp. 1–12.

[6] G. J. Kacprzynski, M. J. Roemer, G. Modgil, and A. Palladino, "Enhancement of physics of failure prognostic models with system level features," in *Proc. IEEE Aerospace Conf.*, vol. 6, 2002, pp. 2919–2925.

[7] J. Xie and M. Pecht, "Application of in-situ health monitoring and prognostic sensors," in *Proc. 9th Pan Pacific Microelectronics Symp. Exhibits Conf.*, Oahu, HI, Feb. 10–12, 2004.

[8] N. Vichare, P. Rodgers, V. Eveloy, and M. G. Pecht, "Monitoring environment and usage of electronic products for health assessment and product design," in *Proc. IEEE Workshop Accelerated Stress Testing Reliability*, Austin, TX, Oct. 2–5, 2005.

[9] D. Steinberg, *Vibration analysis for electronic equipment*, 3rd ed., John Wiley & Sons, Inc., Hoboken, NJ, 2000.

[10] N. Vichare and M. Pecht, "Enabling electronic prognostics using thermal data," in *Proc. 12th Int. Workshop on Thermal Investigation of ICs and Systems*, Nice, France, Sept. 2006.

[11] J. W. McPherson, "Time dependent dielectric breakdown physics—Models revisited," *Microelectron. Reliab.*, vol. 52, nos. 9 and 10, pp. 1753–1760, 2012.

[12] J. W. McPherson and D. A. Baglee, "*Acceleration factors for thin gate oxide stressing*," in *Int. Rel. Phys. Symp.*, p. 1, 1985.

[13] J. W. McPherson and H. C. Mogul, "Underlying physics of the thermo-chemical E model in describing low-field time-dependent dielectric breakdown in SiO$_2$ thin films," *J. Appl. Phys.*, vol. 84, pp. 1513–1523, 1998.

[14] I. C. Chen, S. Holland, and C. Hu, "A quantitative physical model for time-dependent breakdown in SiO2" in *Proc. 23rd Annual Int. Reliability Physics Symp.*, Orlando, FL, 26–28 Mar. 1985.

[15] K. F. Schuegraf and C. Hu, "Hole injection SiO$_2$ breakdown model for very low voltage lifetime extrapolation," *IEEE Trans. Electron Devices*, vol. 41, pp. 761–767, 1994.

[16] C. L. Henderson, "Time dependent dielectric breakdown," *Semicond. Reliab.*, 2002, http://www.semitracks.com/manuals/12.pdf.

[17] K.-H. Allers, "Prediction of dielectric reliability from I–V characteristics: Poole–Frenkel conduction mechanism leading to root (E) model for silicon nitride MIM capacitor," *Microelectron. Reliab.*, vol. 44, pp. 411–423, 2003.

[18] G. A. Swartz, "Gate oxide integrity of NMOS transistor arrays," *IEEE Trans. Electron Devices*, vol. ED-33, no. 11, pp. 1826–1829, 1986.

[19] A. Strong, *et al.*, Reliability wearout mechanisms in advanced CMOS technologies," *Series on microelectronic systems*, IEEE Press, Hoboken, NJ, 2009.

[20] J. McPherson, *Reliability physics and engineering*, Springer Publishing, New York, NY, 2010.

[21] W. W. Lee, L. T. Nguyen, and G. S. Selvaduray, "Solder joint fatigue models: Review and applicability to chip scale packages," *Microelectron. Reliab.*, vol. 40, pp. 231–244, 2000.

[22] H. Akay, H. Zhang, and N. Paydar, "Experimental correlations of an energy-based fatigue life prediction method for solder joints," Advances in Electronic Packaging, in *Proc. Pacific Rim/ASME Int. Intersociety Electronic and Photonic Packaging Conf.* INTERpack'97, vol. 2, 1997, pp. 1567–1574.

[23] J. Liang, N. Gollhardt, P. S. Lee, S. Heinrich, and S. Schroeder, "An integrated fatigue life prediction methodology for optimum design and reliability assessment of solder interconnections," Advances in Electronic Packaging, in *Proc. Pacific Rim/ASME Int. Intersociety Electronic and Photonic Packaging Conf.* INTERpack'97, vol. 2, 1997, pp. 1583–1592.

[24] W. Jung, J. H. Lau, and Y. H. Pao, "Nonlinear analysis of full-matrix and perimeter plastic ball grid array solder joints," in *Nepcon West'97*, 1997, pp. 1076–1095.

[25] X. Wu, J. Chin, T. Grigorich, X. Wu, G. Mui, and C. Yeh. "Reliability analysis for fine pitch BGA package," in *Electronic Components and Technology Conf.*, June 1998, pp. 737–741.

[26] G. Gustafsson, "*Solder joint reliability of a lead-less RF-transistor,*" in *Electronic Components and Technology Conf.*, June 1998, pp. 87–91.

[27] R. Ghaffarian, "Accelerated thermal cycling and failure mechanisms for BGA and CSP assemblies," *J. Electron. Packag.*, vol. 122, no. 4, p. 335, 2000.

[28] H. Cui, "Accelerated temperature cycle test and Coffin–Manson model for electronic packaging," in *Proc. Annual Reliability and Maintainability Symp.*, 2005, pp. 556–560.

[29] K. C. Norris and A. H. Landzberg, "Reliability of controlled collapse interconnections," *IBM J. Res. Dev.*, vol. 13, no. 3, pp. 266–271, May 1969.

[30] F. Born and R. A. Boenning, "Marginal checking—A technique to detect incipient failures," in *Proc. IEEE Aerospace and Electronics Conf.*, 22–26 May 1989, pp. 1880–1886.

[31] M. G. Pecht, R. Radojcic, and G. Rao, *Guidebook for managing silicon chip reliability*, CRC Press, Boca Raton, FL, 1999.

[32] M., Pecht and A. Dasgupta, "Physics-of-failure: An approach to reliable product development," *J. Inst. Environ. Sci.*, vol. 38, pp. 30–34, 1995.

[33] S. Ganesan, V. Eveloy, D. Das, and M. Pecht, "Identification and utilization of failure mechanisms to enhance FMEA and FMECA," in *Proc. IEEE Workshop on Accelerated Stress Testing & Reliability*, Austin, TX, Oct. 2–5, 2005.

[34] IEEE Standard 1413.1-2002, IEEE guide for selecting and using reliability predictions based on IEEE 1413, IEEE Standard, New York, NY, 2003.

[35] JESD659-A: Failure-mechanism-driven reliability monitoring, EIA/JEDEC Standard, Sept. 1999.

[36] JEP143A: Solid-state reliability assessment and qualification methodologies, JEDEC Publication, May 2004.

[37] JEP150: Stress-test-driven qualification of and failure mechanisms associated with assembled solid state surface-mount components, JEDEC Publication, May 2005.

[38] JESD74: Early life failure rate calculation procedure for electronic components, JEDEC Standard, Apr. 2000.

[39] JESD94: Application specific qualification using knowledge based test methodology, JEDEC Standard, Jan. 2004.

[40] JESD91A: Method for developing acceleration models for electronic component failure mechanisms, JEDEC Standard, Aug. 2003.

[41] SEMATECH, #00053955A-XFR: Semiconductor device reliability failure models, SEMATECH Publication, May 2000.

[42] SEMATECH, #00053958A-XFR: Knowledge-based reliability qualification testing of silicon devices, SEMATECH Publication, May 2000.

[43] SEMATECH, #04034510A-TR: Comparing the effectiveness of stress-based reliability qualification stress conditions, SEMATECH Publication, Apr. 2004.

[44] SEMATECH, #99083810A-XFR: Use condition based reliability evaluation of new semiconductor technologies, SEMATECH Publication, Aug. 1999.

[45] S. Sharma, *Applied multivariate techniques*, John Wiley & Sons, Inc., Canada, 1996.

[46] A. C. Rencher, *Methods of multivariate analysis*, John Wiley and Sons, Inc., New York, NY, 1995.

[47] H. Peng, F. Long, and C. Ding, "Feature selection based on mutual information: criteria of max-dependency, max-relevance, and min-redundancy," *IEEE Trans. Pattern Anal. Mach. Intell.*, vol. 27, no. 8, pp. 1226–1238.

[48] S. Kumar, T.W.S. Chow, and M. Pecht, "Approach to fault identification for electronic products using Mahalanobis distance," *IEEE Trans. Instrum. Meas.*, vol. 59, pp. 2055–2064, 2010.

[49] R. De Maesschalck, D. Jouan-Rimbaud, and D. Massart, "The Mahalanobis distance," *Chemom. Intell. Lab. Syst.* vol. 50, pp. 1–18, 2000.

[50] L. Nie, M. Azarian, M. Keimasi, and M. Pecht, "Prognostics of ceramic capacitor temperature-humidity-bias reliability using Mahalanobis distance analysis," *Circuit World*, vol. 33, pp. 21–28, 2007.

[51] G. Box and D. Cox, "An analysis of transformations," *J. R. Stat. Soc., Ser. B Stat. Methodol.*, vol. 26, no. 2, pp. 211–252, 1964.

[52] L. S. Nelson, "Technical aids," *J. Qual. Technol.*, vol. 16, no. 4, pp. 238–239, 1984.

[53] O. Schabenberger and F. J. Pierce, *Contemporary statistical models for the plant and soil sciences*, 1st ed., CRC Press, Boca Raton, FL, 2001.

[54] E. Fix and J. L. Hodges Jr., "Discriminatory Analysis-Nonparametric Discrimination: Consistency Properties," Report Number 4, Project Number 21-49-004, USAF School of Aviation Medicine, Randolph Field, TX, Feb. 1951.

[55] D. Hand, H. Mannila, and P. Smith, *Principles of data mining*, The MIT Press, Cambridge, MA, 2001.

[56] M. S. Arulampalam, S. Maskell, N. Gordon, and T. Clapp, "A tutorial on particle filters for online nonlinear/non-Gaussian Bayesian tracking," *IEEE Trans. Signal Process.*, vol. 50, pp. 174–188, 2002.

[57] E. Zio and G. Peloni, "Particle filtering prognostic estimation of the remaining useful life of nonlinear components," *Reliab. Eng. Syst. Saf.*, vol. 96, pp. 403–409, 2011.

[58] E. A. Wan and R. Van Der Merwe, "The unscented Kalman filter," in S. Haykin (Ed.), *Kalman filtering and neural networks*, John Wiley & Sons, New York, NY, pp. 221–280, 2001.

[59] A. Doucet, S. Godsill, and C. Amdrieu, "On sequential Monte Carlo sampling methods for Bayesian filtering," *Stat. Comput.*, vol. 10, pp. 197–208, 2000.

[60] D. J. Lee, "Nonlinear Bayesian filtering with applications to estimation and navigation," Texas A&M University, 2005.

[61] Y. Xing, E. W. M. Ma, K. L. Tsui, and M. Pecht, "A case study on battery life prediction using particle filtering," in *2012 Prognostics & System Health Management Conf.* (PHM-2012 Beijing), 2012.

第 3 章
电力电子变换器 DC-link 电容器可靠性

Huai Wang

奥尔堡大学，丹麦

3.1 电力电子变换器 DC-link 电容器

DC-link 电容器被广泛应用于电力电子变换器中，常用于缓冲输入源和输出负载之间的不平衡瞬时功率，减小 DC-link 电压纹波。在一些应用场合中，DC-link 电容器也用于提供能量存储。图 3.1 所示为几种带有容性 DC-link 的电力电子变换系统架构。这些结构适用于多种电力电子变换器的应用场合，例如，功率因数校正、风力发电系统、光伏系统、电机驱动、电动汽车和照明系统。需要说明的是，容性 DC-link 中不仅仅包含电容器，在一些应用场合也包含一些感性元件。

3.1.1 用于 DC-link 的几种典型电容器

对于不同的 DC-link 应用场合，电容器的选取取决于电容值、耐压值、最大工作温度、频率特性、成本、体积、可靠性等。图 3.2 所示为电力电子系统中几种常见电容器的电容值、耐压值的变化范围。其中，双电层电容器在 DC-link 中多用于能量存储，具有电容值大、电压等级低等特点。另外还有两种较为常用的电解电容器：铝电解电容器（Al-Cap）和固体钽电容器。固体钽电容器常用于电压等级低于 100V 的应用场合。在一些应用场合，薄膜电容器和陶瓷电容器也作为 DC-link 电容器使用，例如金属化聚丙烯薄膜电容器（MPPF-Cap）和多层陶瓷电容器（MLC-Cap）。

3.1.2 不同种类 DC-link 电容器的对比

本章重点讨论用于 DC-link 的几种常用电容器，包括 Al-Cap、MPPF-Cap 和 MLC-Cap。电容器的选择需要将电容器自身的特性、参数特征与具体的应用场合相匹配，例如，不同的环境、电气应力、机械应力。

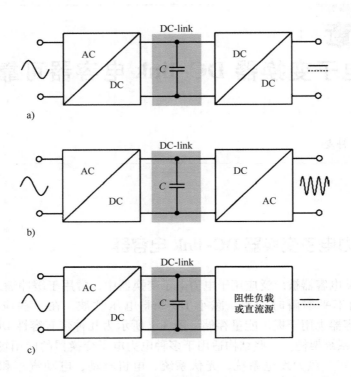

图 3.1 带有容性 DC-link 的电力电子变换系统架构：a) 带有容性 DC-link 的
AC-DC-DC 或 DC-DC-AC 变换器；b) 带有容性 DC-link 的 AC-DC-AC
变换器；c) 带有容性 DC-link 的 AC-DC 或 DC-AC 变换器

图 3.3a 所示为电容器的一种典型电热模型。在电气模型中，C、R_s 和 L_s 分别表示电容值、等效串联电阻（ESR）和等效串联电感（ESL）。损耗因数（DF）的定义为 $\tan\delta = 2\pi f R_s C$，式中 f 是频率。R_p 是绝缘电阻。R_d 是由于介电吸收和分子极化引起的介电损耗，C_d 是固有的电介质吸收[1]。广泛使用的简化电容器模型由 C、R_s 和 L_s 组成。值得注意的是，电容器的参数会随温度、电压应力、频率和时间（即操作条件）的变化而变化。忽略这些变化可能导致对电应力和热应力的分析不准确。在热模型中，$P_{c,loss}$ 是功率损耗，T_a、T_c 和 T_h 分别是环境温度、壳温度和热点温度。R_{thhc} 和 R_{thca} 分别是从热点到壳体和从壳体到环境的热阻。R_{thca} 的值取决于电力电子系统中电容器的散热设计。R_{th} 是从热点到环境的等效热阻。

图 3.3b 绘制了电容器的阻抗特性。该图可以被划分为三个不同的频率区域。区域 Ⅰ、区域 Ⅱ、区域 Ⅲ 中阻抗分别由电容值、ESR 和 ESL 决定。电容器的谐振频率 f_r 对应于 ESR 的最小阻抗值，被定义为电容器的最大工作频率。否

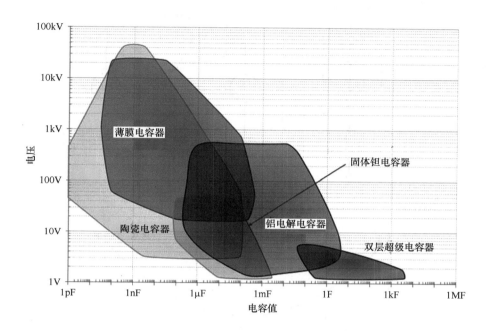

图 3.2 电力电子系统中几种常见电容器的电容值和耐压值的变化范围

则，电容器将在频率高于 f_r 时变为感性元件。

介电材料的特性是限制电容器的性能的主要因素。Al_2O_3、聚丙烯和陶瓷是制造 Al-Cap、MPPF-Cap 和 MLC-Cap 的主要材料。根据参考文献［2］中的分析，由于高场强和高相对介电常数，Al_2O_3 具有最高的能量密度，理论极限为 $10J/cm^3$，在商业产品中所达到的能量密度为 $2J/cm^3$。陶瓷相比 Al_2O_3 和薄膜而言具有更高的介电常数，然而，由于陶瓷只能承受低场强，导致其能量密度与薄膜相似。

三种类型的电容器的优点和缺点见表 3.1。Al-Cap 可以实现最高的能量密度和每焦耳最低的成本，但是存在相对较高的 ESR、较低的额定纹波电流值和由于电解质的蒸发引起的老化问题。MLC-Cap 尺寸小，具有更宽的频率范围，工作温度高达 200℃。然而，成本较高，对机械应力较为敏感。最近发布的 CeraLink 系列陶瓷电容器[3]非常适用于 DC-link 应用场合，拓展了 MLC-Cap 的应用范围。它使用了具有反铁电性能和强正偏压效应（即电容对电压应力）的新型陶瓷材料。MPPF-Cap 在成本与 ESR、电容值、纹波电流和可靠性方面的优势，为高电压应用（例如，高于 500V）提供了新的机遇。然而，它们存在体积大和工作温度低等缺点。

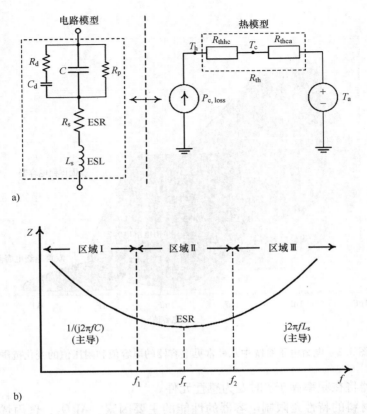

图 3.3 电容器的等效模型和阻抗特性: a) 电容器的等效电热模型;
b) 电容器的阻抗特性

表 3.1 三种用于 DC-link 的电容器性能比较 (+++较好, ++中等, +较差)

	Al-Cap	MPPF-Cap	MLC-Cap
电容值	+++	++	+
耐压值	++	+++	+
纹波电流	+	+++	+++
等效串联电阻	+	+++	+++
损耗因数	+	+++	+++
频率范围	+	++	+++
电容值稳定性	++	+++	+
过电压能力	++	+++	+
温度范围	++	+	+++

（续）

	Al-Cap	MPPF-Cap	MLC-Cap
能量密度	+++	+	++
电热应力下的可靠性	+	+++	+++
每焦耳的成本	+++	++	+

3.1.3 电力电子变换器中电容器的可靠性挑战

为了满足汽车、航空和能源行业严格的可靠性标准，DC-link 的设计面临诸多挑战：①电容器是在电力电子系统的现场工作中故障率最高的元件之一[4-6]；②全球商业竞争带来的成本压力决定了电容器的最小设计余量，提高了电容器的运行风险；③在新兴应用中，电容器运行的环境越发恶劣（例如，高环境温度、高湿度等）；④高功率密度电力电子系统的发展趋势对电容器的体积和散热提出了更高的要求。

解决以上挑战的方法可以分为三类：①推出先进的电容器制造技术，显著提高或设计电容器可靠性；②基于已有的电容器解决方案进行优化设计，实现更优的鲁棒性裕度和成本效益；③实施状态监测和预防性维护以确保可靠运行。通过利用新介电材料的进步和创新的制造工艺，领先的电容器制造商已经在不断地发布新产品，改进可靠性和成本性能。与第一类相比，后两类与电力电子工程师更为相关，因此将在本章中重点讨论。此外，它们的失效模式、失效机理、应力因素和寿命模型将在下一节中进行详细说明。

3.2 电容器的失效机理和寿命模型

根据第 1 章所述，理解电容器的失效机理是预测和提升电力电子器件和系统可靠性的基本前提，本章将对 Al-Cap、MPPF-Cap 和 MLC-Cap 的失效机理和寿命模型进行介绍。

3.2.1 DC-link 电容器的失效模式、失效机理和关键应力

DC-link 电容器的失效原因可以分为固有因素和外界因素，例如，设计缺陷、材料老化、运行温度、电压、电流、湿度、机械应力等。通常，电容器的失效被分为由于单次过应力引起的灾难性失效和长时间运行导致的电容器老化失效。Al-Cap 的失效机理[7-10]、MPPF-Cap 的失效机理[11-15]、MLC-Cap 的失效机理[16-18]已经在文献中分别进行了讨论，表 3.2 对上述文献中所涉及的三种类型电容器的失效模式、失效机理和关键应力进行了总结。

表 3.2　三种主要类型的电容器的失效模式、失效机理和关键应力

电容器类型	失效模式	失效机理	关键应力
Al-Cap	断路	带自愈功能的电介质击穿	V_C, T_a, i_C
		端子连接失效	振动
	短路	氧化层电介质击穿	V_C, T_a, i_C
	老化，电气参数偏移（C, ESR, $\tan\delta$, I_{LC}, R_p）	电解液挥发	T_a, i_C
		电化学反应（例如，氧化物层的降解，阳极箔电容降低）	V_C
MPPF-Cap	断路（典型）	带自愈功能的电介质击穿	V_C, T_a, dV_C/dt
		由电介质膜的热收缩引起的连接不稳定性	T_a, i_C
		由于吸收水分而氧化导致的金属挥发，最终引起的电极面积的减少	湿度
	短路	电介质薄膜击穿	V_C, dV_C/dt
		过电流自愈	T_a, i_C
		薄膜高湿度	湿度
	老化，电气参数偏移（C, ESR, $\tan\delta$, I_{LC}, R_p）	电介质损坏	V_C, T_a, i_C, 湿度
MLC-Cap	断路	严重的裂纹（例如，由于温度偏移）	T_a, i_C, 振动
	短路（典型）	电介质击穿	V_C, T_a, i_C
		电容器损坏，有裂纹	振动
	老化，电气参数偏移（C, ESR, $\tan\delta$, I_{LC}, R_p）	氧化物空位迁移；介质穿刺；绝缘劣化；陶瓷微裂纹	V_C, T_a, i_C, 振动

注：V_C—电容器电压应力；i_C—电容器电流应力；I_{LC}—漏电流；T_a—环境温度。

表 3.3 所示为 Al-Cap、MPPF-Cap 和 MLC-Cap 三种类型电容器的失效和自愈能力的对比。由于相对较大的 ESR 和有限的散热面积，电解液的挥发是小尺寸 Al-Cap 的主要失效原因（例如，插入式电容器）。对于大尺寸 Al-Cap 而言，老化引起的寿命衰减主要由漏电流决定，与氧化物层的电化学反应有关[19]。对于 MPPF-Cap 而言，最重要的可靠性特性是自愈能力[13,14]，MPPF-Cap 中由于过电压导致的局部电介质破损将会被修复，除了可忽略的电容值减小以外，电容器能够恢复其全部能力。随着一些孤立薄弱点数量的增加，电容器的电容值将会逐渐减小直到寿命终止。MPPF-Cap 的金属薄膜的厚度小于 100nm[20]，容易受到外界环境湿度的腐蚀。参考文献 [21] 对湿度引起的失效机理进行了研究。

表 3.3　电容器失效和自愈能力的比较

	Al-Cap	MPPF-Cap	MLC-Cap
主要失效模式	老化		
	断路	断路	短路
失效机理	电解液蒸发；电化学反应	水分腐蚀；介电损耗	绝缘老化；薄膜裂纹
关键应力	T_a, V_C, i_C	T_a, V_C, 相对湿度	T_a, V_C, 振动
自愈能力	中等	较好	无

不同于 Al-Cap 和 MPPF-Cap，MLC-Cap 的电介质材料在额定工况下能够长时间运行，并且不会出现明显的老化[17]。因此，陶瓷电容器的老化问题不是制约其发展的因素。然而，MLC-Cap 存在快速损坏的问题，这是由于多层电介质的"放大"效应[17]。参考文献 [22] 的研究结果显示，为了实现电容器小型化，现代 MLC-Cap 电容器多采用多层结构，使用寿命通常在 10 年内。此外，由于 MLC-Cap 电容器失效后通常为短路状态，因此可能会对功率变换器带来严重的后果。MLC-Cap 的主要失效原因是绝缘劣化和挠曲裂纹。介电层厚度的减小会导致绝缘劣化，并且进一步导致漏电流的增加。在高电压和高温条件下，可能发生雪崩击穿（ABD）和温度漂移（TRA）。ABD 的突发会引起大电流，导致立即击穿，而 TRA 将会引起漏电流增加[16]。

3.2.2　DC-link 电容器的寿命模型

寿命模型对于不同电容器解决方案的寿命预测和对比非常重要。目前，最广泛使用的电容器寿命模型如式（3.1）所示，其描述了温度和电压应力对寿命的影响：

$$L = L_0 \times \left(\frac{V}{V_0}\right)^{-n} \times \exp\left[\left(\frac{E_a}{K_B}\right)\left(\frac{1}{T} - \frac{1}{T_0}\right)\right] \quad (3.1)$$

式中，L 和 L_0 分别是使用条件下和测试条件下的电容器寿命。V 和 V_0 分别是使用条件下和测试条件下的电压。T 和 T_0 分别是使用条件下和测试条件下的开尔文温度。E_a 是活化能，K_B 是玻耳兹曼常数，8.62×10^{-5} eV/K，以及 n 是电压应力指数。因此，E_a 和 n 是模型中决定特性的关键参数。

如参考文献 [23] 所述，对于高电介质常数的陶瓷电容器，E_a 和 n 分别为 1.19 和 2.46。参考文献 [22] 给出了对于 MLC-Cap 的 E_a 和 n 的参数区间分别为 1.3~1.5 和 1.5~1.7。以上提到的差异可归因于陶瓷材料、介电层厚度、测试条件等因素。MLC-Cap 目前的发展趋势为更小尺寸和更薄介电层，这将意味着 MLC-Cap 将对电压应力更加敏感以及有更高的 n 值。此外，如参考文献 [24] 所述，在不同的测试电压下，n 的值可能不同。

对于 Al-Cap 和薄膜电容器，基于式（3.1）的简化模型得到了广泛应用，如式（3.2）所示：

$$L = L_0 \times \left(\frac{V}{V_0}\right)^{-n} \times 2^{\frac{T_0 - T}{10}} \quad (3.2)$$

参考文献［25］对由式（3.1）到式（3.2）的推导过程进行了详细描述。式（3.2）所述模型是式（3.1）的一个特定情况，即当 $E_a=0.94\text{eV}$ 时，T_0 和 T 为398K。对于MPPF-Cap，电容器制造商[26]给出的指数 n 的变化范围为7～9.4。对于Al-Cap，n 值的变化范围为3～5[27]。然而，Al-Cap电压对电容器寿命的影响取决于电容器的电压应力等级。在参考文献［8］中，线性方程被用于描述电压应力对寿命的影响。此外，在式（3.2）中提出的寿命与温度的依赖关系只是一种近似[28]。在参考文献［28，29］中，基于电解质蒸发引起的ESR漂移老化的电解电容器寿命模型被提出。ESR的估计是基于电解质的应力和电解质体积的减少值。预测结果与式（3.1）中所示的寿命-温度关系（即Arrhenius方程）非常吻合。为了统一不同电容器制造商提供的寿命模型的物理解释，在参考文献［30］中推导出通用模型如下：

$$\frac{L}{L_0}=\begin{cases}\left(\dfrac{V_0}{V}\right)\times\exp\left[\left(\dfrac{E_a}{K_B}\right)\left(\dfrac{1}{T}-\dfrac{1}{T_0}\right)\right] & (低等级电压应力) \\ \left(\dfrac{V}{V_0}\right)^{-n}\times\exp\left[\left(\dfrac{E_a}{K_B}\right)\left(\dfrac{1}{T}-\dfrac{1}{T_0}\right)\right] & (中等级电压应力) \\ \exp[a_1(V_0-V)]\times\exp\left[\dfrac{E_{a0}-a_0\xi}{K_B T}-\dfrac{E_{a0}-a_0\xi_0}{K_B T_0}\right] & (高等级电压应力)\end{cases}$$

(3.3)

式中，a_0 和 a_1 是用于描述决定 E_a 的电压和温度系数。ξ 和 ξ_0 是运行条件下的应力变量（例如，电压和温度）。E_{a0} 是测试条件下的活化能。由式（3.3）可以看出，对于低等级电压、中等级电压和高等级电压场合，电压对寿命的影响分别为线性、反幂函数和指数函数。同时，可以看出活化能 E_a 会随着电压和温度的变化而变化，尤其在高等级电压应力条件下。参考文献［28］的分析与上述观察结果相一致，E_a/K_B 的值在不同的温度范围内变化。

目前可用的寿命模型将电压和温度（包括环境温度和纹波电流引起的温升）的影响考虑在内，然而对于MPPF-Cap和MLC-Cap而言，相对湿度和机械振动也对电容器的寿命有影响，见表3.3，有必要将两者考虑在寿命模型中。例如，3.2.3节中以MPPF-Cap为例，讨论了相对湿度对电容器老化的影响。

3.2.3 湿度条件下DC-link电容器的加速寿命测试

本章主要介绍DC-link电容器的加速寿命测试（ALT）。ALT概念已经在本书第1章的1.2.5节中给出。本实例的研究目标是了解1100V/40μF MPPF-Cap的衰减曲线和寿命。测试系统所包含的设备如图3.4所示，其中包括可控温箱（温度变化范围为-70～180℃，相对湿度（RH）变化范围是10%～95%）、纹波电流发生器和RLC电桥。该系统能够测试用于电力电子系统DC-link场合中的多种电容器。

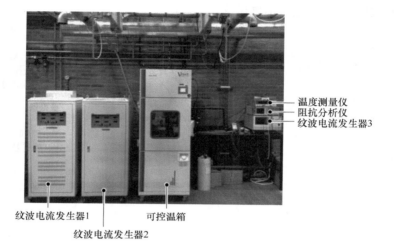

图 3.4　电容器老化测试系统图示

图 3.5 和图 3.6 所示为 10 个 1100V/40μF MPPF-Cap 测试样品的测试结果。2000h 电容值的衰减过程如图 3.5 所示，当电容值衰减初始值的 5% 时，视为电容器失效。由图可以看出在 2000h 之前，10 个测试电容器均寿命终止，但是该测试对象的数据手册中显示为该电容器在 85℃，非潮湿环境下能够工作 100000h。因此，测试结果显示湿度对 MPPF-Cap 的老化和寿命有不可忽视的影响。图 3.6 所示为参与测试的 10 个电容器不可靠性曲线的威布尔分布图。在

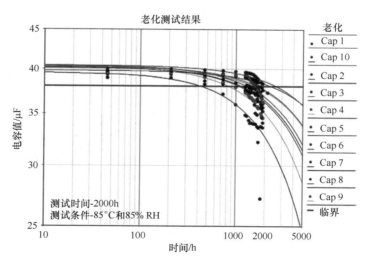

图 3.5　在 85℃ 和 85% 相对湿度（RH）下，10 个电容器测试
样品的电容器老化特性曲线

50%置信水平下，B10 寿命为 899h。威布尔分析的信息可以在本书第 1 章的 1.2.1 节中找到，因此这里不再讨论。

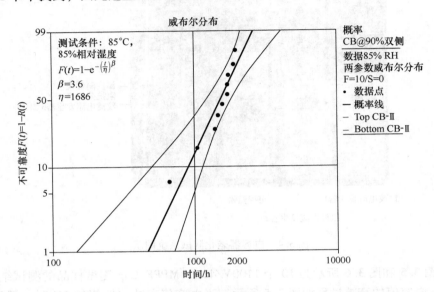

图 3.6 基于在 85℃和 85%相对湿度（RH）下 10 个电容器样品的失效时间数据的威布尔图中的不可靠性曲线

图 3.7 绘制了不同相对湿度下电容器的 B10 寿命，分别为基于在 85%湿度水平、70%湿度水平和 55%湿度水平下的加速寿命测试结果。

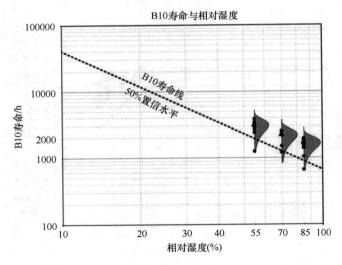

图 3.7 基于在 85%、70%和 55%的相对湿度水平下的三组电容器测试，在 85℃和不同湿度水平下的 B10 寿命（每组测试 10 个电容器样品）

3.3 DC-link 的可靠性设计

由于 DC-link 电容器对电力电子变换器的成本、体积和故障率有着巨大的影响[4]，大批研究人员致力于优化设计 DC-link 电容器组[31]或减小 DC-link 的电容器电容值[32]。本章将着重讨论六种典型的 DC-link 设计方案，并且对 DC-link 电容器的可靠性设计和选型进行深入分析。

3.3.1 六种典型的 DC-link 设计方案

图 3.8 所示为六种典型的容性 DC-link 的设计方案。目前最常用的设计方案为图 3.8a 所示，采用 Al-Cap、MPPF-Cap 或 MLC-Cap 直接并联在 DC-link 母线上。最近，一种基于 Al-Cap 和 MPPF-Cap 的混合设计方案被提出[33]，如图 3.8b 所示。该系统为 250kW 逆变系统，DC-link 电容器组包含 40mF 的 Al-Cap 和 2mF 的 MPPF-Cap。电容器组的形式能够充分利用多种电容器的不同频率特性，由于 MPPF-Cap 吸收大量高频谐波，Al-Cap 的可靠性可以得到显著提高。另一个研究方向是减少 DC-link 中的能量存储需求，使得可以由 MPPF-Cap 替代 Al-Cap，以实现更高水平的可靠性，而不显著增加成本和体积。例如，如图 3.8c 所示，通过同步 i_{DC1} 和 i_{DC2} 的方式减小流过 DC-link 电容器的电流[34]。这种方式的实现需要前后两级变换器的电流具有相同的幅值、频率和相位，对变换器的控制提出了较高的要求。图 3.8d、e 通过引入一个新的纹波功率端口的方式减小 DC-link 电容器[32,35]。相对于图 3.8d 所示的解决方法，由于参考文献 [32] 所采用的串联电压补偿的方式只需要承受纹波电压并且仅处理纹波功率，因此所添加的电路具有相对较低的功率等级。图 3.8f 所示为第六种类型的 DC-link 解决方案，传统的 DC-link 电容器被具有高能量缓冲比的能量缓冲器直接替换。能量缓冲比被定义为在一个周期中可以从 DC-link 注入和提取的能量与存储在 DC-link 中的总能量的比值[37]。参考文献 [37] 中提出了一种堆叠开关电容器电路来执行能量缓冲器的功能，使得可以实现超过 90% 的能量缓冲比。关于电力电子变换器 DC-link 电容器减少的内容在第 6 章中将进行更深入的讨论。

相对于传统 DC-link 解决方式而言，图 3.8d~f 所示的有源 DC-link 解决方案在体积和成本上具有一定的优势，为 MPPF-Cap 替代 E-Cap 提供了新的机遇和挑战。在一定的湿度水平下，DC-link 电容器的可靠性能够得到提高；然而，附加电路和控制方案将在 DC-link 模块部分引起新的问题，存在额外的故障隐患。因此，需要对整个 DC-link 部分的可靠性进行全面评估，从而量化这些新解决方案对整个系统的影响。

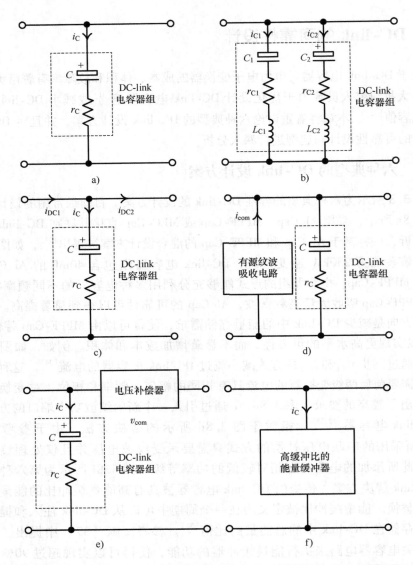

图 3.8 六种典型的容性 DC-link 设计方案：a) 传统的 DC-link 电容器组；
b) 混合的 DC-link 电容器组；c) 额外的控制策略；d) 并联有源电路；
e) 串联有源电路；f) 有源电路直接替代 DC-link 电容器组

3.3.2 容性 DC-link 的可靠性设计方法

除了采用新型 DC-link 解决方案提高可靠性外，面向可靠性的设计方法也被进行了深入研究。图 3.9 所示为 DC-link 的可靠性设计流程。

图 3.9 所示的关键设计步骤如下所述：

第 3 章 电力电子变换器 DC-link 电容器可靠性

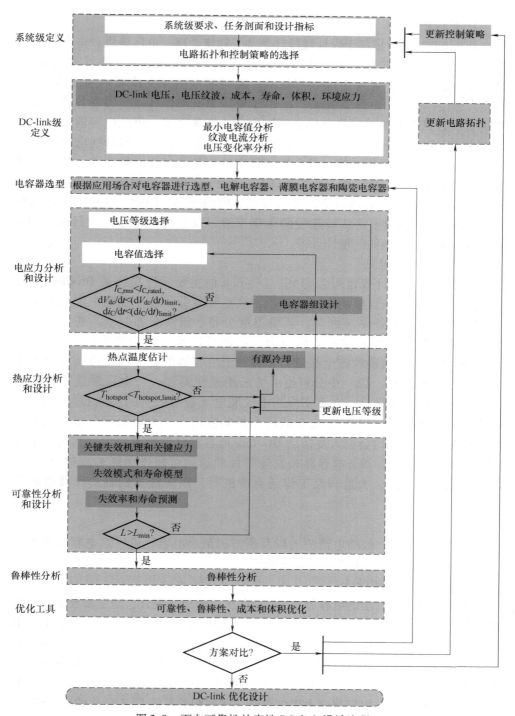

图 3.9 面向可靠性的容性 DC-link 设计流程

1. 系统级定义

DC-link 的设计依赖于设计规范（例如，额定功率、电压等级和寿命目标）、电路拓扑、控制方法和对其他组件的设计约束。对于电压源变换器或逆变器，DC-link 是容性的，通常由电容器组成，而对于电流源变换器或逆变器，DC-link 为感性，主要由电感器组成[38]。由于电压源变换器和逆变器在各种应用中较为普及，且电容器通常具有比电感器更高的能量密度，因此电容器型比电感器型的 DC-link 应用更为广泛。其他组件的选择也会影响直流母线电容器的尺寸。例如，如参考文献 [29，43] 中所研究的交流变频驱动器中输入侧电感器的选择对其 DC-link 电容器组的寿命具有显著影响，更高的电感值（即更高的线路阻抗）有益于电容器组寿命的改善或电容值的减小。因此，系统级的定义对 DC-link 设计至关重要。从可靠性的角度来看，以系统高可靠性为目标的 DC-link 可靠性设计是最终的设计目标。

2. DC-link 级定义

由系统级的设计规范可以得到，DC-link 的主要设计目标是 DC-link 电压等级、DC-link 电压纹波的限制、体积、成本和寿命。设计规范中定义的另一个重要方面是环境条件（例如，环境温度分布、湿度分布）[40]。基于上述信息，可以计算电容器的纹波电流应力，因此可以预先确定所需的最小电容。DC-link 电容器的精确纹波电流应力分析对于电容器的选择和寿命预测至关重要。参考文献 [41，42] 中分别给出了三相逆变器和一般电压源逆变器的纹波电流频谱的详细推导。在真实应用中纹波电流应力分析的挑战有两个方面：首先，在诸如光伏（PV）逆变器或风力机的应用中，太阳辐照分布或风速分布与环境温度分布均会引入复杂的 DC-link 电容器纹波电流应力；其次，电力电子变换器中的 DC-link 电容器和其他部件的退化可能进而影响流过 DC-link 电容器的纹波电流。大量研究工作还有待进行，以实现更精确的纹波电流应力分析。

3. 电容器选型

根据应用场合，纹波电流应力以及所需的最小电容，可以对电容器类型和相应的 DC-link 解决方案进行初步选择。

4. 电应力分析和设计

这个步骤涉及特定的电容器和 DC-link 电容器组的设计，对于需要多个电容器的场合，优化设计或将表现出比单个电容器更好的性能[31]。为了减小电容器和电力电子器件的电压尖峰，DC-link 电容器的设计目标之一是最小化电容器的寄生电感[43]。此外，还需要将电气参数随时间和工作条件的变化考虑在内。例如，参考文献 [39] 中提出了电容器阻抗模型，该文献区分了 ESR 的三个主要来源。基于此模型，可以建立考虑纹波电流频率和温度的 ESR 变化的精确模型，从而在下一步骤中更准确地估计热应力。

5. 热应力分析和设计

如表 3.3 所示,温度是影响电容器可靠性的最重要的应力之一。因此,除了电应力分析[31],热应力分析对于电容器的选择和 DC-link 电容器组的设计同样重要。电应力分析和热应力分析之间通过电容器的热阻抗网络建立联系。参考文献 [44,45] 中分别研究了单个电解电容器的热阻抗和电容器组的数值传热模型。在参考文献 [45] 中,还研究了对电容器间距和电容器位置(即中心电容器和侧面电容器)的热传递依赖性。在参考文献 [46] 中,对应用于光伏逆变器的 DC-link 电容器的热应力在不同的环境温度和太阳辐照度水平下进行了分析。这项研究的准确性完全取决于所获得的热阻抗的精度。另一个方案是,电容器在使用前通过使用集成热耦合器直接测量热点温度。主动冷却方法可应用于某些特定类型的电容器以降低热点温度,从而延长电容器的寿命[46]。冷却系统同样会带来新的问题,例如,附加成本、尺寸、重量和潜在的新故障。

6. 可靠性分析和设计

该步骤覆盖了基于失效机理和相应寿命模型的电容器的寿命预测,如 3.2 节所述。

7. 鲁棒性分析和优化

设计过程的最后步骤是对 DC-link 解决方案的可靠性、鲁棒性、成本和尺寸的设计裕度(即鲁棒性)分析[47]和多目标优化。不同的 DC-link 设计解决方案,拓扑结构和控制方案有待进行评估和比较,从而得到最终的设计解决方案。

虽然上述设计过程提供了一种以优化成本、尺寸和寿命为目标的系统化 DC-link 电容器的设计方法,但是由于其较高的复杂性以及一些步骤的缺失,图 3.9 所示的设计方法在实现过程中依然存在一些困难。目前,有价值的一项研究工作是开发可以实施该过程的对用户友好的软件工具,使得电力电子设计者可以在实际应用中实现该设计流程。

3.4　DC-link 电容器的状态监测

如第 1 章 1.2.6 节所述,除了可靠性设计外,状态监测是确保 DC-link 电容器可靠运行的另一个重要措施。图 3.10 显示了各种类型电容器的状态监测方法的总结,可以分为在线和离线监测。电容器的退化可以通过几个物理参数,如电容、ESR、绝缘电阻、电压纹波、重量和体积来间接估计。有三种方法来获得一个或多个退化指标:①基于电容器电流传感器的方法,②基于电路模型的方法,③基于数据和高级算法的方法。

在图 3.10 所示的指标中,电容值、ESR 和绝缘电阻是应用最为广泛的。

表 3.4 显示了 Al-Cap、MPPF-Cap 和 MLC-Cap 的典型寿命终止的标准。

参考文献 [48-52] 已经对 Al-Cap 的状态监测进行了大量的研究工作。如图 3.3b 所示，在低频范围（$f<f_1$）中，阻抗近似为 $2\pi fC$。在中频范围（$f_1<f<f_2$）中，阻抗由 ESR 决定。因此，通过提取各个频率范围中的电压和/或电流信息，可以估计电容值和 ESR。

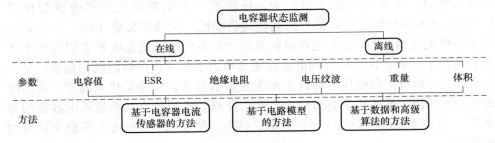

图 3.10 电容器状态监测方法分类

表 3.4 典型的寿命终止标准和状态监测参数

	Al-Cap	MPPF-Cap	MLC-Cap
失效标准	C：20% 减小 ESR：2 倍	C：5% 减小 DF：3 倍	C：10% 减小 $R_p < 10^7\Omega$ DF：2 倍
老化因子	C 或/和 ESR	C	C, R_p

注：DF—耗散因子；R_p—绝缘电阻值。

ESR 估计的主要方法包含以下两种：

1) $\text{ESR} = V_C/I_C$，其中 V_C 和 I_C 是欧姆区域（即 $f_1<f<f_2$）中的电容器电压和电容器电流的方均根（RMS）值[48-50]。通常测量电容器的外壳温度以补偿 ESR 随温度的偏移。该方法需要两个带通滤波器，其应当具有足够的带宽以提取相应的频率分量，同时，低于 f_1 的频率分量应被充分抑制。

2) $\text{ESR} = P_C/I_C^2$，其中，P_C 是电容器中消耗的平均功率，I_C 是电容器的 RMS 电流[51,52]。该方法不需要特定的带通滤波器。这种方法的问题在于电流传感器的引入会增加寄生电感，该参数在实际应用中会引入其他问题。

应用于估计 Al-Cap 和 MPPF-Cap 电容值的主要原理是

$$C = \left(\int i_C \mathrm{d}t\right)/\Delta v_C$$

式中，i_C 是电容器电流，Δv_C 是电容器电压纹波。参考文献 [53] 中针对航空驱动应用中 MPPF-Cap 在线状态监测进行了详细分析。为了避免串联电流传感器在电容器上，DC-link 电流 i_C 通过电路中可采集的信号和电路模型计算而来。如

图 3.11 所示，电气参数 i_1、i_2、i_3 和 v_C 分别由用于变换器控制的三个现有的电流传感器和一个电压传感器测量而来。假设三相电流 i_2、i_3 和 i_4 是平衡的，即 $i_2 + i_3 + i_4 = 0$，那么 i_4 能够由数学模型估计出来。由此 i_5 可以通过 i_2、i_3、i_4 和六个开关信号 $T_1 \sim T_6$ 估计得到。因此，电容器电流 i_C 能够通过输入电流 i_1 和流过逆变器的电流 i_5 计算得到。测量系统应具有足够的带宽并具有快速采样率，以捕获 DC-link 电压纹波的所有谐波。

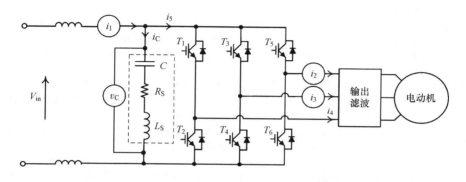

图 3.11　基于电路模型的直流母线电容器的状态监测示例[53]

在参考文献 [54] 中，提出了一种用于 MLC-Cap 的离线预测方法，测量绝缘电阻和电容。该方法基于由测量的电容值和其估计值之间的差值产生的参数残差。

下面给出几点关于直流母线电容器状态监测的说明：

1）基于电容器纹波电流传感器的方法，由于其引入的电路增加了硬件电路、成本和可靠性问题，在实际工业应用中较少采用。

2）可以看出，大多数状态监测方法是在线进行的，然而电容器的老化通常非常缓慢，在大多数应用（例如，电动机驱动器）中，离线状态监测足以检测电容器的磨损。这意味着可以应用一些更简单的监测方法。

3）基于软件解决方案和现有反馈信号的新状态监测方法，不增加任何硬件成本，可能更加受到工业应用的青睐。

参 考 文 献

[1] B. W. Williams, *Principles and elements of power electronics: devices, drivers, applications, and passive components*, Chapter 26, Barry W. Williams, Glasgow, UK, 2006, ISBN: 978-0-9553384-0-3.

[2] M. Marz, A. Schletz, B. Eckardt, S. Egelkraut, and H. Rauh, "Power electronics system integration for electric and hybrid vehicles," in *Proceedings of International Conference on Integrated Power Electronics Systems*, 2010.

[3] TDK Datasheet, *CeraLink*[TM] *capacitor for fast-switching semiconductors*. Online: http://en.tdk.eu/inf/20/10/ds/B58033I5206M001_SEC.pdf

[4] H. Wang and F. Blaabjerg, "Reliability of capacitors for DC-link applications in power electronic converters – an overview," *IEEE Transactions on Industry Applications*, vol. 50, no. 5, pp. 3569–3578, September/October 2014.

[5] H. Wang, M. Liserre, and F. Blaabjerg, "Toward reliable power electronics – challenges, design tools and opportunities," *IEEE Industrial Electronics Magazine*, vol. 7, no. 2, pp. 17–26, June 2013.

[6] S. Yang, A. T. Bryant, P. A. Mawby, D. Xiang, L. Ran, and P. Tavner, "An industry-based survey of reliability in power electronic converters," *IEEE Transactions on Industry Applications*, vol. 47, no. 3, pp. 1441–1451, May/June 2011.

[7] R. S. Alwitt and R. G. Hills, "The chemistry of failure of aluminum electrolytic capacitors," *IEEE Transactions on Parts Materials and Packaging*, vol. PMP-I, no. 2, pp. 28–34, September 1965.

[8] C. Dubilier, *Application guide, aluminum electrolytic capacitors*. Online: http://www.cde.com/catalogs/AEappGUIDE.pdf

[9] EPCOS, *Aluminum electrolytic capacitors, general technical information*, November 2012. Online: http://www.epcos.com/web/generator/Web/Sections/ProductCatalog/Capacitors/AluminumElectrolytic/PDF/PDF__GeneralTechnicalInformation,property=Data__en.pdf

[10] Nippon Chemi-con, *Aluminum capacitors catalogue – technical note on judicious use of aluminum electrolytic capacitors*, 2013. Online: http://www.chemi-con.com/2013AluminumElectrolyticCatalog.pdf

[11] A. Ritter, "Capacitor reliability issues and needs," in *Presentation at the Sandia National Laboratories Utility-Scale Grid-Tied PV Inverter Reliability Technical Workshop*, January 2011.

[12] Q. Sun, Y. Tang, J. Feng, and T. Jin, "Reliability assessment of metallized film capacitors using reduced degradation test sample," *Journal of Quality and Engineering International*, vol. 29, no. 2, pp. 259–265, March 2013.

[13] Kemet Technical Note, *Power electronics film capacitors*. Online: http://www.kemet.com/kemet/web/homepage/kechome.nsf/weben/AADFCC3E8AD80F8B85257713006A103F/$file/F9000_Film_Power.pdf

[14] EPCOS, *Film capacitors – general technical information*, May 2009. Online: http://www.epcos.com/web/generator/Web/Sections/ProductCatalog/Capacitors/FilmCapacitors/PDF/PDF__GeneralTechnicalInformation,property=Data__en.pdf;/PDF_GeneralTechnicalInformation.pdf

[15] Electronicon, *Capacitors for power electronics – application notes – selection guide*, March 2013. Online: http://www.electronicon.com/fileadmin/inhalte/pdfs/downloadbereich/Katalog/neue_Kataloge_2011/application_notes.pdf

[16] B. S. Rawal and N. H. Chan, *Conduction and failure mechanisms in Barium Titanate based ceramics under highly accelerated conditions*, AVX corporation, technical information, 1984.

[17] D. Liu and M. J. Sampson, "Some aspects of the failure mechanisms in BaTiO3-based multilayer ceramic capacitors," in *Proceedings of CARTS International*, 2012, pp. 59–71.

[18] M. J. Cozzolino, "Electrical shorting in multilayer ceramic capacitors," in *Proceedings of CARTS International*, 2004, pp. 57–68.

[19] J. L. Stevens, J. S. Shaffer, and J. T. Vandenham, "The service life of large aluminum electrolytic capacitors: effects of construction and application," *IEEE Transactions on Industry Applications*, vol. 38, no. 5, pp. 1441–1446, September/October 2002.

[20] R. M. Kerrigan, "Metallized polypropylene film energy storage capacitors for low pulse duty," in *Proceedings of CARTS USA*, 2007, pp. 97–104.

[21] R. W. Brown, "Linking corrosion and catastrophic failure in low-power metallized polypropylene capacitors," *IEEE Transactions on Device Material Reliability*, vol. 6, no. 2, pp. 326–333, June 2006.

[22] C. Hillman, *Uprating of ceramic capacitors*, DfR Solution, White paper.

[23] W. J. Minford, "Accelerated life testing and reliability of high K multilayer ceramic capacitors," *IEEE Transactions on Components, Hybrids, and Manufacturing Technology*, vol. CHMT-5, no. 3, pp. 297–300, September 1982.

[24] N. Kubodera, T. Oguni, M. Matsuda, H. Wada, N. Inoue, and T. Nakamura, "Study of the long term reliability for MLCCs," in *Proceedings of CARTS International*, 2012, pp. 1–9.

[25] S. G. Parler, "Deriving life multipliers for electrolytic capacitors," *IEEE Power Electronics Society Newsletter*, vol. 16, no. 1, pp. 11–12, February 2004.

[26] Emerson Network Power, *Capacitors age and capacitors have an end of life*, White paper.

[27] A. Albertsen, *Electrolytic capacitor lifetime estimation*, Jianghai Capacitor Technical Note. Online: http://jianghaiamerica.com/uploads/technology/JIANGHAI_Elcap_Lifetime_-_Estimation_AAL.pdf

[28] M. L. Gasperi, "Life prediction model for aluminum electrolytic capacitors," in *Proceedings of IEEE Industry Applications Society Annual Meeting*, 1996, pp. 1347–1351.

[29] M. L. Gasperi, "Life prediction modeling of bus capacitors in AC variable-frequency drives," *IEEE Transactions on Industry Applications*, vol. 41, no. 6, pp. 1430–1435, November/December 2005.

[30] H. Wang, K. Ma, and F. Blaabjerg, "Design for reliability of power electronic Systems," in *Proceedings of IEEE Industrial Electronics Society Annual Conference*, 2012, pp. 33–44.

[31] P. Pelletier, J. M. Guichon, J. L. Schanen, and D. Frey, "Optimization of a DC capacitor tank," *IEEE Transactions on Industry Applications*, vol. 45, no. 2, pp. 880–886, March/April 2009.

[32] H. Wang, H. S. H. Chung, and W. Liu, "Use of a series voltage compensator for reduction of the DC-link capacitance in a capacitor-supported system," *IEEE Transactions on Power Electronics*, vol. 29, no. 3, pp. 1163–1175, March 2014.

[33] M. A. Brubaker, D. El Hage, T. A. Hosking, H. C. Kirbie, and E. D. Sawyer, "Increasing the life of electrolytic capacitor banks using integrated high performance film capacitors," in *Proceedings of PCIM Europe*, 2013, pp. 1–8.

[34] I. S. Freitas, C. B. Jacobina, and E. C. Santos, "Single-phase to single-phase full-bridge converter operating with reduced AC power in the DC-link capacitor," *IEEE Transactions on Power Electronics*, vol. 25, no. 2, pp. 272–279, February 2010.

[35] R. X. Wang, F. Wang, D. Boroyevich, R. Burgos, R. X. Lai, P. Q. Ning, and K. Rajashekara, "A high power density single-phase PWM rectifier with active ripple energy storage," *IEEE Transactions on Power Electronics*, vol. 26, no. 5, pp. 1430–1443, May 2011.

[36] P. Krein, R. Balog, and M. Mirjafari, "Minimum energy and capacitance requirements for single-phase inverters and rectifiers using a ripple port," *IEEE Transactions on Power Electronics*, vol. 27, no. 11, pp. 4690–4698, November 2012.

[37] M. Chen, K. K. Afridi, and D. J. Perreault, "Stacked switched capacitor energy buffer architecture," *IEEE Transactions on Power Electronics*, vol. 28, no. 11, pp. 5183–5195, November 2013.

[38] C. Klumpner, A. Timbus, F. Blaabjerg, and P. Thogersen, "Adjustable speed drives with square-wave input current: a cost effective step in development to improve their performance," in *Proceedings of IEEE Industry Applications Conference*, 2004, pp. 600–607.

[39] M. L. Gasperi, "A method for predicting the expected life of bus capacitors," in *Proceedings of IEEE Industry Applications Society Annual Meeting*, 1997, pp. 1042–1047.

[40] N. C. Sintamarean, F. Blaabjerg, H. Wang, F. Iannuzzo, and P. de Rimmen, "Reliability oriented design tool for the new generation of grid connected PV inverters," *IEEE Transactions on Power Electronics*, vol. 30, no. 5, pp. 2635–2644, May 2015.

[41] A. Mariscotti, "Analysis of the DC-link current spectrum in voltage source inverters," *IEEE Transactions on Circuits and Systems – I: Fundamental Theory and Applications*, vol. 49, no. 4, pp. 484–491, April 2002.

[42] B. P. McGrath and D. G. Holmes, "A general analytical method for calculating inverter DC-link current harmonics," *IEEE Transactions on Industry Applications*, vol. 45, no. 5, pp. 1851–1859, September/October 2009.

[43] M. C. Caponet, F. Profumo, R. W. Doncker, and A. Tenconi, "Low stray inductance bus bar design and construction for good EMC performance in power electronic circuits," *IEEE Transactions on Power Electronics*, vol. 17, no. 2, pp. 225–231, March 2002.

[44] T. Huesgen, "Thermal resistance of snap-in type aluminum electrolytic capacitor attached to heat sink," in *Proceedings of IEEE Energy Conversion Congress and Exposition*, 2012, pp. 1338–1345.

[45] M. L. Gasperi and N. Gollhardt, "Heat transfer model for capacitor banks," in *Proceedings of IEEE Industry Applications Society Annual Meeting*, 1998, pp. 1199–1204.

[46] H. Wang, Y. Yang, and F. Blaabjerg, "Reliability-oriented design and analysis of input capacitors in single-phase transformerless PV inverters," in *Proceedings of IEEE Applied Power Electronics Conference and Exposition*, 2013, pp. 2929–2933.

[47] ZVEI, Handbook for robustness validation of automotive electrical/electronic modules, German Electrical and Electronic Manufacturers' Association (ZVEI), Frankfurt am Main, Germany, June 2008.

[48] K. Harada, A. Katsuki, and M. Fujiwara, "Use of ESR for deterioration diagnosis of electrolytic capacitor," *IEEE Transactions on Power Electronics*, vol. 8, no. 4, pp. 355–361, October 1993.

[49] K. P. Venet, F. Perisse, M. H. El-Husseini, and G. Rojat, "Realization of a smart electrolytic capacitor circuit," *IEEE Industry Application Magazine*, vol. 8, no. 1, pp. 16–20, 2002.

[50] A. M. Imam, T. G. Habetler, R. G. Harley, and D. Divan, "Failure prediction of electrolytic capacitors using DSP methods," in *Proceedings of IEEE Applied Power Electronics Conference*, 2005, pp. 965–970.

[51] M. A. Vogelsberger, T. Wiesinger, and H. Ertl, "Life-cycle monitoring and voltage-managing unit for DC-Link electrolytic capacitors in PWM converters," *IEEE Transactions on Power Electronics*, vol. 26, no. 2, pp. 493–503, February 2011.

[52] E. Aeloiza, J. H. Kim, P. Enjeti, and P. Ruminot, "A real time method to estimate electrolytic capacitor condition in PWM adjustable speed drives and uninterruptible power supplies," in *Proceedings of IEEE Power Electronics Specialists Conference*, 2005, pp. 2867–2872.

[53] A. Wechsler, B. C. Mecrow, D. J. Atkinson, J. W. Bennett, and M. Benarous, "Condition monitoring of DC-link capacitors in aerospace drives," *IEEE Transactions on Industry Applications*, vol. 48, no. 6, pp. 1866–1874, November/December 2012.

[54] J. Sun, S. Cheng, and M. Pecht, "Prognostics of multilayer ceramic capacitors via the parameter residuals," *IEEE Transactions on Device and Materials Reliability*, vol. 12, no. 1, pp. 49–57, March 2012.

第 4 章
电力电子器件封装的可靠性

Simon S. Ang，H. Alan Mantooth

阿肯色大学，美国

4.1 引言

  随着电力电子系统性能需求的提升，电力电子模块需要将多个半导体芯片以半桥或全桥的形式配置在同一个衬底上。这些电力电子模块不仅要求减少寄生参数对电气性能的影响，而且还需要改进热-机械性能。宽禁带功率半导体器件在高开关频率以及高温条件下的性能有了大幅提升。当前器件封装的研究集中在电力电子模块封装的热-机械性能的优化上，最小化热-机械应力以增强可靠性，同时采用宽禁带功率半导体改进电气特性。目前，新型纳米复合材料和冶金材料在电力电子模块封装中的应用正在火热研究中，由于热-机械应力是导致电力电子器件封装失效的主要原因之一，因此，目前研究工作通常以优化热传递效率和改善温度分布，最小化电力电子模块封装热-机械应力为目标。

  与常规小信号集成电路封装相比，由于电力电子模块功率密度的要求高，其功率封装和电力电子模块需要能经受较大的温度循环和功率循环，并要能够保证在高温环境下持续工作。因此，其可靠性测试的要求不同于小信号集成电路封装。在本章中，首先回顾了基本的可靠性概念，然后介绍了功率封装和电力电子模块的可靠性测试方法，以及常见的故障模式。最后，本章对功率封装和电力电子模块的可靠性概念进行了系统的归纳总结。

4.2 电力电子器件封装的可靠性概念

  一些高性能功率封装和电力电子模块需要具备 30 年的工作寿命，100 次故障时间（FIT）的要求[1]。对于结温高于 120℃ 的应用场合，FIT 随着温度的增加而增加。新型功率封装和电力电子模块的发展趋势是能够保证在更高结温的条件下长期运行，接近甚至超过 200℃，这表明 FIT 优值因数将不断增加。因此，功率封装和电力电子模块的热-机械可靠性方面的研究应更加重视。

由寿命数据或威布尔分析可以得到功率封装样本的寿命数据的统计分布。这些统计数据可用于估计在特定时间的可靠度、故障概率、平均寿命和故障率。在给定时间内故障的概率是指设备在特定时间内故障的概率。平均寿命是大量功率模块在故障发生之前能够正常运行的平均时间，通常表示为"平均故障时间"（MTTF）或"平均无故障时间"（MTBF）。故障率是功率封装在单位时间可能发生故障的数量。从统计学的角度看，故障率是累积故障概率的变化率除以在时间 t 功率器件不会失效的概率。MTBF 和故障率是相关的，如下所示。

$$\text{MTBF} = \frac{\text{总器件运行时间}}{\text{总故障数量}} \tag{4.1}$$

故障率 α 是 MTBF 的倒数，即

$$\alpha = \frac{1}{\text{MTBF}} \tag{4.2}$$

指数分布函数通常用于描述随机故障，

$$F(t) = 1 - e^{-\alpha t} \tag{4.3}$$

式中，故障率 α 为

$$\alpha = \frac{f}{n \cdot t} \tag{4.4}$$

f 是故障的数量，n 是器件的数量，t 是测试时间。

对于可靠性测试，通常的做法是增加功率半导体器件承受的测试温度，以加速故障的发生。假设功率器件在温度 T_{j2} 下运行时间为 t_2。对应相同应力，在低温条件 T_{j1} 下需工作时间为 t_1，加速因子定义为温度 T_{j1} 与 T_{j2} 的时间之比。加速因子是无量纲比，它也可以表示为故障率之比，与应力时间成反比。Arrhenius 方程通常用于估计故障率，因此加速因子定义为

$$a_f = e^{\{E_a(T_{j2} - T_{j1})/(T_{j2} \cdot T_{j1})/k\}} \tag{4.5}$$

式中，E_a 是活化能，k 是玻耳兹曼常数（8.6×10^{-5} eV/K），T_{j1} 是运行中的结温，T_{j2} 是加速测试中的结温。活化能 E_a 是通过试验获得的参数，依赖于加速测试的失效机理。

热-机械故障主导着功率封装和电力电子模块的故障率。Manson-Coffin[2] 将温度循环数与焊点的故障建立了关联，如下式所示：

$$N_f = \frac{K_M}{(\Delta T)^a} \tag{4.6}$$

式中，N_f 是发生故障时功率循环的次数，K_M 是基于材料的系数，ΔT 是功率循环中温度的波动，a 是通过试验确定的系数。由式（4.6）可知，故障时间取决于材料的特性，且与温度波动 ΔT 成反比。具有两个不同温度波动 ΔT_1 和 ΔT_2 的故

障功率循环次数的关系为

$$\frac{N_1}{N_2} = \left(\frac{\Delta T_2}{\Delta T_1}\right)^a \tag{4.7}$$

然而，Manson-Coffin 关系无法全范围准确估计焊料的热疲劳寿命，主要针对焊料熔点温度 50% 以下的工况而设计。对于一些特殊场合，功率封装中焊料需要在高于 50% 的温度下长期运行，因此，需要为这些工况提出修正的 Manson-Coffin 关系。

4.3 电力电子器件封装的可靠性测试

电力电子器件和模块的可靠性测试可分为环境测试和耐久性测试。这些测试通常遵循国际标准，如 JEDEC[3] 和 MIL-STD-883[4]。环境测试包括热冲击（MIL-STD-883 方法 1011.9，IEC68-2-14[5]）、温度循环（MIL-STD-883 方法 1010 条件 C，IEC68-2-14，JESD22-A104D[6]）、振动（IEC68-2-6）、引线完整性（IEC68-2-21）、可焊性（IEC68-2-20）、高压釜（JESD22-A110AB）和安装扭矩。耐久性测试包括功率循环（JESD22-A122）、高温存储（IEC68-2-2）、低温存储（IEC68-2-1）、防潮（IEC68-2-3）、高温栅极偏置。这些测试的具体内容在下文将详细阐述。图 4.1 所示为用于这些测量的一些测试装置。

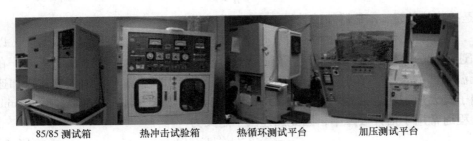

85/85 测试箱　　热冲击试验箱　　热循环测试平台　　加压测试平台

图 4.1　阿肯色大学的高密度电子中心的可靠性测试设备

4.3.1　热冲击测试

液-液热冲击测试通常用于对功率器件封装和模块施加重复的热应力。热冲击用于预测电力电子模块承受热应力导致尺寸变化的能力，也可以用于评估封装气密的完整性、抗裂性和电性能。热冲击的标准可以在 MIL-STD-883 方法 1011.9 中找到。热冲击分别在 100℃ 浸泡 5min 和 0℃ 浸泡 5min，交替进行 5 个循环。该测试通常在热冲击试验箱中进行，其中功率封装或模块放置在惰性氟化流体箱中。

4.3.2 温度循环测试

温度循环测试通过在高温和低温的极端情况下交替运行的方式,用于测试功率封装或模块的电特性和物理结构的变化。功率封装或模块中不同层的热膨胀系数(CTE)的差异可能导致封装和内部结构的破裂和分层,以及由热-机械损坏导致的电特性的变化。根据 MIL-STD-883 方法 1010 条件 C,功率封装或模块必须被放置在温度循环测试室中,使得对于每个被测试器件的循环空气流动没有明显阻碍。然后,这些功率封装或模块在温度极限之间循环,通常在 $-40 \sim +125$℃之间循环。每个极端温度下的停留时间应大于 10min,并且被测器件必须在 15min 内达到被测试温度。从热到冷或从冷到热的转移时间不得超过 1min。目前,已经有多种预测热测试寿命的方法[7]。Manson-Coffin 关系可用于从温度循环测试预测寿命。加速因子 α_T 可以通过下式获得:

$$\alpha_T = N_1/N_2 = (\Delta T_2/\Delta T_1)^K \tag{4.8}$$

式中,N_1 和 N_2 是至失效时的循环次数,ΔT_1 和 ΔT_2 是运行和测试条件下的温度变化范围,K 是通过试验确定的参数。以年为单位的封装和模块的寿命可表示为

$$(N \times \alpha_T)/365 \tag{4.9}$$

式中,N 是至失效时的天数。

4.3.3 功率循环测试

在功率循环测试期间,功率器件或模块通过传导损耗(即 I^2R 损耗)被加热。当功率器件或模块达到最大结温时,停止对器件的主动加热,然后冷却功率器件或模块的结温到指定温度,从而完成功率循环测试。结温梯度由此在功率器件或模块内部产生。图 4.2 显示了功率循环测试期间结温的变化。散热器温度通常用于控制功率循环测试。当结温达到上限 T_h 时,器件的主动加热停止,并且立即开始冷却,器件结温降低。当达到温度下限 T_L 时,接通负载电流以再次启动主动加热,并且重复该循环。功率循环测试中温度波动定义为

$$\Delta T_j = T_h - T_L \tag{4.10}$$

功率循环测试的中间温度定义为

$$T_m = T_L + \frac{T_h - T_L}{2} \tag{4.11}$$

重复的冷热循环所造成的热-机械应力会导致功率模块产生故障。根据 JESD22-A122 标准,功率模块或封装需要能承受通常 6000 次 100℃的温度循环,或 3000 次 125℃的温度循环。温度循环通常被设定为开通和关断各 5min。长的功率循环时间通常会对器件产生更大的应力。功率模块或封装中不同的材料层之间有不同的热膨胀系数,这使得相邻层的界面产生较大的热-机械应力。从

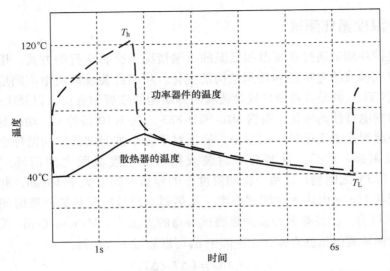

图 4.2 功率封装和模块在功率循环测试中结温变化的示意图

图 4.2 可以看出，虽然功率模块的壳温改变很小，但功率半导体的结温仍有很大的波动。当这样的应力在功率循环中不断地重复，器件和基底间的焊料层就会产生裂纹。当这些裂纹延伸到了功率器件的底部时，就会造成热阻以及功率半导体的结温显著上升。热-机械应力通常导致材料和连接部位的疲劳。由于许多故障机理间通常相互影响，因此功率器件的故障分析较为困难。同时，功率循环要求测量的器件结温的瞬态响应，这无疑对温度的高速测量设备提出了很大的挑战。

4.3.4 高压釜测试

高压釜或压力锅测试常用于评估没有施加电应力的非气密性功率封装或模块的耐湿性。根据 JESD22-A102C，测试在 100% 室内湿度、121℃ 环境温度、$15 lbf/in^2$ ⊖ 或 103.4kPa 的压力下进行。该测试对功率器件或模块是破坏性的，并且主要用于比较评估，例如，批次验收或过程监控，因为与测试条件相关的加速因子目前还没有被准确建立起来。此外，高压釜测试可能不是导致功率封装或模块的典型故障。因此，高压釜测试通常用于检测功率封装或模块是否达到质量要求。

4.3.5 栅极电介质可靠性测试

对于包含具有栅极氧化物的功率器件的功率封装或模块，根据 JESD22-

⊖ $1 lbf/in^2 = 6.89476 kPa$。

A108B，栅极可靠性测试通常在静态 150℃ 结温下执行，处于或接近最大额定栅极氧化物击穿电压。对于 SiC 功率 MOSFET，也建议执行时间相关电介质击穿（TDDB）测试，以评估其在高结温下的栅极电介质的可靠性。TDDB 是电荷注入过程，在建立阶段之后会进入失控阶段。电荷被捕获在栅极电介质中，随着电流流动，电荷数量随时间增加。当电场超过栅极电介质的最弱点处的电介质击穿电压阈值时，开始进入失控阶段。大电流通过这些最弱的栅极电介质点传导以加热电介质，这将导致电流的进一步增加。这种正反馈机制将导致电气失控和热失控，最终破坏栅极电介质氧化物。TDDB 测试通常在接近击穿电压的恒定电场或电压下进行，对于 SiC 功率 MOSFET，由于其较高的结温，测试温度通常为 225℃ 或更高。故障标准通常是由被测器件的栅极电介质产生的 Fowler-Nordheim 击穿曲线得到的几微安（μA）的栅极电流来决定。此外，较大栅极电流的 SiC 功率 MOSFET 的寿命小于较小栅极电流的 SiC 功率 MOSFET 的寿命。

4.3.6 高强度加速应力试验（HAST）

HAST 用于测试非气密性封装或模块在高湿度运行环境中的耐湿性。在测试期间施加低压偏置，检测微小的电流变化。压力、湿度、温度和操作偏差的组合加速了水分渗透到封装或模块中。在存在污染物（例如，氯和磷）的情况下，当湿气与铝导体反应时可能会发生腐蚀，导致灾难性电气故障。根据 JESD22-A110B，HAST 应力条件是（18.6lbf/in^2，130℃，85% 湿度）或（3lbf/in^2，110℃，85% 湿度）。

4.3.7 高温存储寿命（HSTL）测试

HSTL 测试是一种在没有外部电应力的条件下，判断高温存储效果的稳定性测试。通过加速金属间的延展，用于评估附着管芯和键合引线的可靠性。根据 JESD22-A103B，功率封装或模块被放置在 150~175℃ 的空气循环室中进行测试。

4.3.8 老化测试

老化测试是基于环境温度和上升温度之间的关系来测试器件早期故障率的一种测试。功率模块通常被放置在改变外界环境温度的温箱中，通过施加高压的方式进行测试。高温会加速栅极氧化物的缺陷（例如，针孔、不均匀层生长等）、离子污染和体缺陷。电子组件（如模块）的老化测试通常执行 24~72h，单一元器件的测试通常执行 4~8h。对于功率半导体器件和模块的老化测试，需要对器件进行精确的在线监控，以防止由于热应力导致的器件失效和破坏测试设备。因此，功率半导体器件和模块的老化测试成本高昂，但老化测试可有效改善器件的初始 FIT。

4.3.9 其他测试

根据 JESD22-B105B，引线完整性测试用于检测引线的完整程度。可焊性测试用于确定所有封装或模块引线和端子是否被焊料完全覆盖。该可焊性试验通常按照浸渍-检查的流程进行。模块首先暴露于蒸汽中 8h，然后，根据 JESD22-B102C，在浸渍加热至 215℃ 或 245℃ 前施加焊剂 5s。

4.4 功率半导体封装或模块可靠性

由于长期工作在大电流的运行条件下，不同 CTE 的材料之间的衔接对功率半导体封装或模块的可靠性提出较大的挑战。图 4.3 为电力电子模块的结构图，其中，功率半导体器件被装配到功率基板上，功率基板被装配到通常由铜制成的基板上。引线接合用于提供从功率半导体器件到功率衬底间的电气互连，并连接到输出端子上。模块封装用于提供机械和环境保护。在功率封装或模块内会产生显著的热-机械应力，并且这些应力导致潜在的可靠性问题。对于功率封装或模块，键合引线疲劳和焊料疲劳通常是主要的故障机理。这些热-机械疲劳引起的故障主要是由于 CTE 的不匹配和运行期间的温度波动引起的。

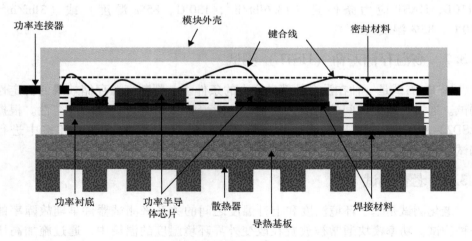

图 4.3 电力电子模块的结构图

4.4.1 焊接可靠性

诸如锡-银、铟或锡-铅合金的软焊料经常用于电力电子模块中。在上述软焊料中，锡-铅焊料的疲劳已经进行了大量研究。当使用 Sn-3.2Ag-0.8Cu 无铅焊料合金焊接直接键合铜（DBC）衬底时，会在铜/焊料界面观察到 Cu_5Sn_6 金属间相[8]。塑性不均匀会导致焊料和金属间交界处或其附近的应力集中的问题。因此，疲劳裂纹通常存在于紧邻 DBC 陶瓷衬底的金属间交界处。由于 CTE 不匹配度越来越大，通常在靠近陶瓷衬底的金属间层附近发现疲劳裂纹。该裂纹从具有最大剪切应力的焊接接合边界附近开始[9]。

对于较小的温度循环 ΔT（<100℃），温度波动对 DBC 陶瓷衬底和基板之间的焊点循环次数影响非常小[10]。而 $\Delta T = 165℃$（对于 -40 ~ +125℃）被认为是一种典型的热循环测试温度。由于在该加速测试期间的焊点失效机理并不等同于实际现场应用中较低温度下的运行工况[10]，因此，这种温度循环测试无法直接对应到实际的电力电子运行中。基于热-机械疲劳导致的焊点失效循环次数可以由修正的 Manson-Coffin 关系所表示：

$$N_f = \frac{1}{2} \left(\frac{\Delta \alpha \Delta T L}{\gamma x} \right)^{c-1} \tag{4.12}$$

式中，L 是焊点的横向尺寸，$\Delta \alpha$ 是上部和下部接合材料之间的 CTE 偏差，ΔT 是温度的波动，c 是疲劳指数，x 是焊点的厚度，γ 是焊料的延性系数。式（4.12）说明通过使用较小的焊料接合面积、具有较小的 CTE 偏差以及增加焊料厚度可以提高焊点的寿命。

4.4.2 键合线可靠性

键合线的老化问题包括键合线的脱离和键合线的开裂。连接焊盘和键合线之间的剪切应力和键合线的反复弯曲会导致键合线疲劳。在典型的电力电子模块中，存在数百条键合线用于功率器件到功率衬底的电气互连，从功率衬底到外部连接器的电气互连，以及从功率器件到外部连接器的电气互连，如图 4.4 所示。

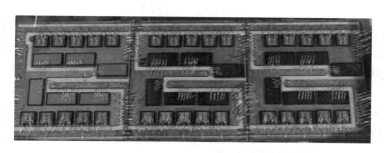

图 4.4 电力电子模块及其中的键合线

如图 4.4 所示，键合线连接到功率半导体器件中的有源区域上。由于功率损耗导致温度升高，这些键合线将承受温度波动。目前正在使用的是铝键合线，铜键合线也逐渐开始在一些场合得到应用。铝键合线通常采用合金化（镁或硅合金化），以延缓纯铝丝的腐蚀。由于等效串联电阻的发热，10mm 长、直径为 225μm 的铝键合线的熔断电流为 10A[11]。键合线的失效通常是由于键丝的反复弯曲或由键合线与其端部产生的剪切应力引起的。对于低成本的铜键合线，减慢金属间的增长能够有效提高功率封装和模块的可靠性[12]。图 4.5 所示为两个 12mil⊖ 铝键合线，在功率模块的两个导电板之间提供电气连接，键合线的接合高度以及接合角度通常很大。

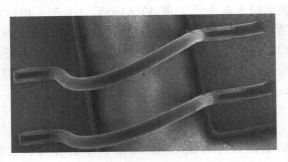

图 4.5　12mil 铝键合线的接合高度和接合角度

4.4.2.1　键合线脱离

由于温度的波动，键合线脱离通常发生在键合线到硅功率器件上的键合线端子上。由于功率衬底上的键合线和铜焊盘之间温度波动较小，因此铜迹线或焊盘上的键合线端子处很少发生键合线脱离。导致键合线脱离的裂纹通常在键合线的尾部开始出现，并扩展，直到键合线最终脱离。钼/铝接合焊盘可以通过在 CTE 厚层上分布铝和硅来减轻热-机械疲劳[10]。热失效循环次数 N_f 可以使用简单的双金属方法来模拟，以近似在温度波动 ΔT 下，铝键合线接头和硅之间的界面处产生的热-机械应力为

$$\varepsilon_t = L(\alpha_{Al} - \alpha_{Si})\Delta T \tag{4.13}$$

式中，α_{Al} 和 α_{Si} 分别是铝和硅的 CTE；L 是铝键合线的长度。较大的热-机械应力意味着对连接点寿命影响大，如果在连接点处只考虑温度带来的塑性应变，失效循环次数 N_f 可以用 Manson-Coffin 关系表示为

$$N_f = a(\Delta T)^{-n} \tag{4.14}$$

式中，a 和 n 可以基于功率器件或模块的热或功率循环试验测量得到。上面的简化模型可以准确预测温度低于 120℃ 的键合线疲劳。对于较高的温度范围，需要考虑其他与功率循环相关的替代模型。

⊖　1mil = 25.4 × 10⁻⁶m。——译者注

4.4.2.2 键合线裂纹

在长时间疲劳测试后,由于热-机械效应而导致的键合线连接处开裂称为键合线裂纹。当键合线经受温度循环时会发生膨胀和收缩,从而造成键合线的弯曲疲劳。键合线的键合环高度是一个重要的指标,因为它决定了键合引线尾部的角度。同时,封装也会影响键合线裂纹。键合线裂纹通常比键合线脱离的失效机理慢。Schafft 分析预测了基于幂律[13]的由于弯曲应力引起裂纹的热循环次数 N_f:

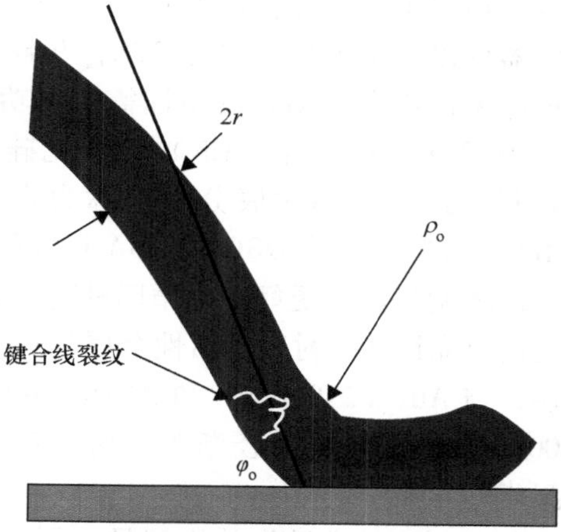

$$N_f = A\varepsilon_f^n \qquad (4.15)$$

图 4.6 键合线参数定义

式中,A 和 n 是键合线材料的常数,线应变 ε_f 根据参考文献[10,13]可以计算得到:

$$\varepsilon_f = \frac{r}{\rho_o}\left(\frac{\cos^{-1}(\cos\varphi_o)(1-\Delta T\Delta\alpha)}{\varphi_o} - 1\right) \qquad (4.16)$$

式中,$\Delta\alpha$ 是铝键合线的 CTE 和硅不匹配度,φ_o、ρ_o 和 r 为图 4.6 所示的几何参数。

4.5 高温电力电子模块的可靠性

常规功率封装技术在高温下有许多问题,包括电气寄生参数、金属间结构,以及接合表面的长期可靠性。当半导体电子器件的工作温度高于传统工作温度(如 125~150℃)时,一些故障更容易表现出来。例如,用于电压隔离和封装的聚合物材料在高温下更容易降解,这是功率半导体模块中主要的可靠性问题之一。对于电力电子技术中功率半导体器件的高功率密度、高工作电压和高温度的需求,功率半导体器件和封装技术都面临着巨大的挑战[14]。宽禁带功率半导体器件(例如碳化硅(SiC)和氮化镓(GaN)器件)提供了新的机遇,SiC 和 GaN 功率器件目前已经商业化,但是它们的封装技术限制了在高温场合的应用。材料属性在高温电力电子模块中至关重要。在设计高温电力电子模块时,须考虑材料属性(例如,热、电和机械性能以及可靠性)、模块尺寸和总成本之间的折中。电力电子模块可靠性设计过程中需要考虑的关键材料涉及功率衬底、功率管芯焊接和封装。

4.5.1 功率衬底

功率衬底为功率模块内部和外部提供了电气互连。它被用作为功率模块内的各种功率半导体器件的互连层。因此，理想的功率衬底应当具有与功率半导体器件以及基板相匹配的 CTE，并且具有高导热性、高韧性和高抗弯强度。根据功率模块应用场合的不同需求，功率衬底通常由铝板制成，周围由氧化铝（Al_2O_3）、氮化铝（AlN）和氮化硅（Si_3N_4）陶瓷材料围绕。根据不同导电材料，这些功率衬底分别被称为直接键合铜（DBC）衬底和直接键合铝（DBA）衬底。尽管 DBC 和 DBA 衬底的键合机制非常相似，但与 DBC 衬底相比，DBA 衬底具有更好的热循环机制和更高的可靠性[15]。另一种适用于高温应用的高可靠性功率衬底是活性金属钎焊（AMB）功率衬底。AMB 具有 Si_3N_4 陶瓷层，与 AlN（270MPa）和 Al_2O_3（400MPa）相比，具有非常高的抗拉强度（800MPa），以避免陶瓷断裂。对于高温循环，薄的金属化层表现出更好的结果[16]。

　　DBC 衬底的常见失效机理是金属迹线与陶瓷的分层，以及陶瓷层的破裂。晶界重组和重新取向会导致 DBA（AlN 和 Si_3N_4 两者）的表面粗糙度在每个热循环之后逐渐增加。如图 4.7 所示，当 DBC 衬底中的铜迹线被暴露时，由于 Al_2O_3（17ppm/℃）和 Cu 层（7.1ppm/℃）之间的 CTE 失配和热应力，可以观察到 Al_2O_3 层和铜层分层。

图 4.7　DBC 中从 Al_2O_3 陶瓷衬底剥离铜导电平面

　　铜和 Al_2O_3 层之间的应变可以使用下式来表示：

$$\varepsilon_x = (\alpha_{Cu} - \alpha_{Al_2O_3})\Delta T \tag{4.17}$$

　　对于典型的运行工况，温度区间为 -55~250℃，ΔT 为 305℃，应变为 3.02×10^{-3}。铜的杨氏模量约为 120GPa，这产生标准应力 σ_x 为 362.4MPa。由于铜层受力等于热应力和面积的乘积，所以它与铜板的面积成正比。因此，较小的铜迹线不容易发生分层故障。此外，大面积的封装铜迹线的热应力通常施加到封装上，而不是直接施加到铜迹线上，受力相对较小。对于没有封装的铜区域应该最小化，以减少铜迹线上的应力。

4.5.2　高温管芯附着可靠性

　　为了使功率模块在高温下连续可靠地操作，管芯附着材料应在同源温度的

50%内保持热-机械稳定,同源温度被定义为半导体管芯的最大结温到附着材料的熔化温度。截至目前,还没有高效并且符合限制有害物质指令(RoHS)国际标准的高温无铅焊料合金用于在高结温下的管芯附着。此外,模块制造工艺还需要考虑不同焊料合金的温度等级。这些考虑因素限制了高温功率模块中常见焊料合金附着技术的选择。目前,针对高温功率模块已经研究了几种替代的管芯附着技术,例如,纳米银烧结、瞬态液相(TLP)扩散键合[17-19]和反应性键合。

对于焊料管芯接头,相变或位错移动会导致应力的释放。在高应力水平下,将形成空隙或裂纹,并且应力将通过裂纹扩展释放。在SAC305(96.5%锡、0.5%铜和3%银)焊点中,通常在温度循环后检测到长度为 10~20μm 的裂纹[20]。焊点表现出球状或棒状的金属间生长的纹理,引发微裂纹的生长[21],在 Ag_3Sn 金属间化合物颗粒和 Sn 基体相之间的界面处形成空隙。空隙通过 Sn 基体相传播,导致裂纹扩展和微裂纹的生长。

纳米银烧结涉及在有压力或无压力下进行的纳米银膏的低温烧结(约220~280℃)。通常,由于相互扩散没有空隙[22],这些纳米银接头具有40MPa的结合强度。纳米银接头中的微孔结构减轻了热-机械应力。在热循环期间,塑性变形会释放纳米银接头中的应力。此外,微腔在晶界处形成并生长,导致温度循环之后的结合强度降低。随着热循环的数量增加,烧结过程将较大的晶粒分成较小的晶粒。这种去烧结过程改变了微观结构,并进一步使烧结的银从晶界上释放[22]。

TLP管芯附着工艺将传统的液相焊接与扩散工艺结合,以焊接承受更高温度的管芯附着合金。TLP连接附着材料包括低熔点锡(Sn)或铟(In)为主的金属或插入两高熔点金属之间的合金,例如,金(Au)、铜(Cu)、镍(Ni)、银(Ag)。两种金属之间的低熔点中间层在键合温度下相互扩散,等温固化后而接合。在键合期间液相的存在增加了键合的完整性。一旦固化完成,该键合处能够在高于键合温度的条件下的运行。TLP工艺的关键工艺参数之一是低熔点金属或合金和高熔融温度金属基底的重量比。其他工艺参数,例如键合反应温度和时间,结合表面制备和施加的外部压力等均可能影响TLP键的质量和可靠性。在无孔Au-In TLP接头中,AuIn和$AuIn_2$的金属间相的形成会影响接合强度和可靠性[17]。类似地,在Cu-Sn TLP接头中,$Cu_{41}Sn_{11}$金属间相的均匀层,例如$Cu_{41}Sn_{11}$相、延性(Cu)颗粒的分散体的两相微结构,以及均匀的Cu固溶体会影响接合强度和可靠性。$Cu_{41}Sn_{11}$相强(300MPa),但延性(Cu)颗粒相对脆弱(5MPa)。通过$Cu_{41}Sn_{11}$相转化为$Cu_{41}Sn_{11}$+(Cu)微观结构,可以获得强度和韧性的改善。微观结构转变(Cu)将提高韧性,但会降低在高温下的未切口强度[23]。

4.5.3 管芯顶面电气互连

铝键合线是电力电子模块中最广泛使用的顶面电气互连。对于高温电力电子模块，需要新的电气互连解决方案以改进电力电子模块性能、增强热管理和降低寄生电感。铝带键合作为许多并联键合线的替代物，提供更高的耐流能力，在较高频率下较低的寄生电感，以及比常规键合线更低和更一致的键合环高度[24]。铜线键合是用于高温电力电子模块的另一种顶面电气互连技术。除了比常规铝键合线具有更高的耐流能力之外，铜线还提供较高的拉伸强度和键合脚剪切强度，使可靠性大幅提升[25]。然而，功率半导体管芯表面金属化及对于超声波功率和压力的需求对表面电气互连技术提出了新的挑战。平面封装提供了另一种方式实现管芯顶面互连[26-28]。这种管芯顶面电气互连，通过柔性电路板或具有焊球接触的 DBC，以及使用具有电路连接的金属化层来实现。对于高温引线键合的可靠性，功率衬底上的镀镍键合表面必须是无磷的。

4.5.4 封装技术

封装用于保护电力电子模块免受环境和机械危害。该封装还用作电介质材料确保电力电子模块在高电压电位下工作而不会被高电压击穿。因此，封装、功率衬底和功率半导体管芯之间的粘附对于这些电力电子模块的可靠性是至关重要的。清洁的表面有助于提高粘附力，一些硅胶提供底漆，以加强封装和衬底之间的粘附[29]。大多数市售的有机硅封装被限制在 250℃ 以内。对于高电压应用，高介电击穿强度钝化可以用于减少电力电子模块中的高电场集中区域。聚酰胺酰亚胺（PAI）[30]、聚酰亚胺（PI）和聚对二甲苯 HT 电介质[31]已经用于电力电子模块中。硅氧烷弹性体用于高温电子封装的应用中，硅氧烷弹性体是已经硫化的基于硅氧烷的聚合物，具有高浓度的化学融合，使其不易受热降解。加入无机填料以增加机械硬度和化学稳定性。增加填料含量防止硅氧烷表面的环境侵蚀，并确保其长期隔离电子器件的能力。等温测试是硅胶的常用测试技术。在低功率电子器件中，典型的评估温度为 150℃（1000h）至 200℃（48h）。在大功率电子器件中，典型的评估温度范围为 250～300℃。通常，50% 的机械、热或电性能下降被认为是材料失效的表征。

当聚酰亚胺电介质在 250～360℃ 之间老化时，可以发现尽管在聚酰亚胺材料内发生热降解，但氧化降解主要在表面层附近发生[32]。因此，薄的聚酰亚胺膜表现出热氧化降解机理[32]。聚酰亚胺与来自大气的氧气的初始反应导致聚酰亚胺外层氧化，其随后形成挥发性和非挥发性副产物，在刚性氧化层中引起横向微裂纹[33]。氧化层中的裂纹允许氧气更深地渗透到聚酰亚胺本体中，进一步加速降解机理。由于表面降解机理，聚酰亚胺电介质的破坏时间与厚度有关，并且结果显示厚度是最适合用于寿命分析的老化标记。初始聚酰亚胺膜厚度必须大于 14.5μm，以在 300℃下承受 600V 的击穿电压[32]。

湿度会影响聚合物封装的耐久性。高湿度可能降低模塑料的疲劳和脆性强度。模塑料的低断裂韧性降低了其抗疲劳性，并且加速了脆性裂纹的引发和扩展[34]。由聚合物材料的膨胀和翘曲引起的湿热应力和吸湿应力增加了封装破裂的可能性[35]。封装的破裂，导致对环境干扰的保护失效，这是封装的常见故障模式之一。介电性质，例如，介电常数、耗散因子和介电击穿强度的降低是在高温运行下材料性质改变的结果。

4.6 总结

在本章中，介绍了电力电子封装和模块的基本可靠性概念。描述了诸如温度循环、功率循环、高温栅极偏压等的标准可靠性测试。由于功率封装和模块的温度波动，热-机械应力对电力电子模块故障的产生至关重要。Manson-Coffin 和 Arrhenius 关系是描述失效机理的一种有效手段。目前，依然迫切需要统一的操作规则和方法来标准化功率封装和电力电子模块在高温（高于 175℃ 的温度）下运行的测试和可靠性。

参 考 文 献

[1] Harris, P.G., Chaggar, K.S., The role of intermetallic compounds in lead-free soldering. *Soldering and Surface Mount Technology*, 1998; 10(3): 38–52.

[2] National Institute of Standard and Technology, *Engineering Statistics Handbook*. National Institute of Standard and Technology, Gaithersburg, MD. Available from: http://www.itl.nist.gov/div898/handbook/apr/section1/apr153.htm

[3] JEDEC Solid State Technology Association. Available from: http://www.jedec.org/

[4] MIL-STD-883 – *Test Method Standard for Microcircuits*. Defense Logistics Agency, Columbus, OH.

[5] webstore.iec.ch/p.../info_iec60068-2-14%7Bed5.0%7Den_d.img.pdf

[6] JEDEC Solid State Technology Association, JESD22-A104D (Revision of JESD22-A104C, May 2005), 2009 March. Available from: www.jedec.org/sites/default/files/docs/22a104d.pdf

[7] Groothuis, S., et al., Computer aided stress modeling for optimizing plastic package reliability, in *IEEE/IRPS*, 1985; 184–191.

[8] Siewert, T.A., Madeni, J.C., Liu, S., Formation and growth of intermetallics at the interface between lead-free solders and copper substrates, in *Proceedings of APEX*, 1994.

[9] Rodriguez, M., Shammas, N., Plumpton, N., Newcombe, D., Crees, D., Static and dynamic finite element modeling of thermal fatigue effects in IGBT modules. *Microelectronics Reliability*, 2000; 40: 455–463.

[10] Ciappa, M., Selected failure mechanisms of modern power modules. *Microelectronics Reliability*, 2002; 42: 653–667.

[11] http://heraeus-contactmaterials.com/media/webmedia_local/media/downloads/documentsbw/brochure/HERAEUS_BondingWire_Brochure_2012.pdf

[12] Hamidi, A., Beck, N., Thomas, K., Herr, E., Reliability and lifetime evaluation of different wire bonding technologies for high power IGBT modules. *Microelectronics Reliability*, 1999; 39: 1153–1158.

[13] Schafft, H., Testing and fabrication of wire bonds electrical connections – a comprehensive survey, *National Bureau of Standards, Technical Note*, 1972; 726: 106–109.

[14] Ang, S.S., Rowden, B.L., Balda, J.C., Mantooth, H.A., Packaging of high-temperature power semiconductor modules. *Electrochemical Society Transactions*, 2010; 27(1): 909–914.

[15] Knoll, H., Weidenauer, W., Ingram, P., Bennemann, S., Brand, S., Petzold, M., Ceramic substrates with aluminum metallization for power application, in *Proceedings of the Electronic System-Integration Technology Conference*, 2010; 1–5.

[16] Dupont, L., Lefebvre, S., Khatir, S., Bontemps, S., Evaluation of substrate technologies under high temperature cycling, in *Proceedings of the 4th International Conference in Integrated Power Systems*, 2006; 1–6.

[17] Mustain, H.A., Brown, W.D., Ang, S.S., Transient liquid phase die attach for high-temperature silicon carbide devices. *IEEE Transaction on Component, Packaging, and Manufacturing Technologies*, 2010; 33(3): 563–570.

[18] Yoon, S.W., Glover, M., Shiozaki, K., Mantooth, H.A., Highly reliable double-sided bonding used in double-sided cooling for high temperature power electronics, in *Proceedings of IMAPS High Temperature Electronics Conference*, 2012.

[19] Yoon, S.W., Glover, M.D., Mantooth, H.A., Shiozaki, K., Reliable and repeatable bonding technology for high temperature automotive power modules for electrified vehicles. *Journal of Micromechanics and Microengineering*, 2013; 23(1): 15–17.

[20] Jiang, L., *Thermo-Mechanical Reliability of Sintered-Silver Joint versus Lead-Free Solder for Attaching Large-Area Devices*, Master thesis. Virginia Polytechnic Institute and State University, 2010.

[21] Lang, F.Q., Hayashi, Y., Nakagawa, H., Aoyagi, M., Ohashi, H., Joint reliability of double-side packaged SiC power devices to a DBC substrate with high temperature solders, in *Proceedings of the 10th Electronics Packaging Technology Conference*, 2008; 897–902.

[22] Bai, G., *Low-Temperature Sintering of Nanoscale Silver Paste for Semiconductor Device Interconnection*, PhD dissertation. Virginia Polytechnic Institute and State University, 2005.

[23] Bosco, N.S., Zok, F.W., Strength of joints produced by transient liquid phase bonding in the Cu–Sn system. *Acta Materialia*, 2005; 53: 2019–2027.

[24] Ong, B., Helmy, M., Chuah, S., Heavy al ribbon interconnect: an alternative solution for hybrid power packaging, in *Proceedings of the 37th International Symposium on Microelectronics*, 2004: Long Beach, California, 14–18.

[25] Guth, K., Siepe, D, Görlich, J., Torwesten, H., Roth, R., Hille, F., Umbach, F., New assembly and interconnects beyond sintering methods, in *Proceedings of the PCIM Europe* 2010, May 4–6: Nuremberg, Germany.

[26] Stockmeier, T., Beckedahl, P., Gobl, C., Malzer, T., SKiN: double side sintering technology for new packages, in *Proceedings of the IEEE 23rd International Symposium on Power Semiconductor Devices and ICs*, 2011; 324–327.

[27] Zhang, H., Ang, S.S., Mantooth, H.A., Krishnamurthy, S., A double-side cooling power electronic module using a low-temperature co-fired ceramic device carrier, in *Proceedings of the 2013 IEEE Energy Conversion Congress and Exposition*, 2013; September 15–19: Denver, Colorado.

[28] Ozmat, B., Korman, C.S., McConnelee, P., Kheraluwala, M., Delgado, E., Fillion, R., A new power module packaging technology for enhanced thermal performance, in *Proceedings of the 7th Intersociety Conference on Thermal and Thermomechanical Phenomena in Electronic Systems*, 2000; 287–296.

[29] Rhodes, K., Riegler, B., Thomaier, R., Sarria, H., *Silicone Adhesives and Primers on Low Surface Energy Plastics and High Strength Metals for Medical Devices*. Nusil Technology. Available from: http://nusil.com/en/news/post?id=2875ac5f-45d9-44a4-9b5b-3b7b0c3994d8&mediaId=4282395d-d524-418d-9456-c51e71aa1b87.

[30] Zhou, J., Ang, S.S., Mantooth, H.A., Balda, J.C., A nano-composite polyamide imide passivation for 10 kV power electronics modules, in *Proceedings of the 2012 IEEE Energy Conversion Congress and Exposition* 2012; September 16–20: Raleigh, North Carolina.

[31] Kumar, R., Molin, D., Young, L., Ke, F., New high temperature polymer thin coating for power electronics, in *Proceedings of the Nineteenth Annual IEEE Applied Power Electronics Conference and Exposition*, 2004; 1247–1249.

[32] Khazaka, R., Locatelli, M.L., Diaham, S., Bidan, P., Endurance of thin insulation polyimide films for high-temperature power module applications. *IEEE Transactions on Components, Packaging and Manufacturing Technology*, 2013; 3(5): 811–817.

[33] Tsotsis, T.K., Keller, S., Bardis, J., Bish, J., Preliminary evolution of the use of elevated pressure to accelerate thermo-oxidative aging in composite. *Polymer Degradation Stability*, 1999; 64(2): 207–212.

[34] Deshpande, A., *Study and Characterization of Plastic Encapsulated Packages for MEMS*, Thesis. Worcester Polytechnic Institute, 2005.

[35] Wong, E.H., Rajoo, R., Koh, S.W., Lim, T.B., The mechanics and impact of hygroscopic swelling of polymeric materials in electronic packaging. *Transactions of the ASME*, 2002; 124: 122–126.

第 5 章
功率半导体模块的寿命预测模型

Ivana F. Kovačević-Badstuebner[1], Johann W. Kolar[1], Uwe Schilling[2]

1. 苏黎世联邦理工学院，瑞士
2. 赛米控公司，德国

　　随着先进的电力电子变换系统（PECS）的快速发展，用户对产品可靠性的需求逐渐提高，可靠性工程已经成为电力电子（PE）新的分支。目前，PECS 运行工况越来越严苛，经常在极端温度条件下进行快速功率循环（PC）和温度循环（TC）。因此，作为 PECS 的基本组件的功率半导体模块，对其可靠性的要求显著增加。功率模块制造商一直致力于新的功率模块设计和封装技术，以提高功率模块的耐用性，延长其使用寿命，实现 PECS 的高性能以及可靠性[1]。在未来产品设计中，可靠性的评估也将被集成在多域优化工具中，这将进一步改进 PECS 的设计。实现这一目标的第一步是将系统元件的寿命模型集成到设计过程中。

　　功率模块可靠性研究是一个具有高度交叉性学科的研究方向，涉及多个不同的领域：①功率模块的机械设计和热设计；②基于材料科学的物理失效（PoF）机理；③功率模块在 PE 中的应用。功率模块在寿命方面的预测技术和复杂模型在近期受到了广泛关注。由于功率模块制造商拥有详细的产品数据和设计方案，因此目前得到广泛应用的寿命模型由制造商提出。这些模型中的大多数是用于表征功率模块的 PC 能力的经验寿命模型，例如参考文献 [2, 3] 所述的寿命模型。它们建立在长时间加速循环测试的结果上，通过统计分析和设计经验分析得到。现有的经验模型在实践中经常被 PE 工程师视为功率模块寿命终止（EOL）估计的唯一手段，此外还用于在特定任务剖面下预测 PECS 的可靠性。然而，这些寿命模型必须慎重使用，通常需要根据现场条件对由加速测试获得的模型进行调整再进行应用。这种调整后的模型有效性需要在后续工作中进一步验证。

　　加速 PC 和 TC 测试用于仿真现场实际操作条件，目的是收集相关数据以建立功率模块的寿命模型。寿命模型是用于暴露于循环热负荷的功率模块估计 EOL 的工具。通过精确控制测试条件，可以假设故障仅由疲劳效应造成，消除其他因素的影响。键合线故障是功率模块在循环测试中最常见的故障原因。通常 PC 和 TC 试验中的标准功率模块的关键部件包括三个互连：引线键合、芯片焊点和衬底与基板间焊料层。由参考文献 [4] 的研究显示，键合线剥离失效模式和焊料疲劳具有不同的物理行为，因此必须单独分析。从经验寿命模型的角度看，需要分别为每个故障模式开发特定模型。即首先需要分离故障模式，然后分别针对每一种故障模式进行大量 PC 试验建立寿命模型。

经验模型的主要缺点是完全依赖统计，无法直接描述和评估在复杂热循环下功率模块的变形机理。因此，随着功率模块封装新概念的提出，以及对功率半导体器件在苛刻的环境条件下工作的寿命期望，许多研究团队已经开始研究功率模块基于物理的寿命模型[5-9]。故障的物理建模包括实际故障机理的分析和建模，即在热循环下的应力和应变的变化。基于物理的寿命模型的校准通常仅需要多种 PC 测试。基于物理的寿命模型提供了对故障的物理过程更详细的描述，此外，它们可以被集成在用于 PECS 的虚拟设计的多域建模工具中，有助于验证和修正现有经验模型。因此，PoF 方法已经成为 PE 中的一种提高寿命估计精度的新方法，使可靠性工程集成到 PECS 的整体设计过程的开发和研究周期中。然而，目前 PE 的可靠性设计和基于物理的寿命模型在工程实践中还没有得到广泛应用。

本章回顾了基于物理的功率半导体模块的寿命建模的基本思想和面临的问题，描述了基于物理学的焊接互连寿命模型的适用范围。本章结构如下：5.1 节简要描述加速 PC 和 TC 测试。制造商使用 PC 和 TC 两种方式测试功率模块的寿命，PC 测试对于实际应用中功率模块的寿命计算非常重要。5.2 节介绍标准功率模块封装及其固有的故障模式，重点研究功率模块组件在 PC 试验期间的主要故障机理。目前最先进的功率模块的寿命模型，包括经验模型和基于物理的寿命模型都在 5.3 节中给出。然后，对下一步改进 PECS 的可靠性设计的研究方向和研究趋势进行了分析。在 5.4 节中，主要讨论焊点的基于物理的寿命模型的研究背景。5.5 节介绍了用于功率模块焊点的物理寿命模型。最后，基于赛米控公司提供的一组 PC 测试数据验证理论分析的准确性[10]。

5.1 加速循环测试

汽车、机车和飞机中使用的 PECS，通常寿命要求为 5~30 年[11]。由于国内外在这些应用场合的技术发展很快，功率模块制造商必须为新产品提供必要的寿命保证，即使收集近几年间实际应用条件下的大量数据，也无法准确地评估现有系统的可靠性。因此，功率模块制造商通常将加速 PC 和 TC 测试作为评估产品寿命的手段。PC 和 TC 测试旨在加速测试由于热-机械疲劳在实际应用中引发的故障模式。IEC半导体器件国际标准，如 IEC 60747-34 和 IEC 60747-9[12,13]定义了耐久性和可靠性的测试标准；然而，PC 和 TC 的测试程序（例如，负载电流水平和加热-冷却的时间[14]）是针对不同产品的，因此不同厂商间的测试程序也存在差异。

TC 测试通过调节温箱的温度来评估环境温度变化对功率模块的影响，主要针对大面积焊接互连的寿命测试，如功率模块基板和衬底之间的焊接[15]。在 PC 测试中，通过接通和断开电流来主动加热功率模块，限定加热和冷却阶段。其中，半导体芯片代表热源，因此，越靠近芯片的连接（如键合线和芯片焊料），受到的应力越大，失效率越高。制造商通常使用 PC 测试来研究在短时间内功率模块的磨损机理，获得的数据可以用于寿命模型的建立。

5.2 主要失效机理

功率模块是电力电子变换器的主要功能元件，通常包含几个半导体器件，如 MOSFET、IGBT 和二极管。功率模块的封装作为半导体器件和电路应用之间的接口，具有非常重要的功能。

标准功率模块采用多层结构设计，如图 5.1 所示。在功率半导体芯片内部耗散的热量（如图 5.1 中的功率流 P_V 所示），通过多层结构传导到散热器中，然后通过对流传递到外界环境中。芯片焊接到直接键合铜（DBC）陶瓷衬底，然后在底面将衬底焊接到金属基板上。基板和散热器通过一层导热脂进行连接，以实现更好的热接触。具有不同热性能的硅（Si）-铜（Cu）-陶瓷（AlN，Al_2O_3）层对模块的加热和冷却速率具有很大的影响，并且会显著影响其总体热性能。功率模块内出现的热-机械应力，与跨越层形成的温度梯度和各层热性能（例如，热膨胀系数（CTE））之间的差异直接相关。因此，功率模块的结构设计和封装技术直接影响功率模块的疲劳失效。

功率模块中存在不同的故障机理，例如，键合线疲劳，芯片金属化重建，焊料疲劳，陶瓷衬底内裂纹扩展，铝键合线的腐蚀，以及在功率模块内可能发生的烧坏故障，这些故障在现场操作中均有可能发生并且非常致命[16]。故障可能是由于疲劳效应造成的，也可能是不良设计或不良的制造过程造成的，还可能是由于外部源（如宇宙射线），以及超规格使用等因素导致的结果。功率模块的可靠性定义为在某些操作条件下功率模块在指定时间间隔内正常执行其所需功能的概率。通常，故障率随时间的变化通过浴缸曲线描述，包括早期寿命故障、随机故障和 EOL 故障。例如，在参考文献［2，3，17］中描述的寿命模型用于描述由于疲劳效应（即材料的老化）引起的 EOL 故障。这有利于理解功率模块在现场操作中正常工作的寿命周期。此外，由于寿命模型能够描述功率模块的 PC 和 TC 能力，因此寿命模型在 PECS 的热和电设计中起重要作用，功率/

热循环参数对故障循环次数 N_f 的影响最终会决定给定条件下功率模块的 EOL。因此,建立寿命预测模型是功率模块可靠性分析的必要步骤。

功率模块老化的根本原因是功率模块结构层材料在循环温度曲线下工作的热-机械应力。通过加速 PC/TC 测试可以看出,功率模块的内部互连,例如键合线、芯片焊接层和衬底-基板焊点(见图 5.1)决定整个组件的寿命。在实际应用中,因为不同故障机理之间存在紧密的联系和相互作用,因此很难分辨主要故障模式。例如,焊料疲劳导致功率模块较高的热阻 $R_{th(j-s)}$ ($= \Delta T_{j-s}/P_V$) 会导致更高的结温 T_j (式中, ΔT_{j-s} 是散热器到芯片测试出的温度差),其增加了键合线的应力,最终导致键合线的脱离。类似地,键合线脱离会导致不均匀的电流分布,产生更高的功率损耗和 T_j,因此在焊料互连处产生更多的热应力。

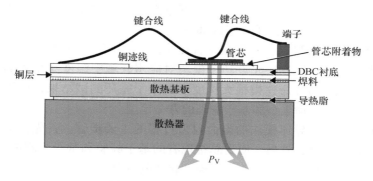

图 5.1 功率模块的多层结构

特定的加速循环测试用于分离不同的故障模式,必须定义故障标准以便获得用于生成寿命模型的有用数据。通常,通过增加 5% ~ 20% 的正向电压降检测键合线脱离失效机理。焊料疲劳的标准是在芯片和散热器之间测量的功率模块的热阻 $R_{th(j-s)}$ 从 20% 至 50% 的增加,热阻的增加是由于焊料互连层内的裂纹扩展而造成的[14,18]。

在汽车工业和牵引系统高速发展的驱动下,新一代功率模块要求能够在较高温度水平下运行(如高于 150℃)。功率模块互连的可靠性是限制结(芯片)温度增加的主要因素。因此,功率模块的最新的设计概念是消除或增强连接处的最大承受应力,即引线键合和焊料互连层。第一个商业化的无焊锡 IGBT 功率模块是 2008 年面世的 SEMIKRON SKiM 模块。如参考文献 [19] 所述,该新型模块已经证明了显著的 PC 能力的提升。在该新型功率模块概念中,基板被移除,DBC 衬底被直接按压到散热器上(例如,压力由顶部拧压到散热器引起)。此外,银烧结技术被应用于管芯附着,并且使用弹簧触点代替,用于衬底与负载电流、栅极控制电路和辅助触点的端子之间的互连(如辅助发射器和温度传感器)。这种新颖概念的主要优点是能够在更高的温度下运行,因为与焊料合金的熔化温度相比，银烧结层的熔融温度更高。

5.3 寿命模型

　　PECS的功率模块具有高开关电流和阻断电压。在现场/测试操作条件下产生的功率损耗会导致较大的温度变化，在功率模块内产生热-机械应力，逐渐降低其功能并导致老化。作为寿命建模的第一步，PECS的功率损耗必须通过电路仿真计算特征负载曲线，并通过热建模转换为功率模块层的温度曲线。因为直接测试功率模块内部层的温度非常困难，热建模和仿真常被用于获得功率模块结构内的温度分布信息的主要手段。由于开关器件，即功率模块的电气特性是与温度相关的，所以热-电模型对于精确分析实际温度是非常必要的，热（热-电）建模也成为寿命预测方法的重要组成部分。

　　寿命建模建立在PC或TC测试中直接获得的故障的循环数N_f与相应温度曲线的基础上。这种建模方法允许功率模块对应用领域中温度变化的响应进行定量评估。功率模块的寿命建模很大程度上取决于循环测试结果，可以将寿命建模方法区分为经验寿命模型和基于物理的寿命模型。

　　本节介绍功率半导体模块的寿命建模过程的主要步骤。首先，描述了功率模块的热建模的原理，然后，简要总结现有的基于经验和基于物理的寿命模型，指出基于物理的建模方法与经验寿命模型相比的主要差异。

5.3.1 热建模

　　电力电子器件的热应力可以通过由Cauer和Foster模型定义的简化的一维热网络来描述[20]。这些热网络由热电路元件构成，包括热电阻R_{th}和热电容C_{th}。与电路类似，C_{th}仿真瞬态响应，R_{th}用于对稳态热性能建模。Cauer模型具有物理意义，因为Cauer网络的内部节点可以直接与功率模块的层相关联，而Foster模型并非如此。在Foster模型中，只有热模型的输入节点对应于电源模块的实际物理点。两种热模型具有相同瞬态行为，即具有相同的系统热阻抗Z_{th}。相同的热行为对应了不同组的R_{th}和C_{th}，其分别定义为Cauer模型和Foster模型。Foster模型的主要优点是为Z_{th}提供直接的分析表达式，可用于数值计算总功率模块结构对给定任务剖面的热响应。在实际操作条件下，功率模块在横向和垂直方向承受不同的温度应力。芯片下面的层通常表现出与芯片（硅）类似的温度模式，并且它们的最高温度低于芯片的最高温度。由于在表面具有非恒定温度，基于物理的寿命模型的主要难点在于寿命模型中将温度波动考虑在内。当对功率模块的互连层热-机械应力建模时，必须考虑其横向温度梯度。因此，必须采用针对功率模块结构的离散三维（3D）热解算器。这能够使温度演变的计算更全面和详细，对基于物理的寿命建模至关重要。

热解算器通常基于有限差分法（FDM），使用等效热阻 R_{th} 和热容 C_{th} 的 3D 网络建模分析功率模块封装内的功率流。3D 热建模能够对功率模块层的横向和垂直温度进行梯度分析，这种横向和垂直温度分布构成了完整的功率模块封装的综合热特性。另一方面，基于测量的热特征仅能够提供虚拟结（芯片）温度 T_{vj}，因为功率模块的内部点不能在不改变结构的情况下直接进行温度测量。因此，利用热建模的方法来评估功率模块的有效寿命是必要步骤，其还可用于预测焊料层中的温度分布，建模预测焊料的寿命。

功率模块与其他物理系统的区别在于能够适应快速的温度变化。传统温度测量设备无法跟踪温度瞬变，因此不能应用标准热电偶。T_{vj} 通常由与功率半导体器件温度相关的电参数的测量分析得到，例如，低电流水平下集电极和发射极触点之间的导通状态饱和电压 $V_{ce}(T)$。参考文献 [21] 中提到，温度 T_{vj} 的物理含义与芯片表面的温度分布相关，T_{vj} 对应于芯片面积的加权平均温度。

5.3.2　经验寿命模型

经验模型是根据不同功率模块封装技术收集的 PC 测试结果和大量数据推导获得的；通常寿命表示为循环至失效的数量 N_f。经验模型描述了 PC 测试的参数与失效循环数 N_f 之间的关系，例如，最大、平均或最小温度，循环频率，加热和冷却时间，负载电流，以及功率模块的特性（如阻断电压等级，键合线的几何形状）。PC 测试用来研究 PC 测试参数对 N_f 影响的测试方法。通过 PC 测试的试验观察可以得到，功率模块的主要故障机理是键合线和焊料互连层的故障，功率模块的 EOL 通常受互连键合的寿命限制。

第一个完善的经验模型是 LESIT[2]，该模型没有区分不同的故障机理，使用单个分析模型来描述功率模块的 N_f 寿命。由于 PC 试验条件难以针对多种故障模式分别控制，因此难以将 PC 的 N_f 测试结果的数据库对应于键合线脱离或焊料故障的故障机理。这两种故障模式不能通过对 PC 测试参数的相同模型来解释，因为这些故障的机理是完全不同的。因此，必须首先执行故障模式的分离，然后从 PC 试验分别得到两个分析模型。在过去几年中提供的高级互连技术已经允许在 PC 测试条件下区分这两种故障模式[22]，这使得功率模块制造商能够为每种故障模式开发不同的经验模型。

5.3.2.1　经验寿命模型示例

功率模块通常被放置在周期性热-机械应力的条件下，Manson-Coffin 模型建立了温度波动与功率循环数之间的关系

$$N_f = a(\Delta T)^{-n} \tag{5.1}$$

式中，a 和 n 是关于功率模块设计的经验参数。大量 PC 测试表明，除了温度变化之外，存在其他因素会影响寿命周期。20 世纪 90 年代，LESIT[2] 模型被提出，

主要针对基于 Al_2O_3 的陶瓷衬底和铜基板标准的功率模块。结果显示，平均结温会对寿命周期带来重要影响，因此，基于 Arrhenius 方法，考虑平均结温的 Manson-Coffin 的 N_f 寿命模型被提出：

$$N_f = a(\Delta T_j)^{-n} e^{\frac{E_a}{k_b T_{j,m}}} \tag{5.2}$$

式中，ΔT_j 是结温变化的峰峰值（$T_{j,max} - T_{j,min}$），$T_{j,m}$ 是结温的平均值（$T_{j,max} + T_{j,min}$）/2，k_b 是玻耳兹曼常数，a、n 和 E_a 是模型参数，基于式（5.2）和大量的测试数据拟合得到。E_a 是表示材料变形过程的活化能。该寿命模型对应的是 log-log 的线性形式的函数，例如 $\log(N_f)$-$\log(\Delta T_j)$，其对应了不同的平均结温。

接下来，其他的 PC 参数（例如，加热时间和功率密度）与 N_f 寿命的关系将介绍如下。

ABB 公司（Hamidi 等人[23]）通过 PC 测试表明了加热时间 t_{on} 对高压 IGBT 功率模块老化的影响。主要体现为两种失效机理：键合引线脱离和基板焊料失效。测试结果表明，长时间持续热应力会对功率模块的寿命有严重的影响，t_{on} 为不可忽略的重要参数。

英飞凌公司（Bayerer 等人[3]）提出寿命模型，如下式所示：

$$N_f = K(\Delta T_j)^{\beta_1} e^{\frac{\beta_2}{T_{j,max}}} t_{on}^{\beta_3} I^{\beta_4} V^{\beta_5} D^{\beta_6} \tag{5.3}$$

除了式（5.2）中设计的因素外，寿命影响因子还包括加热时间 t_{on}、结温最大值 $T_{j,max}$、每个键合线的电流 I、键合线的直径 D 和芯片的电压等级 V。假定这些参数的影响具有幂函数形式，那么，N_f 对 t_{on}、I、V 和 D 的函数关系可以通过线性对数特性来描述。这种经验寿命模型，在参考文献［3］中称为 CIPS2008 模型，基于来自不同模块技术的大量 PC 测试结果的统计分析。此外，CIPS2008 寿命模型不涵盖由于衬底-基板焊料故障造成的寿命问题，并且不适用于牵引应用中使用的功率模块，因为阻断电压和芯片厚度之间的假设关系不适用于牵引应用的功率模块[3]。另外，在 PC 测试期间无法设置模型参数，例如，加热时间和功率模块的最大温度。因此，该模型的提出者建议该模型应该在 PC 测试的范围内慎重使用。

类似地，赛米控公司（Scheuermann 等人[17]）提出了具有烧结芯片（例如，SKiM 模块）的高级功率模块的新寿命模型。因为用于管芯附着的经典焊接工艺被银扩散烧结技术代替，并且铝引线键合的几何形状被优化，最终表现出模块寿命得到了显著改善。这种方式中，故障模式包含键合线脱离和开裂。所开发的寿命模型仅对应于由于键合线的热-机械应力的故障机理。因为通过增加键合线环的高度，可以得到更高的寿命，因此寿命模型中考虑了铝键合线的纵横比（ar）的影响。

$$N_f = A(\Delta T_j)^{\alpha} ar^{\beta_1 \Delta T_j + \beta_0} \left(\frac{C + t_{on}^{\gamma}}{C + 1}\right) e^{\frac{E_a}{k_b T_{j,m}}} f_{Diode} \tag{5.4}$$

式中，A 是通用调整因子，ΔT_j 是结温的波动，t_{on} 是负载脉冲的加载时间，$T_{j,m}$ 是结温的平均温度，k_b 是玻耳兹曼常数，E_a 是活化能，f_{Diode} 是体二极管在测试中的降额因子。β_0、β_1 和模型中的其他参数 A、α、C、γ、E_a 和 f_{Diode} 通过最小二乘法拟合得到。该分析模型的参数计算基于 97 个 PC 测试结果，在大约 5 年前的试验中获得。但为了更好地了解模型参数对寿命的影响，仍需要更多的 PC 测试。此外，参考文献 [4,22] 比较了银扩散烧结模块和具有基板的标准模块在不同 PC 测试条件下的失效机理。研究表明：①由于较低的活化能 E_a，键合线寿命受平均结温的影响比芯片焊料寿命的影响小；②芯片焊料老化的主要因素是高温运行；③对于中间温度范围，主要有两种失效机理：焊料失效和键合线脱离发生，并逐渐导致模块的 EOL。该研究提出一种用于分离故障模式的方法，允许单独建立每个故障模式的经验寿命模型，从而提出更准确的寿命预测方法。

5.3.3 基于物理的寿命模型

物理建模需要建立在故障机理已知的基础上，以便于建立功率模块组件内的应力和应变与故障循环的数学模型。物理建模是 PoF 分析的基础，它提供了对所观察到的故障机理更深的物理描述，因此，是一种很有前景的寿命模型。

电子封装中应力和应变的直接测量需要使用高分辨率测量方法，例如，红外和扫描电子显微镜。确定功率模块内的应力和应变的另一种方式是力学（如有限元分析（FEA））的仿真。然而，基于物理的 FEA 建模需要了解功率模块组件详细的材料和几何特性，这通常在功率模块数据手册中无法直接得到，只能由制造商提供。基于给定温度分布下应力-应变响应的数值计算方法是 FEA 的替代方案，并且该方法的拟合参数基于大量 PC 试验数据获得。如下所述，本节简要总结了文献中现有的基于物理的功率模块的寿命模型，旨在突出 PECS 中功率模块的 PoF 分析的最新技术。

5.3.3.1 模型 1：ETHZ-PES 寿命模型

本书中首先介绍的基于物理的寿命模型为 ETHZ-PES 寿命模型[5,24,25]，专用于平面焊接功率半导体模块。该模型基于用于施加到焊料互连层的循环热负荷下的应力-应变演变的数值算法和参考文献 [26] 中描述的热-机械模型。该数值算法最初是用于表面安装器件（SMD）的焊接引脚的寿命预测，基本原理是焊料对循环热负荷的响应可以通过磁滞回线描述[27]，然后通过 Morrow 的疲劳法则计算失效循环数 N_f：

$$N_f = W_{crit}(\Delta w_{hys})^{-n} \tag{5.5}$$

式中，n（$n>0$）取决于焊料类型，从小于 1 到 2.2[25]，W_{crit} 是导致损坏的能量，Δw_{hys} 表示每个循环的累积形变能量。结果显示，应力-应变焊料响应，可以用作电子器件中的焊点寿命估计的工具[28]。功率模块的材料和几何特性需要在评估前提前得到，用以计算 Δw_{hys}。类似于式（5.5），每个循环的塑性应变范围 $\Delta \varepsilon_{\text{hys}}$ 也可以用于基于 Manson-Coffin 疲劳定律来计算 N_f：

$$N_f = \varepsilon_{\text{crit}} (\Delta \varepsilon_{\text{hys}})^{-n_1} \qquad (5.6)$$

该模型可以应用于多种重复塑性形变的金属。磁滞焊接行为通过描述共晶焊料合金焊点的弹性和塑性应变变形的方程计算得到。焊料合金材料相关常数在文献中可获得。Clech[29]提出基于这种方程的拟合结果存在一个主要问题是，焊接方程采用不同焊点的数据拟合得到，这使得材料参数显示出显著的散射性。焊料变形通常在 SMD 组件、倒装芯片和陶瓷芯片载体（CCC）的焊点上测量到。焊点的几何形状对应力分布有影响，因此，预期焊料变形对于来自 SMD 焊点和大面积平面焊点而言是不同的。由于缺乏可用的数据，文献中对应于 SMD 电子组件的材料参数被应用于基于参考文献 [5，24，25] 中的 ETHZ-PES 寿命模型。应当强调的是，当采用功率模块中焊料互连模型时需要对参数进行校正，以便能够正确和准确地预测寿命。

除了材料参数，焊料方程还包括组件几何形状的其他参数，例如，有效组件刚度 K 和每单位温度变化所施加的应变 D_1。使用寿命模型之前，根据不同功率模块的结构首先需要确定这些参数。

参考文献 [5，24] 提出了一种参数整定方法，通过一系列 PC 测试确定参数 K 和 D_1。

基于参考文献 [30] 中 Darveaux 所提出的方法，参考文献 [25] 中采用有限元分析（FEM）对功率模块的结构进行仿真确定 K 和 D_1。仿真结果表明，基于物理的寿命模型与 PC 测试试验结果高度吻合。式（5.5）中参数 n 需要通过试验数据拟合得到。

此外，使用这种基于能量的模型，可以通过 W_{crit} 来估计不同的温度分布对功率模块的寿命的影响，例如，参考文献 [24] 中所示。然而，对于精确的寿命估计，有必要提取针对给定操作条件的焊料层的实际温度曲线。与基于虚拟结温度值的经验模型相比，所描述的基于能量的模型需要了解局部最大焊料温度值。这需要大量计算和建模，例如，执行 3D 热建模，从测量的结温获得焊料温度。同时，该模型的任务剖面评估需要进一步分析和研究，包括从复杂的应力-应变曲线中提取应力-应变磁滞回线，以及焊料材料的温度响应到温度分布。

5.4 节中更详细地描述了 ETHZ-PES 寿命模型的理论，通过 PC 测试验证该方法的有效性在 5.5 节中给出。

5.3.3.2 模型 2：O. Schilling 等

本章所阐述的第二种基于物理的寿命模型是由 O. Schilling 等人[7]提出。该寿命模型主要针对铝键合线的故障来确定功率模块的 EOL，同样是基于 Morrow 疲劳定理：

$$N_f = c_1(\Delta w_{hys})^{c_2}, c_2 < 0 \tag{5.7}$$

铝键合线在每个循环累积的形变能量 Δw_{hys} 可以通过 2D FEM 仿真应力-应变的磁滞回线得到。铝键合线通过 2D FEM 仿真中的拉伸强度、杨氏模量和屈服强度来描述，焊料层由在商业 ANSYS FEM 软件工具中实现的粘塑性 ANAND 模型描述[31]。参考文献［32］中所述 $c_2 = -1.83$，该文献分析了由铝键合线的接合处断裂导致的功率模块故障。然而，参考文献［32］中的分析是基于式（5.5）定义的非弹性应变的 Manson-Coffin 疲劳定律。

由于参数 c_1 暂没有统一参数，并且依赖于模块的几何形状，因此目前提出的方法只能够得到归一化的 N_f。将寿命建模方法与从经验 PC 数据获得的归一化 N_f 与 T_j 的关系曲线进行比较可以看出，2D FEM 仿真数据和经验数据在测量误差范围内表现出很好的一致性。

5.3.3.3　模型3：Steinhorst 等

Steinhorst 等人提出了第三种基于物理的寿命模型。该模型基于 Darveaux 的能量模型，描述焊料层中由于疲劳导致的裂纹的产生和扩展[30]。

$$N_0 = K_1(\Delta W)^{K_2} \tag{5.8}$$

$$\frac{da}{dN} = K_3(\Delta W)^{K_4} \tag{5.9}$$

式中，N_0 是基于一个温度循环期间的塑性能量密度 ΔW 计算得到的裂纹开始时的温度循环数，a 是裂纹长度，da/dN 是裂纹扩展速率。K_j（$j = 1, \cdots, 4$）是通过拟合得到的模型参数试验曲线。FEM 封装 SPCPm2Ad[33] 用于仿真焊料层的应力-应变磁滞回线。从形变能量的累积可以得到裂纹长度。与此同时，执行功率模块的热仿真，并且将热阻 R_{th} 增加 20% 用作故障标准。该模型仍处于开发阶段，模型的参数是任意选择的，还必须建立更全面的焊料方程。在热负荷下裂纹扩展的物理本质非常复杂，因为裂纹扩展改变焊料层的结构。此外，还应考虑焊料材料性质随温度的变化。参考文献［34］中还使用了由式（5.8）和式（5.9）给出的 Darveaux 的基于能量的模型来研究不同 TC 测试下基板焊料层内的裂纹行为。

5.3.3.4　模型4：Déplanque 等

基于在铜衬底上芯片焊接的裂纹扩展分析，功率模块中关于焊点的另一种寿命预测方法由 Déplanque 等人提出[35,36]。焊点的损伤通过三种方法表征：扫描声学显微镜，热阻的测量，以及用于使用 Paris 定律预测裂纹开始和扩展的 FEM 分析，

$$N_0 = C_1(\varepsilon_{acc,int})^{C_2} \tag{5.10}$$

$$\frac{da}{dN} = C_3(\varepsilon_{acc,int})^{C_4} \tag{5.11}$$

式中，$\varepsilon_{acc,int}$ 是沿着与裂纹扩展方向一致的累积应变的平均值，N_0 是裂纹初始时

的循环数，$\frac{da}{dN}$ 是裂纹扩展速率，参数 C_i（$i=1$，…，4）是依赖于材料的系数，这些参数需要通过 FEM 仿真来确定。作者计算了两种焊料合金 SnPb 和 SnAgCu （SAC305）的参数 C_i（$i=1$，…，4）。N 个循环后的裂纹长度 L 可以计算为

$$L = \frac{da}{dN}(N - N_0) \tag{5.12}$$

参考文献 [35] 中显示，损伤表面可以用作损伤的指标，例如，用商业 FEM 工具 ANSYS 仿真焊料层的损伤表面的累积应变。焊料模型包括初级蠕变和次级蠕变，这使得模型更准确。目前，正在开发的寿命模型没有得到完全测试，需要更多的研究，以便能够将其广泛地应用于每个平面焊点。

基于式（5.10）、式（5.11），Newcombe 和 Bailey 在参考文献 [37] 中提出了衬底-基板焊料互连的 PoF 方法，即 DBC 衬底和基板之间的焊料层，

$$\frac{dL}{dN} = C_3 (\Delta \varepsilon_p)^{C_4} \tag{5.13}$$

式中，L 是裂纹长度，$\Delta \varepsilon_p$ 是每个循环的累积塑性应变。对于 SnPb 焊料合金，系数 C_3 和 C_4 取自参考文献 [36]。基于该寿命模型，可以观察到焊料厚度越高，寿命越长。参考文献 [9] 中进行了类似的工作，通过 SnAg 焊料 FEA 仿真得到系数 C_3 和 C_4。

此外，参考文献 [37] 指出，使用式（5.13）集成在设计优化工具中的 PoF 方法相对 Manson-Coffin 方法具有巨大的优势。Manson-Coffin 模型式（5.1）的参数要求必须提前获得，并且能够完全表征特定功率模块的结构。另一方面，当改变一些设计参数（例如，焊料层的厚度）时，由式（5.13）定义的基于物理的寿命模型能够实现更准确有效的寿命预测。

基于模型 4，参考文献 [38] 中提出了一种用于 IGBT 模块可靠性预测的 PoF 方法，包括四个故障模式/位置：芯片焊点（管芯附着）、衬底焊点、母线焊点和铝引线键合。使用两种基于物理的寿命模型：模型式（5.13）用于焊料互连层的寿命估计，式（5.6）给出的 $N_f(\Delta \varepsilon_p)$ 关系用于键合线的寿命预测。

5.3.3.5　模型 5：Yang 等

参考文献 [8, 39] 中描述的基于损伤的裂纹扩展模型是用于电力电子模块中键合线的基于物理的经典模型。它考虑了损伤累积和损伤消除过程，显示出这两种机理在热-机械循环期间对模块寿命具有的重要影响。特别地，键合线剪切力的测量显示，即使暴露于较大的温度波动下，具有较高 T_{max} 的温度循环的键合线具有较慢的磨损率。这种现象是由于扩散-驱动损伤去除机理导致的，如果忽略这种机理可能导致错误的寿命预测结果。与 ETHZ-PES 寿命模型类似，基于损伤的裂纹扩展模型的主要特点也是无需过多的加速测试，此外，该模型能够在任务剖面条件下提供更准确的寿命估计。

但该基于损伤的寿命模型仅能够对几种 TC 测试进行评估，并且参数化过程还没有标准化，需要进行更加详细的分析和验证，证明其功能和准确性，从而能够在典型应用中使用该寿命估计方法。

参考文献 [8] 中总结了用于键合线最先进的寿命预测模型，分析了它们的局限性和面临的挑战，以便更好地理解在热负荷下键合线中发生的真实变形机理，例如晶粒粗化和软化。

5.3.4　基于 PC 寿命模型的寿命预测

另一种功率模块的寿命预测采用基于 PC 测试的寿命模型（即基于 N_f 的模型），例如，基于 Miner 法则的损坏累积模型。根据 Miner 法则，每个温度变化 ΔT_k 都会不断缩短寿命，其程度由相应的故障循环数 $N_f|_{\Delta T_k}$ 决定，$Q(\Delta T_k) = \dfrac{N|_{\Delta T_k}}{N_f|_{\Delta T_k}}$，式中，$Q(\Delta T_k)$ 是温度波动 ΔT_k 下循环 N 次所减少的寿命。当 Q 为 1 时，寿命耗尽。功率模块运行在不同温度条件的寿命可以定义为损伤程度 $Q(\Delta T_k)$ 的总和，当和为 1 时，则寿命耗尽。

在实际操作环境中，功率模块暴露于温度变化中，因此，对于基于 N_f 的寿命建模需要在给定任务剖面内定义温度循环。通常，使用雨流算法从任意温度分布中提取温度循环的数据，雨流算法最初是为了确定暴露于复杂负载条件下材料的疲劳而开发的，用于定义复杂应力-应变曲线内的闭合应力/应变磁滞回线[40]。如果假设结温与给定设计中的应力成比例，则可以应用雨流算法来计算和测量包含在任意温度分布内的温度循环。通常，循环计数算法无法描述时间依赖效应和非线性损伤累积对功率模块互连磨损的影响，所以在将任务剖面转换成具有一定持续时间的温度循环序列时会引入不确定性问题，例如，在汽车应用等高度不规则的温度分布应用中。

5.4　基于物理建模的功率半导体模块焊点寿命估计

功率半导体模块中焊点的基于物理的寿命模型主要通过对模块组件的应力分析得到，将应力水平用作触发不同故障模式的指标。首先，需确定应力的性质，即应力如何出现并在材料内作用；其次，计算或测量的应力水平必须与观察到的失效建立联系。疲劳故障通常由热应力引起，该热应力又来自相邻层的热膨胀。连接点的机械和物理特性决定了功率模块能够承受应力的性质。此外，时间参数也必须作为相关变量包括在应力分析中，因为功率模块内的损伤机理是时间、几何和材料特性的函数。

在焊料互连层中发生的变形可以通过组成焊料方程描述。这些方程基于由用两个物理测量表示的两个状态变量：应力和应变。

热-机械形变通常通过 3D 空间中等效 von-Misses 应力 σ^e 和应变 ε^e 来描述[41]。等效 von-Misses 应力和应变可以用当焊料互连层暴露于循环热负荷时产生的实际法线 (σ, ε) 和剪切 (τ, γ) 应力和应变分量表示。对于功率模块内的平面焊点，受功率模块组件的几何形状和材料特性影响，剪切应力和应变分量成为影响形变的重要因素。有效剪切应力 τ 和应变 γ 可以从等效 von-Misses 应力 σ^e 和应变 ε^e 导出[41]：

$$\tau^* = \frac{1}{\sqrt{3}}\sigma^e \quad (5.14)$$

$$\gamma^* = \sqrt{3}\varepsilon^e \quad (5.15)$$

参考文献 [42] 中，焊料方程以剪切或拉伸焊料数据的形式给出。使用式 (5.14) 和式 (5.15) 给出的变换将法向应力 σ 和应变 ε 分量转换成剪切分量 τ 和 γ，反之亦然[42]。

焊料材料的形变机制包含两种：疲劳和蠕变/应力松弛。当焊料暴露于循环的热-机械负荷时，损伤的持续累积会在焊料中产生疲劳。另一方面，在足够高的应力和温度下，焊料显示出永久移动或变形以释放应力的趋势，这些现象被称为蠕变/应力松弛。与疲劳相比（例如，由裂纹引发和扩展引起的与时间无关的变形），蠕变/应力松弛是依赖时间和速率的损伤机制类型，并且通常由焊料材料内空隙的形成和生长引起[43]。"蠕变"用于在恒定应力下的应变，而应力松弛对应于在恒定应变下的变形。

在 PC 和 TC 测试条件下或在由任务剖面定义的温度下，可以在功率模块中激活蠕变和疲劳损坏过程。相较于纯蠕变或纯疲劳，蠕变疲劳相互作用的机理更加普遍地存在[43]。很难分辨这两种机理中的哪一种将占优势并且最终导致焊料互连层的失效。

下面（5.4.1~5.4.4 节）论述了暴露于循环热负荷的焊料材料的应力和应变变形的理论。总结了与功率半导体模块中焊点的基于物理的寿命模型相关的基本焊料方程。

5.4.1 应力-应变（磁滞）焊接行为

由于通过焊料连接的相邻部件热-机械性质的差异，剪切力作用在焊料互连层上，使整个组件弯曲或拉伸。通过分析无引脚 CCC 的印制电路板和 CCC 组件引脚之间的焊接接合层的变形机理，Hall 发现焊点对 TC 的剪切应力-应变响应呈磁滞回线形状[27]。焊料材料中的损伤累积由回路包围的面积来体现。磁滞回线描述了暴露于重复循环负荷焊料层的复杂应力-应变轨迹，并且形状可以通过焊料材料的行为模型来描述。此外，在相同的温度下磁滞曲线上的点形成一组平行线，称为应力减少线。

未闭合的应力-应变环路意味着应力-应变响应可以随着连续的负荷循环而变化。在仿真中，磁滞回线通常在多个负荷循环之后趋向于稳定。关于功率模块中发生的热-机械变形，负荷循环对应于在加速循环测试下或在应用领域中产生的温度循环。确定稳定磁滞回线形状的参数如图 5.2 所示，其中温度的最小值和最大值 T_{min} 和 T_{max} 所对应的最小和最大剪应力和应变值为 τ_{min}、τ_{max}、γ_{min} 和 γ_{max}。

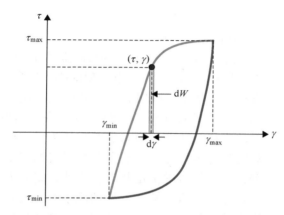

图 5.2　T_{min} 和 T_{max} 温度值之间焊料的周期性温度循环响应：
稳定的磁滞回线。由 T_{min} 和 T_{max} 以及焊料的材料和几何性质
决定最小和最大剪应力和应变值 τ_{min}、τ_{max}、γ_{min} 和 γ_{max}

在不同的应力水平和温度下，焊料会经历不同的物理形变而逐渐累积损伤，最终导致焊料互连失效。因此，应力-应变曲线可以用作电子器件中焊点寿命估计的工具，参考文献［26］中提出了基于热-机械模型的寿命预测。因此，焊料方程从数值上描述了与时间无关的弹性形变和塑性形变。具体来说，对于单位温度变化，应变包含三个部分：$\gamma_{elastic}$、$\gamma_{plastic}$ 和 γ_{creep}。三个部分可以总结到一个统一的总应变方程中，即

$$\gamma_{TOT} = \gamma_{elastic} + \gamma_{plastic} + \gamma_{creep} \tag{5.16}$$

应变分量可以被定义为应力 τ、温度 T 和时间 t 的函数。由于弹性和塑性与时间和速率无关，弹性和塑性应变分量只是应力和温度的函数。另一方面，蠕变是依赖时间的塑性形变，是上述三个变量的函数。弹性、塑性和蠕变焊接行为是基于经典力学和物理学的方法得出的，相应的焊料方程总结在 5.4.2 节中。

5.4.2　组成焊料方程

弹性行为由胡克定律描述，

$$\gamma_{\text{elastic}} = \frac{\tau}{G(T)} \qquad (5.17)$$

式中，$G(T)$ 是剪切模量，剪切模量的温度敏感性由剪切模量常数 G_0 和 G_1 给出，

$$G(T) = G_0 - G_1(T - 273\text{K}) \qquad (5.18)$$

不同的常数对应不同的材料。

参考文献 [44-46] 中提出了共晶焊料合金的不依赖时间和速率的可塑性模型。最常用的模型由 Darveaux[45,47] 提出，如下式所示：

$$\gamma_{\text{plastic}} = C_p \left(\frac{\tau}{G} \right)^{m_p} \qquad (5.19)$$

式中，C_p 和 m_p 是基于不同材料的参数。

通常，当达到纯金属约 $0.3T_M$，合金和大多数陶瓷约 $0.4T_M$ 的温度时，蠕变成为相关因素，其中 T_M 是材料的熔点。三个典型的蠕变阶段可以确定：初级、次级和稳态蠕变。初级蠕变是变形的瞬时状态，其中应变速率随时间降低，直到其达到由稳态蠕变速率决定的最小值。三级蠕变是在材料的最终损坏之前，具有快速增加应变速率的不稳定状态。稳态蠕变被认为是主要蠕变，文献中的大多数应变速率方程对应于稳定状态。对于大多数现有的基于物理的电子器件中焊料互连的寿命模型，通常仅考虑稳定状态。此外，蠕变机理主要研究稳态蠕变状态。稳态蠕变的研究中分析了蠕变发展的原子组成过程，例如，晶体结构中原子通过晶体晶格或沿着晶界位错滑动和攀升。这两种机理分别涉及位错和扩散控制的蠕变机理，在不同的应力和温度水平下这两种机理占主导地位。位错蠕变主要发生在较高水平应力条件下，而扩散控制的蠕变主要发生在较低应力水平和较高温度条件下，对于金属大致在约 $0.3T_M$，变形机理的示意图可用于识别显性损伤[43]。

幂律方法、双曲正弦（sinh）定律、双单元模型或参考文献 [42] 中概述的障碍物控制模型等不同类型的模型已经用于描述稳态蠕变行为。针对特定焊料类型给出所有方程参数，可以直接应用这些方程。Darveaux 的焊料模型作为一个综合模型，包括初级和稳态蠕变的方程，如下式所示：

$$\frac{\text{d}\gamma_s}{\text{d}t} = C_1 \frac{G(T)}{T} \left[\sinh\left(\alpha \frac{\tau}{G(T)} \right) \right]^n e^{-\frac{Q}{kT}} \qquad (5.20\text{a})$$

$$\gamma_{\text{prim}} = \gamma_T (1 - e^{-Bt\frac{\text{d}\gamma_s}{\text{d}t}}) \qquad (5.20\text{b})$$

$$\gamma_{\text{tot}} = \gamma_{\text{prim}} + \frac{\text{d}\gamma_s}{\text{d}t} t \qquad (5.20\text{c})$$

式中，$G(T)$ 是温度依赖剪切模量 [见式 (5.18)]，γ_s 是稳态蠕变应变分量，γ_{prim} 是由于初级蠕变引起的应变分量，α、B、Q、γ_T、C_1、G_0 和 G_1 是不同焊接材料的固有参数。τ 是剪切应力的值（MPa）。此外，几种焊料类型的材料常数可以在文献中找到。

另一种描述热-机械焊接行为的应变关系由等温应力减小线定义，

$$\gamma + \frac{\tau}{K} = D_1(T - T_0) \tag{5.21}$$

式中，T_0 是温度参考，K 是有效装配刚度，D_1 是单位温度变化所施加的应变。参数 K 和 D_1 取决于焊接类型和功率模块的几何形状。在特殊情况下，应力减小线的斜率 K 趋向于极高或极低的值，即 $K\rightarrow\infty$ 或 $K\rightarrow 0$，分别减少到应力松弛线或纯蠕变线。这种关系来自于通过焊料连接的两种材料组件的简化弹簧模型[48]。

焊料方程式（5.17）~式（5.21）用于仿真暴露于任意温度的焊料材料的磁滞行为。Clech 得出了计算暴露于温度变化的焊点的应力-应变响应的算法。作为一种数值方法，Clech 的算法可以作为计算机应用程序，构建基于计算机的可靠性设计工具[49]。Clech 的算法将在 5.4.3 节中介绍。

5.4.3 Clech 算法

Clech 算法主旨是找到一种方法能够准确地仿真暴露于循环热负荷的 SMD 的焊接点的响应。Clech 的算法可以通过图 5.3 解释。

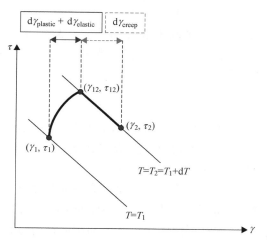

图 5.3 基于 Clech 算法计算应力-应变（磁滞）响应

已知时间 t 的应力-应变状态（γ_1，τ_1），可以使用焊料方程计算时间（$t + \Delta t$）处的应力-应变状态（γ_2，τ_2）。假设：①Δt 是相对小的时间步长（$\Delta t \rightarrow dt$）。②对于从 $T = T_1$ 到 $T_2 = T_1 + dT$ 的温度增加会产生瞬时应力。对于这种瞬时应力变化，主要应变分量假设为与时间无关的弹性和塑性分量 $d\gamma_{elastic}$ 和 $d\gamma_{plastic}$。③在温度 T_2，应力的变化遵循总应变分量的 T_2 应力减少线，主要由蠕变分量 $d\gamma_{creep}$ 决定。

Clech 算法能够对任意任务剖面下焊料互连层的应力-应变磁滞曲线进行数

值计算。因此，Clech 的算法是计算机辅助设计的寿命估计工具的核心算法。

5.4.4 基于能量的寿命预测模型

芯片封装中焊点的物理寿命模型可以分为四种：基于应力、应变、损伤和能量的模型[50]。所有模型都需要获得应力和应变数据以便预测使用寿命。与其他方法相比，基于能量的模型被认为是最方便的，因为具有高精度捕获测试状态的能力。

基于能量的寿命模型使用由应力-应变磁滞曲线包围的能量信息来预测电子器件的 EOL。大多数基于能量的模型是由电信和消费电子产品的高密度电子封装中焊点（例如，芯片尺寸封装（CSP））的寿命分析得到的。寿命模型适用于特定几何形状的焊点，不能直接应用于任意类型的焊点。

基于能量的建模基于如下假设：器件的 EOL 由器件运行期间焊点累积的总变形能量确定。当变形的能量达到临界值 W_{tot} 时，器件失效。基于能量的模型包含磁滞能量密度（即每个循环的变形能量）与失效循环数 N_f 的关系，如下式所示：

$$N_f = C(\Delta w_{hys})^{-n} \tag{5.22}$$

式中，C 和 n 取决于芯片封装的材料和几何性质，Δw_{hys} 是每个循环的累积能量或非弹性应变能量密度。Δw_{hys} 是通过在应变范围（γ_{min}，γ_{max}）中对应变进行积分计算得到的，如图 5.2 所示，

$$\Delta w_{hys} = \oint_{HysLoop} \tau d\gamma \tag{5.23}$$

使用 Clech 算法的基于能量的寿命建模可以通过以下步骤来完成：

1）通过 Clech 算法产生焊点的应力-应变响应。
2）试验测试方法提取重要参数 C 和 n。
3）应用参数化的基于能量的 N_f 模型来计算不同温度分布下的 EOL。

另一种类型的基于能量的模型是建立在 Darveaux 基于能量的模型式（5.8）、式（5.9）的基础上，对焊料层内的裂纹开始和扩展进行分析。它将循环数、裂纹开始 N_0、裂纹扩展速率与每个循环的累积能量密度建立联系，定义临界裂纹长度为 EOL 的标志。

5.5 基于物理建模的焊点寿命模型示例

本章使用赛米控公司[10]的 PC 测试结果验证 5.3.3 节中描述的功率半导体模块内焊点的 ETHZ-PES 寿命模型。目的是验证提出的寿命预测方法在 PC 测试条件下的准确度。测试采用了九个半桥的标准基板模块 SKM200GB12T4[22]，相应的 PC 试验的规格在表 5.2 和表 5.4 中给出。在 SKM200GB12T4 模块中，芯片通

过 SnAg3.5 焊料焊接到 DBC 衬底。

所提出的算法的建模步骤如图 5.4 所示。此外，模型中使用的焊料材料和几何参数见表 5.1。

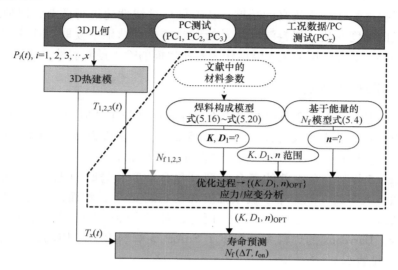

图 5.4 用于功率半导体模块焊点的基于 ETHZ-PES 物理的寿命模型的建模流程图。虚线框中包括寻找未知材料和几何相关焊料参数的过程

5.5.1 热仿真

第一步进行功率模块的 3D 热仿真，计算每个 PC 测试功率模块中的温度变化。为了进行考虑蠕变及与时间无关的弹性和塑性的焊料老化的物理仿真，不仅需要知道结温的最大和最小温度，而且需要知道基于时间变化的焊料温度 $T(t)$。

在试验装置中，器件被安装在水冷散热器上。在循环加热期间，通过停止散热器的水流，以获得温度的急剧增加。相反，在每个动力循环的冷却时间期间打开水流，温度更快地达到温度下限。因为采用了两个不同的模型描述具有和不具有水流的系统，因此不能使用 Foster 模型，并且无法在仿真期间切换模型（因为无法确定等效电容器的荷电状态）。在系统达到热平衡之前必须仿真多个功率循环，考虑水流在内的完整系统全流体热流体动力学仿真非常耗时。因此，仿真中采用了基于简化的 3D-Cauer 的模型的物理方法（见 5.3.1 节）。经验表明，如果使用固体散热器并且在其下方插入具有可忽略热电容的（非物理）过渡层，则可以近似散热器上功率模块的结温的变化，再现从引脚到环境的总热阻。该方法可以应用于有水冷和没有水冷两个阶段，并得到过渡层的两个不同热阻值。在功率模块的热系统等效电路中，过渡层由两组热阻参数代替。通过开关将相应的电阻连接到电气等效电路中，开关根据加热和冷却循环进行操作。

通过这种方法，MAKENET[50]构建了3D热仿真模型，如参考文献［21］所示，能够从3D几何形状得到电阻器和电容器的等效电路，从而可以用PSPICE仿真。功率循环期间的结温变化的仿真结果与PC测试期间的温度监测保持一致。为了提高焊接老化仿真的精度，功率循环被线性地进行调节，以便准确地描述测量的温度变化。焊料温度从重新调整的仿真结果中读取。从热建模获得的芯片中心下的焊料层的最大温度作为寿命建模的输入预测器件寿命。

5.5.2　应力-应变建模

第二步是根据5.4.3节中描述的流程计算温度分布的应力-应变响应。所需的输入包括：焊接方程式（5.17）~式（5.20）、定义应力减小线的几何参数式（5.21）和基于能量的N_f模型的指数参数n式（5.22）。

SnAg3.5焊料合金完整的寿命模型（包含蠕变和与时间无关变形的塑性）尚未报道。大多数文献集中于极限强度和稳态蠕变[29]；然而，参考文献［45］显示SnAg3.5承受更多的初级蠕变，因此，对于这种类型的焊料材料不应忽略初级蠕变。Darveaux的焊料关系提供了SnAg3.5焊料合金可用的最全面的焊料模型[47]，见表5.1。

表5.1　与材料和几何形状相关的SnAg3.5焊料参数

不随时间变化的弹性应变式（5.17）[47]	
G_0/MPa	19310
G_1/(MPa/K)	68.9
不随时间变化的塑性应变式（5.19）[47]	
C_p	2×10^{11}
m_p	4.4
稳态蠕变应变式（5.20a）[47]	
C_1/(K/s/MPa)	0.454
α	1500
n	5.5
Q/eV	0.5
初级蠕变应变式（5.20b）[47]	
γ_T	0.086
B	147
未知的几何参数的范围式（5.21）	
K/MPa	$(5 \times 10^2, 10^4)$
D_1/(1/K)	$(10^{-4}, 10^{-3})$

式（5.21）中的参数K和D_1定义了应力减小线，主要取决于焊料类型和模

块几何形状。这些模型参数使用来自三个 PC 试验（PC_{1-3}）的 N_f 结果来确定，通过 MATLAB 优化程序的参数化过程计算得到。PC_{1-3} 测试的性能见表 5.2，从上述热建模获得的相应温度曲线如图 5.5 所示。

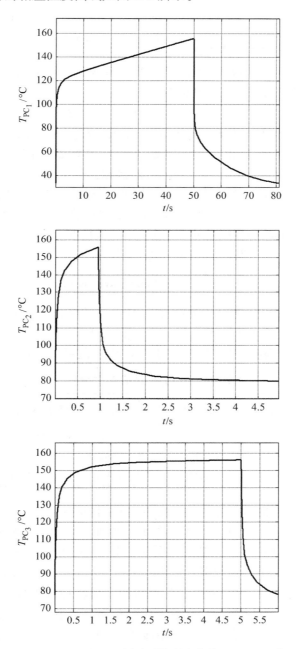

图 5.5　PC_1、PC_2 和 PC_3 测试下的温度曲线 T_{PC_1}、T_{PC_2} 和 T_{PC_3}

表 5.2　用于参数化的 PC 测试条件

PC 测试	T_{min}/℃	T_{max}/℃	ΔT/℃	t_{on}, t_{off}/s	P_{loss}/W	N_f
PC_1	40	155	115	50, 31	925.9	31332
PC_2	80	148	68	0.95, 4	900	220279
PC_3	78	148	70	5, 1	480	168390

最佳参数 K、D_1 和 n 应最小化三个变形能量 W_{criti} ($i = 1, 2, 3$) 的差异, 通过式 (5.5) 计算相应的模拟温度分布 T_i。

$$W_{criti} = N_{fi}(\Delta w_{hysi})^n, i = 1, 2, 3 \tag{5.24}$$

优化算法的控制参数为 K、D_1 和指数 n。其他模型参数是从文献中得到的焊料常数, 见表 5.1。参数化误差 r 被定义为临界能量之间的最大比值, $r = \max(W_{criti}/W_{critj})$, $i, j = 1, 2, 3$, $i \neq j$。理想情况下, r 为 1, 例如 $W_{crit1} = W_{crit2} = W_{crit3}$, 实际上, 存在高于 1 的最佳 r 值。因此, 估计的故障循环数 $N_{f,estim}$ 可以被定义为一个区间 (N_{fmin}, N_{favg}, N_{fmax}), 对应于由优化程序式 (5.25) 产生的用于三个 PC 测试计算的临界能量的最小 $W_{critmin}$、平均 $W_{critavg}$ 和最大 $W_{critmax}$。

$$W_{critFunc} = \text{Func}(W_{crit1}, W_{crit2}, W_{crit3}) \tag{5.25a}$$

$$N_{fFunc} = \frac{W_{critFunc}}{(\Delta w_{hys})^n}, \text{Func} = \text{avg}, \max, \min \tag{5.25b}$$

表 5.2 中规定的 PC 测试的参数化误差 $r = 1.714$。也就是说, 对于 PC_1 测试, 实际 N_{f1} 值更接近估计的 N_f 范围的最小值, 对于 PC_2 测试, 实际 N_{f2} 值与 N_f 范围最大值一致, 而对于 PC_3 测试, 实际 N_{f3} 与 N_f 范围最小值更接近, 见表 5.3。

表 5.3　$PC_{1,2,3}$ 测试的 N_f 预测值

PC 测试	N_{fmin}, N_{favg}, N_{fmax} 式 (5.25b)	$N_{f,estim}$	相对误差 (%)	$\frac{dT}{dt}$ (当 T_{max})
1	31302, 38762, 53654	(N_{fmin}, N_{favg})	(−0.09, 23.7)	0.66K/s
2	128514, 159142, 220279	(N_{favg}, N_{fmax})	(27.7, 0)	10.67K/s
3	168390, 208521, 288627	(N_{fmin}, N_{favg})	(0, 23.8)	0.37K/s

当指数 n 被设置为 2.2 时, 试验数据实现最佳拟合。优化过程的输入参数范围通过建模焊料合金的应力-应变行为得到, 例如, 对于 PC_1 和 PC_3 测试, 最大温度越高和温度变化率越低, 蠕变越明显, 对于 PC_2 测试, 时间无关的可塑性是影响快速温度变化的主要因素。具体地说, 当表 5.1 中规定的 K 和 D_1 为 10^3 和 10^{-4} 时, 焊点的模拟应力-应变响应与焊料的预期物理行为具有良好的一致性, 见 5.5.6 节。参考文献 [25] 中显示, 参数 K 和 D_1 是相关的, 较高的 D_1 对应于较低的 K 值, 反之亦然。最终可以得到最佳参数集合为 $(K, D_1) = (1403.03, 9.9 \times 10^{-4})$。

5.5.3 应力-应变分析

N_f预测是通过仿真应力-应变曲线分析来得到。所需要的参数是温度变化 ΔT、最大温度水平 T_{max} 和温度速率 $\left.\frac{dT}{dt}\right|_{T_{max}}$。$PC_{1-3}$ 的 ΔT、T_{max} 和 $\left.\frac{dT}{dt}\right|_{T_{max}}$ 的值在表5.2和表5.3中给出。

通过分析在 PC_i 试验中的温度曲线，能够更好地理解应力-应变响应。例如，PC_3 测试和 PC_2 测试都具有70K的较低温度变化，但 PC_3 测试的特征在于在最高温度下较慢的温度变化。对于 PC_3 测试，芯片焊料层经历更多的蠕变变形，因此，寿命更短。另一方面，PC_1 试验的特征在于115K的更高温度变化和更长的加热时间，这解释了为什么具有较短的寿命。

蠕变应变分量在总应变变形中的份额可以用作蠕变变形的定量测量。通过观察温度循环下的应力-应变变形，可以得出结论，对于 PC_3，在 T_{max} 下的温度变化相对较慢，可以认为蠕变应变分量相比起应变变形分量在总体形变具有相似或更高的份额。在仿真之后，利用最佳参数集，计算 PC_3 测试的 T_{max} 处的蠕变分量为约50%。类似地，对于 PC_1 试验，蠕变分量达到总应变变形的40%，而对于 PC_2 测试，时间无关的弹性-塑性应变分量占主导，即大于总应变的±80%。

由于较长的加热时间，PC_1 和 PC_3 试验达到了稳定状态，而对于具有较短 t_{on} 的 PC_2 测试尚未达到稳态。对于所描述的应力-应变分析，图5.6所示分别为 PC_1、PC_2 和 PC_3 测试的磁滞回线，描述典型的PC测试条件下功率模块中的快速温度变化和 PC_1 测试的应变分量。

5.5.4 模型验证

通过观察计算应力-应变曲线在仿真温度 T_{1-3} 下的特性，能够预测范围区间内 N_f 寿命。对于 PC_1 和 PC_3 测试，N_f 测试结果处于 N_f 测试范围的下半部分（N_{fmin}，N_{favg}），对于 PC_2 测试，N_f 预测结果处于 N_f 测试范围的上半部分（N_{favg}，N_{fmax}）。

根据所提出的测试流程，其他功率循环试验 PC_A、PC_B、PC_C、PC_D、PC_E、PC_X 的故障循环数的预测结果见表5.4。估计的 N_f 范围和相对误差见表5.5。

表5.4 用于验证模型的PC测试规格

PC 测试	T_{min}/℃	T_{max}/℃	ΔT/℃	t_{on}, t_{off}/s	P_{loss}/W	N_f
A	40	155	174	64.5, 48.7	921.9	28780
B	79	146	67	0.95, 4	912	248710
C	80	150	70	1.2, 4	920	234632
D	77	150	73	2.9, 0.9	944	149125
E	39	148	109	13.6, 10.3	1122	38441
X	40	176	136	2, 3	1569.4	21956

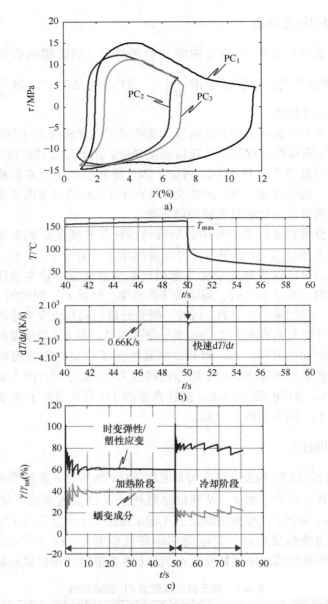

图 5.6 应力-应变分析：a) 应力-应变响应——PC_1、PC_2、PC_3 测试对应的磁滞回线；b) PC_1 测试中温度 T_{PC_1} 从加热阶段到冷却阶段快速变化的局部放大波形；c) PC_1 测试下对应的应变成分

PC_B 和 PC_C 的测试温度与 PC_2 近似，因此计算得到的 N_f 在测试结果范围内，误差小于 11%。

表 5.5　PC_{A-X} 测试的 N_f 预测结果

PC 测试	N_{fmin}，N_{favg}，N_{fmax} 式(5.25b)	$N_{f,estim}$	相对误差（%）	$\dfrac{dT}{dt}$（当 T_{max}）
A	23216，28749，39793	(N_{fmin}，N_{favg})	(19.3，-0.1)	0.7K/s
B	140949，174541，241954	(N_{favg}，N_{fmax})	(-29.9，-2.8)	10.4K/s
C	122054，151142，209205	(N_{favg}，N_{fmax})	(-35.6，-10.8)	10.1K/s
D	164966，204281，282758	(N_{fmin}，N_{favg})	(10.6，36.9)	1.2K/s
E	31393，38875，53809	(N_{fmin}，N_{favg})	(-18.3，1.1)	0.9K/s
X	21853，27061，37457	(N_{fmin}，N_{favg})	(-0.5，23.2)	5.2K/s

PC_D 和 PC_3 测试具有相似的 ΔT 和 T_{max}，通过分析应力-应变曲线可以看出，蠕变成分所占百分比也非常接近（例如，都接近 50%）。对于 PC_3，N_f 寿命处于测试结果区间的下半部分。

PC_A 和 PC_E 测试具有更高的温度振幅，PC_A 和 PC_1 在稳定时温度振幅相同，接近 PC_E。对于 PC_1 测试，蠕变成分占 40%，预测的寿命处于 N_f 范围的下半部分。

PC_X 测试为一个特殊的预测案例。加热时间非常短，最高温度为 176℃ 和温度振幅为 134℃。对于 PC_2，蠕变成分小于总应变的 40%。由于高温度振幅和最大温度对寿命具有直接影响，并且蠕变应变分量是导出因子，所以预测结果取决于高的 ΔT 条件下 PC_1 的参数化过程。

相对估计误差见表 5.5。最小估计误差小于 24%，说明基于 ETHZ-PES 模型的寿命预测与 PC 的 N_f 测试结果具有良好的一致性。

5.5.5　寿命曲线的提取

由寿命模型能够得到 SKM200GB12T4 功率模块的寿命曲线。寿命曲线表示对于限定加热时间 t_{on} 的 N_f 对温度振幅 ΔT 的依赖性，即 $N_f(\Delta T)|_{t_{on}}$。

通过保持平均温度、加热时间和冷却时间恒定并且缩放功率模块的仿真温度分布以获得温度变化，从而计算不同 ΔT 的温度分布。这种方式适用于仅功率损耗和冷却温度不同的功率循环中。基于较低和较高温度振幅计算的温度曲线，结合图 5.4 中的流程图，能够预测在低和高应力方案中的寿命 N_f。考虑平均温度 T_{avg}、加热时间 t_{on} 和 PC_2 测试的冷却时间 t_{off} 的寿命曲线 $N_f(\Delta T)$ 如图 5.7 所示。

从图 5.7 可以看出，N_f 值在对数-对数图中示出了低温和高温振幅的两个渐近线性，斜率分别为 $\alpha \approx 13$ 和 $\alpha \approx 3$。PC_1 和 PC_3 测试提取的寿命曲线显示出类似的特征，即对于较高的 ΔT，指数 α 在 3 附近变化，而对于 ΔT 的较低值，指数 α 在 13 附近变化。对于焊料故障，$\alpha=13$ 的高指数表示 PC 结果对较低温度下的估计过于保守。这也可以归因于所使用的 Darveaux 焊料模型，用于 SnAg3.5 焊料的 Darveaux 模型的参数来自在 25~135℃ 温度范围内的拉伸和剪切加载试验[47]。

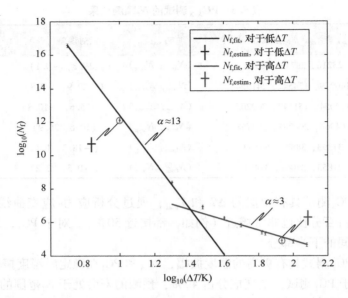

图 5.7 由 PC_2 测试中平均温度 T_{avg}、加热时间 t_{on} 和冷却时间 t_{off} 提取出的寿命曲线 $N_f(\Delta T)$，交叉符号表示在低和高 ΔT 范围中具有小于 25% 的估计误差的 N_f 估计值；实线表示拟合的 N_f 估计值的线性渐近曲线，对于较低和较高的 ΔT，斜率分别为 $\alpha \approx 13$ 和 $\alpha \approx 3$

Darveaux 的焊料模型必须进一步评估和验证较低和/或较高温度，以在宽温度范围内进行精确的寿命预测。

5.5.6 模型精度和参数敏感度

即使试验条件相同，失效循环数散射在平均值周围 ±20% 是非常常见的。PC 测试中 PC_2、PC_B 和 PC_C 可以认为几乎相同；然而，可以观察到这些 PC 测试的失效次数是不同的。PC_D 和 PC_3 测试与上述情况类似，尽管功率模块在 PC_3 测试下加热时间较长，预期比 PC_D 测试更快失效[17]，但是观察到的结果是 PC_D 具有更短的寿命。因此，在 20% 的范围内的估计误差可以被视为良好的 N_f 预测。

如前所述，假设焊料层的磨损作为主要的失效机理，为了正确地对寿命进行建模，必须首先建立用于功率模块焊料合金的可靠性模型。弹性变形由杨氏模量描述，应变硬化幂律通常用于描述与时间无关的塑性应变变形，但目前没有文献描述焊料的蠕变变形机理。为了简化蠕变建模，稳态（次级）蠕变通常是微电子封装中焊点热机械建模中考虑的唯一蠕变机理。目前已经开发了不同类型的蠕变模型、例如幂律模型、双曲正弦定律、双单元模型和障碍控制模型[42]，以描述稳态蠕变行为。然而，研究表明，无铅焊料合金不能忽略初级蠕变[52]。本构关系的参数通过基于焊料材料的蠕变试验中获得的数据拟合确定[53]。因此，模型参数取决于焊料材料和焊点配置。为了收集建立精确本构模型的数据，在试验装置中使用的焊点应该与要建模的实际焊点设计非常相似[54]。这些类型的试验实际上缺少功率模块的焊点。在所测试的 SKM200GB12T4 模块中使用的 SnAg3.5 焊料合金数据在文献中没有给出。Darveaux 的 SnAg3.5 焊料模型在 ETHZ-PES 寿命模型中采用，因为焊料本构模型的所有模型参数都可以在文献中找到[47]。

在参数化过程中通过对试验 PC 测试数据拟合，可以得到 N_f 对 K、D_1 和 n 变化的敏感度，这种方式有助于深入的了解未知参数的物理意义。参数 K 表示有效组件刚度，D_1 是单位温度变化所施加的应变，即焊接连接层之间的 CTE 的几何形状和差异。通过增加刚度 K 和/或使 D_1 减小一个数量级，可以观察到对于所有 PC 温度分布、蠕变应变分量变得小于与时间无关的弹性/塑性应变分量，反之亦然；通过降低刚度 K 和/或增加 D_1 一个数量级，即使对于 PC_2 测试，通过施加快速的温度变化和短的加热时间，蠕变分量也变得大于与时间无关的弹性/塑性应变分量。这一特性与等温应力减少曲线相吻合，对于两个极端，$K=\infty$ 和 $K=0$ 分别趋向于应力松弛线和纯蠕变线[48]。尽管通过调节 K 和 D_1 的值能够实现类似的参数化的误差，但是利用这些参数获得的应力-应变曲线无法描述预期的物理焊料行为。

不同 n 值的相同参数范围中能够找到最佳参数集 (K, D_1)，通过观察可以得到对于较低的 n 值，N_f 估计的相对误差显著更高，例如，对于 $n=1$，相对误差为约 64%。对于 $n=2.2$，可以得到最佳估计结果，同时也是三个变量 (K, D_1, n) 的最佳优化结果。

参数 (K, D_1) 的值围绕它们的标称（计算）值改变 10%，参数化 r 的误差变化到 1.76，该变化对寿命预测结果没有显著影响（小于 10%）。更高的 D_1 意味着磁滞回线向更高应变区域中移动，更高的 K 增加了磁滞回线面积，这意味着更高的损伤。

5.5.7 寿命预测工具

ETHZ-PES 寿命模型在 MATLAB 软件工具中实现，该工具在 ECPE 研究项目"Reliability and Lifetime Modeling and Simulation of Power Modules and Power Electronic Building Blocks"中开发[55]。通过易于使用的 GUI（见图 5.8），用户可以指定 PC 测试的温度曲线，在模型参数范围内进行参数化设计，分析计算的应力-应变响应，以及估计两个任意温度分布下功率模块的相对寿命。参考文献[42, 45, 56] 中提到的不同焊料类型的本构焊料模型已经在软件中建立，尽管该软件工具仍然需要进一步的改进，但是，目前来看，通用的生命周期建模工具是基于物理的功率模块寿命预测的有效工具。

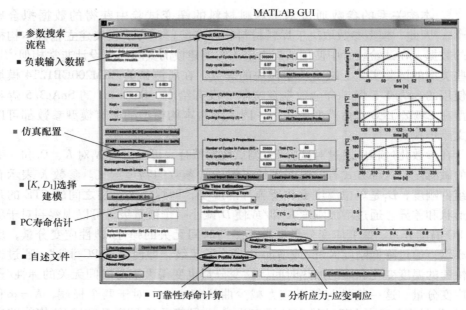

图 5.8 基于 ETHZ-PES 模型的功率模块焊料寿命评估的 MATLAB 图形用户界面的软件

5.6 总结

PoF 寿命建模方法，可以改善寿命估计的精度并使可靠性工程集成到电力电子系统的设计、开发和研究周期中，可以被看作是电力电子中的一种新的设计方法。图 5.9 所示为虚拟平台内的不同域的耦合，例如电路仿真、热建模和寿命预测，这种方式有助于工程师以寿命和成本效率为目标开发可靠的 PECS。开发的基于 ETHZ-PES 寿命模型的 MATLAB 软件可以被看作是发展成为虚拟平台的第一步。

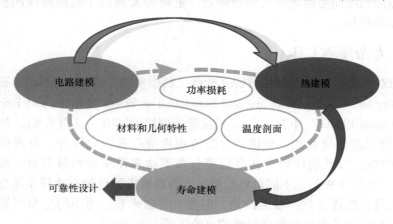

图 5.9 功率模块和 PECS 的可靠性分析的虚拟样机概念图

参 考 文 献

[1] J. Lutz. Packaging and reliability of power modules. In *Proc. of the 8th Int. Conf. on Integrated Power Systems*, pp. 17–24, 2014.

[2] M. Held, P. Jacob, G. Nicoletti, P. Scacco, and M.-H. Poech. Fast power cycling test of IGBT modules in traction application. *International Journal of Electronics*, 86(10):1193–1204, 1999.

[3] R. Bayerer, T. Herrmann, T. Licht, J. Lutz, and M. Feller. Model for power cycling lifetime of IGBT modules – various factors influencing lifetime. In *Proc. of the 5th Int. Conf. on Integrated Power Systems*, pp. 37–42, 2008.

[4] R. Schmidt, F. Zeyss, and U. Scheuermann. Impact of absolute junction temperature on power cycling lifetime. In *Proc. of the 15th European Conf. on Power Electronics and Applications*, pp. 1–10, 2013.

[5] I. Kovacevic, U. Drofenik, and J.W. Kolar. New physical model for lifetime estimation of power modules. In *Proc. of the Int. Power Electronics Conf.*, pp. 2106–2114, 2010.

[6] P. Steinhorst, T. Poller, and J. Lutz. Approach of a physically based lifetime model for solder layers in power modules. *Microelectronics Reliability*, 53(8–10):1199–1202, 2013.

[7] O. Schilling, M. Schaefer, K. Mainka, M. Thoben, and F. Sauerland. Power cycling testing and FE modelling focussed on Al wire bond fatigue in high power IGBT modules. *Microelectronics Reliability*, 52(9–10):2347–2352, 2012.

[8] L. Yang, P.A. Agyakwa, and C.M. Johnson. Physics-of-failure lifetime prediction models for wire bond interconnects in power electronic modules. *IEEE Transactions on Device and Materials Reliability*, 13(1):9–17, 2013.

[9] Hua Lu, T. Tilford, and D.R. Newcombe. Lifetime prediction for power electronics module substrate mount-down solder interconnect. In *Proc. of the Int. Symp. on High Density Packaging and Microsystem Integration*, pp. 1–10, 2007.

[10] SEMIKRON (2015). [Online]. Available: http://www.semikron.com/

[11] H. Wang, M. Liserre, F. Blaabjerg, P. de Place Rimmen, J.B. Jacobson, T. Kvisgaard, and J. Landkildehus. Transitioning to physics-of-failure as a reliability driver in power electronics. *IEEE Journal of Emerging and Selected Topics in Power Electronics*, 2(1):97–114, 2014.

[12] Semiconductor devices-Mechanical and climatic test methods-Part 34: Power cycling (IEC 60747-34), Int. Electrotechnical Commission (IEC) Std.

[13] Semiconductor devices-Discrete devices-Part 9: Insulated-gate bipolar transistors (IGBTs) (IEC 60747-9), Int. Electrotechnical Commission (IEC) Std.

[14] J. Lutz, H. Schlangenotto, U. Scheuermann, and R. DeDoncker. *Semiconductor Power Devices Physics, Characteristics, Reliability*. Springer, New York, NY, 2011.

[15] T. Herrmann, M. Feller, J. Lutz, R. Bayerer, and T. Licht. Power cycling induced failure mechanisms in solder layers. In *Proc. of the European Conf. on Power Electronics and Applications*, pp. 1–7, 2007.

[16] M. Ciappa. Selected failure mechanisms of modern power modules. *Microelectronics Reliability*, 42(4):653–667, 2002.

[17] U. Scheuermann and R. Schmidt. A new lifetime model for advanced power modules with sintered chips and optimized Al wire bonds. In *Proc. of the Int. Exhibition and Conf. for Power Electronics, Intelligent Motion, Renewable Energy and Energy Management*, pp. 810–817, 2013.

[18] H. Huang and P.A. Mawby. A lifetime estimation technique for voltage source inverters. *IEEE Transactions on Power Electronics*, 28(8):4113–4119, 2013.

[19] U. Scheuermann and P. Beckedahl. The road to the next generation power module – 100% solder free design. In *Proc. of the 5th Int. Conf. on Integrated Power Systems*, pp. 111–120, 2008.

[20] U. Drofenik and J.W. Kolar. Teaching thermal design of power electronic systems with web-based interactive educational software. In *Proc. of the 18th Annual IEEE Applied Power Electronics Conf. and Exposition*, vol. 2, pp. 1029–1036, 2003.

[21] R. Schmidt and U. Scheuermann. Using the chip as a temperature sensor – the influence of steep lateral temperature gradients on the $V_{ce}(T)$-measurement. In *Proc. of the 13th European Conf. on Power Electronics and Applications*, pp. 1–9, 2009.

[22] U. Scheuermann and R. Schmidt. Impact of solder fatigue on module lifetime in power cycling tests. In *Proc. of the 14th European Conf. on Power Electronics and Applications*, pp. 1–10, 2011.

[23] A. Hamidi, A. Stuck, N. Beck, and R. Zehringer. Time dependent thermal faitgue of HV-IGBT-modules. In *Proc. of the 27th Kolloquium Halbleiter-Leistungsbauelemente und Materialgüte von Silizium, Freiburg/Breisgau*, 1998.

[24] U. Drofenik, I. Kovacevic, R. Schmidt, and J.W. Kolar. Multi-domain simulation of transient junction temperatures and resulting stress–strain behavior of power switches for long term mission profiles. In *Proc. of the 11th IEEE Workshop on Control and Modeling for Power Electronics*, pp. 1–7, 2008.

[25] G.J. Riedel, R. Schmidt, C. Liu, H. Beyer, and I. Alapera. Reliability of large area solder joints within IGBT modules: Numerical modeling and experimental results. In *Proc. of the 7th Int. Conf. on Integrated Power Systems*, pp. 288–298, 2012.

[26] M. Ciappa. Lifetime modeling and prediction of power devices. In *Proc. of the 5th Int. Conf. on Integrated Power Systems*, pp. 1–9, 2008.

[27] P. M. Hall. Forces, moments, and displacements during thermal chamber cycling of leadless ceramic carriers soldered to printed boards. *IEEE Transactions on Components, Packaging, and Manufacturing Technology*, 7(4):314–327, 1984.

[28] R. Darveaux. Effect of assembly stiffness and solder properties on thermal cycle acceleration factors. In *Proc. of the 11th Int. Workshop on Thermal Investigations of ICs and Systems*, pp. 192–203, 2005.

[29] J.-P. Clech. *Lead-Free Electronics: iNEMI Projects Lead to Successful Manufacturing*. John Wiley & Sons, Inc., Hoboken, NJ, 2007.

[30] R. Darveaux. Effect of simulation methodology on solder joint crack growth correlation. In *Proc. of the 50th Electronic Components and Technology Conf.*, pp. 1048–1058, 2000.

[31] G.Z. Wang, K. Becker, J. Wilde, and Z.N. Cheng. Applying ANAND model to represent the viscoplastic deformation behavior of solder alloys. *Journal of Electronic Packaging*, 123(3):247–253, 1998.

[32] S. Ramminger, N. Seliger, and G. Wachutka. Reliability model for Al wire bonds subjected to heel crack failures. *Microelectronics Reliability*, 40(8–10):1521–1525, 2000.

[33] A. Meyer. *Programmer's Manual for Adaptive Finite Element Code SPC-PM 2Ad*. Preprint SFB393 01-18 TU Chemnitz, 2001.

[34] T.-Yu Hung, C.-J. Huanga, C.-C. Leed, C.-C. Wange, K.-C. Lue, and K.-N. Chiang. Investigation of solder crack behavior and fatigue life of the power module on different thermal cycling period. *Microelectronic Engineering*, 107:125–129, 2013.

[35] Sylvain Déplanque. *Lifetime Prediction for Solder Die-attach in Power Applications by Means of Primary and Secondary Creep*. PhD thesis, The Brandenburg University of Technology, Cottbus-Senftenberg, 2007.

[36] S. Déplanque, W. Nuchter, B. Wunderle, R. Schacht, and B. Michel. Lifetime prediction of SnPb and SnAgCu solder joints of chips on copper substrate based on crack propagation FE-analysis. In *Proc. of the 7th Int. Conf. on Thermal, Mechanical and Multiphysics Simulation and Experiments in Micro-Electronics and Micro-Systems (EuroSime)*, pp. 1–8, 2006.

[37] D. Newcombe and C. Bailey. Rapid solutions for application specific IGBT module design. In *Proc. of the Int. Exhibition and Conf. for Power Electronics, Intelligent Motion, Renewable Energy and Energy Management*, 2007.

[38] H. Lu, C. Bailey, and C. Yin. Design for reliability of power electronic modules. *Microelectronics Reliability*, 49:1250–1255, 2009.

[39] L. Yang, P.A. Agyakwa, and C.M. Johnson. A time-domain physics-of-failure model for the lifetime prediction of wire bond interconnects. *Microelectronics Reliability*, 51(9–11):1882–1886, 2011.

[40] S.D. Downing and D.F. Socie. Simple rainflow counting algorithms. *International Journal of Fatigue*, 4(1):31–40, 1982.

[41] John Hock Lye Pang. *Lead Free Solder*. Springer, New York, NY, 2012.

[42] J.-P. Clech. An obstacle-controlled creep model for Sn–Pb and Sn-based-lead-free solders. In *Proc. of the SMTA Int. Conference*, 2004.

[43] D. Rubesa. *Lifetime Prediction and Constitutive Modeling for Creep–Fatigue Interaction*. Gebrueder Borntraeger, Berlin, Germany, 1991.

[44] W. Ramberg and W.R. Osgood. *Description of stress–strain curves by three parameters*. Technical report. National Advisory Committee for Aeronautics, Washington, DC, 1943.

[45] R. Darveaux and K. Banerji. Constitutive relations for tin-based solder joints. *IEEE Transactions on Components, Hybrids, and Manufacturing Technology*, 15(6):1013–1024, 1992.

[46] S. Knecht and L.R. Fox. Constitutive relation and creep–fatigue life model for eutectic tin-lead solder. *IEEE Transactions on Components, Hybrids, and Manufacturing Technology*, 13(2):424–433, 1990.

[47] R. Darveaux, K. Banerji, A. Mawer, and G. Dody. *Reliability of Plastic Ball Grid Array Assemblies (Chapter 13)*. McGraw-Hill, New York, 1995.

[48] C.H. Raeder, L.E. Felton, R.W. Messier, and L.F. Coffin. Thermo-mechanical stress–strain hysteresis of Sn–Bi eutectic solder alloy. In *Proc. of the 17th IEEE/CPMT Int. Electronics Manufacturing Technology Symp.*, pp. 263–268, 1995.

[49] J.-P. Clech. Solder reliability solutions: A PC-based design-for-reliability tool. *Soldering & Surface Mount Technology*, vol. 9, no. 2, 45–54, 1997.

[50] W.W. Lee, L.T. Nguyen, and G.S. Selvaduray. Solder joint fatigue models: Review and applicability to chip scale packages. *Microelectronics Reliability*, 40(2):231–244, 2000.

[51] U. Scheuermann and J. Lutz. High voltage power module with extended reliability. In *Proc. of the 8th European Conference on Power Electronics and Applications*, 1999.

[52] D. Shirley. *Transient and Steady-state Creep in Sn-Ag-Cu Lead Free Solder Alloys: Experiments and Modeling*. PhD thesis, University of Toronto, Toronto, Canada, 2009.

[53] K. Mysore, G. Subbarayan, V. Gupta, and R. Zhang. Constitutive and aging behavior of Sn3.0Ag0.5Cu solder alloy. *IEEE Transactions on Electronics Packaging Manufacturing*, 32(4):221–232, 2009.

[54] H. Yang, P. Deane, P. Magill, and K.L. Murty. Creep deformation of 96.5Sn-3.5Ag solder joints in a flip chip package. In *Proc. of the Electronic Components and Technology Conf.*, pp. 1136–1142, 1996.

[55] The European Center for Power Electronics – ECPE (2015). [Online]. Available: http://www.ecpe.org/home/

[56] S. Wiese and K.-J. Wolter. Microstructure and creep behaviour of eutectic SnAg and SnAgCu solders. *Microelectronics Reliability*, 44:1923–1931, 2004.

第6章
电力电子变换器最小化 DC-link 电容器设计

Henry Shu-hung Chung

香港城市大学，中国

6.1 引言

DC-link 电容器的主要功能是稳定 DC-link 电压，缓冲不同单元之间的瞬时不平衡功率。为了简化分析，在此仅分析包含系统 A 和系统 B 两个单元的功率变换系统，如图 6.1 所示，两个系统通过 DC-link 电容器连接。

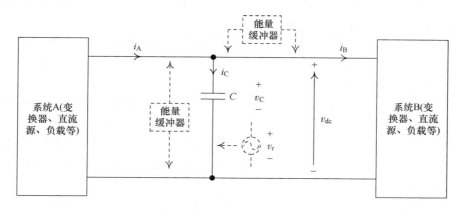

图 6.1 系统 A 和系统 B 的简化模型

系统 A 和 B 可以为不同的功率变换系统，如电压源变换器、电流源变换器或者负载。假设 DC-link 电压为 v_{dc}，系统 A 输出至 DC-link 的电流为 i_A，系统 B 输入的电流为 i_B，两个电流中均包含有直流和交流分量，如下式所示：

$$i_A(t) = I_A + \Delta i_A(t) \qquad (6.1)$$

$$i_B(t) = I_B + \Delta i_B(t) \tag{6.2}$$

式中，I_A 和 I_B 为 i_A 和 i_B 的直流分量，Δi_A 和 Δi_B 为 i_A 和 i_B 的交流分量。由于 DC-link 电容器只能流过交流电流，因此直流分量 I_A 等于 I_B，电容器电流 i_C 为交流电流 Δi_A 和 Δi_B 的差值，即

$$I_A = I_B \tag{6.3}$$

$$i_C(t) = \Delta i_A(t) - \Delta i_B(t) \tag{6.4}$$

电容器电压 v_C 包含直流和交流分量，交流分量取决于流过 DC-link 电容器的电流和电容值 C：

$$\frac{d}{dt}v_C(t) = \frac{1}{C}i_C(t) \tag{6.5}$$

DC-link 电压 v_{dc} 为电容器电压，交流成分如式（6.5）所示。许多应用场合需要最小化 DC-link 电压纹波，例如，并网逆变器中为了保证输出功率质量或稳定运行。因此，选择 DC-link 电容值的方法通常为将纹波电压控制在允许范围内。

减小 DC-link 电容值或降低系统运行对 DC-link 电容器的依赖的主要方法可以分为以下几种：

1）性能权衡。降低对 DC-link 电压纹波的要求，允许 DC-link 电压中包含较大纹波电压，从而减小 DC-link 电容值。

2）减小电容器电流。通过上述分析可以看出，电容器电流是系统 A 和系统 B 的电流差值，因此，通过同步电流 Δi_A 和 Δi_B 的频率、相位和幅值能够减小两个电流的差值，减小电容器电流。

3）系统 A 和系统 B 的能量存储。如果系统 A 和系统 B 有足够的能量稳定输入和输出，整个系统将不再依赖于 DC-link 电容器存储的能量。

4）能量缓冲器。额外的并联或串联的能量缓冲器能够吸收和释放 DC-link 上的瞬时不平衡功率，从而达到稳定 DC-link 电压，或稳定系统 B 的输入电压和电流的效果。

5）降低纹波。通过额外的电压源串联在 DC-link 电容器上，通过产生反向电压补偿电容器电压纹波，从而得到稳定的直流电压。

以上提到的减小电容器的策略可以通过不同的方法实现。如图 6.2 所示，分为三个主要类别：①性能权衡，②无源方法，③有源方法。性能权衡是通过牺牲系统性能以减小对 DC-link 电容器的需求。无源方法通过使用无源元件来缓冲部分纹波功率或者消除 DC-link 电压纹波。有源方法通过使用有源器件来解耦 DC-link 中的能量存储或者消除 DC-link 电压纹波。实现方法的简要描述如下所示。

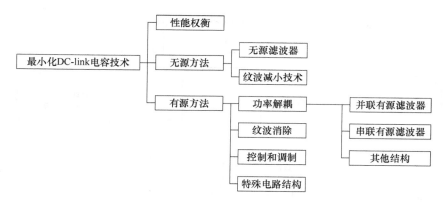

图 6.2　DC-link 电容器减小方法的分类

6.2　性能权衡

DC-link 电容器的值随着由系统 A 传递的能量和由系统 B 吸收的能量之间的差值增加而增加。DC-link 的功率输送的变化在一些工况下取决于所连接的系统的输入和输出要求。例如，用于 LED 灯驱动的功率因数校正（PFC）变换器，如图 6.3a 所示，输入电压和输入电流均为正弦波并且同频同相。因此，流过 DC-link 的功率等于输入电压和电流的乘积，是时变的，并且波动频率是基波频率的两倍。然而，LED 所消耗的功率是恒定的，因此，DC-link 电容缓冲器的功率即为 PFC 电路传递的时变功率与 LED 所使用的恒定功率之间的瞬时不平衡功率。

当 DC-link 电容值减小时，DC-link 上电压纹波会增加。为了保证 PFC 电路的正常运行，交流输入和直流电压需要满足系统的指标。参考文献［1］中所示，在升压 PFC 电路中，DC-link 电容值存在最小值，在一个基波周期内 DC-link 电压值需要大于输入电压。为了减小电容值，参考文献［1，2］提出通过注入 3 次、5 次谐波的方法改变变换器的输入功率。参考文献［3］对输入电流畸变的边界进行了估算，由此确定满足系统指标的最小电容值。

并网逆变器中，输入为 DC 电压，输出为 AC 电压。前级 DC/DC 变换器用于实现最大功率点跟踪，DC/AC 逆变器将直流电压变为交流电压，并将能量注入电网。由光伏面板输出的功率是恒定的，然而并网的功率是时变的，因此 DC-link 电容器用于两级变换器之间吸收瞬时不平衡功率。为了保证 DC/AC 逆变器的正常运行，DC-link 电压需要满足一定的条件。参考文献［4］研究发现，当采用小容量 DC-link 电容器时，为了保证输入和输出电流质量，滤波器的设计会受到该电压纹波的影响。参考文献［5，6］提出通过控制方法改变 DC-link 电

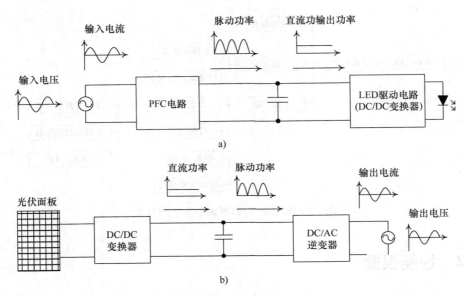

图 6.3 含 DC-link 的能量变换系统示例：a) 基于 PFC 电路的 LED 驱动；b) 两级光伏逆变系统

压，保证并网电流的畸变在系统要求范围内。

6.3 无源方法

电力电子系统通常需要与交流电网进行交互，如图 6.3 所示，DC-link 电容器上电压纹波通常为基波频率的两倍。典型的减小该电压纹波的方法有两种，即无源滤波技术和纹波减小技术。

6.3.1 无源滤波技术

为了稳定 DC-link 电压，最直接的方法是通过一个无源滤波器消除 DC-link 上的谐波电压。如图 6.4a 所示，无源 LC 谐振滤波器并联在 DC-link 上[7]。LC 滤波器的谐振频率设计为两倍的基波频率，由此建立一个谐波电流的流通路径。然而，这种方式会增加系统的阶数和系统的复杂度[8]，并且增加 DC-link 电压控制的难度[7]。

不同的应用场合，DC-link 滤波器存在不同的形式。例如，DC-link 电感器和并联谐振 LC 滤波器串联在负载上，如图 6.4b 所示。电感器 L 为电流源，作为能量缓冲器驱动负载。参考文献 [9] 中负载为电流驱动的 LED。类似的串联谐振 LC 滤波器如图 6.4a 所示，谐振滤波器中 L_r 和 C_r 用于吸收低频纹波。因

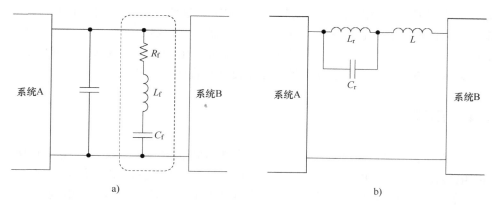

图 6.4 DC-link 滤波器用于减小 DC-link 储能元件：
a）串联 LC 滤波器；b）并联 LC 滤波器

此，DC-link 电感器的电感量和体积将会大大减小。这种谐振滤波器能够吸收系统 A 输出的低频脉动功率，保证输出电流的质量。

6.3.2 纹波减小技术

另外一项技术通过增加辅助电路的方式吸收 DC-link 上的瞬时不平衡功率。参考文献 [10] 提出一种耦合电感器的方式吸收电流纹波，参考文献 [11] 将其运用在 LED 驱动中。耦合电感器通过串联的方式连接，当输入电流高于平均值时，电容器通过耦合电感器充电，相反，当输入电流低于平均电流时，电容器通过耦合电感器放电。

为了提高系统输入的功率因数，并且为耦合电感器提供相对稳定的电压，填谷电路在参考文献 [12] 中提出。对于高频应用场合的纹波减小技术在参考文献 [13] 中进行了研究，谐振滤波器的谐振频率可以通过调节电感器 L_{sat} 来实现。如图 6.5b 所示，基于耦合电感器的纹波减小技术用于降压变换器。

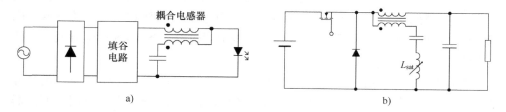

图 6.5 纹波减小技术：a）基于耦合电感器的纹波减小技术；
b）扩展可调谐振点的纹波减小技术

无源方法的优势在于结构简单易用。然而，由于谐振频率通常比较低，例如，对于50Hz的交流电网，谐振频率为100Hz，这给无源元件的体积和重量带来了巨大的压力。并且，图6.4a的谐振滤波器中电容器电压应力也远高于DC-link电压。设计过程中，由于元器件参数的偏差和电网频率的偏移，电容值的设计往往会留有裕量，这都给滤波器功率密度的提高带来了挑战。

6.4 有源方法

有源方法主要是通过引入辅助电路、控制策略或者调制方法等方式减小DC-link电容器需要处理的纹波功率。如图6.1所示，可以通过多种方法实现，例如，通过一个功率解耦电路将纹波功率从DC-link电容器中转移到其他的储能元件，通过纹波补偿电路对电容器电压纹波进行补偿，通过控制系统A和B的能量流动减少DC-link电容器上的纹波功率。下面分别对这些方法进行简单概述。

6.4.1 功率解耦技术

功率解耦方法的主要思想是通过一个辅助电路将纹波功率从DC-link电容器中转移到相对可靠的储能元件中。该元件是能够承受较大纹波电流和电压的元件，例如电感器和薄膜电容器。不同的功率解耦电路在近年来被提出，可以分为并联模块、串联模块和特殊电路结构[14]。

6.4.1.1 并联有源滤波器

并联有源滤波器的方法是将功率解耦模块并联在DC-link电容器上吸收纹波功率。其结构图如图6.6a所示，包含双向功率变换器和储能元件[16,17]。储能元件通常为电感器、薄膜电容器或系统中的其他元件。该双向变换器有多种选择，参考文献[14]采用双向逆变器处理纹波功率。

图6.6b所示为采用电感器作为储能元件实现功率解耦[18]，包含4种工作模式。模式1，开关S_1和S_2导通，电流通过DC-link流向电感器，电感器吸收能量，稳定DC-link。模式2，开关关断，二极管导通，电流从DC-link电感器流出，电感器释放能量，稳定DC-link。模式3和模式4为任意一个开关导通，电感器处于续流阶段，例如S_1导通，电感器电流通过D_1，S_1续流；S_2导通，电感器电流通过D_2，S_2续流。

图6.6c所示为采用双向两象限DC/DC变换器实现功率解耦[19,20]。包含开关S_1、S_2、滤波电感器L和储能元件C。当双向变换器需要吸收功率时，变换器工作在降压模式，当需要释放功率时，变换器工作在升压模式。该方法被运用在电池充放电应用中[17]和AC/DC变换器中[20]。

图6.6d所示为另一种双向两象限DC/DC变换器实现功率解耦的设计方案[21]。运行模式与图6.6c相同，不同之处在于降压和升压的功能发生了变化，

当需要脉动功率从 DC-link 转移到电容时，双向变换器工作在升压模式，当需要释放能量到 DC-link 时，变换器工作在降压模式。该功率解耦电路中，储能元件的电压应力高于图 6.6c 中的解耦电路。该方法通常用于 LED 驱动[16]、电池充放电装置[17]、AC/DC 变换器[21]和 DC/AC 变换器[22]。

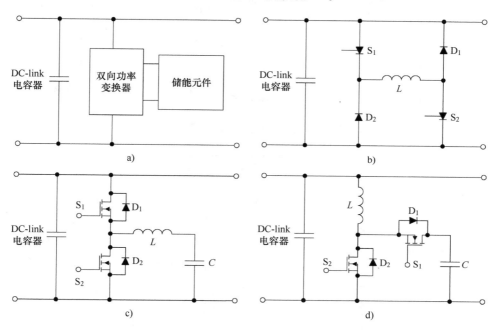

图 6.6 并联有源滤波器：a) 基本结构；b) 采用电感器作为储能元件；
c) 双向两象限 DC/DC 变换器 I；d) 双向两象限 DC/DC 变换器 II

除了上述独立的功率解耦模块外，一些设计方案将单相功率变换器和功率解耦电路融合在一起简化电路的设计。例如，图 6.6b 所示的电路和全桥 AC/DC 变换器组合后可以得到图 6.7a 所示的变换器[24-26]，实现单相功率变换，并且能够减小 DC-link 电容器。该方法改变了变换器的调制和控制策略，复用桥臂实现 PFC 和纹波减小。

参考文献 [27] 将 DC-link 电容器分为两个串联电容器。图 6.6c 中采用的储能电容器在参考文献 [27] 中用两个串联电容器来实现，两个电容器电压相差 180°，当上电容器充电时，下电容器放电，反之亦然，从而实现稳定的 DC-link 电压，如图 6.7b 所示。

采用两个图 6.6c 所示模块并将其串联在 DC-link 时，可以得到图 6.7c 所示的用于三相不控整流桥的电路结构。根据不控整流的运行状态，调整开关的开通和关断实现对电容器的充放电[28]。

除了在直流侧使用额外的元器件实现功率解耦外，纹波功率也可以由电路的一部分或系统中的已有元器件处理。如图 6.7d、e 所示，纹波功率对 AC/DC 变换器的交流侧的输入电容器进行充电和放电[29,30]。参考文献 [31] 对该方法在逆变器中应用进行了研究，如图 6.7f 所示，通过一个交流侧电容器实现功率解耦[32]。

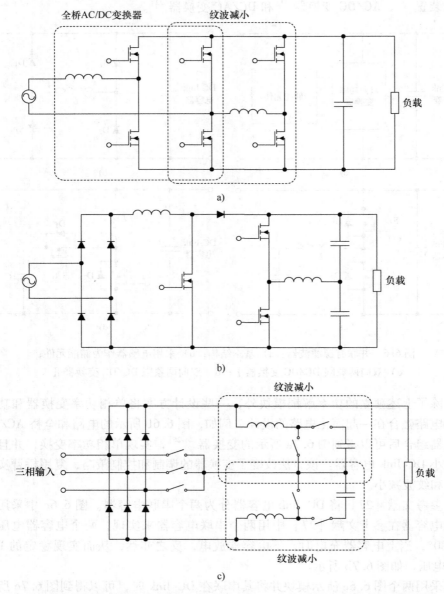

图 6.7 功率解耦的有源滤波方法：a) 全桥 AC/DC 变换器和图 6.6b 所示的并联有源滤波器的电路组合实现功率解耦；b) DC-link 电容器和并联有源滤波组合实现功率解耦；c) 两个串联有源滤波实现功率解耦

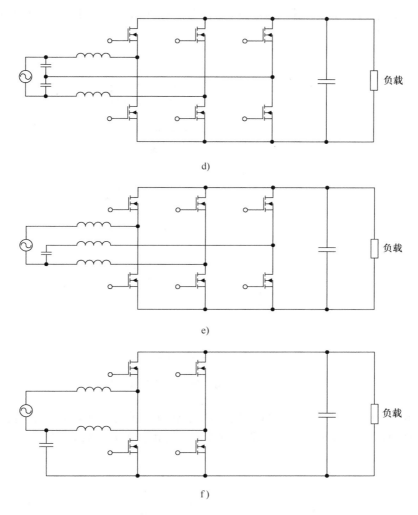

图 6.7 功率解耦的有源滤波方法（续）：d）交流侧交流电容器实现功率解耦；
e）交流侧通过额外电容器和直流侧有源滤波器组合实现功率解耦；
f）交流侧通过额外电容器实现功率解耦

6.4.1.2 串联有源滤波器

另一种有效的方法是串联一个功率解耦模块在 DC-link 上，如图 6.8 所示。串联模块产生一个与 DC-link 电容器上纹波电压相位相差 180°的交流电压消除纹波。因此，串联模块只需要处理无功功率。参考文献 [33] 中采用全桥电路和 LC 滤波器。当输出电流为单向时，半桥电路也可以用于串联功率解耦模块。模块中直流侧连接一个直流源，例如电容器或额外的直流电压源。串联模块中开关工作在 PWM 模式下，保证输出电压的稳定。相比起并联功率解耦模块，串联功率模块中元器件承受较低的电压应力，并且只需要处理纹波电压和纹波功率。

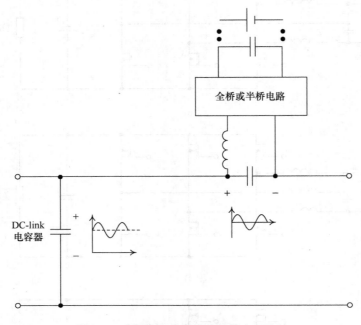

图 6.8 采用串联功率模块补偿电压纹波

图 6.9 所示为用于串联谐振变换器的交流侧串联功率解耦模块，通过在交流侧补偿电压纹波实现光伏逆变器中交流电压和电流的稳定输出[34]。

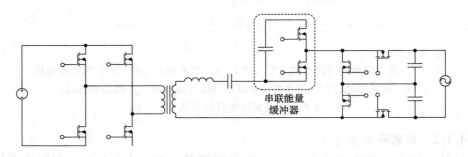

图 6.9 谐振变换器中串联能量缓冲器

6.4.1.3 其他结构

除了并联和串联有源滤波器的概念之外，还存在用于特殊应用的 DC-link 电容器最小化的结构。例如，如图 6.10 所示，基于开关电容器电路的有源能量缓冲器被应用于电流源光伏逆变器中。电容器 C 与前级升压变换器并联，并通过

二极管 D_1 和 D_2 充电，通过开关 S 放电。由于前级升压变换器的电流源驱动，因此电容器电压允许在更宽的范围变化[35]。

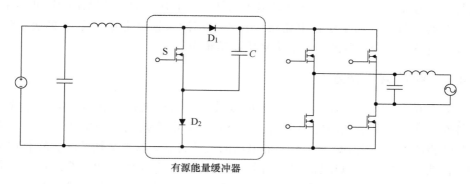

图 6.10 基于开关电容器电路的有源能量缓冲器

将开关电容器网络用作能量缓冲器的方法也有部分研究，在参考文献 [36-38] 中讨论了一种利用薄膜电容器实现与电解电容器相当的有效能量密度的堆叠开关电容器网络。参考文献 [39] 讨论了一种使用开关电容器网络来降低输入和输出之间的电压变换比的多级能量缓冲器和电压调制器。为了延长直流母线电容器的寿命，在参考文献 [40] 中提出了一种可切换的电容器网络，运行中可以将不工作的电容器与电路断开，从而延长了电解电容器的寿命。

不同于在 DC-link 上连接双向变换器，参考文献 [41-44] 中介绍了一种使用纹波端口吸收输入和输出端口之间的瞬时功率差的概念。如图 6.11 所示，纹波端口通过变压器耦合到系统中，该辅助电路中电容和电压可以由设计师根据需求进行调整。

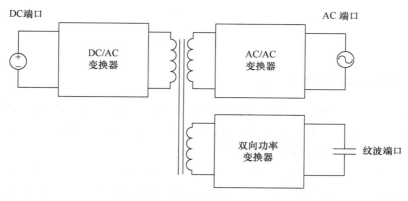

图 6.11 纹波端口

基于纹波端口的概念，将双向辅助电路结构集成到功率变换电路中的方法被提出。例如，参考文献［45-51］提出在基于反激变压器的光伏逆变器中增加纹波端口存储能量，参考文献［52］在 LED 驱动器中增加纹波端口或功率解耦电路。参考文献［53］将纹波端口集成到具有六个开关的开关网络的逆变器中。参考文献［54］将功率解耦电路集成在推挽正激式逆变器中。参考文献［55］将解耦电路通过变压器的中心抽头集成在系统中。

6.4.2 纹波减小技术

如图 6.12 所示，DC-link 电容器的纹波电压可以通过串联电压源的方式进行补偿。如果串联电压源的幅值 v_r 等于 DC-link 电容器的纹波电压，并且具有 180°的相位差，那么 DC-link 电容器电压的纹波为零。参考文献［56,57］中采用线性或开关模式的电压源进行补偿。这种方式不需要对主功率系统进行重新设计，可以直接添加至 DC-link。参考文献［56］中提到，该结构能够提高系统的动态响应速度。

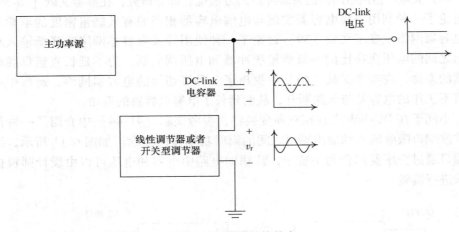

图 6.12 纹波补偿技术

6.4.3 控制和调制方法

由式（6.4）可知，电容器电流 i_C 等于 i_A 和 i_B 之间的差。因此，如果两个电流相同，则 $i_C = 0$，则不需要 DC-link 电容器。基于以上分析可知，通过减小 i_C，可以有效地减小 DC-link 电容器。

参考文献［58,59］将该概念应用于 AC/DC/AC 变换器。系统 A 是三相 AC/DC 变换器，系统 B 是用于驱动 AC 电动机的 DC/AC 变换器。系统 A 的直流侧电流输出接近系统 B 的直流侧输入电流的值，从而减小流过 DC-link 电容器的电流。参考文献［59］中，通过补偿方法来解决控制方法的延迟。参考文献

[60] 讨论了一种用于风力机系统的双馈感应发电机中的背靠背 PWM 变换器的瞬时转子功率反馈的控制方法，以限制 DC-link 电压的波动范围。在参考文献 [61] 中提出了电机和 AC 电网之间的零序电流控制，以改善输入线路电流谐波。参考文献 [62] 中，通过注入 DC-link 电流减小电容。参考文献 [63] 提出了一种双向 AC/DC 功率变换器和谐振控制器，以增加纹波电压频率下的增益，从而控制变换器的功率。参考文献 [64] 通过使用并联升压变换器降低 DC-link 电容值，使 DC-link 电容器电流上的纹波频率加倍。

除了控制方法之外，变换器中开关的调制也可以帮助使 DC-link 的电压波动最小化。参考文献 [65] 提出了一种空间矢量调制算法来平衡三电平中性点钳位有源滤波器的电容器电压。参考文献 [66] 中连接到 DC-link 的所有变换器的调制频率是同步的，通过控制变换器调制信号的相移来稳定 DC-link 电压。

6.4.4 特殊电路结构

除了使用附加电路来缓冲输入和输出之间的瞬时不平衡功率外，一些特殊电路结构利用自身特性能够减小 DC-link 电压纹波。

参考文献 [67] 中，三个独立的 AC/DC 变换器分别连接到三相，如图 6.13 所示，输出串联连接。由于三相之间的 120°相位差，输出具有非常小的纹波。

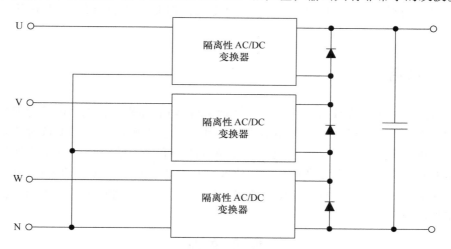

图 6.13 串联输出的三相变换器

另一个示例如图 6.14 所示。交流输出为两个 DC/DC 变换器的差分输出。参考文献 [68] 使用两个升压变换器，参考文献 [69] 使用两个降压升压变换器，参考文献 [70] 使用两个反激变换器。如参考文献 [45] 中所述，通过控制两个电容器电压值，控制纹波功率的流动，将 DC-link 纹波功率转移到 AC 侧两个电容器中，两个电容器电压差分得到稳定的交流输出。相同的概念适用于 AC/DC 变换器[71]。在 DC 侧的通用结构在参考文献［72］中提出。

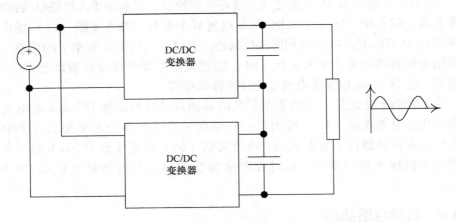

图 6.14　两个 DC/DC 变换器差分输出的使用

参考文献［73］中采用双有源桥 DC/DC 变换器作为光伏逆变器前级变换器。它采用先进的相移控制方案，允许 DC-link 上的较大的纹波电压。参考文献［74］提出了在整流输出和 DC-link 电容器之间切换的 DC-link。该方法可以有效地降低 DC-link 电容器的要求，但是对于设计输入滤波器提出了挑战。

6.5　总结

最近，许多研究致力于通过最小化 DC-link 电容器来改善电力电子变换器系统的可靠性，使得长寿命的小电容器可以用于代替电解电容器。本章对典型技术方案进行了综述，包括性能权衡、无源方法和有源方法。这些方法均能够减小电容器，但增加电路复杂性可能导致效率和性能衰减以及额外的可靠性问题。后续研究的一个关键目标是希望能够最小化 DC-link 电容器的同时而不引入额外的辅助电路。

参 考 文 献

[1] L. Gu, X. Ruan, M. Xu, and K. Yao, "Means of Eliminating Electrolytic Capacitor in AC/DC Power Supplies for LED Lightings," *IEEE Transactions on Power Electronics*, vol. 24, no. 5, pp. 1399–1408, May 2009.

[2] B. Wang, X. Ruan, K. Yao, and M. Xu, "A Method of Reducing the Peak-to-Average Ratio of LED Current for Electrolytic Capacitor-Less AC–DC

Drivers," *IEEE Transactions on Power Electronics*, vol. 25, no. 3, pp. 592–601, March 2010.

[3] D. Lamar, J. Sebastian, M. Arias, and A. Fernandez, "On the Limit of the Output Capacitor Reduction in Power-Factor Correctors by Distorting the Line Input Current," *IEEE Transactions on Power Electronics*, vol. 27, no. 3, pp. 1168–1176, March 2012.

[4] T. Brekken, N. Bhiwapurkar, M. Rathi, N. Mohan, C. Henze, and L. Moumeh, "Utility-Connected Power Converter for Maximizing Power Transfer from a Photovoltaic Source while Drawing Ripple-Free Current," in *Proceedings of the IEEE 33rd Annual Power Electronics Specialists Conference*, 2002, pp. 1518–1522.

[5] A. Kotsopoulos, J. Duarte, and M. Hendrix, "Predictive DC Voltage Control of Single-Phase PV Inverters with Small DC Link Capacitance," in *Proceedings of the IEEE International Symposium on Industrial Electronics*, 2003, pp. 793–797.

[6] S. Khajehoddin, M. Karimi-Ghartemani, P. Jain, and A. Bakhshai, "DC-Bus Design and Control for a Single-Phase Grid-Connected Renewable Converter with a Small Energy Storage Component," *IEEE Transactions on Power Electronics*, vol. 28, no. 7, pp. 3245–3254, July 2013.

[7] M. Vasiladiotis and A. Rufer, "Dynamic Analysis and State Feedback Voltage Control of Single-Phase Active Rectifiers with DC-Link Resonant Filters," *IEEE Transactions on Power Electronics*, vol. 29, no. 10, pp. 5620–5633, October 2014.

[8] J. Das, "Passive Filters – Potentialities and Limitations," *IEEE Transactions on Industry Applications*, vol. 40, no. 1, pp. 232–241, January/February 2004.

[9] Y. Qin, H. Chung, D. Lin, and S. Hui, "Current Source Ballast for High Power Lighting Emitting Diodes without Electrolytic Capacitor," in *Proceedings of the 34th Annual Conference on Industrial Electronics*, 2008, pp. 1968–1973.

[10] D. Hamill and P. Krein, "A 'Zero' Ripple Technique Applicable to Any DC Converter," in *Proceedings of the IEEE 30th Annual Power Electronics Specialists Conference*, 1999, pp. 1165–1171.

[11] S. Hui, S. Li, X. Tao, W. Chen, and W. Ng, "A Novel Passive Offline LED Driver with Long Lifetime," *IEEE Transactions on Power Electronics*, vol. 25, no. 10, pp. 2665–2672, October 2010.

[12] K. K. Sum, "Improved Valley-Fill Passive Current Shaper," in *Proceedings of Power Systems World*, 1997, pp. 1–8.

[13] R. Balog and P. Krein, "Automatic Tuning of Coupled Inductor Filters," in *Proceedings of the IEEE 33rd Annual Power Electronics Specialists Conference*, 2002, pp. 591–596.

[14] H. Hu, S. Harb, N. Kutkut, I. Batarseh, and J. Shen, "A Review of Power Decoupling Techniques for Microinverters with Three Different Decoupling Capacitor Locations in PV Systems," *IEEE Transactions on Power Electronics*, vol. 28, no. 6, pp. 2711–2726, June 2013.

[15] Y. Wang, G. Joos, and H. Jin, "DC-Side Shunt-Active Power Filter for Phase-Controlled Magnet-Load Power Supplies," *IEEE Transactions on Power Electronics*, vol. 12, no. 5, pp. 765–771, September 1997.

[16] S. Wang, X. Ruan, K. Yao, S. Tan, Y. Yang, and Z. Ye, "A Flicker-Free Electrolytic Capacitor-Less AC–DC LED Driver," *IEEE Transactions on Power Electronics*, vol. 27, no. 11, pp. 4540–4548, November 2012.

[17] S. Dusmez and A. Khaligh, "Generalized Technique of Compensating Low-Frequency Component of Load Current with a Parallel Bidirectional DC/DC Converter," *IEEE Transactions on Power Electronics*, vol. 29, no. 11, pp. 5892–5904, November 2014.

[18] T. Larsson and S. Ostlund, "Active DC Link Filter for Two Frequency Electric Locomotives," in *Proceedings of the International Conference on Electric Railways in a United Europe*, 1995, pp. 97–100.

[19] R. Wang, F. Wang, R. Burgos, D. Boroyevich, K. Rajashekara, and S. Long, "Electrical Power System with High-Density Pulse Width Modulated (PWM) Rectifier," US Patent Application 2010/0027304 A1, February 4, 2010.

[20] R. Wang, F. Wang, D. Boroyevich, R. Burgos, R. Lai, P. Ning, and K. Rajashekara, "A High Power Density Single-Phase PWM Rectifier with Active Ripple Energy Storage," *IEEE Transactions on Power Electronics*, vol. 26, no. 5, pp. 1430–1442, May 2011.

[21] O. Garcia, M. Martinez-Avial, J. Cobos, J. Uceda, J. Gonzalez, and J. Navas, "Harmonic Reducer Converter," *IEEE Transactions on Industrial Electronics*, vol. 50, no. 2, pp. 322–327, April 2003.

[22] C. Lee, Y. Chen, L. Chen, and P. Cheng, "Efficiency Improvement of a DC/AC Converter with the Power Decoupling Capability," in *Proceedings of the 27th Annual IEEE Applied Power Electronics Conference and Exposition*, 2012, pp. 1462–1468.

[23] M. Kim, Y. Noh, J. Kim, T. Lee, and C. Won, "A New Active Power Decoupling Using Bi-Directional Resonant Converter for Flyback-Type AC-Module System," in *Proceedings of the IEEE Vehicle Power and Propulsion Conference*, 2012, pp. 1333–1337.

[24] T. Shimizu, Y. Jin, and G. Kimura, "DC Ripple Current Reduction on a Single-Phase PWM Voltage Source Rectifier," *IEEE Transactions on Industry Applications*, vol. 36, no. 5, pp. 1419–1429, September/October 2000.

[25] M. Su, P. Pan, X. Long, Y. Sun, and J. Yang, "An Active Power-Decoupling Method for Single-Phase AC–DC Converters," *IEEE Transactions on Industrial Informatics*, vol. 10, no. 1, pp. 461–468, February 2014.

[26] M. Alves Vitorino, R. Wang, M. Beltrao de Rossiter Correa, and D. Boroyevich, "Compensation of DC-Link Oscillation in Single-Phase-to-Single-Phase VSC/CSC and Power Density," *IEEE Transactions on Industry Applications*, vol. 50, no. 3, pp. 2021–2028, May/June 2014.

[27] Y. Tang, F. Blaabjerg, P. Loh, C. Jin, and P. Wang, "Decoupling of Fluctuating Power in Single-Phase Systems Through a Symmetrical Half-Bridge

Circuit," *IEEE Transactions on Power Electronics*, vol. 30, no. 4, pp. 1855–1865, April 2015.

[28] X. Du, L. Zhou, H. Lu, and H. Tai, "DC Link Active Power Filter for Three-Phase Diode Rectifier," *IEEE Transactions on Industrial Electronics*, vol. 59, no. 3, pp. 1430–1442, March 2012.

[29] T. Shimizu, T. Fujita, G. Kimura, and J. Hirose, "A Unity Power Factor PWM Rectifier with DC Ripple Compensation," *IEEE Transactions on Industrial Electronics*, vol. 44, no. 4, pp. 447–455, August 1997.

[30] H. Li, K. Zhang, H. Zhao, S. Fan, and J. Xiong, "Active Power Decoupling for High-Power Single-Phase PWM Rectifiers," *IEEE Transactions on Power Electronics*, vol. 28, no. 3, pp. 1308–1319, March 2013.

[31] C. Bush and B. Wang, "Single-Phase Current Source Solar Inverter with Reduced-Size DC Link," in *Proceedings of the IEEE Energy Conversion Congress and Exposition*, 2009, pp. 54–59.

[32] W. Qi, H. Wang, X. Tan, G. Wang, and K. Ngo, "A Novel Active Power Decoupling Single-Phase PWM Rectifier Topology," in *Proceedings of the 29th Annual IEEE Applied Power Electronics Conference and Exposition*, 2014, pp. 89–95.

[33] H. Wang, H. Chung, and W. Liu, "Use of a Series Voltage Compensator for Reduction of the DC-Link Capacitance in a Capacitor-Supported System," *IEEE Transactions on Power Electronics*, vol. 29, no. 3, pp. 1163–1175, March 2014.

[34] B. Pierquet and D. Perreault, "A Single-Phase Photovoltaic Inverter Topology with a Series-Connected Power Buffer," *IEEE Transactions on Power Electronics*, vol. 28, no. 10, pp. 4603–4611, October 2013.

[35] Y. Ohnuma, K. Orikawa, and J. Itoh, "A Single-Phase Current-Source PV Inverter with Power Decoupling Capability Using an Active Buffer," *IEEE Transactions on Industry Applications*, vol. 51, no. 1, pp. 531–538, January/February 2015.

[36] M. Chen, K. Afridi, and D. Perreault, "Stacked Switched Capacitor Energy Buffer Architecture," *IEEE Transactions on Power Electronics*, vol. 28, no. 11, pp. 5183–5195, November 2013.

[37] K. Afridi, M. Chen, and D. Perreault, "Enhanced Bipolar Stacked Switched Capacitor Energy Buffers," *IEEE Transactions on Industry Applications*, vol. 50, no. 2, pp. 1141–1149, March/April 2014.

[38] X. Fang, N. Kutkut, J. Shen, and I. Batarseh, "Ultracapacitor Shift Topologies with High Energy Utilization and Low Voltage Ripple," in *Proceedings of the 32nd International Telecommunications Energy Conference*, 2010, pp. 1–7.

[39] M. Chen, K. Afridi, and D. Perreault, "A Multilevel Energy Buffer and Voltage Modulator for Grid-Interfaced Microinverters," *IEEE Transactions on Power Electronics*, vol. 30, no. 3, pp. 1203–1219, March 2015.

[40] C. Cojocaru and R. Orr, "Inverter Having Extended Lifetime DC-Link Capacitor," US Patent Application 2014/0029308 A1, January 30, 2014.

[41] Y. Chen and C. Liao, "Three-Port Flyback-Type Single-Phase Microinverter with Active Power Decoupling Circuit," in *Proceedings of the IEEE Energy Conversion Congress and Exposition*, 2011, pp. 501–506.

[42] S. Harb, M. Mirjafari, and R. Balog, "Ripple-Port Module-Integrated Inverter for Grid-Connected PV Applications," *IEEE Transactions on Industry Applications*, vol. 49, no. 6, pp. 2692–2698, November/December 2013.

[43] P. Krein, R. Balog, and M. Mirjafari, "Minimum Energy and Capacitance Requirements for Single-Phase Inverters and Rectifiers Using a Ripple Port," *IEEE Transactions on Power Electronics*, vol. 27, no. 11, pp. 4690–4698, November 2012.

[44] P. Krein and R. Balog, "Methods for Minimizing Double-Frequency Ripple Power in Single-Phase Power Conditions," US Patent 8,004,865, August 23, 2011.

[45] T. Shimizu, K. Wada, and N. Nakamura, "Flyback-Type Single-Phase Utility Interactive Inverter with Power Pulsation Decoupling on the DC Input for an AC Photovoltaic Module System," *IEEE Transactions on Power Electronics*, vol. 21, no. 5, pp. 1264–1272, September 2006.

[46] T. Hirao, T. Shimizu, M. Ishikawa, and K. Yasui, "A Modified Modulation Control of a Single-Phase Inverter with Enhanced Power Decoupling for a Photovoltaic AC Module," in *Proceedings of the European Conference on Power Electronics and Applications*, 2005, pp. 1–10.

[47] H. Hu, S. Harb, X. Fang, D. Zhang, Q. Zhang, J. Shen, and I. Batarseh, "A Three-Port Flyback for PV Microinverter Applications with Power Pulsation Decoupling Capability," *IEEE Transactions on Power Electronics*, vol. 27, no. 9, pp. 3953–3964, September 2012.

[48] H. Hu, S. Harb, N. Kutkut, J. Shen, and I. Batarseh, "A Single-Stage Microinverter Without Using Electrolytic Capacitors," *IEEE Transactions on Power Electronics*, vol. 28, no. 6, pp. 2677–2687, June 2013.

[49] S. Kjaer and F. Blaabjerg, "Design Optimization of a Single Phase Inverter for Photovoltaic Applications," in *Proceedings of the IEEE Power Electronics Specialist Conference*, 2003, pp. 1183–1190.

[50] B. Ho and H. Chung, "An Integrated Inverter with Maximum Power Tracking for Grid-Connected PV Systems," *IEEE Transactions on Power Electronics*, vol. 20, no. 4, pp. 953–962, July 2005.

[51] G. Tan, J. Wang, and Y. Ji, "Soft-Switching Flyback Inverter with Enhanced Power Decoupling for Photovoltaic Applications," *IET Electric Power Applications*, vol. 1, no. 2, pp. 264–274, 2007.

[52] W. Chen and S. Hui, "Elimination of an Electrolytic Capacitor in AC/DC Light-Emitting Diode (LED) Driver with High Input Power Factor and Constant Output Current," *IEEE Transactions on Power Electronics*, vol. 27, no. 3, pp. 1598–1607, March 2012.

[53] S. Fan, Y. Xue, and K. Zhang, "A Novel Active Power Decoupling Method for Single-Phase Photovoltaic or Energy Storage Applications," in *Proceedings of the IEEE Energy Conversion Congress and Exposition*, 2012, pp. 2439–2446.

[54] F. Shinjo, K. Wada, and T. Shimizu, "A Single-Phase Grid-Connected Inverter with a Power Decoupling Function," in *Proceedings of the IEEE Power Electronics Specialists Conference*, 2007, pp. 1245–1249.

[55] J. Itoh and F. Hayashi, "Ripple Current Reduction of a Fuel Cell for a Single-Phase Isolated Converter Using a DC Active Filter," *IEEE Transactions on Power Electronics*, vol. 25, no. 3, pp. 550–556, March 2010.

[56] H. Chung and W. Yan, "Output Compensator for a Regulator," US Patent 8,169,201, May 1, 2012.

[57] Y. Liu, "Ripple Cancellation Converter with High Power Facto," US Patent Application, US 2014/0252973, Sep 11, 2014.

[58] P. Hammond, "Control Method and Apparatus to Reduce Current Through DC Capacitor Link Two Static Converters," US Patent US 6,762,947 B2, July 13, 2004.

[59] B. Gu and K. Nam, "A DC-Link Capacitor Minimization Method Through Direct Capacitor Current Control," *IEEE Transactions on Industry Applications*, vol. 42, no. 2, pp. 573–581, March/April 2006.

[60] J. Yao, H. Li, Y. Liao, and Z. Chen, "An Improved Control Strategy of Limiting the DC-Link Voltage Fluctuation for a Doubly Fed Induction Wind Generator," *IEEE Transactions on Power Electronics*, vol. 23, no. 3, pp. 1205–1213, May 2008.

[61] H. Yoo and S. Sul, "A Novel Approach to Reduce Line Harmonic Current for a Three-Phase Diode Rectifier-Fed Electrolytic Capacitor-Less Inverter," in *Proceedings of the 24th Annual IEEE Applied Power Electronics Conference and Exposition*, 2009, pp. 1897–1903.

[62] H. Yoo and S. Sul, "A New Circuit and Control to Reduce Input Harmonic Current for a Three-Phase AC Machine Drive System Having a Very Small DC-Link Capacitor," in *Proceedings of the 25th Annual IEEE Applied Power Electronics Conference and Exposition*, 2010, pp. 611–618.

[63] D. Dong, D. Boroyevich, R. Wang, and F. Wang, "Two-Stage Single Phase Bi-Directional PWM Converter with DC Link Capacitor Reduction," US Patent Application 2012/0257429A1, October 11, 2012.

[64] J. Ying, Q. Zhang, A. Qiu, T. Liu, X. Guo, and J. Zeng, "DC–DC Converter Circuits and Method for Reducing DC Bus Capacitor Current," US Patent 7,009,852 B2, March 7, 2006.

[65] H. Zhang, S. Finney, A. Massoud, and B. Williams, "An SVM Algorithm to Balance the Capacitor Voltages of the Three-Level NPC Active Power Filter," *IEEE Transactions on Power Electronics*, vol. 23, no. 6, pp. 2694–2702, November 2008.

[66] E. Ganev, W. Warr, and E. Johnson, "Intelligent Method for DC Bus Voltage Ripple Compensation for Power Conversion Units," US 7,593,243 B2, September 22, 2009.

[67] D. Kravitz, "AC to DC Power Supply Having Zero Frequency Harmonic Contents in 3-Phase Power-Factor-Corrected Output Ripple," US Patent 7,839,664 B2, November 23, 2010.

[68] R. O. Caceres and I. Barbi, "A Boost DC–AC Converter; Analysis, Design, and Experimentation," *IEEE Transactions on Power Electronics*, vol. 14, no. 1, pp. 134–141, January 1999.

[69] N. Vazquez, J. Almazan, J. Alvarez, C. Aguliar, and J. Arau, "Analysis and Experimental Study of Buck, Boost, and Buck-Boost Inverters," in *Proceedings of the IEEE Power Electronics Specialists Conference*, vol. 2, pp. 801–806, 1999.

[70] S. B. Kjaer and F. Blaabjerg, "A Novel Single-Stage Inverter for AC-Module with Reduced Low-Frequency Ripple Penetration," in *Proceedings of the 10th European Conference on Power Electronics and Applications*, 2003, pp. 2–4.

[71] S. Li, G. Zhu, S. Tan, and S. Hui, "Direct AC/DC Rectifier with Mitigated Low-Frequency Ripple through Waveform Control," *IEEE Energy Conversion Congress and Exposition*, 2014, pp. 2691–2697.

[72] S. Lim, D. Otten, and D. Perreault, "Power Conversion Architecture for Grid Interface at High Switching Frequency," in *Proceedings of the 29th Annual IEEE Applied Power Electronics Conference and Exposition*, 2014, pp. 1838–1845.

[73] Y. Shi, L. Liu, H. Li, and Y. Xue, "A Single-Phase Grid-Connected PV Converter with Minimal DC-Link Capacitor and Low-Frequency Ripple-Free Maximum Power Point Tracking," in *Proceedings of the IEEE Energy Conversion Congress and Exposition*, 2013, pp. 2385–2390.

[74] B. Bucheru, "DC Link Voltage Chopping Method and Apparatus," EP Patent Application 2750274A1, July 2, 2014.

第7章
风力发电系统可靠性

Peter Tavner

杜伦大学，英国

7.1 引言

20世纪70年代以来，随着现代电力电子技术的进步，风能转化为电能的现代风力机得到了飞速发展，其主要功能是通过控制传动系统中风电机组和调桨系统调节转速。该技术能够显著增加风电机组功率输出，并友好地连接到电力系统中。

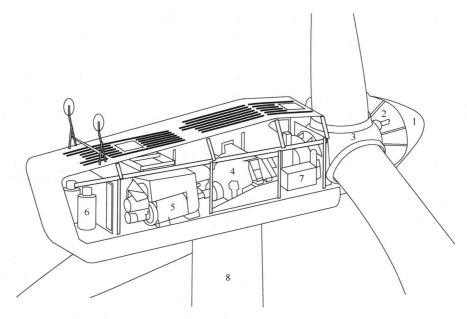

图7.1 基于电力电子变换器控制的2MW风电机组的机舱重要组件
1—头锥 2—变桨距电动机 3—轮毂 4—齿轮箱 5—发电机 6—变压器
7—液压动力装置 8—塔上变换器

本章主要概述风电机组中的电力电子系统架构，并分析其可靠性。调查结果表明，较小的故障经过长期的积累往往会引发大面积的电力电子故障，最终导致停机时间的增加，因此，电力电子系统可靠性对于海上风电机组安全稳定高效运行至关重要。

图 7.1 所示为现代风电机组的机舱，采用间接驱动，具有变桨距叶片的变速风力机，该方案是 1～3MW 的功率等级内最常见的架构之一。图中 4 为齿轮箱，5 为变速双馈感应发电机（DFIG），转子集电环连接到功率变换器的输出并固定在风电机组塔架的基座中，2 表示风轮叶片的电力电子变桨距电动机。

随着电力电子成本的不断下降，风电机组技术的快速发展，电力电子技术在风电领域发挥越来越大的作用，不仅包括风电机组本身，还有大型海上风电场的传输系统中。

7.2 主要风力发电系统中电力电子架构综述

7.2.1 陆上和海上风电机组

7.2.1.1 主要能量变换架构

典型风电机组能量变换架构如图 7.2 所示，该发展从早期恒速发电机到现代变速风电机组。电力电子技术在每种架构中都起到了至关重要的作用。

A 型风电机组驱动器在 20 世纪 70 年代提出，目的是使用额定电力电子软起动器，如图 7.3 所示，为限制笼型感应发电机起动电流，并联安装了功率校正电容器，以补偿较大的发电机励磁电流。早期的风电机组使用盘式制动器停止机组的运行，但是随着风电机组额定值增加到 200kW 以上，制动器不再是最佳选择，开始通过调节叶片以减慢风电机组，盘式制动器被用于风电机组停机。

B 型风电机组驱动器在 20 世纪 80 年代后期被提出，在风电机组中采用电力电子技术，在额定功率 200～1000kW 范围内通过切换转子电阻到感应发电机并联绕线转子来控制速度，同样采用晶闸管软起动器和功率补偿电容器。

图 7.3 所示为 A 型和 B 型风电机组驱动器采用的典型软起动架构。

C 型风电机组驱动器是在 20 世纪 80 年代后期开发的，风电机组尺寸增加导致转子电阻消耗了大量能量。在大约 1MW 的风电机组上曾进行早期尝试，使用二极管整流器和晶闸管组成的电流源变换器从转子绕组中吸收能量，但仅能够提供有限的转速。到 1990 年，具有 IGBT 和二极管的双向电压源变换器（VSC）可作为部分功率变换器（PRC）使用，并且在有效的空气动力学速度范围内，可以有效调节 1～2MW 范围内的风电机组的转速，该方案已被证明是最持久的大型风电机组架构之一。从 1990 年到 2000 年，变换器制造商、风电机组设计师

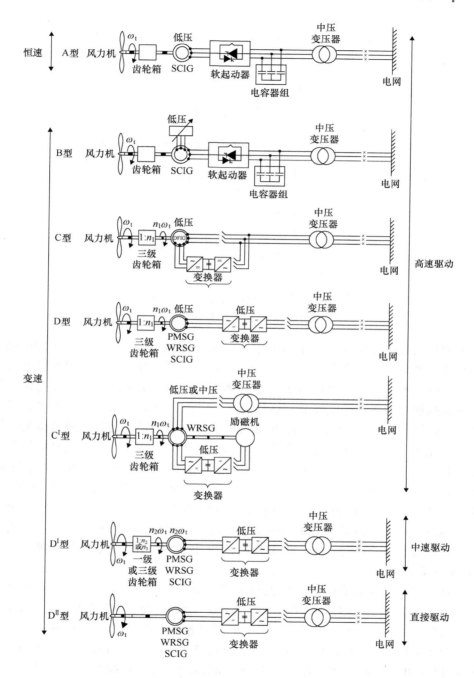

图 7.2 风电机组中最常见的电力电子变换架构
SCIG—笼型感应发电机　PMSG—永磁同步发电机　DFIG—双馈感应发电机
WRSG—绕线转子同步发电机

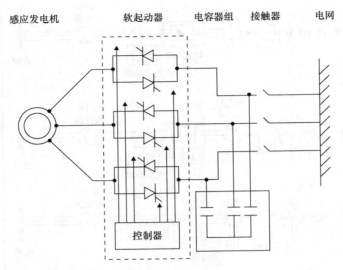

图 7.3 典型的软起动架构，使用晶闸管用于具有感应发电机的固定速度或低范围变速风电机组

和研究机构已经开发并解决了该方案在可靠性和电网兼容性方面的诸多限制，目前维斯塔斯、阿尔斯通、Nordex 和 Gamesa 已经能够提供广泛适用的风电机组速度控制技术。用于 C 型风电机组的功率变换器如图 7.4 所示，需要配置串联和旁路接触器。在转子侧安装有撬棒装置，以便在发生电网侧扰动的情况下将 DFIG 转子短路，吸收转子存储的能量并防止发电机侧逆变器在电网故障期间损坏，这是该项技术中最严重的可靠性问题。用于 1.5~3MW C 型风电机组的功率变换器的 DC-link 电压通常控制为 690V，并联两个具有 6 个 IGBT 的逆变桥。然而，对于一些较大功率的场合（风电机组≥3MW），通常并联多个 IGBT 或 IGCT 组成的逆变器 H 桥。变换器需要在高转速和低转速条件下均能够稳定运行，这意味着变换器要求在 0~60Hz 范围内根据发电机极数双向运行。齿轮概念的预期目标是能够使用标准化的高速发电机和 PRC，从而节省成本，如 Polinder 等人在参考文献 [1] 中所示。

D 型风电机组驱动器是在 20 世纪 80 年代末开发的，最初使用基于 FRC（全功率变换器）的 A 型和 B 型感应发电机。该技术由现在西门子公司的 Bonus 提供。1.5~2.3MW D 型变换器采用具有斩波控制的 690V DC-link 电压，两个具有 6 个 IGBT 的逆变器 H 桥。对于风电机组≥3MW，较高的 DC-link 电压与两个具有 12 个 IGBT 或 IGCT 的逆变器 H 桥一起使用。变换器根据发电机极数，从 10Hz 到 60Hz 单向运行。FRC 系统不再需要发电机侧的撬棒系统。

图 7.5 显示了以上技术应用范围的增长曲线[2]。

更现代的风电机组电力电子变换器架构仍在开发中，如图 7.2 所示：

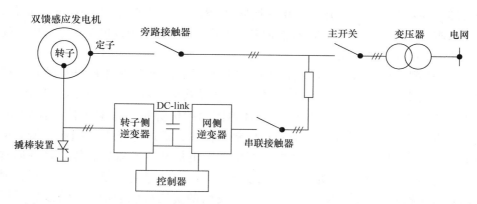

图 7.4 含有背靠背电压源变换器的典型 C 型基于双馈感应发电机的风电机组架构

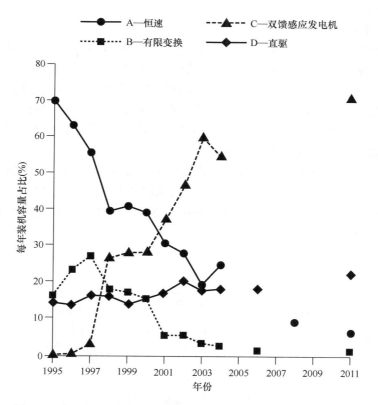

图 7.5 在风电机组驱动架构中的各技术所占份额随时间的变化[2]

- C^I 型使用同步电机的 DFIG，允许高压电网连接，该技术由 Inge Team 提供。
- D^I 型，是高速 D 型风电机组的中速版本，允许使用感应发电机、永磁或绕线转子同步发电机,采用全功率变换器(FRC)。这种架构目前由 Areva 提供,高速版本在 1988 年被 Enercon 首次命名为 E33,E33 是风力发电领域电力电子先驱 Alois Wobben 的核心技术。

- D^{II} 型,是高速 D 型风电机组中的低速版本,允许使用带 FRC 的永磁或绕组转子同步发电机。这种类型正在越来越受欢迎,如图 7.5 所示,其效率、经济性和可靠性具有一定的优势[1]。直驱概念的优势是通过避免使用齿轮箱,使系统更加可靠,同时还有其他潜在优势,例如,低风速条件下损耗较低。但 Spinato 等人[3]研究表明,直驱风电机组中的发电机和变换器的总体故障率通常大于齿轮箱、发电机和变换器的总体故障率。Carroll 等人最新的调查显示,通过消除齿轮箱来降低故障率的风电机组所支付的费用可能会增加。绕线转子同步发电机 D^{II} 型架构由 Enercon 提供,永磁发电机 D^{II} 型架构由西门子、阿尔斯通和金风提供。

7.2.1.2 变桨系统

风电机组变桨系统是在 20 世纪 80 年代开发的,最初用于叶片制动风电机组,后来发展到用于控制风电机组功率输出。早期系统使用单个液压缸来调节磁轭和旋转变桨轴承的所有叶片,进一步发展为操作每个叶片对应的一个压头,并且具有后备液压蓄能器,以应对涡轮停止甚至液压动力单元的故障带来的损失。电气化变桨系统是 20 世纪 90 年代开发的新技术,具有能动性、可控性和备用电池,以支持电源故障情况下的紧急运行。

图 7.6 所示为典型直流驱动的齿轮箱旋转的变桨距系统,用于驱动三叶片风电机组中一个叶片,直流电动机由一个两象限的 IGBT 斩波器供电。全波整流器产生变换器的直流输入,同时也对备用电池进行充电,从而使叶片即使在电源故障时也能够制动风电机组。

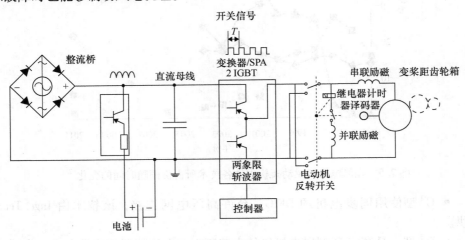

图 7.6 典型的电动叶片变桨距执行器系统

7.3 电力电子变换器可靠性

7.3.1 可靠性结构

在对可靠性数据进行简要分析之前，首先对风电机组变换器可靠性的文献和数据分类进行综述。可靠性分析目前面临的一些问题，主要是由于缺少开放的数据，无法得到显著的统计学结果。由于运营商和原始设备制造商（OEM）知识产权（IP）限制，作者仅能使用目前少量可用的数据源。当 OEM 和运营商发布足够的数据以满足统计显著性标准时，本章所提出的结果可能需要进行修正。

图 7.7 显示了欧洲陆上风电机组的主要组件的故障率和停机时间，数据取自 4 个不同的大数据调查结果。电力电子器件没有具体标出，被纳入电气系统和电气控制中，故障率最高。然而，Spinato 等人[3]和 Faulstich 等人[5]证实，停电时间并不绝对，原因在于尽管电力电子器件故障率高，但易于维修。

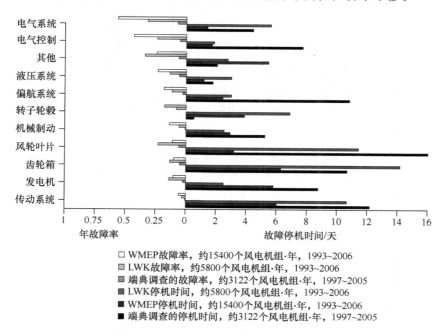

图 7.7 欧洲陆上风电机组的典型故障率和停机时间[6-8]

在考虑单个风电机组电力电子变换器故障率之前，有必要先了解不同风电机组结构的故障率。公开的 LWK 风电机组故障数据[9]根据架构对风电机组模型进行分组。图 7.8 总结了 LWK 12 个风电机组模型的 11 年以上的故障率，集中

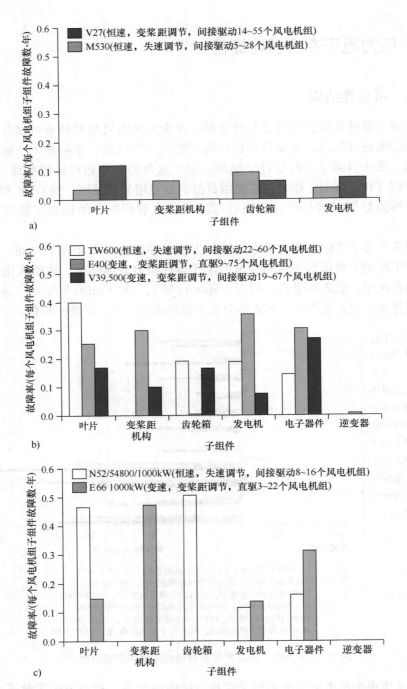

图 7.8 LWK 故障率分布，如图 7.7 所示，侧重于叶片、变桨距机构、齿轮箱、发电机、电子器件和逆变器。左边为失速调节型风电机组，右边为变速变桨距控制风电机组[3]

在由风电机组变换架构和控制配置分离的传动系统组件上。该图显示了不同风电机组架构和控制配置中，叶片、变桨距机构、齿轮箱、发电机、逆变器和电子器件的故障率之间的关系。

对于恒速失速调节的风电机组，如这种风电机组所预期的那样，大量失效集中在叶片和齿轮箱中，其中由于湍流引起的瞬时扭矩在变速风电机组中变化显著。对于较小的风电机组，变桨距变速部件的引入也使其成为高故障率的部件之一，如图 7.8a 所示。然而，变桨距部件减少了叶片和发电机的故障率。图 7.8b 中对较大的风电机组也进行了验证，其中叶片、发电机和齿轮箱故障率降低。然而，E40 直驱风电机组是一个例外，虽然齿轮箱故障消失，但发电机故障增加。图 7.8c 中较大的 E66 直驱风电机组叶片故障减少显著。由图 7.8 可以得到结论，为了实现变速运行，电力电子变换器的采用导致了故障率增加。

换句话说，变速和变桨距的技术进步，提供了能量提取和降噪等诸多优势，但也引入了新的故障模式，尤其是在电力电子变换器中。7.3.2 节将考虑来自变换器的一些监控信息。

7.3.2 SCADA 数据

监控和数据采集（SCADA）在风电机组变换器状态监测中至关重要，大部分风电机组 SCADA 信号和报警，每 10min 记录一次电力电子器件的信息。风电机组中变换器的 SCADA 数据比 OEM 或运营商提供的数据更有助于处理分析，这些数据是研究和提高电力电子可靠性的关键。

SCADA 数据目前已经被用来预测风电机组变换器组件的故障，并监测风电机组控制器报警指示的故障[10]。这项工作基于物理故障的分析方法采用归一化累积报警百分比，对于随机从同一个风电场选择两个变速风电机组（约2MW），风电机组和变换器报警的监测状况如图 7.9 所示。该风电机组为 C 型，具有类似于图 7.4 的变换器架构。监控的 SCADA 报警包括电网侧和发电机侧逆变器及其 IGBT，如图 7.9 所示。

由图 7.9 可以看出：
- 2 次电网电压跌落事件分别在第 39200 和 39500 天，触发了 2 种不同的风电机组报警模式，同一天在风电场的所有风电机组上观察到相同的模式。
- 在所研究的时间内，严重的电网电压跌落（>75%）导致了超过 10 台变换器或逆变器报警。
- 变换器报警与电网电压报警紧密相关，表明电网电压波动是变换器故障的主要原因之一。
- 在归一化累积报警百分比中观察到报警触发具有长累积时间的特点，并且这些报警伴随着逆变器 IGBT 报警，以此来对变换器故障进行预警。

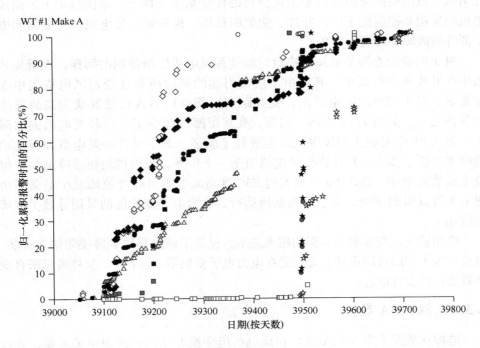

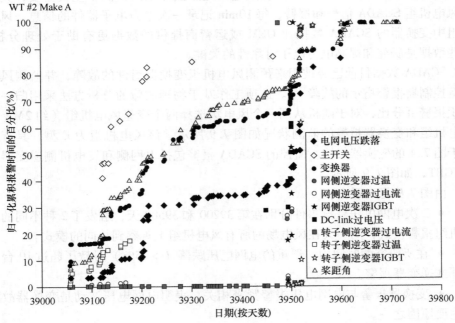

图 7.9　同一风电场中两个风电机组的归一化累积报警百分比[10]

在这两起事件中,共有 15~20 个报警触发被观察到。对于包含 30~35 个风电机组的风电场,这种事件可以同时触发 450~700 个报警。那么,对于 10min 的时间长度,大于 1000 次的报警中可能会存在大量重复报警,因此需要优化风电机组报警,尤其是电力电子变换器的预警系统,以减少重复或无效的报警对资源和数据空间的占用。

Qiu 等人[10]收集了大量关于不同风电机组架构的报警数据,表 7.1 是欧洲和美国运行的 7 个风电场的 B 型和 C 型风电机组的报警总结。

表 7.1 7 个基于 B 型和 C 型风电机组的风电场两年的 SCADA 报警统计

报警主要性能指标		齿轮传动,变速,1.67MW 风电机组,C 型(欧洲)						齿轮传动,恒速,1.0MW 风电机组,B 型(美国)
		风电场 1	风电场 2	风电场 3	风电场 4	风电场 5	风电场 6	风电场 7
总风电机组数量		13	15	31	30	30	34	153
一年调查的风电机组总数		306						308
每 10min 的平均报警	每个风电场	4	8	11	10	10	21	10
	每台风电机组	0.34	0.50	0.37	0.35	0.32	0.61	0.07
每 10min 的最大报警	每个风电场	391	1143	636	1570	439	541	289
	每台风电机组	30.1	76.2	20.5	52.3	14.6	15.9	1.9

首先,风电场 SCADA 报警的平均数量非常大,风电场运营商无法系统处理。

其次,由于变速技术更为复杂,1.67MW C 型风电机组每台每 10min 的平均报警率大于 1.0MW B 型风电机组的平均报警率。

第三,所有风电场的峰值报警率都非常高,几乎可以肯定的是高报警率是由电网电压扰动引起,如图 7.9 所示,数据来自相同类型的风电场风电机组,报警主要来自主变换器和变桨距控制器。

Qiu 等人[10]显示 SCADA 报警按照预期发出警告,以识别根本原因。Chen 等人[11,12]针对变桨距控制系统指出,单独的报警不能给出后续预测,但是通过信号分析 SCADA 数据变化可以预留大量的预警时间。

7.3.3 变换器可靠性

变换器是具有大量组件的复杂系统，典型的基于工业经验的变换器可靠性参数见表7.2。

表7.2 基于工业经验的变换器可靠性参数

组件	故障率 λ/(故障数/组件/h)	MTBF/h	来源
变换器	0.0450 ~ 0.2000	43800 ~ 195000	参考文献 [13]

由于变换器的复杂度远高于齿轮箱或发电机，并且故障模式较多，因此操作员难以准确记录变换器组件故障。图7.8所示为电子器件和变换器的故障率。

变换器故障汇总在表7.3中；参见LWK调查数据的第4和第5列[14]以及针对特定架构风电机组的数据。

图7.10[3]显示了三个LWK变换器的可靠性结果，显示了浴盆曲线的早期部分。图7.11给出了一个完整的浴盆曲线，显示了早期故障、内在故障和老化的全部范围。

对于图7.10的一种情况，TW1500变换器的故障强度正在下降，呈指数 $\beta<1$ 幂律过程（PLP），反映了可靠性的提高。工业变换器故障率 λ 见表7.2，范围在0.045 ~ 0.200个故障/机组/年之间。下限是参考文献 [13] 中针对较小的变换器具体分析产生的，但是文献中低故障率不能适用于这种额定值的风电机组变换器；因此，如图7.10所示，上限为0.2个故障/机组/年。

变换器造成的风电机组故障率的分布情况见表7.3，对不同调查之间的故障率进行了比较。表中显示变换器故障率为0.106 ~ 2.630个故障/机组/年；图7.10所示的范围也在此范围内，但是是表7.2中故障率的10倍以上。

需要指出的是，表7.3中的运营商提供的风电机组停机数据表示变换器报警引起的变换器故障，如7.3.2节所示。该数据无法确定故障位置或故障率，但可以通过变换器可靠性分析进行估计。在表7.3中已经列出分析结果，其中逆变器桥和DC-link故障占主导地位。

Carroll等人的变换器可靠性调查来自参考文献 [4]，在表7.3中简要列出，主要研究了2222台风电机组在其运营前五年的可靠性差异，该可靠性调查分离了DFIG驱动（C型）中的PRC和PMG驱动（D^{II}型）中的FRC。数据显示，在五年内建成1822台DFIG风电机组，三年内，PMG达到400台，FRC和PRC变换器由相同的变换器制造商制造。表7.3的结果在图7.12中表示，调查显示，PRC和FRC之间存在明显的可靠性差异，表明故障率随着变换器运行方式和额定值的增加而增加。

表 7.3 陆上风电机组调查分析的变换器故障

调查的风电机组-年		WMEP 数据[15]		LWK 数据[9]		Carroll et al.[4]		ReliaWind 数据[16] 和 Wilkinson et al.[17]
		1998~2000	1989~2006	1993~2006		2005~2010		2007~2011
		209	1028	5719	679	9110	1200	366
风电机组技术类别		大 0.8~2MW 风电机组	大和小 0.3~2MW 风电机组	大和小 0.2~2MW 风电机组	DFIG & PRC 1.5MW 0.6~0.8MVA 变换器 (TW1500) WRSC & FRC 0.5 & 1.5MW 0.6~2MVA 变换器 (E40 & E66)	DFIG & PRC 1.5~2.5MW 风电机组 0.6~0.8MVA 变换器	PMG & FRC 1.5~2.5MW 风电机组 2~3MVA 变换器	DFIG & PRC 的预测数据 2MW 风电机组 0.7MVA 变换器
故障率 λ / (故障数/机组·年)	风电机组整体	5.23	3.60	1.92	2.60	—	—	23.37
	变换器	1.000	0.450	0.220	0.320	0.106	0.593	2.630
	变换器占风电机组的百分比	19.1	12.4	11.6	12.2	—	—	11.3
估计故障率 λ / (故障数/机组·年)	变换器控制单元	0.070	0.031	0.016	0.022	0.007	0.042	0.184
	串联接触器	0.090	0.040	0.020	0.028	0.010	0.053	0.237
	网侧滤波器	0.030	0.013	0.007	0.009	0.003	0.018	0.079
	网侧逆变器	0.189	0.085	0.042	0.060	0.020	0.113	0.500
	预充电电路	0.060	0.027	0.013	0.019	0.006	0.036	0.158
	估计故障位置 DC-link 电容器	0.110	0.049	0.024	0.035	0.012	0.065	0.289
	斩波电路	0.060	0.027	0.013	0.019	0.006	0.071	0.158
	机侧逆变器	0.189	0.085	0.042	0.060	0.020	0.113	0.500
	撬棒电路	0.060	0.027	0.013	0.019	0.006	—	0.158
	机侧滤波器	0.030	0.013	0.007	0.009	0.003	0.018	0.079
	旁路接触器	0.090	0.040	0.020	0.028	0.010	0.053	0.237
	辅助部件	0.025	0.011	0.006	0.008	0.003	0.015	0.066
		测量和估计的故障率						测量的故障率来自调查，预测的故障率来自 FMEA

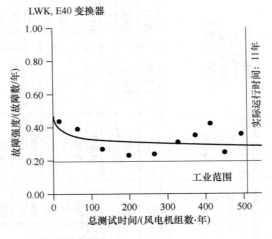
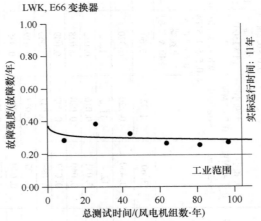
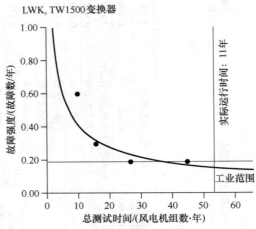

图 7.10 使用 PLP 模型的变换器组件的失效强度 $\lambda(t)$ 变化[3]

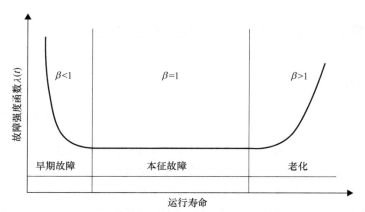

图 7.11 可修复组件（如电力电子变换器）的寿命的浴盆曲线，显示了故障强度 $\lambda(t)$ 的变化

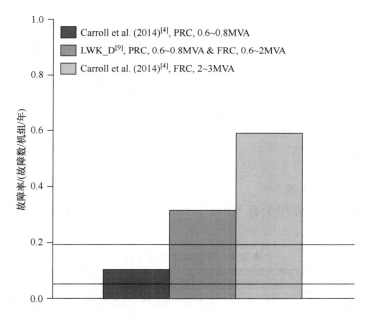

图 7.12 总结表 7.3 中 PRC 和 FRC 基于工程经验的变换器故障率

尽管受到数据容量的限制，但图 7.7、图 7.8、图 7.10、图 7.12 和表 7.3 给出的各种调查结果都显示出清晰的一致性，能够通过分析得到风电机组功率变换器故障率以及故障出现的位置。ReliaWind 调查结果较为特殊[16]，由于分析是基于 2MW、DFIG、PRC、C 型风电机组的基于故障模式和影响分析（FMEA）的故障率预测，并且考虑故障导致停机时间为 ≥1h，因此得到的故障率较高，而其他调查仅考虑故障导致停机时间 ≥24h。

7.4 组件的可靠性 FMEA 和前瞻性对比

7.4.1 简介

本节介绍一种电力电子系统可靠性设计方法，以帮助读者通过对变换器的设计提高系统的可靠性。

风电行业电力电子器件中测量的故障率目前被视为知识产权，在公共领域尚无法得到。表 7.3 系统评价和分析了公众调查中一系列有价值的可靠性结果，本节将对其进行深入分析，了解不同电力电子架构的可靠性。

该方法使用基于 Arabian 等提出的 FMEA 方法[18]，分解分析可靠性框图（RBD）中的各个组成部分。此方法由 Delorm[19] 开发，用于分析含有电力电子变换器的潮汐流装置[20]。

FMEA 使用从各种来源获得的故障率数据，例如 WMEP[7]、IEEE[14]、LWK[9]、Carroll 等人[4]和 Windstats[6]，并基于 MIL-HDBK[21]，根据组件和元器件的环境条件对数据进行调整。

该过程的目的是展示各种电力电子架构的相对前瞻性可靠性。通过对比分析可以选择更可靠的架构，并改进不可靠的元器件和子组件。本章考虑的组件如下，表中使用的数据取自 VGB（2007）[22]。

7.4.2 组件

7.4.2.1 软起动变换器

所描述的方法首先用于表 7.4 中，用于估计软起动器和功率因数校正模块的故障率。

表 7.4 软起动变换器故障率

软起动器可靠性特性以及功率因数校正电容器			故 障 率				
			具有 6 个晶闸管和功率因数校正电容器的软起动器，基于替代数据的组件故障率估计				
组件	子组件	VGB 程序	子组件故障率来源	子组件故障率估计 λi_FREcon	子组件 Qt	组件故障率来源	组件故障率估计 λi_FREcon
串联接触器	串联接触器	MKC10 QA001	Carroll et al. (2014)	0.0100	1	Carroll et al. (2014)	0.0100
软起动器	晶闸管	MKC10 BG QBA11	IEEE Gold Book (1990)	0.0016	6	IEEE Gold Book (1990)	0.0094

（续）

软起动器可靠性特性以及功率因数校正电容器			故障率				
			具有6个晶闸管和功率因数校正电容器的软起动器，基于替代数据的组件故障率估计				
功率因数校正电容器	功率因数校正电容器	MKC10 BUA10	Carroll et al.（2014）	0.0120	3	Carroll et al.（2014）	0.0360
控制单元	控制单元	MKC10 KF001	Carroll et al.（2014）	0.0074	1	Carroll et al.（2014）	0.0074
总故障率 λ_{tot}/（故障数/机组/年）							0.0728
可靠度函数 $R_{(1yr)}$（%）							93.0

7.4.2.2 部分功率变换器

表7.5所示为采用该方法得到的具有单通道的PRC（部分功率变换器）的故障率。

表7.5 部分功率变换器故障率

变换器和断路器的可靠性特性			故障率		
			每个逆变器在一个单通道中有6个IGBT/二极管的低压PRC，基于替代数据的组件故障率估计		
组件	子组件	VGB 程序	子组件 Qt	组件故障率来源	组件故障率估计 λi_FREcon
断路器	断路器	AAG10	1	IEEE Gold Book（1990）	0.018
串联接触器	串联接触器	MKC10 QA001	1	Carroll et al.（2014）	0.010
网侧滤波器	dV/dt 滤波器	MKY10 BFA20	1	Carroll et al.（2014）	0.003
网侧逆变器	逆变器驱动电路	MKY10 BF QBA10	1	Carroll et al.（2014）	0.020
	逆变器 IGBT	MKY10 BF QBA11	6		
	逆变器开关二极管	MKY10 BF QBA12	6		
DC-link	DC-link 电容器	MKY10 BUA10	1	Carroll et al.（2014）	0.012
	制动斩波电阻器	MKY10 BUA20	1		0.006
	斩波驱动电路	MKY10 BU QBA10	1	Carroll et al.（2014）	
	DC-link 开关 IGBT	MKY10 BU QBA11	1		
	DC-link 开关二极管	MKY10 BU QBA12	1		

（续）

变换器和断路器的可靠性特性			故障率		
			每个逆变器在一个单通道中有 6 个 IGBT/二极管的低压 PRC，基于替代数据的组件故障率估计		
发电机侧逆变器	逆变器驱动电路	MKY10 BG QBA20	1	Carroll et al.（2014）	0.020
	逆变器 IGBT	MKY10 BG QBA21	6		
	逆变器开关二极管	MKY10 BG QBA22	6		
	撬棒电路	MKY10 BG QBA23	1	Carroll et al.（2014）	0.006
发电机侧滤波器	dV/dt 滤波器	MKY10 BGA20	1	Carroll et al.（2014）	0.003
串联接触器	旁路接触器	MKC10 QA002	1	Carroll et al.（2014）	0.010
冷却系统	冷却系统	MKY10 EC001	1	IEEE Gold Book（1990）	0.006
控制系统	控制系统	MKY10 KF001	1	Carroll et al.（2014）	0.007
组件总故障率 λ_{tot}/（故障数/机组/年）				总故障率与 Spinato et al.（2009）和 Carroll et al.（2014）一致	0.121
可靠度函数 $R_{(1yr)}$（%）					88.6

7.4.2.3 全功率变换器

表 7.6 所示为采用单通道的 FRC（全功率变换器）的故障率。同样的分析方法也可以用于高可靠性并行通道的 FRC 的冗余设计方式。

表 7.6 全功率变换器故障率

变换器和断路器的可靠性特性				故障率		
				每个逆变器在一个单通道中有 12 个 IGCT/二极管的中压 FRC，基于替代数据的组件故障率估计		
组件	子组件	VGB 程序	基于每个逆变器有 12 个 IGCT/二极管的中压变换器	组件故障率来源		组件故障率估计 $\lambda ias\_FREenv = Q \cdot \lambda i\_FREcon \cdot \pi Ei$
断路器	断路器	AAG10	1	IEEE Gold Book（1990）		0.0176
网侧滤波器	dV/dt 滤波器	MKY10 BFA20	1	Carroll et al.（2014）		0.0180

（续）

变换器和断路器的可靠性特性			故 障 率		
			每个逆变器在一个单通道中有 12 个 IGCT/二极管的中压 FRC，基于替代数据的组件故障率估计		
网侧逆变器	逆变器驱动电路	MKY10 BG QBA10	1	Carroll et al.（2014）	0.2172
	逆变器 IGCT	MKY10 BG QBA11	12		
	逆变器开关二极管	MKY10 BG QBA12	12		
DC-link	DC-link 电容器	MKY10 BUA10	1	Carroll et al.（2014）	0.0650
	制动斩波电阻器	MKY10 BUA20	2		0.1375
	斩波驱动电路	MKY10 BU QBA10	1		
	DC-link 开关 IGCT	MKY10 BU QBA11	2		
	DC-link 开关二极管	MKY10 BU QBA12	2		
发电机侧逆变器	逆变器驱动	MKY10 BG QBA20	1	Carroll et al.（2014）	0.2172
	逆变器 IGCT	MKY10 BG QBA21	12		
	逆变器开关二极管	MKY10 BG QBA22	12		
发电机侧滤波器	dV/dt 滤波器	MKY10 BGA20	1	Carroll et al.（2014）	0.0180
冷却系统	冷却系统	MKY10 EC001	1	IEEE Gold Book（1990）	0.0058
控制系统	控制系统	MKY10 KF001	1	Carroll et al.（2014）	0.0420
组件总故障率 λ_{tot}/（故障数/机组/年）					0.7383
可靠度函数 $R_{(1yr)}$（%）					47.8

7.4.2.4 变桨距系统变换器

表 7.7 所示为三轴变桨距系统的故障率。

表 7.7 三轴变桨距系统故障率

三轴变桨距系统的可靠性			故 障 率		
			每个逆变器有 2 个 IGBT/二极管斩波器的三轴变桨距系统，基于替代数据的组件故障率估计		
组件	子组件	VGB 程序	子组件 Qt	组件故障率来源	组件故障率估计 λi_FREcon
串联接触器	串联接触器	MDA20 QA001	1	Carroll et al.（2014）	0.0100
全波整流器，BF	整流二极管	MDA21-23 QBA11	4	Carroll et al.（2014）	0.0062

(续)

三轴变桨距系统的可靠性				故障率	
				每个逆变器有 2 个 IGBT/二极管斩波器的三轴变桨距系统，基于替代数据的组件故障率估计	
直流母线，BU	直流母线电容器	MDA21-23 BUA10	1	Carroll et al.（2014）	0.0181
	充电开关晶闸管	MDA21-23 BU QBA11	2		
	电池	MDA21-23 BUA11	1		
电动机斩波器，BG	斩波器驱动电路	MDA21-23 BG QBA10	1	Carroll et al.（2014）	0.0030
	斩波器 IGBT	MDA21-23 BG QBA11	2		
串联电动机	串联电动机	MDA21-23 MA001	1	Tavner et al.（2006）[23]	0.0471
电动机齿轮箱	电动机齿轮箱	MDA21-23 MDK20	1	Spinato（2008）[13]	0.1033
控制系统	控制系统	MDA21-23 KF001	1	Carroll et al.（2014）	0.0074
组件总故障率 λ_{tot}/（故障数/机组/年）				假设三轴变桨距系统中的两个必须运行	0.1952
可靠度函数 $R_{(1yr)}$（%）					82.3

7.4.3 小结

表 7.8 总结了风电机组中不同变换器的故障率和可靠性预测结果。可靠性分析结果显示了 100 台变换器中寿命大于 1 年的百分比，由分析结果可以看出：

- 软起动器和功率因数校正模块是风电机组系统中最可靠的变换器。
- PRC C 型低压变换器是第二可靠的变换器。
- 三轴变桨距系统是第三可靠的变换器，可靠性较低的主要部件为机电元件、变桨距电动机和齿轮箱，而不是电力电子器件。
- FRC D 型中压变换器是可靠性最差的风电机组变换器。
- 具有 2 个并行通道的 FRC D 型中压变换器的可靠性比单通道提高了 40%。

表 7.8 风电机组变换器故障率总结

	表号	组件总故障率 λ_{tot}/（故障数/机组/年）	可靠度函数 $R_{(1yr)}$（%）
具有 6 个晶闸管和功率因数校正电容器的软起动器，基于替代数据的组件故障率估计	7.4	0.063	94
每个逆变器在一个单通道中有 6 个 IGBT/二极管的低压 PRC，基于替代数据的组件故障率估计	7.5	0.121	89

（续）

	表号	组件总故障率 λ_{tot}/（故障数/机组/年）	可靠度函数 $R_{(1yr)}$ (%)
每个逆变器有 2 个 IGBT/二极管斩波器的三轴变桨距系统，基于替代数据的组件故障率估计	7.7	0.195	82
在 2 个并行 PRC 中每个逆变器有 12 个 IGCT/二极管的中压 FRC，基于替代数据的组件故障率估计	根据 7.6	0.402	67
每个逆变器在一个单通道中有 12 个 IGCT/二极管的中压 FRC，基于替代数据的组件故障率估计	7.6	0.738	48

7.5 故障的根本原因

风电场运营商和风电机组 OEM 很难确定风电机组变换器故障的根本原因；然而，电力电子制造商在这方面有一些经验。Yang 等人提出了基于制造商和用户信息的电力电子变换器行业可靠性调查[24]，提出了一些针对故障原因提高可靠性的建议。调查结果集中在组件上，与图 7.13 所示的 Wolfgang[25] 提到的根本原因相似。7.4 节中表 7.4～表 7.7 的估计值对变换器故障位置的确定提供了指导。

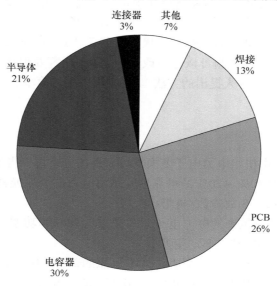

图 7.13　电力电子器件故障的根本原因[25]

7.6 提升风电机组变换器的可靠性和可用性的方法

7.6.1 结构

表 7.8 给出了可以提升变换器可靠性的一些结构，将功率分流到多个并联系统。该方法的缺点是成本较高。

7.6.2 热管理

早期的风电机组变换器中多采用风冷，这是因为风冷系统较为简单，且风电机组机舱中很难提供水冷所需的供水。但是，逆变器桥臂的热应力对系统的可靠性有很大的影响。这使得现今功率大于 1MW 的风电机组已多采用水冷作为冷却方式。

7.6.3 控制

表 7.4 ~ 表 7.7 中的评估显示了控制器对系统故障率有显著影响，包括逆变器、直流测器件等（见图 7.13）。因此，可以通过在生产过程中对控制器进行严格管控，提升系统的可靠性。

7.6.4 监测

风电机组是连接至电网的发电单元中最需要监测的对象之一。风电场 SCADA 和状态监测系统产生的信号量目前超过了风电场运营商可管理的信号量。参考文献 [26] 对目前电力电子器件的状态监测工作进行了描述。最近的研究工作表明，变换器故障的预测可以通过改进 SCADA 报警处理和 SCADA 信号分析来实现，或许比 Yang 等人提出的方法[27]在应用中更加简单有效。

7.7 总结

通过本章对风电机组电力电子变换器可靠性的分析可以得到以下结论：
- 风电机组中 10% ~ 20% 的可靠性问题由电力电子变换器引起，其导致的故障率在 0.063 ~ 0.738 故障数/机组/年。
- 风电机组中最重要的电力电子组件是软起动器和功率因数校正系统；三轴叶片电动变浆距系统和主驱动变换器。
- 全功率驱动变换器已被证明是最不可靠的部件，0.738 故障数/机组/年，部分功率驱动变换器相对而言更加可靠，0.121 故障数/机组/年。
- 驱动变换器的额定值越大，故障率越高。

- 三轴叶片电动变桨距系统的可靠度为 0.195 故障数/机组/年，其可靠性由机电部件、电动机和齿轮箱主导。
- 软起动器和功率因数校正系统为风电机组中最可靠的电力电子系统，0.073 故障数/机组/年。
- 电流监测对于电力电子变换器过于精确，产生过度数据，但是高报警率提高了组件的可靠性。

本章提出了以下几点关于风电机组电力电子变换可靠性的问题：
- 为什么风电机组变换器故障强度随安装后的时间而改善，如图 7.10 所示？
- 为什么风电机组变换器故障强度通常高于正常工业经验给出的值，如图 7.10 和图 7.12 所示？
- 为什么故障率随变换器额定值升高，如图 7.12 所示？
- 考虑到 7.4 节的可靠性预测，如何通过并行冗余来改善风电机组主变换器的可靠性，见表 7.8？

7.8 建议

为了提高风电机组变换器设计、制造和运行的可靠性，应注意以下几点：
- 回答以上提出的问题。
- 改进变换器热管理以降低电力电子器件温度。
- 通过冗余设计降低高故障率；例如，主驱动变换器的可靠性可以通过使用 2 个或更多个并行通道来提高冗余度，但这增加了成本。
- 通过对变换器子组件进行更彻底的工厂测试，特别是控制器和全功率变换器热运行，减少早期故障，如同较小的额定变换器一样。
- 通过最小化报警和改善报警管理来降低变换器高报警数，提供更好的故障预测；例如，使用本章所述的方法。

电力电子变换技术正在不断发展，随着成本的下降，电力电子技术的发展也将推动系统可靠性的提升，故障时间下降。基于公共领域数据的有限提取可以看出，风电机组变换器可靠性问题需要引起 OEM 和运营商关注，并鼓励提供更多信息数据集，以便可以进行更加深入和完整的统计学分析。

参 考 文 献

[1] Polinder, H, van der Pijl, FFA, de Vilder, GJ, Tavner, PJ (2006) Comparison of direct-drive and geared generator concepts for wind turbines, *IEEE Transactions on Energy Conversion*, **21**(3): 725–733.

[2] Hansen AD, Hansen LH (2007) Wind turbine concept market penetration over 10 years (1995–2004), *Wind Energy*, **10**(1): 81–97.

[3] Spinato, F, Tavner, PJ, van Bussel, GJW, Koutoulakos, E (2009) Reliability of wind turbine sub-assemblies, *IET Proceedings on Renewable Power Generations*, **3**(4): 1–15.

[4] Carroll, J, McDonald, A, McMillan, D (2014) Reliability comparison of wind turbines with DFIG and PMG drive trains, *IEEE Transactions on Energy Conversion*, DOI 10.1109/TEC.2014.2367243.

[5] Faulstich, S, Hahn, B, Tavner, PJ (2011) Wind turbine downtime and its importance for offshore deployment, *Wind Energy*, **14**(3): 327–337.

[6] Windstats quarterly newsletter, Part of Wind Power Weekly, Denmark: www.windstats.com, last accessed 8th February 2010.

[7] Hahn, B, Durstewitz, M, Rohrig, K (2007) *Reliability of wind turbines, Proceedings of the Euromech Colloquium*, Oldenburg, Springer, Berlin, Germany: 329–332.

[8] Ribrant, PJJ, Bertling, LM (2007) Survey of failures in wind power systems with focus on Swedish wind power plants during 1997–2005, *IEEE Transactions on Energy Conversion*, **22**(1): 167–173.

[9] Landwirtschaftskammer (LWK), Schleswig-Holstein, Germany: http://www.lwksh.de/cms/index.php?id¼1743, last accessed 8th February 2010.

[10] Qiu, Y, Feng, Y, Tavner, PJ, Richardson, P, Erdos, G, Chen, BD (2012) Wind turbine SCADA alarm analysis for improving reliability, *Wind Energy*, **15**(8): 951–966.

[11] Chen, BD, Matthews, PC, Tavner, PJ (2013) Wind turbine pitch faults prognosis using a-priori knowledge-based ANFIS, *Expert Systems with Applications*, **40**(17): 6863–6876.

[12] Chen, BD, Matthews, PC, Tavner, PJ (2015) Automated on-line fault prognosis for wind turbine pitch systems using supervisory control and data acquisition, *IET Renewable Power Generation*, **9**(5): 503–513

[13] Spinato, F (2008) The Reliability of Wind Turbines, PhD Thesis, Durham University.

[14] IEEE, Gold Book (1990) *Recommended practice for design of reliable industrial and commercial power systems*, IEEE Press, Piscataway, NJ.

[15] Faulstich, S, Durstewitz, M, Hahn, B, Knorr, K, Rohrig, K, Windenergie Report (2008) Institut für solare Energieversorgungstechnik, Kassel, Germany.

[16] ReliaWind (2011) Deliverable D.2.0.4a-Report, Whole System Reliability Model, available from ReliaWind website.

[17] Wilkinson, MR, Hendriks, B, Spinato, F, Gomez, E, Bulacio, H, Roca, J, Tavner, PJ, Feng, Y, Long, H (2010) Methodology and results of the ReliaWind reliability field study, Proceedings of the European Wind Energy Conference, EWEC2010, Warsaw.

[18] Arabian-Hoseynabadi, H, Oraee, H, Tavner, PJ (2010) Failure modes and effects analysis (FMEA) for wind turbines, *International Journal of Electrical Power & Energy Systems*, **32**(7): 817–824.

[19] Delorm, TM (2013) Tidal Stream Devices: Reliability Prediction Models During Their Conceptual & Development Phases, PhD Thesis, Durham University.

[20] Delorm, TM, Zappala, D, Tavner, PJ (2011) Tidal stream device reliability comparison models, *Proceedings IMechE Part O: Journal of Risk and Reliability*, **226**(1): 6–17.

[21] MIL-HDBK-217F (1991) Military Handbook, Reliability Prediction of Electronic Equipment, US Department of Defense, Washington, DC.

[22] VGB PowerTech (2007) Guideline, Reference designation system for power plants (RDS-PP); Application explanation for wind power plants guideline, Reference designation system for power plants (RDS-PP), VGB-B 116 D2, VGB PowerTech, Essen, Germany.

[23] Tavner, PJ, Ran, L, Penman, J, Sedding, H (2006) Condition monitoring of rotating electrical machines, Institution of Engineering and Technology, London.

[24] Yang, S, Bryant, A, Mawby, P, Xiang, D, Ran, L, Tavner, PJ (2011) An industry-based survey of reliability in power electronic converters, *IEEE Transactions on Industry Applications*, **47**(3): 1441–1451.

[25] Wolfgang, E (2009) Examples for failures in power electronics systems, ECPE, Reliability of Power Electronic Systems Tutorial, July, Prague, Czech Republic.

[26] Yang, S, Xiang, D, Bryant, A, Mawby, P, Ran, L, Tavner, PJ (2010) Condition monitoring for device reliability in power electronic converters – a review, *IEEE Transactions on Power Electronics*, **25**(11): 2734–2752.

[27] RIAC (2005) System reliability toolkit, a practical guide for understanding & implementing a program for system reliability, US Department of Defense, Washington, DC.

第 8 章
提升电力电子系统可靠性的主动热控制方法

Ke Ma, Zian Qin, Dao Zhou

奥尔堡大学,丹麦

8.1 引言

8.1.1 电力电子的热应力和可靠性

电力电子的故障机制较为复杂,并受多种因素影响[1-5]。研究已经表明,热循环(即组件内部或外部的温度波动)是电力电子系统中最关键的故障原因之一。由于材料的热膨胀系数(CTE)不同,温度波动可能导致接触区域在一定数量的循环后导致器件的磨损或断开。器件制造商已经开发出基于加速或老化测试的功率半导体或电容器等电力电子器件的可靠性模型,能够根据组件的热行为来评估寿命[6-9]。图 8.1 所示为 IGBT 的寿命示例。20 世纪 90 年代,LEISIT 项目将功率器件 IGBT 上的负荷与失效次数相关联。从图 8.1 可以看出。随着温度波动幅度以及平均温度水平的增加,功率器件的寿命相应减少。这种关系也通过一些分析模型进行了解释,如参考文献 [7] 中所概述的,并且也已经通过大量功率器件寿命测试进行了验证[10-13]。

在能量变换系统中,流经变换器的功率或电流通常根据可用的电气或机械功率级别进行设置。因此,如果可再生能源或电动机驱动应用中输入到变换器系统的功率不恒定,那么复杂而可变的工作状况将直接反映在电力电子器件的负荷变化中,从而导致复杂的热循环及组件的磨损。图 8.2 所示为风力发电系统中的示例,电力电子器件热循环分为不同的时间尺度,用于风力发电应用的功率器件的热循环周期从微秒(交流电网电压变化)到几年(环境温度或风速变化),由各种不同因素驱动[14]。

除了时间常数范围不同外,功率器件热循环的行为也由于器件的位置和干扰的原因而存在差异。通过红外摄像机对功率循环实验中打开的功率模块进行温度测量,如图 8.3 和图 8.4 所示,在实时运行中显示 10kW 三相光伏逆变器中

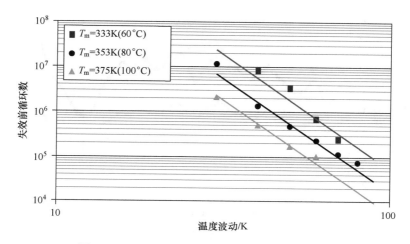

图 8.1　IGBT 故障循环数与温度波动幅度的关系

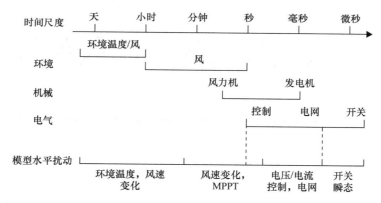

图 8.2　功率器件热行为不同影响因素的典型时间常数

的功率器件的温度。关于这项研究的更多细节如参考文献［15］所述。测试中包含两个测试点，分别为芯片结温 T_j 和基板温度 T_c，10min 内测得的结温和基板温度的热分布如图 8.3 所示，其中变换的功率在相同的时间量内根据太阳辐照的变化而改变。由图可以看出，相较于基板温度，结温具有较大循环振幅，并且它们根据变换器的功率变化缓慢波动。

在 0.2s 时间段内测得的结温和基板温度的热行为如图 8.4 所示，其中太阳辐照不变，并且变换器的电流负载在 10kW 的额定输出功率下保持恒定，可以看到与图 8.3 所示的热循环完全不同的热循环。结温以 50Hz 的频率较小的幅度波动，这与电网频率相关。

由此可以得出，功率器件的热循环与变换器的可靠性密切相关。变换器热循环可能受到与整个能量变换系统运行和任务特性相关的各种因素的干扰。根

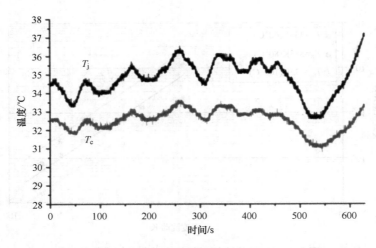

图 8.3 在 10min 时间尺度下的热行为实验结果（温度采样率为 10Hz）

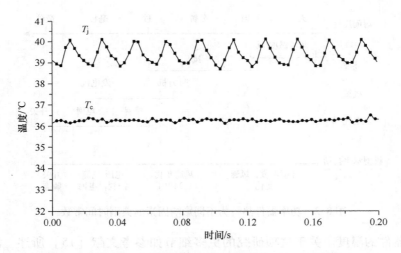

图 8.4 0.2s 内短时间尺度下的热行为的实验结果（温度采样率为 350Hz）

据器件的位置以及变换器的负荷变化，功率器件内的热分布具有不同的行为和时间常数。

8.1.2 提高可靠性的主动热控制概念

器件故障的主要原因可归结于所应用的应力和强度水平的不匹配。在功率半导体器件的情况下，应力可以表示为负载或热循环水平，强度可以表示为器件承受热循环的固有能力。如图 8.5 所示，功率器件的实际应力水平取决于用户的行为或操作现场，因此应分布在一定范围内，而不是集中在某一点上。器件的强度也由于制造差异而具有一定的分布范围，进而可以得到应力和强度范围的交叉区域。该分布的交叉区域意味着比预期更短的寿命或更高的故障概率。

减少应力和强度之间的交叉面积或延长器件的寿命/可靠性的一个有效方法是将整体应力范围推到更低的水平，如图8.5所示。在变换器系统中，通过减小波动幅度或降低平均温度来减轻器件的热循环，而变换器的强度不需要改变，这意味着没有增加变换器设计或器件的成本。

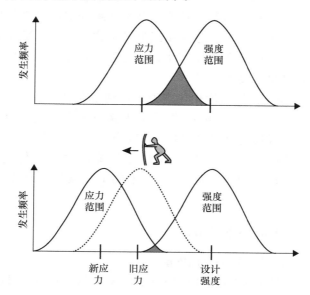

图8.5 用于提高电力电子器件可靠性的主动热控制概念

变换器的热循环由具有不同时间常数的干扰引起。同时，不难发现，改变变换器的工作模式可以调整电力电子器件的负荷。因此，可以考虑主动地控制器件的热循环，进而改变系统的可靠性。

由于需要承受高损耗和高强度的热循环，功率半导体器件被认为是最脆弱的器件之一，在整个变换器系统成本中占据很大比例[3-5]。因此，在本章的案例研究中，以功率半导体器件为例分析主动热控制方法的概念。

8.2 减小热应力的调制方法

8.2.1 调制方法对热应力的影响

电力电子学中的调制策略不仅可以影响变换器的输出电压/电流的谐波，还可以确定功率器件之间电流的流动路径。实现更高的DC-link电压利用率的调制技术已经被提出，其具有较低谐波和损耗等优点[16,17]。由于调制策略具有改变功率器件热负荷的能力，因此可以用于改善功率变换器的损耗分布，从而实现更好的可靠性。调制策略可以在功率器件的开关损耗和导通损耗两个方面影响器件的热应力。

通过应用一些不连续的脉冲宽度调制（PWM）或降低载波频率，可以显著降低开关损耗[18-24]。引入的缺点包括，由于开关数量减少而导致的较高电流纹波。此外，由于在一个开关周期中必须限制不连续间隔的最大长度，因此开关损耗减小的效果受到限制。为了进一步降低开关损耗，可以减小载波频率。较高的电流纹波将由较低的开关频率产生；但是如果仅用于短暂的动态过程，电能质量的暂时退化是可以接受的[25]。

可以通过调整导通损耗以优化热应力，特别是在具有开关冗余的电路拓扑中（例如，三电平中性点钳位拓扑[24]或九开关变换器[26]），在PWM参考信号添加特殊的共模偏移，变换器的输入和输出不会显著变化，但是导通损耗可以在功率器件之间重新分配，因此可以用于降低功率器件的热负荷[26,27]。下面给出了典型案例，以说明调制策略对不同工作条件下功率变换器热性能的影响。

8.2.2　额定工况下的调制方法

8.2.2.1　通过降低开关损耗提高热性能

在B6变换器（见图8.6）中使用不连续PWM（DPWM）降低开关损耗是一种得到广泛应用的调制策略，如图8.7所示。DPWM的原理是将变换器输出的电压/电流参考以一定的间隔钳位到载波的上部或下部，以使相应的功率器件保持其状态而不需要开关（开或关），从而在该间隔中减轻了开关损耗。由于在峰值附近的IGBT的损耗减小，平均值和结温的变化因此得到缓解。应该注意的是，对于器件的导通损耗也可以通过使用DPWM来改进，如图8.7b所示。通过使用DPWM，不连续段中IGBT的导通损耗实际上增加，因为它保持在导通状态。因此，通过DPWM实现改进的热性能的前提是：增加的导通损耗应低于开关损耗的减少量。否则，DPWM的IGBT温度可能会更高。

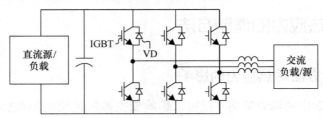

图8.6　B6变换器的拓扑结构

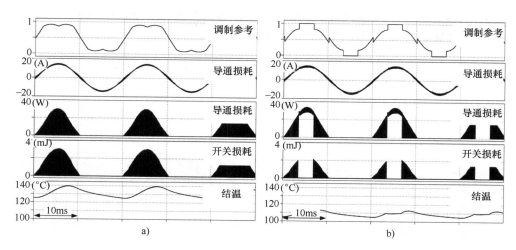

图 8.7　B6 变换器中 IGBT 的功率损耗和结温：a）SPWM；
b）DPWM（开关损耗:导通损耗 = 3.56:1）

DPWM 的使用不仅限于二电平变换器，多电平变换器也可以利用。关于三电平 NPC 变换器的案例研究可以在参考文献 [24] 中找到，不同调制方法，如最佳零序注入[28]、常规 60° DPWM（CONV-60° DPWM）[29] 和改进 60° DPWM（ALT-60° DPWM）[29] 被应用于变换器。在参考文献 [24] 中已经指出，使用 CONV-60° DPWM 和 ALT-60° DPWM 可以显著降低温度。

改变调制策略也可实现 DC/AC 逆变器的软开关，包括单相、三相、半桥和全桥[30]。开关电流在每个开关周期被控制为双向的；因此，可以实现零电压切换。然而，由于 di/dt 较大，应用受限于低功耗的场合。

8.2.2.2　通过降低导通损耗提高热性能

导通损耗也可以通过调制方法进行优化以提高热性能，九开关变换器[26] 的典型案例如图 8.8a 所示。九开关变换器是十二开关背靠背变换器的简化版本，九开关变换器相比十二开关变换器而言具有更低的损耗[20]。由于输入和输出电流被组合在同一桥臂上，九开关变换器在每条支路的三个开关之间具有不均匀分布的损耗，其中上下开关通常具有比中间开关更低的损耗，如图 8.8b 所示。减轻不均匀损耗分布并降低温度的解决方案是通过增加上下参考之间的距离，将中间开关（最热的）的导通损耗转移到上下开关[21]。120°-DPWM 可以实现上下参考的最大距离，如图 8.9b 所示，因此，三个开关之间的导通损耗更为均等，如图 8.10a 所示。另外，通过引入 120°-DPWM，开关损耗也受到影响；但在案例研究中，通过选择功率器件来实现低开关和传导损耗比，显著地减轻了开关损耗。当使用 120°-DPWM 时，中间开关的总体损耗减少约为 30%。图 8.10b 中通过红外摄像机拍摄比较了在 SPWM 和 120°-DPWM 情况下的九开关变换器的热分布。可以观察到温度与损耗分布良好匹配（见图 8.10a），通过 120°-DPWM 调制方法显著降低了热点温度。

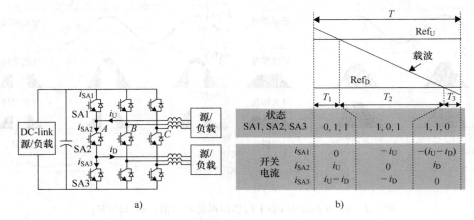

图 8.8　九开关功率变换系统及其开关电流：a）电路拓扑；
b）A 相的半载波周期中的瞬时电流

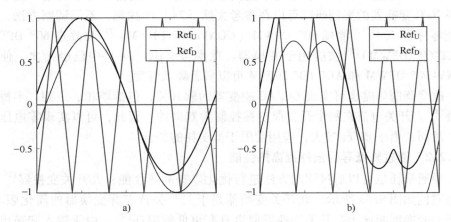

图 8.9　九开关变换器的调制参考：a）SPWM；b）DPWM

8.2.3　故障条件下的调制方法

并网变换器要求在电网故障期间具有一定的穿越能力，特别是在具有大功率容量的可再生能源应用中[31]。在参考文献 [31，32] 中已经指出，3L-NPC 变换器热负荷在功率器件中存在不平衡，并且在低电压穿越（LVRT）期间内部开关以及钳位二极管存在过热的问题。

通过 3L-NPC 变换器的空间矢量图（SVD），如图 8.11 所示，可以看出用于三相变换器的空间矢量调制（SVM）六角的所有状态矢量具有切换冗余度。3L-

第 8 章　提升电力电子系统可靠性的主动热控制方法 | 167

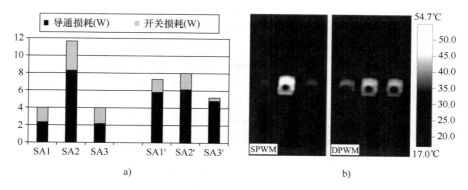

图 8.10　具有 SPWM 和 DPWM 的九开关变换器的损耗和温度分布：a）损耗分布（SPWM：SA1，SA2，SA3；DPWM：SA1′，SA2′，SA3′）；b）温度分布（SA3，SA2，SA1）

NPC 变换器的 LVRT 工作条件下，参考矢量通常位于图 8.11 中的内六角形，这些切换冗余提供了充分的控制灵活性来改变功率器件中电流的流通路径。

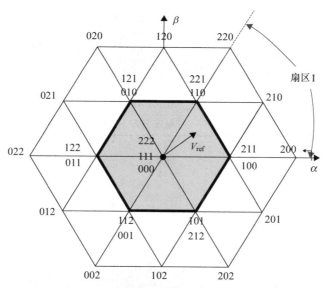

图 8.11　3L-NPC 变换器的空间矢量图

因此，在参考文献 [31] 中提出了一系列优化的调制序列，一个开关周期内的一个 SVM 序列如图 8.12 所示。可以看出，将变换器三相输出端连接到直流母线中性点的状态矢量 111 被消除，表明电流流过钳位的二极管和中间开关的状态时间将会减少。3L-NPC 变换器在 LVRT 下的器件温度仿真结果如图 8.13 所示。可以看出，当应用优化的调制序列时，器件之间的热负荷更对称，并且 LVRT 期间器件的热负荷也将会降低。

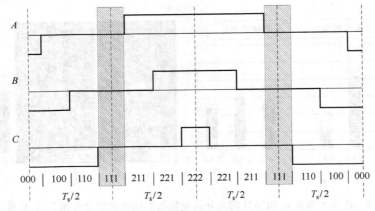

图 8.12　LVRT 下优化器件温度的最佳调制顺序

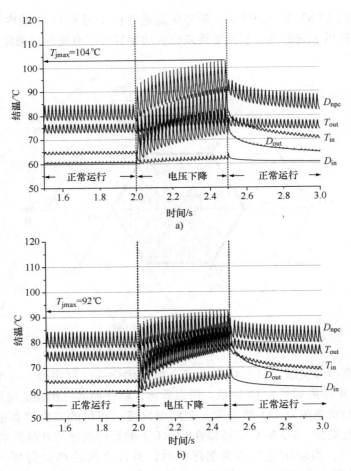

图 8.13　3L-NPC 变换器在 LVRT 下的器件温度[31]：a) 传统调制；b) 优化后调制

8.3 优化热循环的无功功率控制

8.3.1 无功功率的影响

由变换器提供的无功功率通常不限于输入到变换器系统的可用的机械/电功率，但是它可以显著地影响器件的负荷，因此是实现主动热控制以提高可靠性非常合适的控制对象[33-35]。图 8.14 所示为一控制案例，其中 3L-NPC 变换器分别在额定有功功率输出的最大过激励（OE）以及欠激励（UE）无功功率下工作。可以看出，无功功率不仅可以改变变换器的输出电压和电流之间的相位角，而且可以改变功率器件中流动的电流幅度，这些都与功率器件之间的负荷水平和热分布有关。

然而，流向电网的无功功率与其稳定性和电压水平密切相关，特别是对于功率有限的"弱"电网[36,37]。因此，越来越多的电网标准对变换器可以注入的无功功率量规定了严格的限制。图 8.15 示出了德国电网标准[36]的示例，其中可以注入到电网中的最大欠激励（UE）和过激励（OE）无功功率的边界与有功功率相关。这些电网标准通过限制变换器的无功功率限定了变换器的热控制能力。

在本节中，介绍了可以利用无功功率来克服电网规范限制的主动热控制方法。通过两个案例研究，将分别说明基于双馈感应发电机（DFIG）的风电机组以及基于并行的全功率变换器的风电机组中的热控制方法。

8.3.2 基于 DFIG 的风电机组的案例分析

典型的基于 DFIG 的风电机组如图 8.16 所示。由于 DFIG 风电机组的双馈机构，来自风能的产生的功率可以从感应发电机的定子侧和转子侧传递。类似地，无功功率可以从 DFIG 的定子侧或背靠背功率变换器的电网侧变换器（GSC）提供支撑[38,39]。

由于转子侧变换器（RSC）和 GSC 都具有控制无功功率的能力，所以无功功率可以在 DFIG 系统内循环。如图 8.16 所示，背靠背功率变换器的无功功率被控制在相反方向的情况下，输送到电网的无功功率将不会改变。然而，使用该控制方案存在一些限制。为了便于说明，图 8.16 中的 GSC 的相量图绘制在图 8.17 中。由于在次同步模式和超同步模式之间流过 GSC 的有功功率的方向相反，有功功率的方向如图 8.17a、b 所示，在欠激励无功功率的情况下，可以通过旋转 q 轴电流 180°来获得相量图。

变换器输出电压 U_c 可以表示为

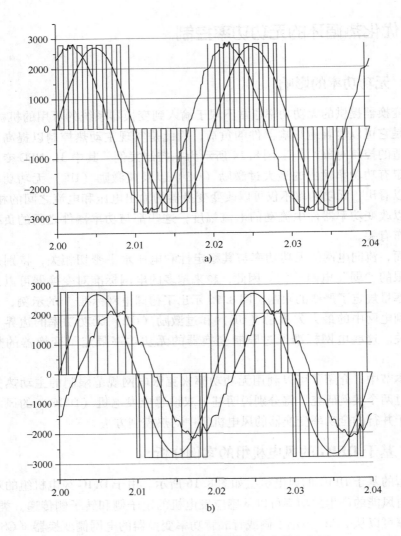

图 8.14 并网 3L-NPC 变换器的输出电流和电压：
a) 欠激励无功功率运行；b) 过激励无功功率运行

$$U_C = \sqrt{(U_g + i_{gq}X_g)^2 + (i_{gd}X_g)^2} \leqslant \frac{U_{dc}}{\sqrt{3}} \qquad (8.1)$$

式中，U_g 和 U_{dc} 分别为电网电压的峰值和 DC-link 电压，X_g 为 50Hz 的电抗，i_{gd} 和 i_{gq} 分别为 GSC d、q 轴的电流峰值。

无论运行工况如何，在引入过激励无功功率的情况下，变换器电压的幅度都会增加。因此，可以得到一个约束条件，过激励电流不能够导致过调制。

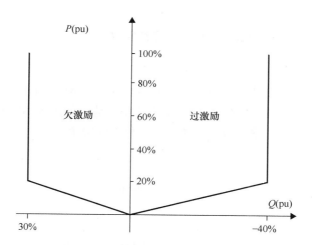

图 8.15 德国电网标准规定的无功功率要求[36]

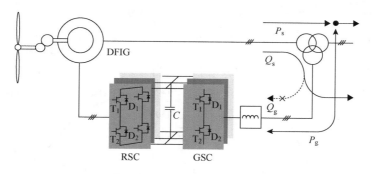

图 8.16 DFIG 风电机组无功功率补偿方案

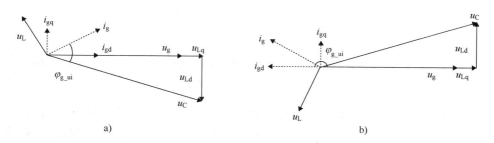

图 8.17 在无功功率注入的情况下，GSC 的相量图：a）次同步模式；b）超同步模式

第二个限制在于功率器件的容量：

$$\sqrt{i_{gd}^2 + i_{gq}^2} \leq I_m \tag{8.2}$$

式中，I_m 表示功率模块的峰值电流，增加无功电流后电流需要限制在功率模块

的峰值电流以内。

第三个限制是必须考虑感应发电机的容量 Q_s[40]:

$$\frac{3}{2}U_g i_{gq} \leq Q_s \tag{8.3}$$

类似的局限性可以从 RSC 中看出,如参考文献 [41] 所述。

通过考虑上述限制,GSC 和 RSC 中无功功率范围如图 8.18 所示,其中功率变换器的电流幅度和功率因数角是功率器件负载的两个指标。

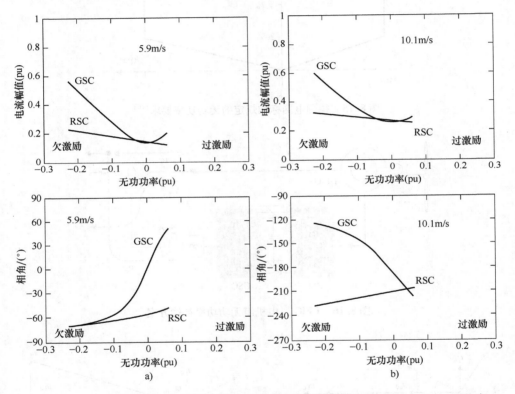

图 8.18 无功功率循环对 DFIG 系统背靠背功率变换器的影响:a) 风速为 5.9m/s 的次同步模式;b) 风速为 10.1m/s 的超同步模式

风速的急剧变化将通过变换器的热循环反映,如参考文献 [41] 所研究的。因此,可以通过在 DFIG 系统中的适当的无功功率控制来控制风速引起的结温波动,如图 8.19 所示。

典型的阵风在 IEC[42] 中定义。传统控制和具有热定向无功功率控制的背靠背功率变换器的热循环如图 8.20a、b 所示。如图 8.20a 所示,由于 GSC 中缺少有功功率流,同步风速下的热应力较小,而由于转子电流频率非常低,所以 RSC 中热应力较大。如图 8.20b 所示,由于引入额外的无功功率,GSC 的最大结温波动从 11℃降至 7℃,而 RSC 的最大结温波动在 18℃保持不变。

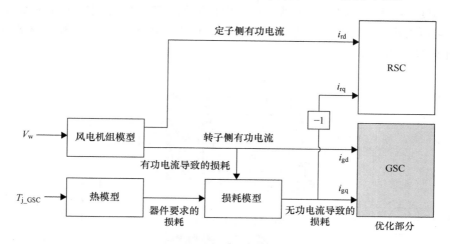

图 8.19 阵风期间背靠背变换器的热控制结构图

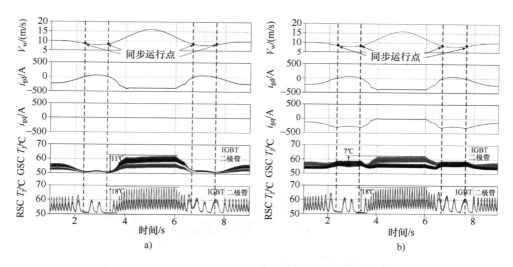

图 8.20 DFIG 系统中阵风期间背靠背变换器的热循环:a)不采用热定向无功功率控制;
b)采用热定向无功功率控制

8.3.3 并联变换器案例分析

利用无功电流来控制器件温度也可以在基于全功率变换器的风电机组中实现,如图 8.21 所示。通常,该风电机组中的变换器需要处理比图 8.16 所示的风电机组多 3 倍的功率。因此,在基于全功率变换器的风电机组中可以经常看到并联的变换器单元。这种配置提供了使变换器系统内的无功功率循环来控制功率器件的温度的可能性，如参考文献［43］中详述的。阵风的控制结果如图 8.22 所示。可以看出，最大应力器件中的温度波动可以从图 8.22a 中的 32℃ 显著降低至图 8.22b 中的 12℃。

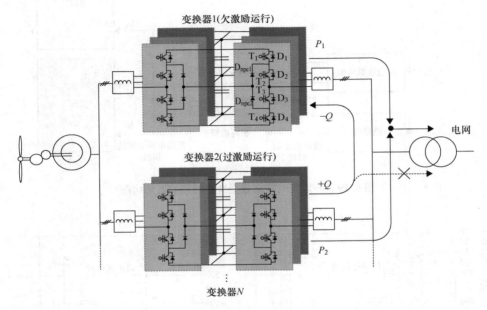

图 8.21　风电机组中并联变换器之间无功功率循环

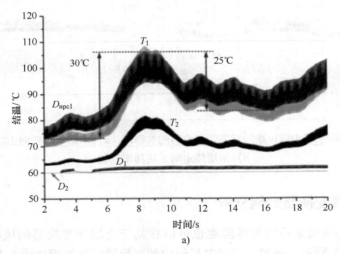

a)

图 8.22　阵风下 3L-NPC 变换器的器件温度：a）不采用无功功率控制

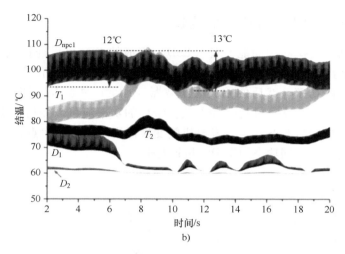

图 8.22 阵风下 3L-NPC 变换器的器件温度（续）：b）采用无功功率控制

8.4 基于有功功率的热控制

8.4.1 有功功率对热应力的影响

通过调节无功功率来减少热应力的方法已经在 8.3 节中给出了说明。然而，缺点是无功功率只能加热功率器件，同时无法冷却功率器件，效率总是降低。另一个缺点是无功功率需要在并网功率变换器或 DFIG 发电机之间流动，因为注入公用电网的总无功功率不能自由调节。在本节中，将介绍利用储能系统（ESS）有功功率的另一种主动热控制方法。

有功功率对电流幅度有很大的影响；因此，能够影响功率器件的损耗和热负荷。然而，与无功功率不同，变换器中的有功功率通常与风速具有固定的关系，以使能量产生最大化，这是不可控制的，除非在变换器中安装了另一个源，例如 ESS。当风力超过或低于平均值时，ESS 可以吸收或释放功率；因此，变换器传递到电网的功率可以变得平滑，减小了热应力波动。

大型风电机组的 ESS 非常昂贵；由风速变化引起的功率波动不仅对功率变换器有害，而且对电网电能质量也并不友好，增加了电网不稳定的风险，需要更多的备用容量来实现电网的功率平衡。为此，关于并网的储能系统学者进行了大量研究工作[44]。此外，具有 ESS 集成的 2.5MW 风电机组已经在商业上得到应用[45]。如果 ESS 位于风电变换器的 DC-link 上，如图 8.23 所示，可以减少 GSC 的热应力以及进入电网的功率波动。主要关注的问题包括储能装置的型号选择、ESS 的尺寸设计以及 ESS 带来的热性能改进。更详细的说明见案例分析。

8.4.2 大型风电变换器中的储能装置

由双向功率变换器和储能设备（ESD）组成的 ESS 可以连接到风电变换器的 DC-link 上。ESS 的功率控制策略设计简单，如图 8.23 所示[46]。首先，测量风电机组产生的功率。然后使用高通滤波器（HPF）来提取短期功率波动，作为 ESS 的参考充电功率。通过这种方式，GSC 的功率流可以变得更平滑。同时，风电变换器的控制与 ESS 无关，发电机侧变换器用于最大功率点跟踪（MPPT），GSC 用于通过调节电网功率稳定 DC-link 电压。

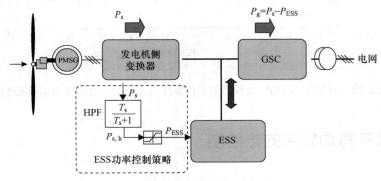

图 8.23　背靠背风电变换器中的 ESS

根据图 8.24 的风速可以看到[47]，风速变化可以分为长期和短期风速变化。前者的时间是数百小时，而后者则是秒或分钟。考虑到所需储能的体积、重量和成本，通过储能来减轻短期功率波动是更可行的。短期 ESD 见表 8.1[48-51]。具体来说，高速飞轮在功率密度、功率成本、深度放电、环境不敏感等方面具有优势。但是为了减少由摩擦引起的功率损耗，所使用的磁轴承系统复杂，维护困难。由于在移动电子产品中的广泛应用，锂离子电池正在迅速发展。到目前为止，仍然存在技术限制，如低功率密度、温度和深度放电灵敏度。另一个

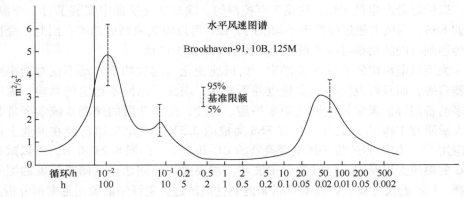

图 8.24　美国布鲁克海文国家实验室的约 100m 高度的水平风速图谱[47]

是超级电容器（双层电容器），可以实现高功率密度、深度放电、宽工作温度范围和高循环寿命。这些优点使超级电容器成为大功率应用的理想选择。虽然大规模应用的成本仍然很高，但随着技术的发展，其成本越来越低。

表 8.1 短期储能技术的比较[48-51]

		锂离子电池	超级电容器	高速飞轮
能量密度/(Wh/kg)		+++	+	+
功率密度/(W/kg)		+	+++	+++
自放电		-	- - - -	- - - -
安全性		++	+++	++
复杂性		-	- -	- - -
应力因子对寿命的影响	温度	-	-	-
	深度放电	-	无	无
维护		-	-	- -
深度充/放电循环数		+	++	+++
当前的最低能量成本/(美元/kWh)		-	- -	-
当前的最低功率成本/(美元/kW)		- -	-	-

参考文献［52］对储能单元的设计进行了研究，其中超级电容器组由于其高功率密度而被选为 ESD。ESS 的成本，包括双向变换器和储能元件，ESS 的功率和能量之间的关系可以通过图 8.25 中的曲线来说明，对不同尺寸和不同功率和能量比的 ESS 的风电变换器进行热应力评估。风电机组的寿命通过应力-应变寿命模型[53]得到，如图 8.26 所示。导致最低变形的功率和能量比在图 8.26 中标出。ESS 的成本增加，能量变化并不明显，但是功率得到了显著增加。从可靠性改进的角度来看，功率比 ESS 的能量要重要得多。基于 ESS 的风电机组的功率和温度曲线如图 8.27 所示，通过使用 ESS 使风电变换器输出功率平滑，减少热应力，随着 ESS 增加，温度波动变得更加平滑。

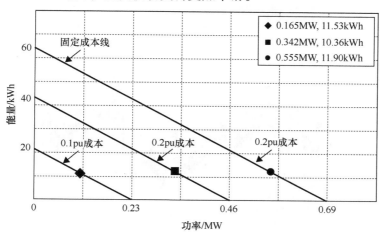

图 8.25 成本固定时，能量与 ESS 功率的关系

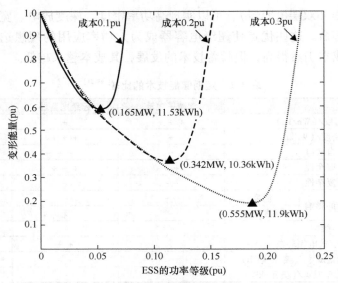

图 8.26　多种固定成本下变形能量与 ESS 功率等级的关系

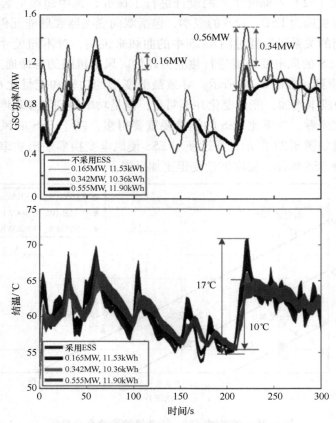

图 8.27　使用储能的 GSC 的功率和结温的波动

8.5 总结

通过适当的控制、调节策略和 ESS，可以显著降低功率半导体器件的热应力。对这一主题的相关研究仍在进行中，具有广阔的应用前景。

参 考 文 献

[1] S. Faulstich, P. Lyding, B. Hahn, P. Tavner, "Reliability of offshore turbines – identifying the risk by onshore experience," in *Proceedings of European Offshore Wind*, Stockholm, 2009.

[2] B. Hahn, M. Durstewitz, K. Rohrig, "Reliability of wind turbines – experience of 15 years with 1500 WTs," *Wind Energy*, Springer, Berlin, 2007, ISBN: 10 3-540-33865-9.

[3] E. Wolfgang, L. Amigues, N. Seliger, G. Lugert, "Building-in reliability into power electronics systems," *The World of Electronic Packaging and System Integration*, pp. 246–252, 2005.

[4] D. Hirschmann, D. Tissen, S. Schroder, R. W. De Doncker, "Inverter design for hybrid electrical vehicles considering mission profiles," *IEEE Conference on Vehicle Power and Propulsion,* vol. 7–9, pp. 1–6, September 2005.

[5] S. Yang, A. T. Bryant, P. A. Mawby, D. Xiang, L. Ran, P. Tavner, "An industry-based survey of reliability in power electronic converters," *IEEE Transactions on Industry Applications*, vol. 47, no. 3, pp. 1441–1451, May/June 2011.

[6] J. Due, S. Munk-Nielsen, R. Nielsen, "Lifetime investigation of high power IGBT modules," in *Proceedings of EPE'2011,* Birmingham, 2011.

[7] C. Busca, R. Teodorescu, F. Blaabjerg, S. Munk-Nielsen, L. Helle, T. Abeyasekera, P. Rodriguez, "An overview of the reliability prediction related aspects of high power IGBTs in wind power applications," *Microelectronics Reliability*, vol. 51, no. 9–11, pp. 1903–1907, 2011.

[8] N. Kaminski, A. Kopta, "Failure rates of HiPak modules due to cosmic rays," ABB Application Note 5SYA 2042-04, March 2011.

[9] E. Wolfgang, "Examples for failures in power electronics systems," presented at *ECPE Tutorial on Reliability of Power Electronic Systems*, Nuremberg, Germany, April 2007.

[10] A. Wintrich, U. Nicolai, T. Reimann, "Semikron Application Manual," ISLE Verlag, Nuremberg, Germany, pp. 128, 2011, ISBN: 978-9-938843-66-6.

[11] J. Berner, "Load-cycling capability of HiPak IGBT modules," ABB Application Note 5SYA 2043-02, 2012.

[12] U. Scheuermann, "Reliability challenges of automotive power electronics," *Microelectronics Reliability*, vol. 49, no. 9–11, pp. 1319–1325, 2009.

[13] U. Scheuermann, R. Schmidt, "A new lifetime model for advanced power modules with sintered chips and optimized Al wire bonds," in *Proceedings of PCIM' 2013*, pp. 810–813, 2013.

[14] K. Ma, M. Liserre, F. Blaabjerg, T. Kerekes, "Thermal loading and lifetime estimation for power device considering mission profiles in wind power converter," *IEEE Transactions on Power Electronics*, vol. 30, no. 2, pp. 590–602, 2015.

[15] K. Ma, F. Blaabjerg, "Transient modelling of loss and thermal dynamics in power semiconductor devices," in *Proceedings of ECCE' 2014*, pp. 5495–5501, September 2014.

[16] D. G. Holmes, L. A. Thomas, "*Pulse width modulation for power converters: principles and practice,*" vol. 18, John Wiley & Sons, Hoboken, NJ, 2003, ISBN: 978-0-471-20814-3.

[17] M. H. Ahmet, J. K. Russel, L. A. Thomas, "Carrier-based PWM-VSI overmodulation strategies: analysis, comparison, and design," *IEEE Transactions on Power Electronics*, vol. 13, no. 4, pp. 674–689, 1998.

[18] A. M. Hava, R. J. Kerkman, T. A. Lipo, "A high performance generalized discontinuous PWM algorithm," in *Proceedings of APEC' 1997*, vol. 2, pp. 886–894, 23–27 February 1997.

[19] L. Dalessandro, S. D. Round, U. Drofenik, J. W. Kolar, "Discontinuous space-vector modulation for three-level PWM rectifiers," *IEEE Transactions on Power Electronics*, vol. 23, no. 2, pp.530–542, March 2008.

[20] E. Demirkutlu, A. M. Hava, "A scalar resonant-filter-bank-based output-voltage control method and a scalar minimum-switching-loss discontinuous PWM method for the four-leg-inverter-based three-phase four-wire power supply," *IEEE Transactions on Industry Applications*, vol. 45, no. 3, pp. 982–991, May–June 2009.

[21] Y. Wu, M. A. Shafi, A. M. Knight, R. A. McMahon, "Comparison of the effects of continuous and discontinuous PWM schemes on power losses of voltage-sourced inverters for induction motor drives," *IEEE Transactions on Power Electronics*, vol. 26, no. 1, pp. 182–191, January 2011.

[22] Z. Qin, M. Liserre, F. Blaabjerg, "Thermal analysis of multi-MW two-level generator side converters with reduced common-mode-voltage modulation methods for wind turbines," in *Proceedings of PEDG' 2013*, pp. 1–7, July 2013.

[23] Z. Zhang, O. C. Thomsen, M. A. E. Andersen, "Discontinuous PWM modulation strategy with circuit-level decoupling concept of three-level Neutral-Point-Clamped (NPC) inverter," *IEEE Transactions on Industry Applications*, vol. 60, no. 5, pp. 1897–1906, May 2013.

[24] A. Isidoril, F. M. Rossi, F. Blaabjerg, K. Ma, "Thermal loading and reliability of 10-MW multilevel wind power converter at different wind roughness classes," *IEEE Transactions on Industry Applications*, vol. 50, no. 1, pp. 484–494, 2014.

[25] V. Blasko, R. Lukaszewski, R. Sladky, "On line thermal model and thermal management strategy of a three phase voltage source inverter," in *Proceedings of the IEEE-IAS Annual Meeting*, pp. 1423–1431, 1999.

[26] Z. Qin, P. C. Loh, F. Blaabjerg, "Application criteria for nine-switch power conversion systems with improved thermal performance," *IEEE Transactions on Power Electronics*, DOI: 10.1109/TPEL.2014.2360629

[27] Z. Qin, P. C. Loh, F. Blaabjerg, "Power loss benchmark of nine-switch converters in three-phase online-UPS application," in *Proceedings of ECCE' 2014*, pp. 1180–1187, September 2014.

[28] H. Wang, R. Zhao, Y. Deng, X. He, "Novel carrier-based PWM methods for multilevel inverter," in *Proceedings of IECON' 2003*, vol. 3, pp. 2777–2782, 2003.

[29] T. Bruckner, D. Holmes, "Optimal pulse-width modulation for three-level inverters," *IEEE Transactions on Power Electronics*, vol. 20, no. 1, pp. 82–89, 2005.

[30] Q. Zhang, H. Hu, D. Zhang, X. Fang, Z. J. Shen, I. Bartarseh, "A controlled-type ZVS technique without auxiliary components for the low power DC/AC Inverter," *IEEE Transactions on Power Electronics*, vol. 28, no. 7, pp. 3287–3296, July 2013.

[31] K. Ma, F. Blaabjerg, "Modulation methods for neutral-point-clamped wind power converter achieving loss and thermal redistribution under low-voltage ride-through," *IEEE Transactions on Industrial Electronics*, vol. 61, no. 2, pp. 835–845, February 2014.

[32] K. Ma, F. Blaabjerg, "Thermal optimized modulation method of three-level NPC inverter for 10 MW wind turbines under low voltage ride through," *IET Journal on Power Electronics*, vol. 5, no. 6, pp. 920–927, 2012.

[33] Z. Chen, J. M. Guerrero, F. Blaabjerg, "A review of the state of the art of power electronics for wind turbines," *IEEE Transactions on Power Electronics*, vol. 24, no. 8, pp. 1859–1875, August 2009.

[34] F. Blaabjerg, Z. Chen, S. B. Kjaer, "Power electronics as efficient interface in dispersed power generation systems," *IEEE Transactions on Power Electronics*, vol. 19, no. 5, pp. 1184–1194, September 2004.

[35] M. Liserre, R. Cardenas, M. Molinas, J. Rodriguez, "Overview of multi-MW wind turbines and wind parks," *IEEE Transactions on Industrial Electronics*, vol. 58, no. 4, pp. 1081–1095, April 2011.

[36] E.ON-Netz, Requirements for offshore grid connections, April 2008.

[37] M. Tsili, S. Papathanassiou, "A review of grid code technical requirements for wind farms," *IET on Renewable Power Generation*, vol. 3, no. 3, pp. 308–332, September 2009.

[38] A. Camacho, M. Castilla, J. Miret, R. Guzman, A. Borrell, "Reactive power control for distributed generation power plants to comply with voltage limits during grid faults," *IEEE Transactions on Power Electronics*, vol. 29, no. 11, pp. 6224–6234, November 2014.

[39] S. Engelhardt, I. Erlich, C. Feltes, J. Kretschmann, F. Shewarega, "Reactive power capability of wind turbines based on doubly fed induction generators," *IEEE Transactions on Energy Conversion*, vol. 26, no. 1, pp. 364–372, March 2011.

[40] C. Liu, F. Blaabjerg, W. Chen, D. Xu, "Stator current harmonic control with resonant controller for doubly fed induction generator," *IEEE Transactions on Power Electronics*, vol. 27, no. 7, pp. 3207–3220, July 2012.

[41] D. Zhou, F. Blaabjerg, M. Lau, M. Tonnes, "Thermal behavior optimization in multi-MW wind power converter by reactive power circulation," *IEEE Transactions on Industry Applications*, vol. 50, no. 1, pp. 433–440, January 2014.

[42] Wind turbines, part 1: Design requirements, IEC 61400-1, 3rd edition, International Electro-technical Commission, 2005.

[43] K. Ma, M. Liserre, F. Blaabjerg, "Reactive power influence on the thermal cycling of multi-MW wind power inverter," *IEEE Transactions on Industry Applications*, vol. 49, no. 2, pp. 922–930, 2013.

[44] J. Eyer, G. Corey, "Energy storage for the electricity grid: benefits and market potential assessment guide – a study for the DOE energy storage systems program," Sandia Report, SAND2010-0815, Sandia National Laboratories, February 2010.

[45] GE 2.5-120 Wind turbine. http://geenergystorage.com/todays-news/97-first-european-sale-of-dms-integrated-energy-storage-systems-2 [Online: accessed 09-DEC-2014].

[46] Z. Qin, M. Liserre, F. Blaabjerg, H. Wang, "Energy storage system by means of improved thermal performance of a 3 MW grid side wind power converter," in *Proceedings of IECON' 2013*, pp. 736–742, 2013.

[47] I. V. der Hoven, "Power spectrum of horizontal wind speed in the frequency range from 0.0007 to 900 cycles per hour," *Journal of Meteorology*, vol. 14, pp. 160–164, April 1957.

[48] D. I. Stroe, A. I. Stan, R. Diosi, *et al.* "Short term energy storage for grid support in wind power applications," in *Proceedings of OPTIM' 2012*, pp. 1012–1021, 2012.

[49] Supercapacitor. batteryuniversity.com/learn/article/whats_the_role_of_the_supercapacitor [Online: accessed 09-DEC-2014].

[50] S. M. Schoenung, "Energy storage systems cost update," Sandia National Laboratories, Albuquerque, New Mexico, 2011.

[51] K. Yoshimoto, T. Nanahara, G. Koshimizu, "New control method for regulating state-of-charge of a battery in hybrid wind power/battery energy storage system," in *Proceedings of PSCE' 2006*, pp. 1244–1251, 2006.

[52] Z. Qin, M. Liserre, F. Blaabjerg, P. C. Loh, "Reliability-oriented energy storage sizing in wind power systems," in *Proceedings of IPEC-ECCE-ASIA' 2014*, pp. 857–862, 2014.

[53] I. F. Kovačević, U. Drofenik, J. W. Kolar, "New physical model for lifetime estimation of power modules," in *Proceedings of IPEC' 2010*, pp. 2106–2114, 2010.

第 9 章
功率器件的寿命建模及预测

Mauro Ciappa

瑞士联邦理工学院，瑞士

9.1 引言

大功率器件可靠性的提升一直是驱使工程师设计新产品以及采用新材料的动力之一。在新领域（如在汽车行业）的应用中，也对大功率器件提出了减少重量和体积、降低工作温度、提高工作电压以及系统集成等新要求。单个设备的可靠性性能的稳步提高证明，传统的可靠性分析仅仅基于故障率的后验评估已经不再可行，因为它们需要进行数百万个累积组件工时的实验测试，以达到有效的统计显著性。除了昂贵的成本之外，该评估方法主要针对批量生产的产品（如集成电路），无法适用于电力电子应用中的小型系列产品。

因此，人们提出了闭环可靠性设计方法来解决传统方法的局限性。与传统后验评估统计方法不同，该方法从产品的设计和制造阶段就开始考虑可靠性，并且不间断地监测产品与设计规格的一致性。如果发现有偏差，产品和制造过程都将被重新设计以使其达到要求。该方法主要依赖于观测产品的故障机理，规定产品的规格与产品组成要素和生产过程变量间的关系，以及规定产品材料和负载的相互作用及其对产品可靠性的影响。

功率器件寿命模型的建立可以与产品开发同时甚至提前进行，并通过实验对其进行校准和验证。在产品开发阶段使用寿命模型，可用来比较不同的设计方案，或确认最终产品是否符合可靠性要求。此步骤通常与加速测试相结合，以校准和验证模型。

一般来说，系统的寿命预测是一个从小到大的过程。首先要计算产品每个组成元素的可靠性。然后，基于相关的可靠性框图来估计整个系统的寿命，这些框图考虑了各个元素的相关性和冗余。

最常用的寿命预测模型假定设备的故障率在其使用寿命内是恒定的，并且该模型包含了许多基于历史数据的电子组件的故障率，以及它们对于各种品质和应力（如结温和电压等）的依赖。后者通常在具有代表性的工况下通过系统电路仿真得出。如今，可用的预测工具包括可靠性框图自动生成器，电路/热仿真器，以及不同组件故障率模型数据库。在这样的情况下，一旦电路的布局确定，运算几乎可以自动进行。

基于金属和合金中应力疲劳的规律，人们开发了一种可预测热循环工况下的功率器件寿命的简单方法，被称作 Manson-Coffin 技术。该寿命预测方法分为两个阶段。在第一阶段，对器件运行期间发生的热循环的幅度和持续时间进行计数和分组。在第二阶段，累积每一个循环所产生的损伤。当累积损伤超过实验定义的阈值时，认为设备的使用寿命达到了。根据键合线和焊点由于热循环所经历的塑性变形，人们建立了不同的模型来获得该阈值。

最近，基于在器件的老化过程来描述老化机理，人们提出了多种寿命预测方法。通常，由于缺乏准确的实验数据，精确的物理模型被简化为简单微分方程表达的行为模型，它们可以通过数值方法或有限元仿真器求解。这些计算的输入主要是应力参数（任务剖面）的瞬时值，通常表示为人们感兴趣的参数的时间函数（结温、耗散功率等）。此前[1]，研究者开发了一种集成了电、热及机械的仿真工具，从机车的任务剖面出发预测 IGBT 的寿命。但目前，还没有统一化的可靠性仿真工具，在未来几年这仍将是一个挑战。

9.2 节简要回顾影响功率模块，尤其是 IGBT 器件的主要故障机理。9.3 节总结从实验数据统计的外推寿命的概念和案例。最后，9.4 节讨论主要的寿命模型、最常使用的可靠性手册的应用范围以及依赖于任务剖面分析的方法。

9.2 功率模块的故障机理

影响功率器件模块的故障机理可以分为两类。第一类为外部故障机理，这是由控制或设计不佳的制造过程导致的。第二类为内在故障机理，它导致器件的性能在其使用寿命期间随时间而变化。值得注意的是，由于功率模块器件和材料的工作条件接近其物理极限，与集成电路（IC）相比，它的寿命通常受内在故障机理的限制。因此，原型设计阶段的主要任务之一是对所观察到的故障机理进行分类，以便为外在机理制定适当的纠正措施，并为内在机理建立定量模型，以设计可靠的器件。考虑到目前缺乏可用于基于宽带隙半导体的器件信息，以下介绍的故障机理主要涉及硅系列 IGBT 功率模块。

9.2.1 封装相关故障机理

用于大功率 IGBT 器件的多芯片模块是由不同材料组成的复杂多层结构，这些材料需要提供良好的机械稳定性、良好的电绝缘/导电性和良好的散热性能。由于功率模块中的封装材料具有低热-机械应力疲劳特性，在热循环工况下经常会引发故障，进而影响功率模块的上述性能。这些故障的主要原因是不同材料的热膨胀系数（CTE）、不同层结构的特征长度和它们所经受的局部温度变化不匹配。

9.2.1.1 键合线疲劳

大功率多芯片 IGBT 模块通常包括多达 1000 个楔形键，它们通过超声波连接技术连接到铝金属镀层（厚度范围为 3～5μm）或应变缓冲器（如钼板）上。由于它们中的大多数被键合到半导体器件（IGBT 和续流二极管）的有源区上，所以由硅中的功率耗散和导线自身发热引起的全部温度变化几乎都作用于键合线上。发射极键合线的直径通常为 300～500μm，导线的化学成分可能因制造商而异。然而，在所有情况下，纯铝通过加入百万分之几千的合金元素（如硅和镁）或镍以防止腐蚀。在正常工作条件下，单个铝键合线的电流不超过 10A，因此，根据导线直径，最大欧姆功耗范围为 100～400mW。导线键合失效主要原因是在键合焊点和导线之间产生的剪切应力或导线的反复挠曲引起的疲劳。通过断裂力学建立焊点与时间相关的裂纹扩展是一个相当复杂的问题。研究人员曾经尝试使用若干数值方法，特别是通过有限元仿真来建模[2]，得到的定量结果却不尽人意。

有实验证明，导致故障的裂纹从键合线的尾部开始，并沿线材内部晶界传播，直到键合线完全脱落。由于 IGBT 中温度波动较为严重，与栅极键合线相比，发射极键合线更易于脱落。单根或多根键合线的故障会导致接触电阻或电流分布的变化。通过 V_{CE}[3] 的测量可以很容易地监测这些变化，因此，它通常被用作老化监测。检测到的故障模式主要取决于测试条件。在低电压条件下的测试中，键合线的熔断意味着器件工作寿命的结束。在现场操作（或高电压测试）期间，可能会由于触发内部寄生参数而发生击穿现象。

9.2.1.2 键合线根部断裂

新型电源模块中很少发生键合线根部断裂的情况。然而，在长时间寿命试验之后，尤其是超声波键合工艺未优化的情况下，这种情况有可能发生。这也是由于热力学疲劳导致的。实际上，当键合线所承受的温度循环变化时，它的焊接根部会发生膨胀和收缩，从而发生弯曲疲劳。在典型的键合线长度 1cm，温度变化幅度 50℃ 的情况下，环路顶部的位移变化在 10μm 的范围内，从而使键合线根部的弯曲角度变化大约 0.05°。此外，硅胶是一种黏性液体，键合线的快速热膨胀（如接通状态）也会在硅胶内产生额外的应力。最后，当导线的欧姆自加热导致故障时，会在焊接在两个 IGBT 芯片和续流二极管的铜线的引线端子处观察到根部裂纹。

9.2.1.3 铝重建

尽管参考文献［4］曾提出功率器件金属层的重建现象，但长期以来该现象都被忽略了。温度的循环变化，以及硅衬底和上覆铝互连之间的热-机械不匹配，导致IGBT和续流二极管的金属层中存在循环压缩和拉伸应力。由于硅衬底的刚度和高温条件，较软的铝金属层应变远远超出其弹性极限。此时，根据温度和应力条件，扩散蠕变、晶界滑动或通过位错滑移造成塑性变形都可以导致应力松弛。

在IGBT器件中，金属化的应变率由温度变化率控制。由于IGBT中典型的热瞬变时间常数为毫秒级，如果器件在高于110℃的峰值结温下循环运行，则应力松弛主要是由铝薄膜晶界的塑性变形引起的。根据金属化的结构，这将导致铝颗粒的挤出或在晶界处产生空穴，最终产生材料堆积或空隙。这种故障会减少铝薄膜的有效截面积，从而使薄层电阻随时间增加。因此，V_{CE}会随着循环数的增长而线性增加。在发射极接触孔处存在台阶覆盖问题的情况下，铝重建会对器件的稳定性造成危害。在这种情况下，热力学效应和电迁移效应共同作用，导致金属的完全消耗。

9.2.1.4　焊料疲劳和焊料分层

功率模块的主要故障机理与焊料合金的热-机械疲劳有关。从这方面考虑，模块中最关键的接头是陶瓷衬底和基板之间的焊点，特别是在使用铜基板的情况下[5]。因为在这种界面处，温度变化幅度大，相邻材料的热-机械配合差，同时陶瓷衬底的侧向尺寸大。通过使用不同的基板材料，例如AlSiC，可以减少局部应力。此外，模块中硅芯片和陶瓷衬底之间的焊料层也十分关键。在低循环热负荷下，裂纹通常发生在焊点的圆角处，合金或析出物沿着脆性界面（衬底的芯片）扩展[6]。焊料在制作过程中产生的空隙会使裂纹加速扩展。裂纹和空隙共同作用，使封装的散热能力变差，从而导致热阻随时间不断恶化。而额外的温度升高可能引发其他故障，特别是对键合线脱离有不利影响。通常选取V_{CE}作为热阻恶化的指标（如键合线脱离的情况）。

9.2.2　器件烧毁故障

在长时间磨损或者出现稳定性问题后，器件通常会烧毁失效。器件烧毁通常是因为有短路电流发生，此时器件将承受全部线电压。长时间承受短路故障不可避免地会导致器件的热损耗，最终导致器件的快速损坏。由于IGBT不需要任何dI/dt阻尼，因此器件只能依靠自身阻尼限制电流增加率。在故障之后，电流可能以每微秒几千安培的速度增加，电流峰值在100kA范围内，衰减时间降至几微秒。在这种情况下，器件中大部分电容储能以几百纳秒的速度释放，因此峰值功率高达100MW。电容储能由电路中的阻性元件（如键合线、硅芯片等）消耗。由于大量的能量耗散，键合线最终将气化蒸发。该过程产生的冲击通过硅胶快速传播，导致器件彻底损坏。在新型功率模块的设计中，人们针对该过程进行了改进，以减小爆炸等二次伤害。

在许多情况下，环境因素或者损耗带来的影响都可能造成短路，例如超过器件安全工作区域的操作，栅极单元故障，电流分配不均[7]，由于热阻恶化、介质击穿、闭锁和宇宙射线辐射而导致的过热等。由闭锁和宇宙射线造成的故障主要与器件是否能承受不符合规格的应力的能力有关。因此，严格来说，它们主要是鲁棒性问题，而不是可靠性问题。静态或动态闭锁是一种复杂的现象，它将导致器件内部寄生结构的触发，并引发集电极与发射极间瞬时的电压跌落。一旦这个故障机理被激活，器件就不能再通过栅极控制。与闭锁相关联的故障模式通常是集电极、发射极和栅极间发生低电阻短路。

在高压器件中，器件的烧坏也可能通过半导体与宇宙射线的中子分量间的相互作用来触发。中子冲击发生在阻塞状态偏置的 IGBT 或二极管中，产生的反冲核将在器件的有源区产生电离轨道。如果这种情况发生在高场强区，则会导致载流子倍增，随后发生局部自持的丝状放电，从而导致半导体局部熔化。这种与鲁棒性相关的问题只能通过选择适当的器件（设计）或降低运行中的直流电压来解决。由于宇宙射线的影响具有统计性，因此与之相关的故障率，即常数 λ_{cosmic}，可以通过指数分布来精确建模。目前，参考文献[8]考虑了器件的直流工作电压、温度和海拔，基于乘法现象学模型得出了 λ_{cosmic}。上述三个因素与相应参数指数相关。值得注意的是，λ_{cosmic} 对直流电压有很强的依赖性，因此如果直流电压没有适当地降低，那么 10000 FIT（或甚至更高）数量级的故障率依然很常见。

9.3 寿命模型

为了从实验数据（从实际运行或加速寿命试验）中估算故障率，必须根据观察到的无故障时间 t_i 计算经验分布。假设已经观察到无故障时间为 $t_1,\cdots,t_n$ 的 n 个故障，则第一步是对这些值进行排序，使得 $t(1) \leq t(2) \leq \cdots \leq t(n)$。接下来，经验分布被构建为阶梯函数，即 $F_{emp}(t): t(i) - F_{emp}(t(i)) = i/n$。然后，经验分布必须与一个分布函数相关联，以便提取分布参数。这可以根据最大似然准则，通过待测试的分布拟合经验分布来完成。拟合优度可通过不同的方法来验证，例如使用 Kolmogorov-Sminorv 测试或卡方（χ^2）检验[9]。一旦识别出更准确的近似分布，就可以提取相关参数来计算故障率 $\lambda(t)$。到达指定百分比器件故障的时间，例如，达到器件总数 50% 故障的时间（t_{50}），也可以通过这种方法来确定。现在，可通过专用的软件或图形技术来自动计算故障率，其中经验数据在与每个分布相关联的专用概率图中显示为直线。

以下内容主要讨论功率器件中寿命模型最常使用的指数分布和威布尔分布。

9.3.1 寿命和可用性

不可修复器件的寿命 t 是随机变量，其被定义为初始操作和故障之间的时间间隔，故障由故障判据来定义。通常，在寿命测试（通常为加速老化条件）中，测量与特定故障机理分布相关的中值（t_{50}）或经验平均值（$E(\tau)$）的估计值。在工程上，故障率 $\lambda(t)$ 更为重要，它被定义为在下一个运行时间内器件失效的概率。$\lambda(t)$ 的正确测量单位是 FIT（10^9 个运行小时内有 1 次故障），而不是百万分之一。这个值对于设计人员来说非常重要，因为它能够明确地表示器件在给定运行时间之后可以预期的故障次数。而对于可维修的器件来说，人们可以通过这个值制定预防性的维修策略。

$E(\tau)$（即 MTTF）也可以从可靠度函数 $R(t)$ 分析计算：

$$\text{MTTF} = E[\tau] = \int_0^\infty R(t)\,\mathrm{d}t$$

而 $R(t)$ 可根据 $F(t)$ 计算

$$R(t) = 1 - F(t)$$

或者根据 $\lambda(t)$ 计算

$$R(t) = \exp\left(-\int_0^t \lambda(x)\,\mathrm{d}x\right),\ R(0) = 1$$

对于可修复系统，与 MTTF 相关的一个非常重要的特性是点可用性（PA），其被定义为系统在规定的时刻在给定条件下执行其所需功能的概率。事实上，一旦系统发生故障，可用性也可以解释为系统的可维护性，例如平均修复时间（MTTR）。该可靠性的准确瞬态计算需要使用统计方法。然而，在系统连续运行的简单情况下，PA 迅速收敛[9]到稳态值，可表示为

$$\text{PA} = \frac{\text{MTTF}}{\text{MTTF} + \text{MTTR}}$$

可靠系统的 PA 典型值在 0.99999 范围内。

9.3.2 指数分布

如果假设在器件的整个工作时间内故障率 λ 是恒定的，即随机过程是无记忆的，则通常使用指数分布 $F(t) = 1 - \exp(\lambda t)$ 来计算。这意味着器件的故障率与故障发生之前的操作时间无关。从建模的角度来看，它合理地代表了失效状态，其特征是随机的。这对已经经过初步故障筛选且还未达到寿命周期的器件来说，是一个实际的模式。在功率模块中，指数分布仅可用于对半导体相关的故障机理进行建模。在某些情况下，也可以用来对宇宙射线相关的鲁棒性问题进行建模。

由损耗引起的故障可以通过合理的设计来改善，而随机故障无法基于已知的故障机理来处理。事实上，随机故障既反映了故障发生过程中的随机特征，也反映了制造过程特征量的随机变化。随机故障与具有长寿命的（不可修复）成熟系统的存活率有关，如铁路牵引应用中的逆变器。例如，由六个模块组成的单元，每个模块具有 100 FIT 的恒定故障率，则该单元运行 30 年后的存活率

接近 0.85。相反，如果每个模块的故障率为 400 FIT，则该单元运行 30 年后的存活率仅约为 0.5。这个简单的实例说明，精确且具有足够统计显著性的故障率 λ 的估计值是必要的。从这个角度分析，建议选取一个对称区间来作为 λ 的估计值，该区间有较低的下限（λ_l）和较高的上限（λ_u），且置信度为 β（如 $\beta = 0.1$，则置信水平（%）= 100（1 − 2β）= 80%）。通过泊松统计可知[9]，累积运行时间 T 内发生了 k 次故障，则故障率区间的上下限可由以下计算：

$$\lambda_l = \frac{\chi^2(2k,\beta)}{2T}, \quad \lambda_u = \frac{\chi^2(2(k+1),1-\beta)}{2T}$$

式中，$\chi^2(x,y)$ 是参数为 x、y 的卡方分布，可通过查表得出。如果累计运行时间 T 内没有故障发生，则有

$$\lambda_l = 0, \quad \lambda_u = \frac{\ln(1/\beta)}{T}$$

当器件受到磨损时，具有恒定故障率的指数模型是与时间相关的故障率的瞬时近似值。因此，使用平均故障时间，MTTF = $1/\lambda$ 来计算目标的使用寿命。例如，10FIT 的瞬时故障率并不一定意味着 11415 年的寿命，因为随着时间的推移，器件磨损导致的故障可能使器件更早失效。应该指出的是，在指数分布的情况下，约 63% 的器件在 t = MTTF 时已经失效。

9.3.3 威布尔分布

大量实验证据表明，与器件磨损相关的无故障时间可以通过以下威布尔分布来建模：

$$F(t) = 1 - \exp(-(\lambda t)^\beta)$$

式中，λ 和 β 分别表示比例和形状因子。从该模型中可以看出，故障率随时间上升，因此威布尔分布是功率模块中表示损耗（封装相关）故障机理的最佳模型。而指数分布的恒定故障率则更好地描述了半导体相关的故障机理。此外，当以恒定的 ΔT 重复功率循环实验时，由于热效应（如键合线脱落或衬底脱层）导致的故障数也是符合威布尔分布。

与威布尔分布相关联的与时间有关的故障率由下式给出：

$$\lambda(t) = \beta\lambda(\lambda t)^{\beta-1}$$

当 $\beta > 1$ 时，$\lambda(t)$ 随时间单调增加。

在许多情况下，实验数据不能仅由一个分布来表示。相反，它们需要使用两个或更多个分布的组合，例如，有两种故障机理共同作用（如在功率循环期间的键合线脱落和衬底分层）使器件失效的情况。如果有两种故障机理相关的威布尔参数分别为 λ_1、β_1 和 λ_2、β_2，则故障率可由下式给出[10]：

$$\lambda(t) = \beta_1\lambda_1(\lambda_1 t)^{\beta_1-1} + \beta_2\lambda_2(\lambda_2 t)^{\beta_2-1}$$

当一个系统使用工作寿命远小于系统运行时间的器件时，可以通过平均算法来估计平均故障间隔时间（MTBF）。尽管在某些情况下，所得到的 MTBF 趋向于恒定值，但并不意味着器件的故障率在时间上是恒定的。事实上，如果故障器件的无故障时间在威布尔分布之后，可以很容易地证明，通过运行平均算法获得的渐近极限就是相关威布尔分布的均值 $E(\tau)$，即

$$E(\tau) = \frac{\Gamma(1+1/\beta)}{\lambda}$$

式中，Γ 是伽马函数。

9.3.4 冗余

冗余是提高器件可靠性的一种解决方案，尽管这种方法增加了设备的成本、空间和重量。为避免修理期间的系统操作中断，或对可靠性需要较高的不可修复单元（如航天器），冗余设计是一种常见方法。在热冗余中，所有冗余元件都将从系统操作开始时受到相同的负载。相反，在冷冗余中，直到运行中的元件出现故障，才会加载冗余元件。在这种情况下，为了选择不同的冗余元件，需要附加开关单元。为了量化冗余所提升的系统可靠性，首先需要使用可靠性框图对系统进行描述，即使用事件图来指定系统的哪些元件对于所需功能的实现是必需的，而哪些元件可以失效而不影响系统的运行。典型的可靠性框图是串联/并联结构，其中冗余项目显示为并行元素。系统的可靠度函数 R_{system}，其可靠性框图由与可靠度函数 R_i 相关联的 n 个模块串联（无冗余）组成，可由以下表示

$$R_{\text{system}} = \prod_{i=1}^{n} R_i$$

最简单的冗余情况是 k/n 热冗余，其中 n 个元素中有 k 个可用元素是满足系统功能所必需的。在这种情况下，所有元素在可靠性框图中并行出现，系统的可靠度函数 R_{system} 计算为

$$R_{\text{system}} = \sum_{i=k}^{n} \binom{n}{i} R^i (1-R)^{n-i}$$

除了分析方法外，拓扑结构的可靠性也可以通过蒙特卡罗仿真得到。

在由恒定故障率 λ（MTTF $= 1/\lambda$）的单个元件组成的不可修复系统中，使用系统所需的两倍的元件（即 1/2 冗余）仅能提高 50% 的 MTTF（即 MTTF$_{1/2}$ = 3/2λ）。同样地，使用 1/3 冗余后 MTTF 也低于 2（即 MTTF$_{1/3}$ = 11/6λ）。

功率模块中并联的发射极键合线是器件冗余的一个典型示例。此外，堆叠中使用的压接封装的 IGBT 模块也是系统级冗余的典型示例。在由烧毁导致故障的情况下，这些模块通常被设计为低阻抗回路而短路失效。如果堆叠设计正确，单个器件的故障不会影响设备的闭锁能力。因此，它可以充当冗余器件。但这

不适用于功率模块中的键合线，因为在这种情况下，主要的故障模式是开路。

9.4　寿命建模及元器件设计

复杂多芯片模块的失效通常由热-机械相关的故障造成。由这种损耗导致失效的器件的寿命通常基于确定性模型来估计，这些模型通过加速测试进行校准。在随后的使用过程中，这些估计值被进行修正以考虑到系统的实际操作条件。

9.4.1　基于任务剖面的寿命预测

器件（或系统）的任务剖面是在规定的时间和指定条件下必须满足的特定任务。

对具有特殊要求的应用场合，如机载应用中使用的功率变换器，要求能够在恶劣条件下驱动喷气发动机附近的电气执行器。在这种情况下，功率器件不仅承受稳定飞行期间约200℃的静态环境温度，同时在起飞和着陆过程中，环境温度以10℃/min 的速率在 -55~200℃之间的极端条件下进行热循环。设备的所需生命周期通常为50000h，相当于约500次着陆/起飞循环[11]。

用于电动混合动力车辆的动力装置的典型寿命通常在10000~15000h 内，它对应于具有不同持续时间和振幅的数百万次动力循环。在这种情况下，环境温度很大程度上取决于车辆冷却回路的设计。如果功率变换器与热发动机共享相同的冷却电路，则可以预期基准温度为90~120℃。这将导致开关器件的峰值结温约在200℃。在使用典型基准温度为60℃的变换器专用冷却电路的车辆中，器件的工作条件不太严苛。汽车制造商通常通过使用测量废气排放和燃料消耗的标准化驾驶循环（如 NMVEG，Artemis[11]）来评估其混合动力车辆的可靠性。该可靠性标准的任务剖面正在开发中。

铁路系统的任务剖面取决于其主要应用。铁路运营商通常规定，功率设备的故障率在30年（即系统的整个使用寿命周期）内不超过100 FIT。

9.4.2　具有恒定故障率的系统的寿命建模

具有恒定故障率的系统的寿命建模适用于大量统计学上独立的研究对象。假设所有研究对象（即基本电力电子器件、模块和电子组件）在与时间无关的故障率下工作，可以通过泊松过程精确地描述故障变化。通过适当的筛选策略初步消除早期故障，并且认为器件尚未达到疲劳阶段。器件的故障率在通过加速测试结果编译的数据库（或手册）中，或者在环境和操作条件充分已知的情况下，从现场数据中提取。除了每个组件的故障率的参考值 λ_{ref} 的列表外，典型的手册还包括对环境和产品使用条件（例如，工作温度、电压、振动、湿度、应用、占空比等），以及制造过程的质量水平、维护、设计和成熟度的说明。最近的数据库也考虑了过度应力（电气、机械、热）的影响。由于软件故障，缺乏预防性维护和规范之外的使用而导致的故障影响通常没有考虑。

美国国防部（MIL-HDBK-217F Notice 2[12]）、国际电工委员会（IEC TR62380[13]）、法国电工技术联合会（UTE-C 80-810[14]）、FIDES（FIDES DGADM/STTC/CO/477-A[15]）、可靠性信息分析中心（RIAC HDBK 217Plus[16]）和 Telcordia（SR-332[17]）等国际组织都发布了故障率手册。然而，并非所有的手册都报告了有源和无源功率器件的可靠性数据。此外，一些传统手册（例如，MIL-HDBK-217F）采用了部分过时的数据，且并没有考虑到制造过程。这通常会造成对系统寿命的低估。

一般来说，所有程序都包括器件级和系统级的故障率预测。系统级最简单的预测（在没有冗余的情况下）是所谓的部分计数方法，它假定系统的总故障率 λ_{system} 是所有器件故障率 λ_i 的总和：

$$\lambda_{system} = \sum_i \lambda_i$$

在多种环境条件下运行的器件将分别计算每个环境中的寿命消耗。部件计数方法被 MIL-HDBK-217F 和 UTE-C 80-810 等采用。一些其他手册，如 HDBK-217Plus，将部件计数方法计算出的故障率 λ_{system} 乘以考虑纯系统的校正因子。这些校正因子包括了十几个参数，这些参数说明了器件的质量、观察到的器件初期故障率、环境压力、可靠性增长过程等。

对于影响给定器件的具体故障机理，器件级的预测不能单独考虑，而需要利用简化的乘法或乘法-加法模型。例如，在 MIL-HDBK-217F 手册中使用的乘法模型，手册中列出的器件参考故障率值 λ_{ref} 乘以考虑了结温（π_T）、应用（π_A）、质量（π_Q）和环境（π_E）的参数，得到

$$\lambda_i = \lambda_{ref,i} \pi_{T,i} \pi_{A,i} \pi_{Q,i} \pi_{E,i}$$

在这些因素中，π_T 描述了器件故障率对其工作温度的依赖性。更准确地说，π_T 表示如果被研究对象的工作温度 T_1 超过考虑参考故障率 λ_{ref} 时的温度 T_2，则该研究对象的故障将被加速。在温度作为主要故障机理和准静态温度分布的情况下，π_T 由 Arrhenius 关系表示：

$$\pi_T = \exp\left(-\frac{E_A}{k}\left(\frac{1}{T_2} - \frac{1}{T_1}\right)\right)$$

式中，E_A 是失效机理的活化能（硅器件为 0.3~0.7eV），k 为玻耳兹曼常数（$k = 8.6 \times 10^{-5}$ eV/K）。在有效热循环的情况下，更高级的模型（例如，UTE-C 80-810）考虑了器件能够承受的结温波动（ΔT_j）的有限循环数 N_f

$$N_f = 10^7 \exp(-0.05 \Delta T_j)$$

诸如 FIDES 一类的手册还可以处理更复杂的应用环境，包括综合的环境压力。故障率的隐含模型考虑了物理和技术因素（$\lambda_{physical}$），考虑了研究对象的质

量和技术控制（Π_{PM}），以及包含研究对象的产品在发展、制造、使用过程中质量和技术控制（$\Pi_{Process}$）

$$\lambda = \lambda_{physical} \Pi_{PM} \Pi_{Process}$$

这种模型看似简单，但事实上，即使是以脉冲模式工作的简单的 MOS 晶体管，仅物理因素（$\lambda_{physical}$）一项就包含十几个不同的参数。其中，由热循环引起的加速因子和故障率对湿度的依赖性 π_{RH}，可由广义 Eyring 模型表示

$$\pi_{RH} = \left(\frac{RH_2}{RH_1}\right)^n \exp\left(-\frac{E_A}{k}\left(\frac{1}{T_2} - \frac{1}{T_1}\right)\right)$$

式中，RH_1、RH_2、T_1 和 T_2 分别是高功耗和低功耗条件下的相对湿度和温度。

MIL-HDBK-217F Notice 2、UTE-C 80-810 和 FIDES 手册已被用于预测 D2PAK 封装中的单芯片 IGBT（额定值为 600V）的故障率，该方法被用于简化的飞机任务剖面。IGBT 在 V_{CE} = 270V（V_{GE} = 15V）、功耗 50W 的条件下工作，一年工作 350 天，每天开关两次，每次闭合 8h（飞行持续时间），断开 4h（着落时间）。该装置安装在靠近发动机的地方，因此在飞行中和在地面时的结温分别为 10℃ 和 55℃。MIL-HDBK-217F、UTE-C 80-810 和 FIDES 手册分别预测其故障率为 7500 FIT、20 FIT 和 18 FIT。对于以上三种手册，与半导体相关的 λ_{ref} 代表总故障率的 1%~10%，即 12 FIT、2 FIT 和 0.3 FIT。在所有情况下，外在因素，例如，与封装或操作环境有关的因素，都是总故障率的主要原因。特别是，由 MIL-HDBK-217F 预测的故障的主要原因是由于机载货物造成的环境因素（π_E = 20）和应用因素（π_A = 8）。在 UTE-C 80-810 手册中，99% 的预测故障率是受封装的影响，特别是热循环。最后，在 FIDES 手册中，65% 左右的故障率受物理因素 $\lambda_{physical}$ 的影响。

9.4.3 低周疲劳的寿命建模

一般来说，与键合线和焊点的低周疲劳有关的寿命可以根据失效时的热循环数 N_f 计算。一旦研究对象的失效标准和任务剖面被确定，N_f 可以转换为数小时，使数据处理更加便捷，以获得计算值的统计学结果。

所有的计算方法都是基于以下原则：任务剖面中的每个热循环都会导致对焊点的损伤，并且一旦达到给定的损伤总阈值，则发生焊点故障。常用方法主要是在损伤和损伤累积的计算方式上有所不同。

用于计算单个循环产生的损害的最常见的方法是 Manson-Coffin 方法，其需要分析任务剖面，以便根据幅度和持续时间对所有出现的热循环进行分类。计算出每个热循环造成的损伤，则总损伤可通过线性积分获得。

其他的预测方法通过求解热力学基本方程来计算焊点的累积损伤。在一些学术研究中，微分方程通过有限元工具得到三维数值解[2]。这种方法非常耗时，同时认为焊点以非常深的塑性状态运行。此外，由于初始应力条件和材料参数

通常是完全未知的，因此由此种方法得到的结果也是相对不精确的。

有限元计算的一个替代方案是使用由一维双金属系统组成的简化行为模型，其中界面材料（焊料合金，超声波键合）的本构方程通过数值求解获得焊点处的变形[18]。

9.4.3.1 类 Manson-Coffin 方法

在功率器件的热循环过程中，一些材料（焊料合金，键合线）在非常深的塑性状态下重复操作。这将导致由低周疲劳造成的故障。在这种情况下，时间间隙 ΔT 内的失效前操作循环数 N_f 可以通过计算得出，这与根据 Manson-Coffin 定律对结构材料所做的计算类似。

在由铜衬底上焊接的陶瓷（氧化铝）板组成的双金属系统（热膨胀系数分别为 α_{Cu} 和 α_{Alu}）示例中，可以看出上述方法是如何从 Manson-Coffin 定律演变而来。通过假设陶瓷板的特征长度为 L，并且该双金属系统上的温度变化幅度为 ΔT，则主要方向上的总应变 ε_{tot} 可以表示为

$$\varepsilon_{tot} \approx L(\alpha_{Cu} - \alpha_{Alu})\Delta T$$

由于板的尺寸比焊料的厚度（t_{solder}）大得多，在通常的 ΔT 范围内，ε_{tot} 与 t_{solder} 具有相同的量级，并且远大于纯弹性应变，即

$$\varepsilon_{tot} = \varepsilon_{elastic} + \varepsilon_{plastic} \approx \varepsilon_{plastic}$$

在温度变化幅度为 ΔT 的热循环的情况下，原始的 Manson-Coffin 定律假定 N_f 可表示为焊点总塑性应变的幂律，即

$$N_f \approx \varepsilon_{plastic}^{-n}$$

一般来说，N_f 与分布的 f 分位数相关，n 是取决于材料的指数。考虑温度对 ε_{tot} 的影响，有

$$N_f \approx a(\Delta T)^{-n}$$

式中，a 是比例常数，a 与 n 都通过实验得出。

这种模型用于在存在不同故障机理的情况下预测 N_f，例如，键合线脱离、焊料分层和焊丝裂纹等。不同的故障机理采取不同的故障标准。例如，分层失效标准通常是基于模块的热阻 R_{th} 的恶化（例如，$\Delta R_{th} = +10\%$）。同样地，键合线脱离失效的标准通常是基于测量 V_{CE} 的增长值。对于键合线脱离，通常使用该模型的简化形式[10]，即

$$N_f = a(\Delta T_j)^{-n}$$

式中，ΔT_j 是结温循环变化幅度，参数 a 和 n 通常由模块制造商在数据表中提供。

这种类 Manson-Coffin 模型可用来预测关键界面（例如 DCB-基板、芯片-DCB）处的焊点分层失效的循环数，即

$$N_f = 0.5\left(\frac{L\Delta\alpha\Delta T_{sub}}{\gamma x}\right)^{1/C}$$

式中，L 是待研究板的特征尺寸，$\Delta\alpha$ 是两种板材的热-机械失配，ΔT_{sub} 是界面处温度循环变化的幅度，x 和 γ 分别是焊料层的厚度和延性系数。指数 C 由实验数据拟合得出。

最后，Schafft 模型[10]根据以下模型预测了与键合线根部开裂相关的故障前循环数：

$$N_f = A\left(\frac{r}{\rho_0}\left(\frac{\mathrm{ar}\cos(\cos\psi_0(1-\Delta\alpha\Delta T))}{\psi_0} - 1\right)\right)^n$$

式中，ΔT 是温度循环变化的幅度，A 和 n 是拟合参数，$\Delta\alpha$ 是铝和 DCB 材料之间的热-机械失配，r 是键合线半径，ρ_0 是键合线根部的弯曲半径，ψ_0 是芯片平面和键合线之间的夹角。

N_f 的这些简单模型主要取决于 ΔT，因为最大循环温度 T_{max} 不会接近焊料合金的熔化温度。在焊接合金的情况下，校正因子是必需的，焊料合金具有低熔点温度 T_{MP}。如参考文献 [10] 给出了以下校正

$$N_f(\Delta T, T_{max}) = N_f(\Delta T) \frac{1}{\exp(m(T_{max}-T_{MP}))+1}$$

式中，m 是要通过实验得到的拟合参数。上式也可依据平均循环温度（T_{aver}）写成以下类 Arrhenius 方程的形式：

$$N_f(\Delta T, T_{aver}) = N_f(\Delta T)\exp\left(\frac{C}{kT_{aver}}\right)$$

式中，C 也是拟合得出。

其他与计算 N_f 相关的参数包括循环频率、循环停留时间以及脉冲的上升和下降时间。近年来，无基板器件中键合线脱离的现象模型已经扩展到考虑键合线几何形状和负载脉冲持续时间对其的影响[19]。值得一提的是，这种模型包括多达 8 个自由参数，它们必须通过独立实验的最小二乘法拟合来提取。由于这些参数与被测器件密切相关，所以这种复杂的模型并不适用于一般情况。

9.4.3.2 损伤的线性累积（Miner 法则）

改进的 Manson-Coffin 关系定义了单个 ΔT 内的 N_f。在多个不同循环组成的更复杂的任务剖面情况下，该方法的使用需要依据另外的假设，该假设定义了如何累积不同循环引起的损伤。这种基于 Manson-Coffin 定律预测方法的假设即为所谓的 Miner 法则，即损伤的线性累积。

这个原理简单的实现依赖于疲劳损伤函数 Q 的定义，Q 代表了在幅值 ΔT_1 的任务剖面中，所有循环 N 的累积损伤，即

$$Q(\Delta T_1) = \frac{N(\Delta T_1)}{N_f(\Delta T_1)} = \frac{g(\Delta T_1)}{N_f(\Delta T_1)}$$

式中，N_f 是在 ΔT_1 中发生故障时的循环数。任务剖面中任意周期 ΔT 产生的损伤由函数 $g(\Delta T)$ 给出，该函数代表不同循环的计数。在任务剖面中累积的寿命

衰减通过在所有 ΔT 上的函数 Q 的积分获得[18]，即

$$Q_{\text{af}} = \frac{1}{a} \int_{\Delta T_{\min}}^{\Delta T_{\max}} \frac{g(\Delta T)}{\Delta T^{-n}} \mathrm{d}(\Delta T)$$

Q_{af} 表示一个任务剖面后的疲劳损伤函数。比例 $1/Q$ 则可表示系统失效时经历的任务剖面数。最后，以小时表示的系统的生命周期是通过 $1/Q$ 乘以任务剖面的小时数来获得的。

从温度任务剖面（如循环计数）中提取函数 $g(\Delta T)$ 的过程仍然是一个正被广泛讨论的问题。热力学中常用的循环计数算法是雨流计数方法[20]。此外，研究者也提出了基于物理过程的其他循环计数方法[18]。值得注意的是，选择正确的循环计数算法是非常重要的。事实上，如参考文献 [18] 所示，根据假设标准，基于不同的循环技术方法所预测的寿命值可能会有 10 倍以上的变化。因此必须特别注意要将由设备有限分辨率或采样程序引入的所有杂散循环过滤掉。对于 Q 的量化，$g(\Delta T)$ 可以以数值形式或在分布（例如，正态、对数或威布尔分布）近似之后使用，以便于分析计算。

9.4.3.3 本构方程的寿命预测

为了克服与循环计数随机方法相关的问题，人们提出了另一种替代方法，这种方法通过本构方程控制热循环下材料的应力和应变。参考文献 [18] 提出了一个广泛使用的模型，其假设在双金属系统中的单轴变形，其中总应变 ε_{tot} 被定义为

$$\varepsilon_{\text{tot}} = \varepsilon_{\text{elastic}} + \varepsilon_{\text{inelastic}} = \varepsilon_{\text{e}} + \varepsilon_{\text{p}} + \varepsilon_{\text{s}} + \varepsilon_{\text{T}}$$

式中，ε_{e} 是弹性应变，ε_{p} 是塑性应变，ε_{s} 是蠕变应变，ε_{T} 是瞬态蠕变应变。通过引入应变-应力的具体表达式，以应变 ε 的微分方程的形式建立本构模型，它是施加应力 σ 和温度 T 的函数，可表示为

$$\varepsilon = \frac{\sigma}{E_0 - E_1 T} + C_1 \left(\frac{\sigma}{G}\right)^{m_p} + C_2 \frac{G}{T} \left[\sinh\left(\alpha \frac{\sigma}{G}\right)\right]^{n_s} \exp\left(-\frac{E_a}{k_B T}\right) t + C_3 [1 - \exp(-B \dot{\varepsilon}_s t)]$$

式中，E_0、E_1、E_a、C_1、C_2、C_3、G、m_p、α、k_B 和 B 是材料参数和物理常量。

在一维双金属模型的简化假设下，瞬时单轴应变 $\varepsilon(t, T)$ 由焊点/接头处的温度瞬时值计算并插入到本构方程中。然后通过（离散化）微分方程的数值积分计算应力 $\sigma(t, T)$ 的瞬时值。由于在热循环期间塑性变形不可逆，作为 $\varepsilon(t, T)$ 的函数，$\sigma(t, T)$ 表示为一条滞后回线。包括在这条回线中的区域表示在热循环期间耗散的变形能量 W。通过计算任务剖面中与所有循环相关联的回线总面积，可获得温度任务剖面期间累积的总变形能量 W_{tot}。

通过计算 $W_{\text{tot}}/W_{\max}$ 的比率可获得给定任务剖面中消耗的寿命，其中 $W_{\max}$ 是直至设备故障所累积的变形耗散能量。阈值 $W_{\max}$ 是每个功率器件的特征参数，可以通过器件制造商在数据表中公布的实验 $N_f(\Delta T)$ 曲线计算得到。

计算中必须特别注意所使用的温度值。实际上，T 是焊接/接触界面温度的瞬时值，不一定是结温 $T_j(t)$。然而，这些瞬时值可以通过适当的封装紧凑型热模型基于 $T_j(t)$ 的缩放得到[21]。

有人尝试使用基于 Anand 黏塑性模型的替代方法[22]，以避免对本构方程的数值积分。然而，因为该替代方法对弹性到塑性状态的过渡过程进行了粗略近似，得到的相关结果被证明是非常不准确的[23]。

目前，人们提出的算法已经适应于在微型计算机系统中进行电力系统功率模块寿命的原位计算[23]。从采样瞬时结温或耗散功率入手，该可靠性计算通过对本构方程的积分，可计算出经历热-机械故障后的剩余寿命。

尽管基于本构方程的模型很复杂，但它是鲁棒的，且得到的寿命结果对假设的不确定参数的依赖并不强烈。此外，得到的寿命结果也不依赖于用于循环计数的算法。基于此，人们可以开发更复杂的模型，来解释其他机理，如各向异性和微观结构变化等的影响。然而，由于与这些复杂模型相关联的自由参数过多，实际上这些模型的校准是不可能的。

9.5　总结和结论

准确可靠的寿命建模是设计可靠功率系统的重要先决条件。本章将硅基功率半导体的基本故障机理与影响故障率的主要应力因素相结合，针对恒定故障率（指数分布）和随时间增加的故障率（威布尔分布）的情况，讨论了故障率统计方法。并且，本章简要介绍了目前广泛使用的基于手册的预测模型原理，以及以单个器件为对象的相关标准。

本章介绍了基于任务剖面的寿命预测，尤其是 Manson-Coffin 法和基于热力学本构方程积分的方法。

最后，值得注意的是，考虑了所有可能应力因素的复杂多维预测模型不一定比简单行为模型更准确，简单的行为模型可根据少量鲁棒的校准参数，再现老化故障过程。

参 考 文 献

[1] Solomalala, P., Saiz, J., Mermet-Guyennet, M., Castellazzi, A., Ciappa, M., Chauffleur, X., & Fradin, J. P. (2007). Virtual reliability assessment of integrated power switches based on multi-domain simulation approach. *Microelectronics Reliability*, 47(9–11), 1343–1348. http://dx.doi.org/10.1016/j.microrel.2007.07.006

[2] Hager, C. (2000). Lifetime estimation of aluminium wire bonds based on computational plasticity. Diss. Technische Wissenschaften ETH Zürich, Nr. 13763.

[3] Ciappa, M., Malberti, P., Fichtner, W., Cova, P., Cattani, L., & Fantini, F. (1999). Lifetime extrapolation for IGBT modules under realistic operation conditions. *Microelectronics Reliability*, 39(6–7), 1131–1136. http://dx.doi.org/10.1016/S0026-2714(99)00160-2

[4] Ciappa, M., & Malberti, P. (1996). Plastic-strain of aluminum interconnections during pulsed operation of IGBT multichip modules. *Quality and Reliability Engineering International*, 12(4), 297–303. http://doi.org/10.1002/(SICI)1099-1638(199607)12:4<297::AID-QRE21>3.0.CO;2-C

[5] Ciappa, M. (2002). Selected failure mechanisms of modern power modules. *Microelectronics Reliability*, 42(4–5), 653–667. http://dx.doi.org/10.1016/S0026-2714(02)00042-2

[6] Dugal, F., & Ciappa, M. (2014). Study of thermal cycling and temperature aging on PbSnAg die attach solder joints for high power modules. *Microelectronics Reliability*, 54(9–10), 1856–1861. http://dx.doi.org/10.1016/j.microrel.2014.08.001

[7] Castellazzi, A., Ciappa, M., Fichtner, W., Lourdel, G., & Mermet-Guyennet, M. (2006). Compact modelling and analysis of power-sharing unbalances in IGBT-modules used in traction applications. *Microelectronics Reliability*, 46(9–11), 1754–1759. http://dx.doi.org/10.1016/j.microrel.2006.07.055

[8] ABB, Application Note SYA 2042-04 (2004).

[9] Birolini, A. (2014). *Reliability engineering*. Springer-Verlag, Berlin. ISBN 978-3-540-49388-4.

[10] Ciappa, M. (2001). Some reliability aspects of IGBT modules for high power applications. Hartung-Gorre, Konstanz. ISBN 3-89649-657-3.

[11] Ciappa, M. (2005). Lifetime prediction on the base of mission profiles. *Microelectronics Reliability*, 45(9–11), 1293–1298. http://dx.doi.org/10.1016/j.microrel.2005.07.060

[12] MIL-HDBK-217F Notice 2, US Department of Defense, Military Handbook, Reliability Prediction of Electronic Equipment, 1995.

[13] Technical Report: Reliability data handbook – Universal model for reliability prediction of electronics components, PCBs and equipment, International Electrotechnical Commission, IEC TR 62380 (2004).

[14] 2005. *UTE-C* 80-810, (IEC 62380 TR Edition 1)

[15] FIDES Guide 2010 Edition A, Reliability Methodology for Electronic Systems-(DM/STTC/CO/477-A).

[16] RIAC HDBK 217Plus, Reliability Prediction Models, Reliability Information Analysis Center. May 2006.

[17] Telcordia SR-332, Reliability Prediction Procedure for Electronic Equipment, Issue 2, 2006.

[18] Ciappa, M., Carbognani, F., & Fichtner, W. (2003). Lifetime prediction and design of reliability tests for high-power devices in automotive applications. *IEEE Transactions on Device and Materials Reliability*, 3(4), 191–196. http://doi.org/10.1109/TDMR.2003.818148

[19] Scheuermann, U., & Schmidt, R. (2013). Impact of load pulse duration on power cycling lifetime of Al wire bonds. *Microelectronics Reliability*, 53(9–11), 1687–1691. http://dx.doi.org/10.1016/j.microrel.2013.06.019

[20] Standard Practices for Cycle Counting in Fatigue Analysis, ASTM E1049 - 85(2011)e1.
[21] Ciappa, M., Fichtner, W., Kojima, T., Yamada, Y., & Nishibe, Y. (2005). Extraction of accurate thermal compact models for fast electro-thermal simulation of IGBT modules in hybrid electric vehicles. *Microelectronics Reliability*, 45(9–11), 1694–1699. http://dx.doi.org/10.1016/j.microrel.2005.07.083
[22] Anand, L. (1985). Constitutive equations for hot-working of metals. *International Journal of Plasticity*, 1(3), 213–231. http://doi.org/10.1016/0749-6419(85)90004-X
[23] Ciappa, M., & Blascovich, A. (2015). Reliability odometer for real-time and in situ lifetime measurement of power devices. *Microelectronics Reliability*, 55(9–10), 1351–1356. http://dx.doi.org/10.1016/j.microrel.2015.06.095

第 10 章
功率模块的寿命测试和状态监测

Stig Munk-Nielsen[1], Pramod Ghimire[1], Ionut Trintis[1], Bjørn Rannestad[2], Paul Thøgersen[3]

1. 奥尔堡大学,丹麦
2. KK Wind Solutions 公司,丹麦
3. PowerCon 公司,丹麦

10.1 功率循环测试方法概述

功率模块(PM)寿命实质上是模块承受功率循环(PC)的能力,功率循环按照特定的平均温度(T_{avg})和温度波动(ΔT)对功率模块进行加热,这两个应力因素被认为是影响功率模块寿命的主要原因[1,2]。器件的温度主要受器件损耗的影响,功率循环测试中功率器件的结温通常被控制高于实际运行环境的温度,从而达到加速寿命测试的目的[3]。功率循环目前已经是一种成熟的测试方法,IEC 60749-34 也制定了相应的规范,通过控制脉冲电流来测试功率模块寿命,也可以通过功率循环测试得到测试对象的热阻抗。这种方法目前非常流行,许多公司提供用于测试功率模块的测试平台。功率模块在测试中通过串联或并联的方式连接,通过测试一系列模块和大量数据的统计分析得到测试结果。

功率模块的故障机理并不完全取决于半导体芯片的失效,因为结温定义了应力水平。在本章中,以绝缘栅双极晶体管(IGBT)半桥模块为例介绍功率模块的测试方法和故障机理。常见的功率循环故障包括:键合线断裂、管芯金属化和焊接等[4]。半导体芯片通常不是故障的根本原因,而是在相对较低的 ΔT 条件下发生铝重建[5]、引脚裂纹和键合线脱离,在较高的 ΔT 下,可观察到焊料裂纹的现象。根据物理材料性质,本章分别对键合线、芯片和焊料的寿命进行建模。基于物理特性的故障模型对于优化材料的疲劳寿命是非常有效的,但需要获得互连材料的详细信息,这些信息通常对于应用工程师而言无法直接获得。金属化失效机理是由铝金属和半导体芯片之间的热膨胀系数(CTE)不匹配所

引起的[4]。键合线裂纹和键合线脱离是由于键合线的热胀冷缩循环引起的金属疲劳。半导体金属化和散热器之间的焊膏会增加空隙,也可能增加局部温度。

在实际应用中,功率模块作为交流电路的一部分,其工况电流为正弦波。模拟实际工况的功率循环加速测试的方法分类如图10.1所示[6-9]。需要注意的是,在测试过程中要避免发生目标失效模式之外的故障模式。本章介绍了具有基于开关和导通损耗的功率循环测试方法。

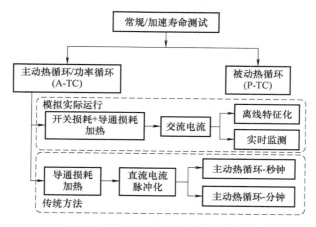

图 10.1 功率循环测试方法的分类

10.2 交流电流加速测试

10.2.1 简介

现代功率循环测试方法是通过模拟被测功率模块(DUT)的现场工作状态来提高寿命预测精度。参考文献[8]介绍了功率模块加速测试所需的基本测试环境,如图10.2所示。DUT是IGBT半桥模块,IGBT控制半桥(CTRL)和DUT连接到同一直流母线上,两个半桥的输出/输入端与负载电感器连接,直流电源需要对直流母线电容器充电并提供系统中的功率损耗,冷却系统用来控制DUT的基板温度,而另一个冷却系统应保证控制模块的温度尽可能地接近环境温度。设计中CTRL模块具有更高的额定容量,以避免控制模块单元的老化。

为了在两个变换器支路之间产生循环功率,需要一个支路(例如,DUT)负责产生开环电压参考,另一支路(例如,CTRL)通过闭环控制将电感器电流调节到参考电流。电感器电流的相位和幅值均可以调整,以实现四象限运行。电压和电流的频率、开关频率和直流母线电压均为可调变量,从而使系统能够具备达到指定的温度曲线和应力的条件。测试系统的基本结构除了全桥之外也可以采用其他变换器拓扑[7,9]，例如，三相桥以及多电平变换器。

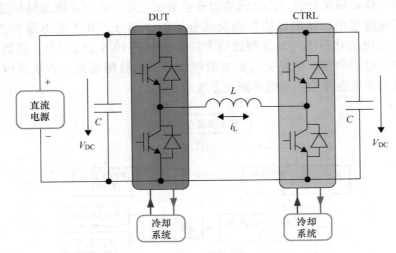

图 10.2 交流电流功率循环加速测试平台

10.2.2 交流功率循环测试的应力

对电力电子器件寿命影响最大的应力包括：ΔT、T_{avg}、温度梯度（dT/dt）、电压、湿度、污染物和振动[10]。其中，湿度、污染物和振动因素不依赖于功率循环测试条件的拓扑结构，通常由额外的设备来产生。

10.2.2.1 结温波动（ΔT）

加速寿命测试平台的主要优势在于，导致晶体管和二极管温升的功率损耗是测试器件自身产生的。根据所选的热应力条件，可以通过控制电流和功率因数对待测 IGBT 或二极管进行具有针对性的热应力调节。为了达到特定加速测试的条件，有多种调节自由度来产生特定的结温波动，例如调节交流电压或者电流的频率都可以获得不同的结温波动。如图 10.3 所示，测试条件下的温度波动为 $T_{cooling} = 80°C$，$f_{sw} = 2.5kHz$，$V_{DC} = 1100V$，$i_{ref} = 500A$，$PF = 1$。开关频率可以被调节用于增加开关损耗，图 10.3a 所示为开关频率不变，基波频率改变时的温度波动，图 10.3b 所示为改变开关频率，基波频率不变时的温度波动。

10.2.2.2 平均结温（T_{avg}）

功率循环测试系统中，可以使用基板温度和运行工作点（V_{DC}, V_{AC}, i_{AC}, f_{ref}, f_{sw}）的组合来调整平均结温。使用冷却系统稳定基板温度的方式包括通过液体冷却控制冷却液温度[11]，或者通过风冷的方式改变散热器温度[7]。

10.2.2.3 温度梯度（dT/dt）

交流基波频率对温度变化周期会产生直接的影响。对于将待测子模块连接到冷却系统的固定连接方式,循环的交流电流引起的开关和导通损耗将决定 dT/dt。以图 10.3 为例,在相同交流频率和相同热阻抗的条件下,不同 f_{sw} 对应的 dT/dt 为:2.5kHz 时为 1.5K/ms,3.5kHz 时为 2K/ms,在 4.5kHz 时为 2.5K/ms。同样,通过改变驱动参数也会改变器件的损耗,引起 dT/dt 的变化。

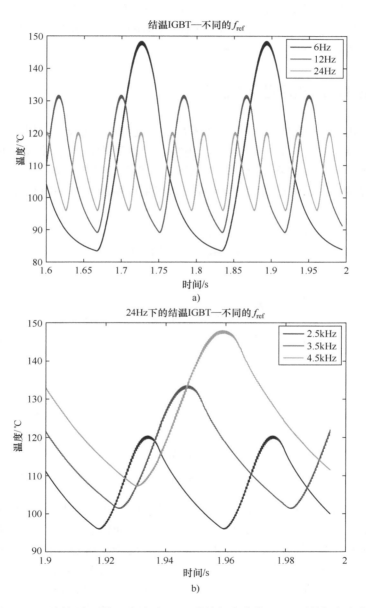

图 10.3 不同频率下的温度波动:a)基波频率变化;b)开关频率变化

10.2.2.4 电压应力

功率器件在工作时阻断电压会带来较大的热应力和电应力。热应力是由于开关功率损耗引起的,随着阻断电压能力而增加,电应力是由宇宙辐射引起的。根据直流母线电压和原型高度,由宇宙射线造成的故障率可以通过模型来估计[12]。在运行过程中动态改变直流母线电压可以优化效率和可靠性[13]。图10.2所示的加速测试系统可以实现对宇宙辐射故障的测试,需要将系统运行在温度波动和高直流母线电压的工作点附近。

10.3 功率模块的老化失效

磨损是由于电气和环境(即功率模块的互连材料)引起的材料老化的过程。磨损失效在参考文献[14]中定义为内在故障。通常,浴盆曲线(见图10.4)用于描述半导体器件的寿命分布,是三部分故障率的叠加,如
- 外在故障:归因于意想不到的缺陷和生产错误,主要出现在产品使用的初级阶段。
- 内在故障:归因于磨损老化。
- 随机故障:归因于外在故障,具有随机性。

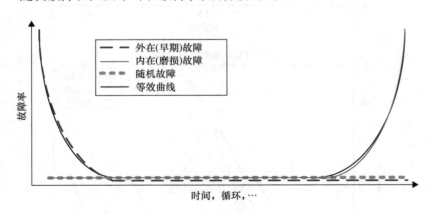

图10.4 浴盆曲线示意图

在正常和异常运行工况下,功率模块受到电、热和机械循环等多方面的应力。通常,大多数失效模式被放在同一类别中,即使它们在负载下的失效机理不同。本章中,元器件和系统级的在线监测有助于了解退化的变化过程,确定故障机理的根本原因。对于IGBT,主要有三个电气和热参数对老化过程非常敏感:导通状态下集电极-发射极电压$v_{ce,on}$、栅极-发射极电压v_{ge}特性和热阻R_{th}[1,4,15],这些参数是判定模块失效的主要依据。故障发生主要是由于缺乏鲁棒性,质量不合格,对故障模式的了解不足,缺乏对灾难性故障的保护等。本

节介绍了 $v_{ce,on}$ 的测量方法，该方法是实际运行过程中在线识别 IGBT 老化的一种手段。首先，介绍了 $v_{ce,on}$ 的在线测量方法，然后，展示了针对 IGBT 和续流二极管（FWD）采用该电压测量方法的应用案例，并对故障机理进行了分析。最后，简要说明了电流和冷却系统的温度测量方法。

10.3.1 导通电压测量方法

通常，$v_{ce,on}$ 取决于器件的内在设计参数，例如，器件结构、材料和掺杂水平，外在影响因素包括：V_{ge}、集电极电流（I_c）和 T_{vj}。IGBT 的静态特性由给定 V_{ge} 的 $v_{ce,on}$、I_c 和 T_{vj} 决定。类似地，对于续流二极管，其静态特性由阈值电压 v_{to} 和 T_{vj} 决定。$v_{ce,on}$ 受到电热效应的影响，但与图 10.5 所示不完全相同。前者可能是由于互连（引线键合，焊料，金属化）或半导体芯片的劣化引起，后者主要是由于热阻引起。本章列举几种处于关断状态器件的导通电压测量方法[16]。这些方法大多数仅限于实验室测试。参考文献[17,18]所述的方法适合应用在现代 IGBT 栅极驱动器中，与去饱和保护的技术非常类似，当晶体管电流进入饱和区域时监测导通电压。

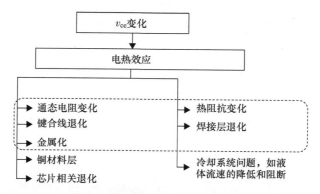

图 10.5 影响功率模块老化的集电极-发射极电压（v_{ce}）[6]

在变换器运行过程中，要想实现对导通电压的在线监测，拓扑应该满足以下要求：

- 电压阻断能力：电压阻断元件应承受模块额定集电极-发射极电压。
- 电压绝缘：满足标准 IEC 60950-1、UL 60950-1 定义的最小物理（间隙和爬电距离）距离要求。
- 自保护能力：保护测量电路中的低电压/电流元件，避免器件切换期间高 dI/dt 和 dV/dt 带来的影响。
- 故障期间隔离电路（避免熔断）：测量单元发生故障时的自分离能力。
- 耐温度波动：环境温度变化的条件下，最小化电压测量误差。

- 较少的偏移电压：放大器测量中能实现最小化的偏移量，以提高测量精度。
- 低阻抗：测量电路不应影响栅极开关性能，如栅极信号中的振荡。

10.3.1.1 导通电压测量电路

栅极驱动器需要额外的测量电路，如图 10.6 所示[17,18]。由于在晶体管切换期间，电压在千伏和毫伏之间转换，因此保持测量精度至关重要。在该电路中，如图 10.6a 所示，两个快速开关二极管（D_1/D_2 和 D_3/D_4）用于阻断关断状态的高电压，并测量高/低侧（HS/LS）的正向电压降。BY203 型二极管具有 2kV 的高击穿电压能力，300ns 的反向恢复时间，以及在一定电流水平内的零正向电压热系数。

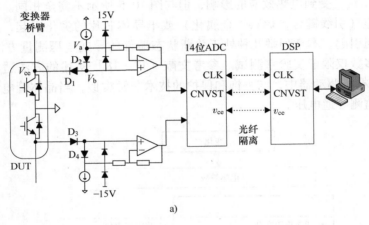

a)

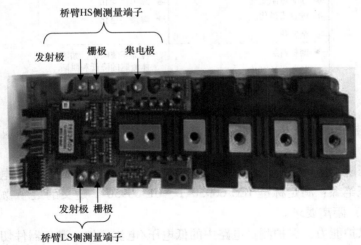

b)

图 10.6 集电极-发射极导通电压的状态监测：a）测量电路；
b）包括测量电路的栅极驱动器

在 HS IGBT 导通时，D_1 和 D_2 可以等效为正向偏置 10mA 的电流源，在外部热耦合中显示类似的正向电压温度系数[17]。使用分辨率为 0.61mV 的双极性 14 位模/数转换器（ADC）测量导通电压：

$$v_{ce,on} = V_b - V_{D_2} = V_b - (V_a - V_b) = 2V_b - V_a \qquad (10.1)$$

图 10.6b 所示为包含电压测量电路的驱动器，以用于参数测量和案例说明。

10.3.1.2 导通电压在线测量电路

H 桥加速测试系统如图 10.7 所示，本节所研究的测量电路用于 DUT 中测量开关器件的导通电压 $v_{ce,on}$。变换器按照表 10.1 所示电气参数运行。在图 10.7 中，$I_{DUT,H}$、$D_{DUT,H}$、$I_{DUT,L}$ 和 $D_{DUT,L}$ 分别为 DUT 的 HS IGBT、HS FWD、LS IGBT 和 LS FWD。V_{DUT} 是 DUT 的开环参考电压，i_L 是负载电流，L_1、L_2 和 L_3 是负载电感器（见图 10.7）。集电极-发射极 $v_{ce,on}$ 和栅极-发射极 V_{ge} 波形如图 10.8 所示。

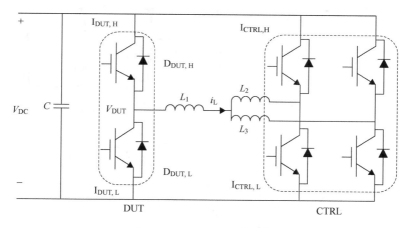

图 10.7 测试平台功率变换器拓扑

表 10.1 变换器运行参数

符号	意义	在线参数
V_{DC}	直流母线电压	1000V
V_{DUT}	正向参考电压	$253 V_{rms}$
i_L	负载电流	$922 A_{peak}$
θ	相角	2.7rad
F_{out}	基频	6Hz
F_{SW}	开关频率	2.5kHz
C	直流母线电容	4mF
L	电感器	380μH
$T_{cooling}$	冷却温度	$(80 + 0.5)$℃

10.3.2 电流测量

变换器控制系统采用数字信号处理器（DSP）TMS320F2812。DSP 中的 12 位 ADC 通道通过 LEM LF 1005-S 电流传感器进行信号采集，用于测量、控制和过电流保护，如图 10.9b 所示。为了保护在 0~3.3V 之间工作的 DSP，接口电路增加了 1.5V 的电压偏置，将最大电压限制在 3.3V。在图 10.9a，R_m 是测量电阻，V_{meas} 是采样电流的电压信号。该信号具有 1.5V 直流偏置，电压-电流比为 0.00135V/A，因此，±1000A 电流量程范围将产生 0.15~2.85V 的测量信号。过电流保护也是基于此测量信号。其中，偏移校正技术可以被集成在测量过程涉及的控制和校准部分。传感器和电路中产生的偏移量在变换器停止/开始之前测量，并在运行期间进行补偿。

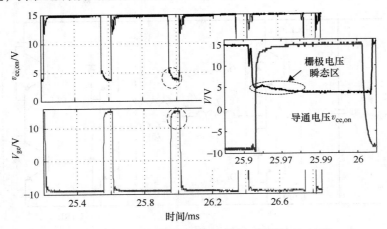

图 10.8 集电极-发射极 $v_{ce,on}$ 和栅极-发射极 V_{ge} 波形

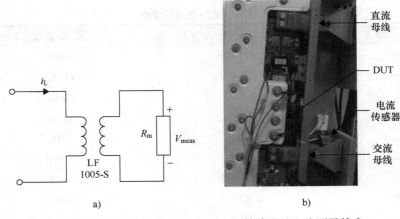

图 10.9 电流测量技术：a) 基于电流传感器的电流测量技术；
b) 实际电路中的电流测量配置

10.3.3 冷却温度测量

通过在加压冷却管上使用 Danfoss Shower Power 与水混合的乙二醇液体来维持功率模块的基板温度。如图 10.10a 所示，PT100 热敏电阻器用作液体温度测量的温度传感器。将热敏电阻器插入冷却管中，如图 10.10b 所示。传感器的输出送到美国国家仪器公司数据采集系统（USB-6215），该输出用于控制以及监测变换器的正常运行。PM1、PM2、PM3 和 PM4 四种不同试验的冷却温度变化如图 10.11 所示。

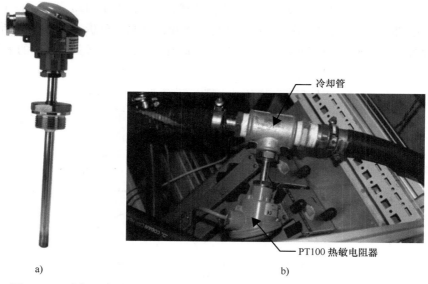

图 10.10 冷却温度测量：a）PT100 热敏电阻器；b）冷却管上的温度传感器

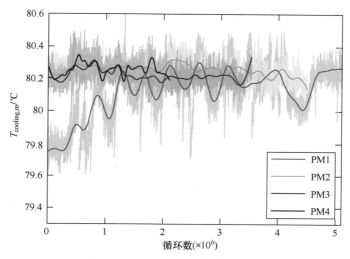

图 10.11 四种功率模块的液态冷却温度

10.4 IGBT 和二极管的电压演变

IGBT 的集电极-发射极导通电压和二极管正向电压的老化过程可以通过在线（即当变换器处于导通状态时）和离线（即当变换器处于关闭状态时）方法进行测量[18]。在离线测量中，变换器会在工作一定数量的周期后停止运行，此时可以在直流电流条件下测量导通电压。而在线测量是在不中断变换器工作的情况直接测量[6,17]。正常工作条件下，设备的工作点随负载而变化，图 10.12a 显示了一个周期内所测量到的电流。可以选择一种电流条件对老化进行测试分析，图 10.12b 所示为 900A 的案例。为便于在不同功率循环周期之间进行比较，V_{ge} 应该处于相同的水平。

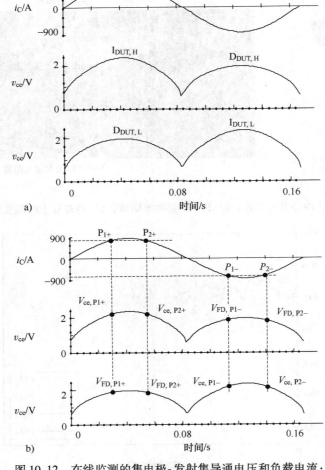

图 10.12 在线监测的集电极-发射集导通电压和负载电流：
a）一个周期波形；b）900A 条件下的采样点

由于芯片温度的升高，$v_{ce,on}$ 在电流下降段较高。交流负载的上升和下降侧的 $v_{ce,on}$ 电压演变如图 10.13a 所示。类似地，$D_{DUT,L}$ 引起的 $v_{ce,on}$ 电压演变如图 10.13b 所示。在图 10.13 和图 10.14 中，PM1、PM2、PM3 和 PM4 为不同的功率模块所承受的不同功率循环数[6]。在这个测试中，由于导通时间较长，因此二极管比 IGBT 承受更高的应力[6]。相比较而言，$D_{DUT,L}$ 对老化的影响较大。此外，4.5×10^6 个循环后，可以观察到电压阶跃式上升，这是由于键合线脱离的影响，如图 10.14a 所示。在此之后，器件退化速度会进一步加剧，模块失效前 v_{FD} 上升近 7%。较小的电压变化归因于测量期间的冷却温度变化。在较高电压变化的功率模块中，导通电阻的上升取决于从端子到芯片的连接线的退化[5]，而热阻的上升主要归因于焊料层和散热系统的退化[19-21]。在所提出的方法中，可以确定出

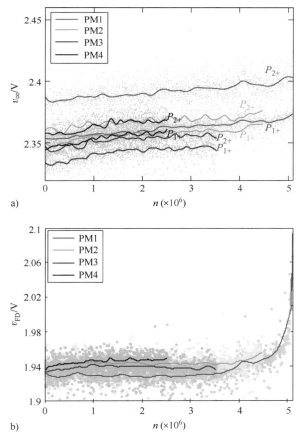

图 10.13　集电极-发射极导通电压 $v_{ce,on}$ 的变化：a）HS IGBT 的上升和下降侧；b）半桥模块上的 LS 二极管

老化的根本原因。式（10.2）~式（10.4）描述了对数据进行分析的方法，分离出了键合线和焊料层的故障。ΔV_1 表示由于老化引起的电压上升，而 ΔV_2 为热阻 R_{th} 上升引起的电压升高[6]，如图 10.14b 所示。在给定的结果中，2~4mV 的电压变化是由测量中的冷却温度的偏差和测量误差所引起的。

$$V_{P_{ref}} = \frac{1}{N} \sum_{i=1}^{100} V_{P_1}(n_i) \qquad (10.2)$$

$$\Delta V_1(n) = V_{P_1}(n) - V_{P_{ref}} \qquad (10.3)$$

$$\Delta V_2(n) = V_{P_2}(n) - V_{P_1}(n) \qquad (10.4)$$

式中，n 为功率循环数。

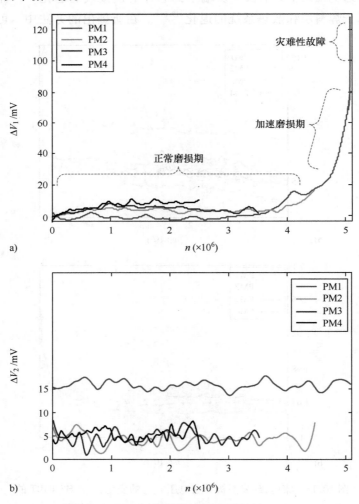

图 10.14　900A 下 LS 二极管的电压实时监测：a) ΔV_1；b) ΔV_2

10.4.1 $v_{ce,on}$监测的应用

在线监测能够实时获得元器件的老化过程信息[5,6]，从而为采取适当的控制手段提供依据，如系统降额运行、运行管理或预防性维护计划，以及更换寿命较短的元器件等。在线监测有三个基本功能：
- 检测：健康状况或状态监测。
- 诊断：找出故障的根本原因。
- 预防：估计剩余寿命以用于运行管理或预防性维护。

本章所提及的测量方法适用于具有较低分辨率需求的功率 IGBT 模块的健康监测应用场合，例如，风电机组、航空、海洋、工业应用等。随着在线监测的实施，老化机理也可以利用威布尔分布以及对物理分析的理解进行解释。在这种方法中，故障标准是基于物理分析和适当的统计模型来定义的[14]。测试中，LS 二极管的 v_{FD} 上升了 7%，从而导致了功率模块的灾难性故障。在老化失效开始后，如果检测出电压上升一定百分比，就应采取适当的控制措施。对于 IGBT，10%~20%的电压上升被定义为评判失效的指标[16]。图 10.15 显示，在老化机理加速后以及灾难性故障发生之前，PM1 能够在相同的电气负载下运行 19h。

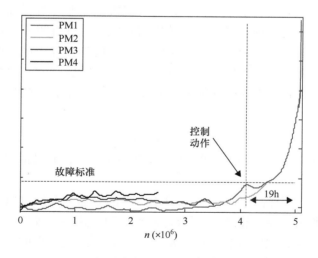

图 10.15　为预防性维护而产生控制信号的一般方案

在线监测有利于降低运行和维护成本，并保护系统免受变换器中爆炸或甚至火灾等灾难性损坏的影响。例如，在陆上风电机组应用中，调查结果显示：13%的故障率和18%的停机时间是由电力电子变换器所产生[22]，其中功率模块和电容器是最脆弱的元器件。另外，对于海上风电场，运行维护费用占能源总成本的18%~23%。因此，这些数据体现了元器件级实时测量的重要意义[23]。

10.4.2 老化和失效机理

功率模块的电气特性受到使用材料的品质、封装技术及其在负载条件下老化特性的影响。器件发生故障后很难评估其退化和故障的机理。分析器件老化特性的手段通常有使用微切片、聚焦离子束（FIB）、扫描电子显微镜（SEM）和四点探测方法[5,24]。与前述方法比较，最后一种方法是非破坏性的。四点探测方法可用于半导体芯片和互连上的测量，例如，功率模块中的键合线、焊料层和芯片金属化[24]。然而，这需要在测试之前打开和除去硅胶。基于微观扫描的故障分析能够识别每个互连在功率模块中的老化程度，不同的互连对老化的贡献程度是不相等的。

已知的故障机理主要是由在 IGBT 和二极管中使用的互连和材料的老化引起的。故障的发生主要是由于器件互连的电、热和机械应力。其中，主要老化发生在引线键合和金属化的磨损。

10.4.2.1 键合线的老化

铝键合线互连技术在大功率功率模块中一直占主导地位[25]。其中，键合线脱离和裂纹是铝线的两大主要疲劳原因。然而，这些老化高度依赖于所施加的负载条件和模块的几何构造。任何热、功率或机械的循环过程都将加速器件的老化。在所有这些过程中，某一区间的应力可能超过弹性极限，从而产生塑性变形。随着时间的推移，裂缝就会在空隙或界面的连接处生成。由于晶粒的强度，裂纹将在晶界处扩展[25,26]。这导致的结果就是能够经常在界面附近观察到裂纹，并且在晶粒直径增大的导线上向内传播。这一现象的原因可以通过 Hall-Petch 定律来解释[27]：

$$\sigma_y = \sigma_0 + k_y d^{-\frac{1}{2}} \tag{10.5}$$

式中，σ_y 是屈服强度，k_y 是位错锁定项，d 是晶粒直径，σ_0 是沿着滑动平面的位错的屈服强度[26]。

图 10.16 显示了样品 PM4 的键合线/IGBT 的界面。图中可以看到，键合线几乎从芯片上脱离，并且裂缝靠近导线/芯片界面，这一现象应归因于大的颗粒结构[5]。另外，键合线的分层会改变局部电流分布以及边界的等效电阻。连接线的有效电阻随功率循环以 mΩ 为单位不断增加[5]。此外，电流分布取决于长度，因为更短的导线趋于承载更高的电流。在磨损测试中，被测试模块的中心线比位于边缘位置的连接线磨损更严重。断裂会通过细化和变形区域逐渐蔓延[25,26]。基于在负载下不同的平均温度和温度波动，功率模块的 HS 和 LS 将会受到不同程度的损伤。

10.4.2.2 金属化老化

金属化是由热循环产生的退化过程[4]，重建过程主要是由铝金属化和硅芯片之间热膨胀系数的不匹配引起的。与铝相比，硅芯片的刚度大，因此，铝材料中应力可能超过其塑性极限。塑性变形，如晶界滑移和位错，会导致金属化重构。如果金属化物质失去与沟道的接触，变薄，或导致分层或脱离，则会影响这部分的正向电压。

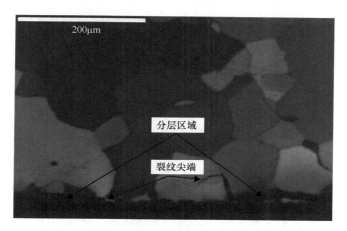

图 10.16　PM4 测试样品中键合线/IGBT 的界面

金属化主要发生在铝层的上表面的 1~3μm 处，重建通过整个金属化层向下扩展到半导体芯片的表面。与 10.3.1 节提到的测试中的边缘相比，在芯片中心处观察到的老化程度较低。图 10.17 显示了（PM3）IGBT 和二极管功率循环后金属化的 SEM 图像[6]。IGBT 不会出现退化的迹象，而在二极管中发生金属化重建。

10.4.2.3　焊层退化

焊料用于将硅芯片连接到直接铜键合（DCB）板上并将 DCB 板连接到基板上。从芯片到基板，焊层在变换器运行期间经历着显著的温度变化。在温度波动期间引起的应力会导致焊料中裂纹的形成，并且会从空隙和杂质开始蔓延[4]。

10.4.3　故障后调查

故障后调查通常会冒着在器件使用寿命的最后阶段丢失宝贵信息的风险。为了评估功率模块的退化和故障机理的过程，可以在其工作寿命期间且达到某一特定老化水平时，停止功率循环来进行。在线监测方法可以自由选择退化水平并停止测试。在分析过程中需要谨慎处理，故障后的分析过程包括[5]：

- 拆卸功率模块的外壳和硅胶，将模块分成较小的部分。
- 四点探测可用于评估从终端到芯片各层的电气退化。
- 可以使用 SEM 和 FIB 工艺观察铝的金属化。
- 可以启动微切割过程，以研究单个键合线、芯片的退化。该过程包括切割和抛光，应在调查结束时进行。

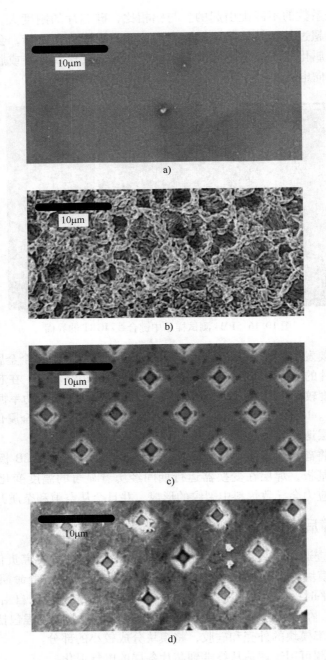

图 10.17 金属化表面的 SEM 图像：a) 全新 LS 二极管；b) PM3 的 LS 二极管；c) 全新 LS IGBT；d) PM3 的 LS IGBT

10.5 芯片温度估计

10.5.1 简介

功率模块的工作特性受到半导体器件及其封装温度的限制。基于负载任务剖面和热限制，变换器需要设计在一个安全的虚拟结温（T_{vj}）下运行，这个虚拟结温是设计的关键参数。然而，由于负载和故障是不可预知的，因此需要在系统运行时测量或预测结温。电力电子器件的可靠性很大程度上取决于温度波动[4,28]，此外，芯片温度的实时测量也可用于过载的快速控制、器件故障分析、寿命分析等。

半导体广泛应用于商业、工业、军事和汽车等领域。特别是在汽车和风力发电领域，由于源和负载的间歇性，温度存在大幅波动[29,30]。此外，低基波频率提高了平均结温和温度波动，并可能会对器件性能造成严重影响[31]。

本节简要介绍了芯片温度估计方法和大功率应用中的 v_{ce} 监测方法、案例分析和初步结果。对于实际应用场合，需要考虑更多的实际情况进行进一步分析，如灵敏度分析和考虑不同运行工况的参数校正。通过使用直接红外（IR）热成像，可以对打开的模块中的温度分布测量结果进行评估。

10.5.2 结温预测方法综述

现代器件在基板顶部具有内置负温度系数（NTC）热敏电阻器，由于距离芯片较远，无法检测芯片结温。因此，基于分析（器件的电热模型）和基于物理（测量）的方法被用于芯片温度估计[32]。在第一种方法中，精确的3D有限元模型可以给出一个与现实接近的温度场，但其需要后续处理，并且通常需要较长的计算时间[32]。在第二种方法中，可以进行直接和间接测量。在直接测量中，温度传感器可以直接集成到芯片上，例如，热电偶和带有温度传感器的光纤。温度场可以通过红外热成像仪测量。然而，这些方法需要对器件封装进行修改，在变换器实际应用中受到限制。在间接方法中，可以基于几种变换器中温度敏感的电参数进行测量分析。主要是利用功率模块的动态和静态特性来寻找具有栅极电压、I_c 和正向电压降函数的温度依赖性[33]。

在动态特性中，可以使用IGBT导通、关断、峰值电流和上升时间等，其中栅极电阻和寄生电容是主要参数。在静态特性中，基于 $v_{ce,on}$ 的测量可以用于低电流和高电流模式中。在低电流模式下，当变换器不工作时，仅有低电流通过器件。低电流对于器件的温升可以忽略不计，可以在测量期间估计寄生参数。然而，这种方式需要对变换器控制进行修改，并在测量期间短时间停止运行。高电流模式下，如果在短时间内不进行校准，大电流会导致额外发热，串联互连的温度梯度会导致 $v_{ce,on}$ 的变化。尽管保持测量精度并同时维持变换器运行仍然具有一定挑战性，但这种方法依然被认为是在线运行中最优且成本较低的一种技术。该方法不需要在变换器中进行任何功能或结构的修改，但测量电路必须满足某些系统要求才能够预测芯片中的温度平均值（T_{avg}）[34]：

- 灵敏度：最低 1mV/℃。
- 测量精度：最小 1mV。
- 测量分辨率：0.61mV。
- 校准时间：尽可能短，在 PM3 的情况中保持在 300μs 以内。
- 校准过程中保持模块的温度恒定。
- 老化补偿：PM3 的老化导致 20mV 偏差，因功率模块的封装和额定值而异。
- 故障补偿：主要是由于断线，PM3 中通常偏差 5~7mV，随封装而变化。

10.5.3　$v_{ce,on}$ 负载电流方法

该估计芯片温度的方法包括两个主要步骤。首先，在不同的电流和温度下需要校准 $v_{ce,on}(T)$。通常，制造商提供 25℃、125℃ 和 150℃ 的特性曲线。对于多芯片模块，通常不是指特定的芯片，给定的特性仅仅是模块的典型值。由于测量精度要求较高，所以需要对每个测试样品的 $v_{ce,on}(T)$ 进行校准，消除产品的差异。在 1.7kV/1000A 模块中，参考文献 [6] 在位于同一位置的芯片上观察到 20mV 的差异。第二步为实时测量，当变换器处于运行状态时，预测精度较高，如 10.3.1 节所述。

10.5.3.1　$v_{ce,on}$-T 的校准

校准是获得功率模块 I-$v_{ce,on}(T)$ 静态特性的一个过程。其中，并联的芯片可以同时校准。如 10.5.2 节所述，校准时间是避免自加热的一个关键要求。目前已经开发了两种方法对变换器在负载电流条件下的模块进行校准。表 10.2 列出了变换器两种方法的切换顺序和电流波形。

- 电流斜坡法。
- 电流平台法。

电流斜坡法中，电流在 300μs 内上升，见表 10.2 上半部分。在恒定直流母线电压下，$v_{ce,on}(T)$ 在较大范围的 I_c 和 T 内进行测量。对于电流平台法，电流上升非常快，并维持在稳定的电流状态，见表 10.2 下半部分。$v_{ce,on}(T)$ 能够在大范围的 I_c 和 T 内进行测量。与前一种方法相比，第二种方法在小电流变化的 v_{ce} 校准中有一定优势。在两种方法中，温度场都能够被连续监测，并使用热成像技术验证其表面的温度场。然而，在较高温度的校准过程中，器件表面上的红外测量受到打开模块中空气对流的影响，如图 10.18 所示。图 10.19 显示了 I-$v_{ce}(T)$ 对于 $I_{DUT,H}$（见图 10.19a）和 $D_{DUT,H}$（见图 10.19b）在 5℃ 和 5A 为步长的

25~125℃温度范围内的特征。图 10.20a 和图 10.20b 分别显示了 $v_{ce,on}$ 对 NTC 和正温度系数（PTC）的 $I_{DUT,H}$ 的依赖性。图 10.21a 和图 10.21b 分别显示了 $v_{ce,on}$ 对 NTC 和 PTC 的 $D_{DUT,H}$ 的依赖性。如图 10.20 和图 10.21 所示，从校准中可以看出，依赖于电流的温度校准因子（K 因子）可以被公式化[35]。温度敏感度应在发生一定退化水平之后重新校准并更新，它会随施加的负载而变化。图 10.22 和图 10.23 显示了 $I_{DUT,H}$ 和 $D_{DUT,H}$ 的 K 因子。

表 10.2　$v_{ce}(T)$ 的校准方法

	1. 电流斜坡法	
v_{ce} 和 I_c	主 动 器 件	波　形
I_c 和 $I_{DUT,H}$ 处的 v_{ce}	$I_{DUT,H}$ 打开 $I_{CTRL,L}$ 打开（电流斜坡）	
I_c 和 $D_{DUT,H}$ 处的 v_{FD}	$I_{CTRL,L}$ 关闭 $I_{CTRL,H}$ 打开 $I_{DUT,L}$ 打开（电流斜坡）	
I_c 和 $I_{DUT,L}$ 处的 v_{ce}	$I_{DUT,L}$ 关闭 $I_{CTRL,H}$ 打开（电流斜坡） $I_{CTRL,L}$ 关闭	
I_c 和 $D_{DUT,L}$ 处的 v_{FD}	$I_{CTRL,L}$ 打开 $I_{DUT,H}$ 打开（电流斜坡） $I_{DUT,H}$ 关闭 $I_{CTRL,L}$ 关闭	
	2. 电流平台法	
v_{ce} 和 I_c	主 动 器 件	波　形
I_c 和 $I_{DUT,H}$ 处的 v_{ce}	$I_{DUT,H}$ 打开 $I_{CTRL,L}$ 打开（电流斜坡） $I_{CTRL,L}$ 关闭（平台）	
I_c 和 $D_{DUT,L}$ 处的 v_{FD}	$I_{CTRL,L}$ 打开（第二个电流斜坡） $I_{DUT,H}$ 关闭（平台）	
I_c 和 $I_{DUT,L}$ 处的 v_{ce}	$I_{DUT,L}$ 打开 $I_{CTRL,H}$ 打开（电流斜坡） $I_{CTRL,H}$ 关闭（平台）	
I_c 和 $D_{DUT,H}$ 处的 v_{FD}	$I_{CTRL,H}$ 打开（第二个电流斜坡） $I_{DUT,L}$ 关闭（平台）	

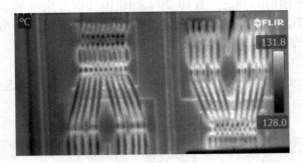

图 10.18　125℃校准下模块单一部位的红外图像

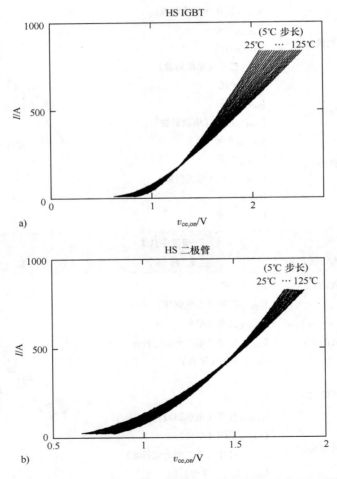

图 10.19　25～125℃的校准 IV 曲线：a) HS IGBT；b) HS 二极管

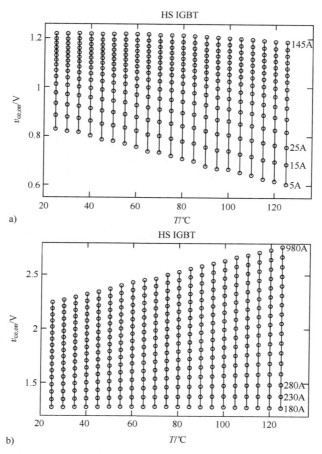

图 10.20 HS IGBT 中导通电压对温度的依赖性：a）NTC；b）PTC

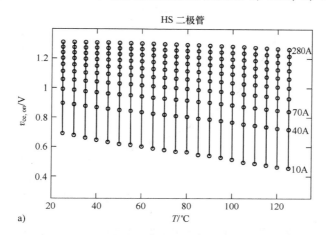

图 10.21 HS 二极管中导通电压对温度的依赖性：a）NTC

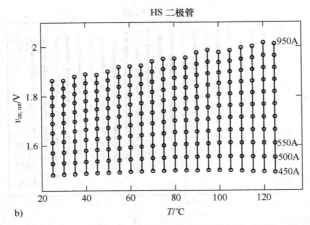

图 10.21 HS 二极管中导通电压对温度的依赖性（续）：b）PTC

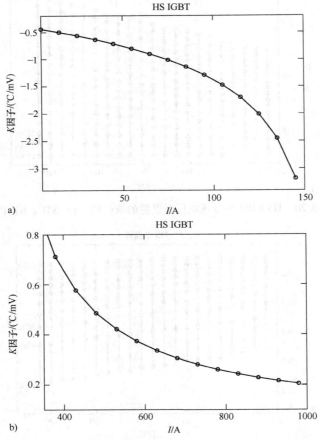

图 10.22 HS IGBT 中电流和温度的关系：a）NTC；b）PTC

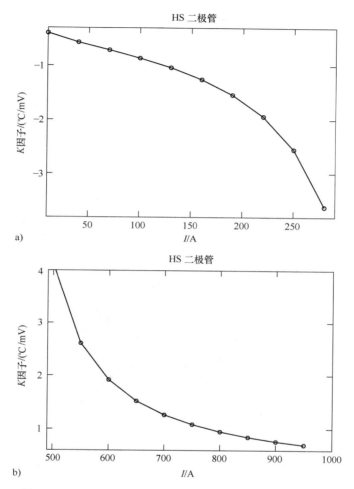

图 10.23 HS 二极管电流和温度的关系：a）NTC；b）PTC

10.5.3.2 实时测量技术

$v_{ce,on}$ 实时测量技术见 10.3.1 节。图 10.24a 显示了 500A（peak）和 6Hz 频率下测量的电流和正向电压降。

10.5.4 变换器运行条件下的温度估计

温度依赖性比 NTC 和 PTC 交叉电流更线性，如图 10.22 和图 10.23 所示。图 10.24b 显示了在 25℃、125℃和 500A 负载条件下校准的 $v_{ce,on}$ 变化。由于电阻的变化，在加载期间测量的值被校正用于温度估计。低电流时获得的电压值取决于器件的位置和功耗[36]。温度的时间和空间分布取决于开关和导通期间的热阻抗和功耗。在负载电流法中，温度依赖性体现在所有电流范围内，因此能够

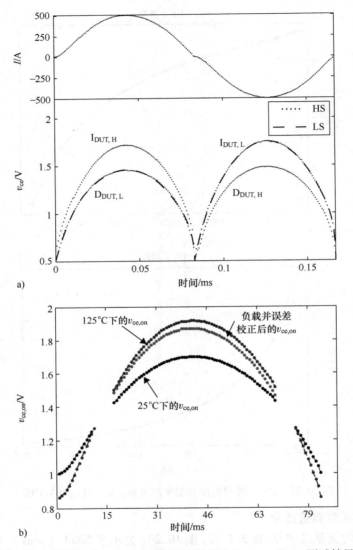

图 10.24 结温估计:a)500A 电流单周期的 I_L、$v_{ce,on}$ 和 v_{FD} 测试结果;
b)用于估计 $T_{avg,space}$ 的 $v_{ce,on}$ 参数校正和测试

估计出每次开关过程的温度变化。然而,由于非线性的温度依赖性和电阻的变化,估计的温度对于当前接近于交叉电平时的特性是有误差的。温度梯度出现在负载过程中的互连处,改变了固定温度时的有效电阻,需要补偿温度梯度带来的测量误差。通过去除有效电阻引入的电压能够实现对误差进行校正。通常模块制造商规定了从端子到芯片的等效电阻,对于测试模块,在 25℃ 下为 0.25mΩ。事实上,这种电阻在相同功耗下的阻值是不相同的,并且随样品而变

化。通过直接测量的方法可以得到25℃下样品阻值接近0.30mΩ，线性近似的方法可以用于消除串联中的电压降[34]。参考文献[34]提出带串联电阻器的Shockley模型可以用于在25℃下校准参考电压。在给定式（10.6）中使用Δv_{ce}，可以确定$T_{avg,space}$为

$$T_{avg,space} = T_{ref} + T_{cor} + K(v_{ce,meas} + \Delta v_{err} - v_{ref}(T_{ref})) \tag{10.6}$$

式中，T_{ref}是校准温度，$v_{ref}(T_{ref})$是参考温度下的校准电压，$T_{cor}/\Delta v_{err}$是校准方法的校正因子。更新（K因子）和$v_{ref}(T_{ref})$能够补偿老化对温度估计的影响。T_{cor}是校准期间的温升，需要将其考虑在参考温度中，也可以通过缩短校准时间来最小化该参数的影响[34]。Δv_{err}是从均匀温度场到在线非均匀场的正向电压的校正。Δv_{err}从T_j获得，相应的基板温度T_b，以及负载电流下互连电阻R_{slope}的变化在式（10.7）中给出。缩放因子（SF）用于校正功率模块的位置和封装引入的误差[34]。在这种方法中，单个模块的校准非常重要，同时也需要对更多样品/不同的封装进行测试，以分析该方法的灵敏度。

$$\Delta v_{err} = (T_j - T_b) \cdot R_{slope} \cdot I_L \cdot SF \tag{10.7}$$

10.5.5 温度的直接测量方法

红外热像仪是用于观察半导体温度分布的工具。新一代热像仪X8400SC具有更高的分辨率。这种方法需要打开功率模块并需要对测试平台进行相应的修改。

10.5.5.1 测试平台和测试样品准备

功率模块芯片区域由变换器中的低电感母线覆盖，如图10.25a所示。DUT被取出并连接在测试台上，通过外界支撑保持内部芯片的可视性。打开的模块运行在与变换器相同热和电应力下，如图10.25a所示。延长的冷却管被应用在DUT中作为热接口。

该模块中的内部母线相对弯曲，芯片和电气互连可见，如图10.25b所示。在样品表面使用具有0.954发射率的高温亚光黑漆，采用了50μm厚涂料。最佳厚度可以通过使用红外光谱仪研究不同厚度的涂料应用后得到[34]。在正母线和负母线之间使用电压绝缘，以避免开关瞬间高电压产生火花。

10.5.5.2 红外温度场测量

当变换器处于运行状态时，红外摄像机会监测每个部分的温度场。电气特征参数的采样频率为2.5kHz，热图像采样频率为714Hz。图10.18显示了单一部位的温度场，图10.26a所示为$D_{DUT,H}$的温度，图10.26b所示为器件表面的温度梯度轮廓。图10.27a所示为$D_{DUT,L}$的温度，图10.27b所示为相应表面的温度梯度轮廓。

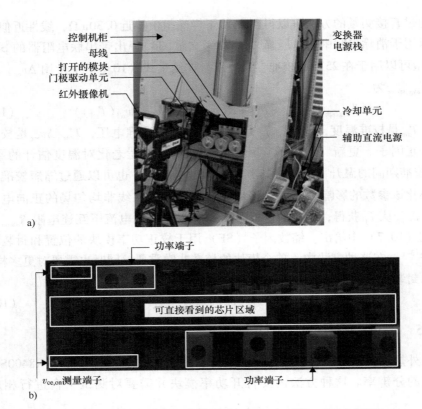

图 10.25 红外热像仪：a）测试平台；b）打开的 DUT 功率模块

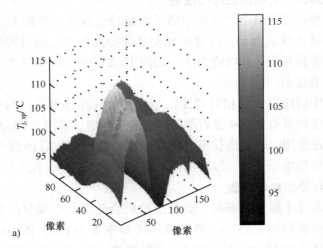

图 10.26 500A 峰值电流条件下，HS 二极管 $D_{DUT,H}$ 处于最高温度时的空间温度分布的红外测量结果：a）温度场

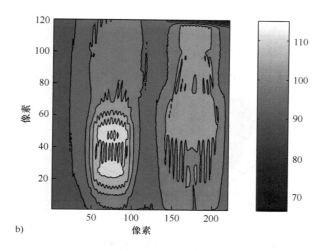

图 10.26 500A 峰值电流条件下，HS 二极管 $D_{DUT,H}$ 处于最高温度时的空间温度分布的红外测量结果（续）：b）温度梯度轮廓

10.5.6 温度预测的评估

测量得到的 $v_{ce,on}$ 会受到串联互连的影响，如图 10.28a 所示。另一方面，与电信号相比，由于较大的热时间常数，器件表面上的温度缓慢变化。热阻抗可以由图 10.28b 中的 Caur 和 Foster 模型确定。即使电流从峰值开始下降，温度也保持上升。对于在 500A 条件下工作的器件，温度在下降沿达到接近 350A 时热响应延迟近 20ms。在红外测量中，温度上升的延迟也可能包括涂料的热响应。表 10.3 给出了在 6Hz 和基板温度下不同电流的温度比较。基板温度通过红外热像仪进行监测，当电流达到给定峰值时，对温度进行估计。在温度达到峰值时，红外测量结果包含了 $I_{DUT,H}$ 表面上的最大、最小和平均温度，包括键合线和芯片的温度变化。芯片上的温度梯度 ΔT_{chip} 与电流相对应。由于非线性依赖性和电阻变化，在接近峰值电流水平时，估计温度误差大于 5℃。结果表明，很难精确得到温度估计值。然而，根据当前误差水平，估计的温度接近于当前空间温度分布的平均值 $T_{avg,space}$。表 10.3 显示了不同电流在 6Hz 频率下，电流达到峰值时 $I_{DUT,H}$ 的估计温度。相似地，可以看到在相同负载下当结温和基板温度都达到峰值时的红外热成像的测量结果。当电流处于峰值时，结温的估计值与热成像仪的测量结果接近。然而，当器件达到其峰值温度时，温度的估计值则下降较快，导致大于 5℃ 的较大估计误差。图 10.29 仅展示了 400A 电流水平以上的温度估计结果。

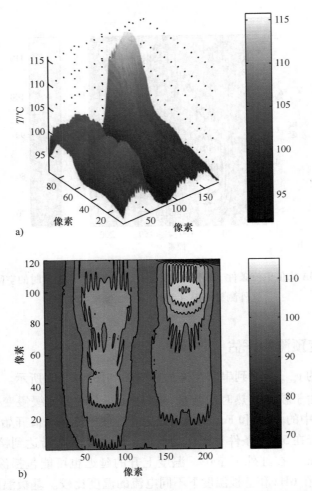

图 10.27 500A 峰值电流条件下,LS 二极管 $D_{DUT,L}$ 处于最高温度时的空间温度分布的红外测量结果:a)温度场;b)温度梯度轮廓

表 10.3 $v_{ce,on}$ 负载电流和红外热像仪的温度测量结果

(表中所示的峰值温度在电流峰值延迟后达到)

电流 $I_{c,peak}$	v_{ce} 负载电流方法 T_{est}	红外热像仪图像				$\Delta T_{chip} = T_{max} - T_{min}$
		$T_{baseplate}$	T_{avg}	T_{max}	T_{min}	
A	℃	℃	℃	℃	℃	℃
500	100	88	99.5	102.6	92.9	9.7
450	81	71	79.6	82	74.8	7.2
400	110	101.6	110.4	113.7	104.5	9.2
350	88	82	89	92	85	7

第 10 章 功率模块的寿命测试和状态监测 | 229

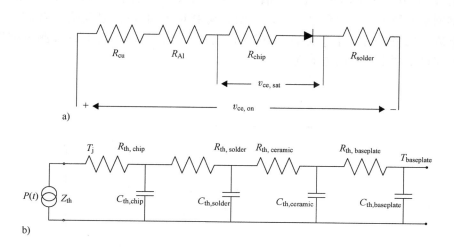

图 10.28 a) IGBT 导通电阻的等效电路；b) IGBT 的 Caur 和 Foster 模型

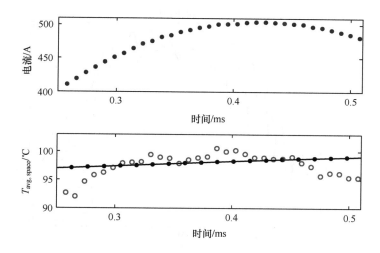

图 10.29 对于 $I_{DUT,H}$ 在 500A 峰值电流条件下估计温度和直接测量温度之间的比较

当芯片表面温度升高时，空间中的温度分布如图10.30a、b所示。图10.31a所示为半桥中的 IGBT 和二极管的估计温度。图10.31b所示为 HS IGBT 和二极管直接测量的最大、平均和最小芯片温度。其中 IGBT 的估计温度基于400A 以上的电流，二极管的估计温度基于460A 以上的电流。另外，针对红外测量结果，此处仅显示两个完整的电周期。

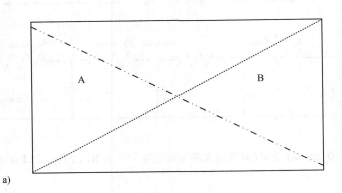

a)

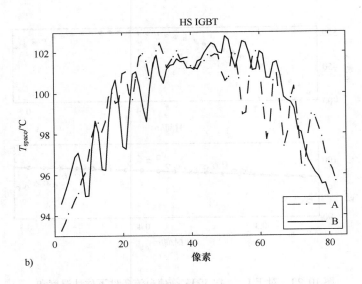

b)

图 10.30　当温度处于峰值时，对于 HS IGBT $I_{DUT,H}$ 空间温度变化：
a) 红外图像；b) 沿着 A 和 B 线的温度分布

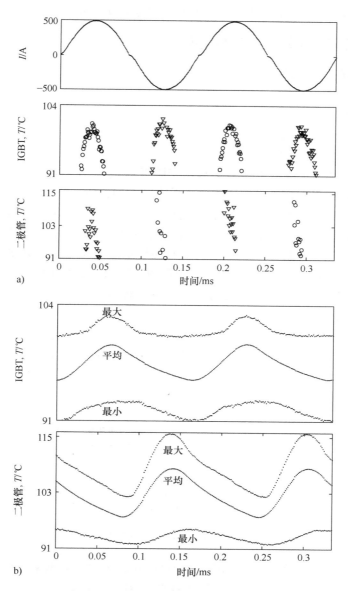

图 10.31 变换器运行状态下的结温变化：a) 估计温度；
b) 红外摄像机直接测量结果

10.6 状态监测数据的处理

状态数据被定义为与系统能量相关的瞬时值，例如，温度、电压、电流、流量、速度以及与系统健康相关的参数值,如热和电阻抗。

10.6.1 状态数据处理的基本类型

状态数据被分为以下四种基本类型,即
1. 在线控制。
2. 在线监测。
3. 事件触发数据记录。
4. 任务剖面数据记录。

基于状态监测的在线控制方法可用于降低(或提高)电力生产,包括完全关闭变换器的输出功率等操作。在并联系统(例如,风电场中的风电机组)中,可以使用状态数据来控制负载共享和老化以优化操作。降额控制可以使系统在跳闸/停止(例如,由于天气过热,甚至可能更接近于设计极限)事件发生时保持正常运行。通过这种方式,在运行期间使用状态数据可以保证更高的可靠性和/或更高的系统利用率。功率变换器的降额控制示例如图 10.32 所示,作为在预定温度水平下的简单跳闸(运行停止)的一种方案,功率输出随着冷却剂温度的升高而减小[37]。

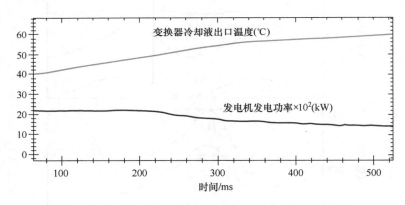

图 10.32 冷却液温度增加时功率变换器降额控制响应

在线监测定义为系统中所选信号/变量的在线传输。数据来源可以是许多类似的子系统(例如,风电机组),用于在监控和数据采集系统中手动和/或自动监测。自动化监测还可以包括各种统计分析。监测通常包括报警和警告功能。

事件触发通常涉及预定义时间窗口内重要数据的高时间分辨率快照,就像单次示波器记录一样。对于功率变换器,这种记录可以在事件之前和之后几秒进行,并包含数百个信号、变量和状态,例如,风力发电变换器的故障穿越情况,以便于进行后续处理和分析。所有信号和状态的完整信息(完全采样率)以及重要变量对于有效的事件后分析是至关重要的,例如,分析老化和不良性能的根本原因。对于不同的子系统,例如电气、热和机械部件,也可以采用不同的采样时间获取数据。

任务剖面文件的数据记录用于系统运行寿命内的状态分析,如图10.33所示。通过几种方式完成包括循环计数、雨流计数和多维应力记录。对于记录功率变换器的负载曲线,一种简单而有效的方法是对负载相关的变量(如转矩、电流、电压、温度)进行排序记录。然后,在每个控制周期内,对每个选定的变量,在每个数组中不间断地计数,每毫秒的运行状态就可以被实时记录下来。

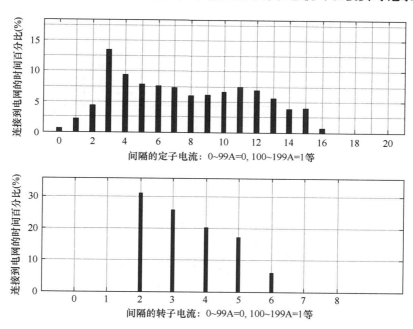

图10.33 风电机组的任务剖面数据记录示例

10.6.2 状态监测的应用

状态监测数据可用于开发、生产、运行、寿命分析,其贯穿整个产品生命周期。在开发阶段,例如,在加速测试期间,状态监测数据可用于产品的设计验证和监测。在生产测试中,状态监测数据可用于检测脆弱组件和故障接口。基于在线监测状态数据,还可以用小型智能化和低成本的测试设备来代替大型昂贵的老化测试设备。在运行周期中,数据可用于控制(降额/上限)和保护目的以及智能服务(预测性维护)。记录和保存状态监测数据在故障原因分析中具有重要意义。在生产测试中使用状态监测数据的示例如下所示。如图10.34a、b所示[38],T_j估计(基于$v_{ce,on}$)在产品老化测试中用于检测热界面材料(TIM)的老化或开关损耗的增加。

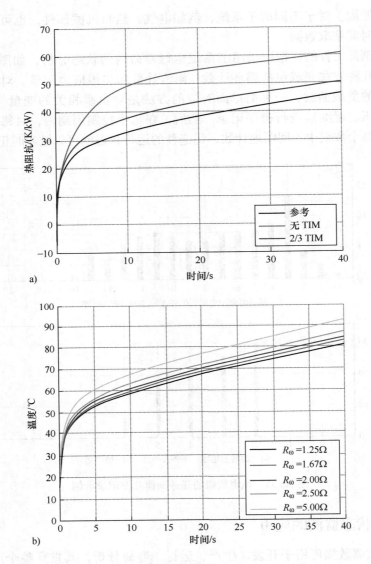

图 10.34 结温增加的因素：a) TIM 的错误量；
b) 增加的开关损耗（错误的导通电阻）

10.7 总结

本章介绍了使用全功率变换器模拟功率模块中场应力的功率循环测试方法。这种方法能够用于实验室测试，模拟现场应用的功率模块工况，进行寿命测试。

$v_{ce,on}$、v_{FD} 的上升可以作为一个关键参数来实时分析功率模块老化。所提出的在线电压监测技术适用于健康监测状态，并产生报警信号，对于降额运行、系统运行维护、故障部件清除、防止灾难性故障具有重要意义。

通常，在器件发生灾难性故障后难以分析故障机理。然而，器件的在线老化监测可以监测故障的起始过程，可用于分析故障机理。

芯片的温度信息是优化电气参数、散热设计以及功率模块可靠性研究的关键参数。虽然目前有许多估计温度的方法，但是在变换器中实时监测温度的变化仍然是一个挑战。基于 $v_{ce,on}$ 负载电流监测的温度估计方法无需改变变换器结构和控制，可直接使用，具有良好的应用前景。但仍需要进一步细化，考虑老化、有效串联电阻、功率模块生产中的差异等问题，以准确估计芯片温度。

如 10.6.1 节所述，从设计到使用寿命的产品生命周期的不同阶段，大量数据的应用有利于对系统的优化。通过将它们分成不同的类别，可以实现大量数据的智能处理，使用状态监测数据能够优化设计，降低故障率，保证系统安全运行，并有利于后续故障分析。

参 考 文 献

[1] J. Lutz, H. Schlangenotto, U. Scheuermann, and R. D. Doncker, *Semiconductor power devices*. Springer-Verlag, 2011.

[2] P. Cova and F. Fantini, "On the effect of power cycling stress on IGBT modules," *Microelectronics Reliability*, vol. 38, nos. 6–8, pp. 1347–1352, June–August 1991.

[3] M. Held, P. Jacob, G. Nicoletti, P. Scacco, and M.-H. Poech, "Fast power cycling test of IGBT modules in traction application," in *International Conference on Power Electronics and Drive Systems*, vol. 1, pp. 425–430, May 1997.

[4] M. Ciappa, "Selected failure mechanisms of modern power modules," *Microelectronics Reliability*, vol. 42, pp. 653–667, 2002.

[5] K. B. Pedersen, L. H. Ostergaard, P. Ghimire, V. Popok, and K. Pedersen, "Degradation mapping in high power IGBT modules using four-point probing," *Microelectronics Reliability*, vol. 55, no. 8, pp. 1196–1204, 2015, doi:10.1016/j.microrel.2015.05.011

[6] P. Ghimire, K. B. Pedersen, B. Rannestad, S. Munk-Nielsen, and F. Blaabjerg, "Field oriented IGBT module wear out test and its physics of failure analysis," under peer review at TPEL 2015.

[7] V. Smet, F. Forest, J.-J. Huselstein, F. Richardeau, Z. Khatir, S. Lefebvre, and M. Berkani, "Ageing and failure modes of IGBT modules in high-temperature power cycling," *IEEE Transactions on Industrial Electronics*, vol. 58, no. 10, pp. 4931–4941, October 2011.

[8] J. Due, S. Munk-Nielsen, and R. Nielsen, "Lifetime investigation of high power IGBT modules," in *14th European Conference on Power Electronics and Applications*, vol. 1, 2011.

[9] R. Nielsen, J. Due, and S. Munk-Nielsen, "Innovative measuring system for wear-out indication of high power IGBT modules," in *Energy Conversion Congress and Exposition*, 2011.

[10] M. Sanz Bobi (Ed.), *Operation and Maintenance of Renewable Energy Systems: Experiences and Future Approaches (Green Energy and Technology)*, Switzerland: Springer International Publishing, 2014.

[11] A. de Vega, P. Ghimire, K. Pedersen, I. Trintis, S. Beczckowski, S. Munk-Nielsen, B. Rannestad, and P. Thøgersen, "Test setup for accelerated test of high power IGBT modules with online monitoring of VCE and VF voltage during converter operation," in *Power Electronics Conference (IPEC-Hiroshima 2014 – ECCE-ASIA)*, 2014.

[12] G. Consentino, M. Laudani, G. Privitera, C. Pace, C. Giordano, J. Hernandez, and M. Mazzeo, "Effects on power transistors of terrestrial cosmic rays: study, experimental results and analysis," in *Applied Power Electronics Conference and Exposition*, 2014.

[13] I. Trintis, B. Sun, J. Guerrero, S. Munk-Nielsen, F. Abrahamsen, and P. Thøgersen, "Dynamic performance of grid converters using adaptive dc voltage control," in *Power Electronics and Applications (EPE'14-ECCE Europe)*, 2014.

[14] *How to measure lifetime for robustness validation – step by step*, ZVEI – German Electrical and Electronics Manufacturers' Association e.V. Std., Rev. 1.9, Robustness Validation Forum, Electronic Components and Systems (ECS) Division, Frankfurt, Germany.

[15] V. Smet, F. Forest, J. Huselstein, A. Rashed, and F. Richardeau, "Evaluation of VCE monitoring as a real-time method to estimate aging of bond wire-IGBT modules stressed by power cycling," *IEEE Transactions on Industrial Electronics*, vol. 60, no. 7, pp. 2760–2770, July 2013.

[16] P. Ghimire, S. Beczkowski, S. Munk-Nielsen, B. Rannestad, and P. Thogersen, "A review on real time physical measurement techniques and their attempt to predict wear-out status of IGBT," in *15th European Conference on Power Electronics and Applications*, September 2013, pp. 1–10.

[17] S. Beczkowski, P. Ghimire, A. de Vega, S. Munk-Nielsen, B. Rannestad, and P. Thøgersen, "Online VCE measurement method for wear-out monitoring of high power IGBT modules," in *15th European Conference on Power Electronics and Applications*, September 2013, pp. 1–7.

[18] P. Ghimire, A. de Vega, S. Beczkowski, S. S. Munk-Nielsen, B. Rannestad, and P. B. Thøgersen, "Improving power converter reliability: online monitoring of high-power IGBT modules," *IEEE Industrial Electronics Magazine*, vol. 8, no. 3, pp. 40–50, September 2014.

[19] G. Coquery and R. Lallemand, "Failure criteria for long term accelerated power cycling test linked to electrical turn off {SOA} on {IGBT} module: a 4000 hours test on 1200 A, 3300 V module with AlSiC base plate," *Microelectronics Reliability*, vol. 40, no. 810, pp. 1665–1670, 2000.

[20] A. H. C. Herold, J. Lutz, and M. Thoben, "Thermal impedance monitoring during power cycling tests," in *PCIM Europe*. VDE-Verlag GMBH, Berlin, 2011.

[21] L. Feller, S. Hartmann, and D. Schneider, "Lifetime analysis of solder joints in high power {IGBT} modules for increasing the reliability for operation at 150°C," *Microelectronics Reliability*, vol. 48, no. 89, pp. 1161–1166, 2008.

[22] L. Ran, S. Konaklieva, P. McKeever, and P. Mawby, "Condition monitoring of power electronics for offshore wind," *Engineering & Technology Reference*, pp. 1–10, 2014, doi:10.1049/etr.2014.0004.

[23] P. Tavner, Offshore wind turbine reliability, availability and maintenance. London: The Institution of Engineering and Technology, September 5, 2012.

[24] K. B. Pedersen, P. K. Kristensen, V. Popok, and K. Pedersen, "Micro-sectioning approach for quality and reliability assessment of wire bonding interfaces in {IGBT} modules," *Microelectronics Reliability*, vol. 53, nos. 9–11, pp. 1422–1426, 2013.

[25] K. Pedersen, D. Benning, P. Kristensen, V. Popok, and K. Pedersen, "Interface structure and strength of ultrasonically wedge bonded heavy aluminium wires in Si-based power modules," *Journal of Materials Science: Materials in Electronics*, vol. 25, no. 7, pp. 2863–2871, 2014.

[26] J. Goehre, M. Schneider-Ramelow, U. Geibler, and K.D. Lang, "Interface degradation of Al heavy wire bonds on power semiconductors during active power cycling measured by the shear test," in *Conference on Integrated Power Electronic Systems*, 2010.

[27] N. Hansen, "Hallpetch relation and boundary strengthening," *Scripta Materialia*, vol. 51, no. 8, pp. 801–806, 2004.

[28] R. Bayerer, T. Herrmann, T. Licht, J. Lutz, and M. Feller, "Model for power cycling lifetime of IGBT modules-various factors influencing lifetime," in *5th International Conference on Integrated Power Systems*, March 2008, pp. 1–6.

[29] R. John, O. Vermesan, and R. Bayerer, "On-road evaluation of advanced hybrid electric vehicles over a wide range of ambient temperatures," in *IMAPS High Temperature Electronics Network*, 2009.

[30] C. Busca, R. Teodorescu, F. Blaabjerg, S. Munk-Nielsen, L. Helle, T. Abeyasekera, and P. Rodriguez, "An overview of the reliability prediction related aspects of high power IGBTs in wind power applications," *Microelectronics Reliability*, vol. 51, pp. 1903–1907, 2011.

[31] M. Bartram, J. von Bloh, and R. W. D. Doncker, "Doubly-fed-machines in wind-turbine systems: is this application limiting the lifetime of IGBT-frequency-converters?" in *IEEE 35th Annual Power Electronics Specialists Conference*, 2004.

[32] Y. Avenas, L. Dupont, and Z. Khatir, "Temperature measurement of power semiconductor devices by thermo-sensitive electrical parameters: a review," *IEEE Transactions on Power Electronics*, vol. 27, no. 6, pp. 3081–3092, 2012.

[33] N. Baker, M. Liserre, L. Dupont, and Y. Avenas, "Improved reliability of power modules: a review of online junction temperature measurement methods," *IEEE Industrial Electronics Magazine*, vol. 8, no. 3, pp. 17–27, September 2014.

[34] P. Ghimire, K. B. Pedersen, I. Trintis, B. Rannestad, and S. Munk-Nielsen,

"Online chip temperature monitoring using v_{ce}-load current and IR thermography," in *IEEE Energy Conversion Congress and Exposition*, ECCE, 2015, pp. 6602–6609.

[35] P. Ghimire, K. B. Pedersen, A. R. d. Vega, B. Rannestad, S. Munk-Nielsen, and P. B. Thøgersen, "A real time measurement of junction temperature variation in high power IGBT modules for wind power converter application," in *8th International Conference on Integrated Power Systems*, February 2014, pp. 1–6.

[36] X. Perpina, J. F. Serviere, J. Saiz, D. Barlini, M. Mermet-Guyennet, and J. Millan, "Temperature measurement on series resistance and devices in power packs based on on-state voltage drop monitoring at high current," *Microelectronics Reliability*, vol. 46, no. 9–11, pp. 1834–1839, 2006.

[37] P. Thøgersen, "Converter solutions for wind power," in *EWEA*, 2012.

[38] S. D. Snerskov, K. L. Frederiksen, A. B. Jrgensen, E. Iciragiye, A. E. Maarbjerg, and N. Christensen, "Novel screening procedure for wind turbine power converters," Master's thesis, School of Engineering and Science, Aalborg University, December 2014.

第 11 章
随机混合系统模型在电力电子系统性能和可靠性分析中的应用

Sairaj V. Dhople[1], Philip T. Krein[2], Alejandro D. Domínguez-García[2]

1. 明尼苏达大学,美国
2. 伊利诺伊大学,美国

11.1 引言

随机混合系统(SHS)是一类由离散状态和连续状态组成的状态空间的随机过程的集合。离散状态的转变是随机的,并且这些转变发生的速率通常是连续状态值的函数。对于离散状态所采用的连续状态值(后面称为系统模式),其演变可由随机微分方程描述。控制每个模式中连续状态演变的矢量场取决于该模式下系统的运行特性。与模式转换相关联的复位映射定义了离散和连续状态如何映射到过渡后的离散和连续状态。本章讨论的基于 SHS 的框架是建立在参考文献 [1,2] 的理论基础之上。

上述 SHS 方法非常适合在各种不确定环境中建立系统动态模型。离散状态的集合描述了系统可采用的可能配置,例如,在电力电子系统可靠性建模的情况下,除了一个(或多个)正常(或非故障的)运行模式之外,还包括由系统组件的故障(和修理)引起的其他运行模式。这些模式还可以在可再生资源、储能和电动汽车系统等应用中建立不确定发电和负载值的离散化模型[3-5]。连续状态可以描述与系统性能相关的变量演变过程。例如,基于物理的模型包括电感器电流和电容器电压,电网电压和电流以及频率等都可以作为 SHS 中的连续状态。类似地,也可以建立行为模型来描述系统的经济特性、花费的维修成本、可用性、能量产出和参与需求-响应项目的动机等。在这种情况下,复位映射允许并会提高建模精度,因为它们可以描述模式转换(由电力电子系统组成元件的故障以及维修所引起)对连续状态的瞬时影响。

基于 SHS 的模型的特征完全由连续和离散状态的组合分布所决定。然而,鉴于建模中转换速率和复位映射的通用性，离散和连续状态间的耦合使得在大多数实际应用中难以获得解析的组合分布。事实上，组合分布只能在几种特殊情况下重新获得。例如，如果离散状态的演变不依赖于连续状态，则该模型可被描述为连续时间马尔可夫链；在这种情况下的概率分布将完全由 Chapman-Kolmogorov 方程[6]所表征。然而，考虑到很难获得离散和连续状态的组合分布，本章将主要讨论一种计算原始矩任意数的方法。本章将利用参考文献 [1,2] 中主要阐述的方法，论证了如何制定一系列非线性常微分方程（ODE），这种解决方案可求解连续状态矩，由于不能获得完全分布，在与系统中的动态风险评估有关的许多情况下，这种连续状态矩是有用的。例如，当连续状态不满足性能指标时，这种矩可用于计算事件概率的约束。

SHS 框架包括各种常用的随机建模和分析工具，包括：①跳转线性系统（连续状态下没有跳跃的线性流）；②离散空间连续时间马尔可夫链（离散状态的不连续和恒定/时变过渡速率）；③马尔可夫补偿模型（连续状态下的恒定增长率）；④分段确定性马尔可夫过程（在随机微分方程中没有扩散项来控制连续状态的演变）。鉴于 SHS 建模形式的通用性，它们已被应用于研究诸如通信网络、金融系统、空中交通管理系统、大容量电力系统和生物系统等（例如参见参考文献 [7] 及其参考文献）。

本章的目标是简要介绍 SHS（11.2.1 节），展示如何恢复持续状态矩（11.2.2 节），如何用于动态风险评估（11.2.4 节），以及建立 SHS 和马尔可夫可靠性模型之间的联系（11.2.5 节）。本章演示了如何利用基于 SHS 的方法来模拟逆变器故障和维修的不确定环境下光伏（PV）系统的累计收入（11.3 节）。

11.2　SHS 的基本原理

本节首先简要介绍 SHS。对于特定类型的 SHS，利用参考文献 [1,2] 中的结果，本节展示了如何建立一个 ODE 族，其解可以产生 SHS 的离散和连续状态矩。

11.2.1　连续和离散状态的演变

SHS 是连续时间的离散状态随机过程 $Q(t) \in \mathcal{Q}$ 与连续时间的连续状态随机过程 $X(t) \in \mathbb{R}^n$ 的组合。$\mathcal{Q}_i^+ \subseteq \mathcal{Q}$ 表示 $Q(t)$ 可以转换到的所有模式的集合，给定 $\Pr\{Q(t) = i\} = 1$，$\mathcal{Q}_i^- \subseteq \mathcal{Q}$ 表示 $Q(t)$ 可以转换到模式 i 的所有模式的集合。可以借助以下函数来描述 $Q(t)$ 和 $X(t)$ 的演变：

$$\lambda_{ij}(x,t), \lambda_{ij}:\mathbb{R}^n \times \mathbb{R}^+ \to \mathbb{R}^+ \tag{11.1}$$

$$\phi_{ij}(q,x), \phi_{ij}:\mathcal{Q} \times \mathbb{R}^n \to \mathcal{Q} \times \mathbb{R}^n \tag{11.2}$$

λ_{ij} 是控制系统从模式 i 切换到模式 j 的转换速率,而 ϕ_{ij} 是转移重置映射,它反映了复位时离散和连续状态如何改变。⊖

以下分析用于说明离散和连续状态在 SHS 中的演变过程。在不失一般性的情况下,作为具体实例,考虑在时刻 t 的模式 i 中的 SHS,即 $\Pr\{Q(t) = i\} = 1$。在小时间间隔 $[t, t+\tau]$ 下,过渡模式 i 的概率由下式给出

$$\sum_{j \in Q_i^+} \lambda_{ij}(X(t), t)\tau + o(\tau) \tag{11.3}$$

并且给出特定 $i \to j$ 的转换概率为

$$\lambda_{ij}(X(t), t)\tau + o(\tau) \tag{11.4}$$

如果 i 转换到 j,Q 和 X 的新值(即转换后的初始条件)被定义为

$$\phi_{ij}(Q((t+\tau)^-), X((t+\tau)^-)) = \phi_{ij}(i, X((t+\tau)^-)) = (j, X(t+\tau)) \tag{11.5}$$

式中,$f(t^-) := \lim_{s \to t} f(s)$。在时间间隔 $[t, t+\tau]$ 内模式 i 不发生转换的概率为

$$1 - \tau \sum_{k \in Q_i^+} \lambda_{ik}(X(t), t) \tag{11.6}$$

在两模式转换期间,$X(t)$ 根据下式推出

$$\frac{\mathrm{d}}{\mathrm{d}t} X(t) = f(Q(t), X(t), t) \tag{11.7}$$

式中,$f: Q \times \mathbb{R}^n \times \mathbb{R}^+ \to \mathbb{R}^n$。一般来说,连续状态的演变可以由随机微分方程来控制。有关随机微分方程更一般设置的详细信息,读者可见参考文献 [1,2]。

上述 SHS 模型可模拟电力电子系统中各种随机现象,具有灵活性和通用性。由于侧重可靠性建模,集合 Q 中的元素可表示不同的操作模式,包括标称(非故障)模式和由于电力电子系统组件中的故障而导致的任何工作模式。同样地,$X(t)$ 表示感兴趣的电力电子系统的动态性能,$X(t)$ 的状态可基于物理模型推导出来,例如,它们可以表示功率变换器模型中的电感器电流和电容器电压。基于所需的建模分辨率,式(11.7)可以表示功率变换器的平均或切换时间尺度模型,也可以研究其他能描述电力电子系统中特定属性的行为模型。例如,在 11.3 节中,作为案例分析讨论了光伏系统经济学的数值模型。在此情况下,$X(t)$ 表示光伏系统的累计收入。

11.2.2 测试函数、扩展算子和矩演变

11.2.1 节中描述的通用 SHS 模型中离散和连续状态的演变是紧密耦合的,控制 $X(t)$ 的矢量场 f 依赖于离散状态。同时,离散状态的转变取决于连续状态

⊖ 需要指出的是,对于重置映射所采用的符号容易引起误解,例如,$i \to j$ 的转移遵从 $\phi_{ij}(q, \cdot) = \phi_{ij}(i, \cdot) = (j, \cdot)$。为了清晰明确,书中保持使用这种写法。

的值,因为转换速率 λ_{ij} 通常是连续状态 $X(t)$ 的函数(参见式(11.1))。这种紧密的耦合作用使 SHS 的分析变得复杂,实际上,除了一些简单情况之外,以封闭形式获得离散和连续状态的分布是十分困难的。因此,通常关注离散和连续状态矩。下面介绍其一般的过程。

考虑到 11.2.1 节描述的 SHS 模型,定义一个测试函数 $\psi(q,x)$,$\psi: Q \times \mathbb{R}^n \to \mathbb{R}$,可得以下线性算子:

$$(L\psi)(q,x) = \frac{\partial}{\partial x}\psi(q,x) \cdot f(q,x,t) + \sum_{i,j \in Q} \lambda_{ij}(x,t)(\psi(\phi_{ij}(q,x)) - \psi(q,x))$$

(11.8)

式中,$\partial \psi / \partial x \in \mathbb{R}^{1 \times n}$ 表示相对于 x 的 $\psi(q,x)$ 的梯度,$\lambda_{ij}(x,t)$ 是由 $i \to j$ 的转化速率,$\phi_{ij}(q,x)$ 表示离散和连续状态的相应重置映射,该测试函数和算子在参考文献[1,2,8]中定义。测试函数 $\mathbb{E}[\psi(Q(t),X(t))]$ 的期望值的演变由 Dynkin 公式决定,该公式可用差分形式表示如下[1,8]:

$$\frac{\mathrm{d}}{\mathrm{d}t}\mathbb{E}[\psi(Q(t),X(t))] = \mathbb{E}[(L\psi)(Q(t),X(t))]$$

(11.9)

根据式(11.8)中算子的定义,可直观地看出,随机过程评估的测试函数期望值的时间变化率由上述算子的预期值决定。式(11.8)中的第一项表示测试函数相对于时间的导数,第二项表示输入和输出转换对测试函数的影响[9]。

通过选择合适的测试函数,式(11.9)可以描述相关条件矩演变的 ODE。因此,通过总体期望的规律可获得连续状态的某个矩。对于离散状态 $Q(t)$ 从集合 Q 中取值的 SHS 模型,定义以下测试函数族:

$$\psi_i^{(m)}(q,x) := \begin{cases} x^m & q = i \\ 0 & q \neq i \end{cases}, \forall i \in Q$$

(11.10)

式中,

$$m := (m_1, m_2, \cdots, m_n) \in \mathbb{N}^{1 \times n}$$

$$x^m := x_1^{m_1} x_2^{m_2} \cdots x_n^{m_n}$$

(11.11)

值得注意的是,通过以上定义,在处于模式 i 的离散状态的条件下,连续状态的第 m 阶条件矩由测试函数的预期值给出。式中,$\forall i \in Q$:

$$\mu_i^{(m)}(t) := \mathbb{E}[\psi_i^{(m)}(q,x)] = \mathbb{E}[X^m(t) | Q(t) = i]\pi_i(t)$$

(11.12)

式中,$\pi_i(t)$ 表示模式 i 的发生概率,即

$$\pi_i(t) := \Pr\{Q(t) = i\}$$

(11.13)

11.2.3 动态状态矩的演变

由于定义了各种条件矩,则可以解释如何应用总体期望定律来获得 $X(t)$ 的矩。继而可导出控制 $X(t)$ 条件矩演变的 ODE[2,8]。

假设要计算 $\mathbb{E}[X^m(t)]$,$m \in \mathbb{N}^{1 \times n}$,应用总体期望的法则,可根据以下公式获得

$$\mathbb{E}[X^m(t)] = \sum_{i\in\mathcal{Q}}\mathbb{E}[X^m(t)\,|\,Q(t)=i]\pi_i(t) = \sum_{i\in\mathcal{Q}}\mu_i^{(m)}(t) \quad (11.14)$$

因此，在每个时间 t，为了获得 $\mathbb{E}[X^m(t)]$，需要知道 $X(t)$，$\mu_i^{(m)}(t)$，$\forall i \in \mathcal{Q}$ 的条件矩。Dynkin 的式（11.9）产生了控制 $\mu_i^{(m)}(t)$ 演变的 ODE。特别地，$\mu_i^{(m)}(t)$，$\forall i \in \mathcal{Q}$ 的演变可由以下得到

$$\dot{\mu}_i^{(m)}(t) = \frac{\mathrm{d}}{\mathrm{d}t}\mathbb{E}[\psi_i^{(m)}(q,x)] = \mathbb{E}[(L\psi_i^{(m)})(q,x)] \quad (11.15)$$

通过仿真式（11.15）中相关的 ODE 族可获得所需的矩。

11.2.4 利用连续状态矩进行动态风险评估

虽然离散和连续状态的组合分布可完全表征 SHS，但也需要意识到该过程是难以恢复的。连续状态矩传达了关于分布的重要信息，事实上，电力电子系统动态可满足某些性能要求的概率的上限可以通过几个低阶矩获得。

假设连续状态 $x(t)$ 可以从性能要求建立的值域中取值 $\mathcal{R}_x := [x^{\min}, x^{\max}]$。尽管存在模式转换（包括由故障和维修引发的转换），仍然需要讨论连续状态是否能满足性能，即研究 $x(t) \in \mathcal{R}_x$，$\forall t$ 是否成立。通过建立风险概率的概念 $\rho_x(t)$ 可以进行确定，其定义为在 $t > 0$ 时连续状态不符合性能要求的概率，

$$\rho_x(t) := \Pr\{X(t) \notin \mathcal{R}_x\} = 1 - \Pr\{x^{\min} \le X(t) \le x^{\max}\} \quad (11.16)$$

使用式（11.14）、式（11.15）获得 $X(t)$ 的矩，即 $\mathbb{E}[X^m(t)]$，$m \in \mathbb{N}^+$，利用矩阵不等式来建立 $\rho_x(t)$ 的上限。例如，考虑以下基于切比雪夫的矩不等式[10]，它产生了一个 $\rho_x(t)$ 的上限，用 $\bar{\rho}_x(t)$ 表示：

$$\rho_x(t) \le 1 - \frac{4((\mathbb{E}[X(t)]-x^{\min})(x^{\max}-\mathbb{E}[X(t)]))}{(x^{\max}-x^{\min})^2} - \frac{4\sigma_{X(t)}^2}{(x^{\max}-x^{\min})^2} =: \bar{\rho}_x(t)$$

$$(11.17)$$

式中，$\sigma_{X(t)}$ 是 $X(t)$ 的标准差，

$$\sigma_{X(t)} := (\mathbb{E}[X^2(t)] - (\mathbb{E}[X(t)])^2)^{1/2} \quad (11.18)$$

本质上，式（11.17）表明，动态不符合先验指定性能规格的概率的上限可以简单地从几个低阶矩获得，其演变从非线性 ODE 的解中恢复。

重复蒙特卡罗仿真是获得 $\rho_x(t)$ 的一种方法。在每次仿真中，转换速率将决定何时触发模式转换。重复仿真将产生连续状态 $X(t)$ 的分布，由此可以计算式（11.16）。这种方法易于概念化和实施。然而，在计算上非常繁重，并且准确性与仿真的次数直接相关。另一方面，可使用基于 SHS 的分析方法，它不需要重复的仿真。此外，式（11.17）中的约束相对保守，因为不符合性能要求的实际概率较低。如果高阶矩是已知的，则可以计算出更精确的 $\rho_x(t)$ 估值。

11.2.5 从 SHS 恢复马尔可夫可靠性和补偿模型

SHS 获得人们青睐的主要原因是,其可以将各种随机建模框架作为最普遍的 SHS 形式的特殊情况来恢复。在本节中,演示了如何将马尔可夫可靠性模型和马尔可夫补偿模型[11,12]作为 11.2 节中描述的最一般 SHS 形式的特殊情况进行恢复。

11.2.5.1 连续时间马尔可夫链和马尔可夫可靠性模型

连续时间离散状态随机过程 $Q(t)$ 如果满足马尔可夫属性,则被称为连续时间马尔可夫链(CTMC):

$$\Pr\{Q(t_r) = i \mid Q(t_{r-1}) = j_{r-1}, \cdots, Q(t_1) = j_1\} = \Pr\{Q(t_r) = i \mid Q(t_{r-1}) = j_{r-1}\} \quad (11.19)$$

满足 $t_1 < \cdots < t_r$,$\forall i, j_1, \cdots, j_{r-1} \in \mathcal{Q}$ 和 $r > 1$。Q 如果满足式(11.20),则被认为是均匀的:

$$\Pr\{Q(t) = i \mid Q(s) = j\} = \Pr\{Q(t-s) = i \mid Q(0) = j\},\ \forall i, j \in \mathcal{Q}, 0 < s < t \quad (11.20)$$

利用 CTMC 的状态,即集合 $\mathcal{Q}$ 中的项(它表示待研究系统的不同操作模式),可以恢复马尔可夫可靠性模型。离散状态的转换由故障恢复功能的后续修复动作触发[11]。在不同的应用领域,连续时间马尔可夫链通常可用于系统可靠性和可用性建模。除了电力和能源系统[13-18],应用领域还包括:计算机系统[19]、通信网络[20]、电子电路[21,22]和分阶段任务系统[23,24]。

在马尔可夫可靠性模型中,人们关注的问题是如何确定离散状态 $Q(t)$ 在 $t > 0$ 的任何时刻的分布。从式(11.13)得出,模式 i 的占有率由 $\pi_i(t)$ 决定。$\{\pi_q(t)\}_{q \in \mathcal{Q}}$ 表示占有率列向量的项。$\pi(t)$ 的演变由 Chapman-Kolmogorov 方程[12]决定:

$$\frac{\mathrm{d}}{\mathrm{d}t} \pi(t) = \Lambda \pi(t) \quad (11.21)$$

式中,$\Lambda \in \mathbb{R}^{|\mathcal{Q}| \times |\mathcal{Q}|}$ 是由组件故障和修复组成的马尔可夫链算子矩阵。

$$\lambda_{ij}(t), \lambda_{ij}: \mathbb{R}^+ \to \mathbb{R}^+ \quad (11.22)$$

表示由模式 i 到模式 j 的转换速率。那么,算子矩阵 Λ 可按以下构成:

$$[\Lambda]_{ij} = \begin{cases} \lambda_{ij}(t) & i \neq j,\ j \in \mathcal{Q}_i^- \\ -\sum_{l \in \mathcal{Q}_i^+} \lambda_{il}(t) & i = j \end{cases} \quad (11.23)$$

因此,式(11.22)、式(11.23)的第 i 个占有率的演变由以下给出:

$$\dot{\pi}_i(t) = \sum_{j \in \mathcal{Q}_i^-} \lambda_{ij}(t) \pi_j(t) - \sum_{k \in \mathcal{Q}_i^+} \lambda_{ik}(t) \pi_i(t) \quad (11.24)$$

通过忽略连续状态 $X(t)$ 和复位映射 $\phi(\cdot)$,马尔可夫可靠性和可用性模型可以从 11.2 节中的通用 SHS 公式中恢复。当连续状态被忽略时，式（11.1）中的转换速率是时间的常数或函数，从而可在式（11.22）中恢复公式。因此，使用式（11.15）可以恢复决定马尔可夫可靠性模型 CTMC 占有率的 Chapman-Kolmogorov 微分方程。为此，当式（11.12）中 $m = (0,0,\cdots,0)$，可恢复离散状态的占有率

$$\mu_i^{(0,0,\cdots,0)}(t) = \Pr\{Q(t) = i\} = \pi_i(t) \tag{11.25}$$

式（11.15）中的矩 ODE 归结为

$$\dot{\mu}_i^{(0,\cdots,0)}(t) = \sum_{j \in \mathcal{Q}_i^-} \lambda_{ji}(t) \mu_j^{(0,\cdots,0)}(t) - \sum_{k \in \mathcal{Q}_i^+} \lambda_{ik}(t) \mu_i^{(0,\cdots,0)}(t) \tag{11.26}$$

用于求解 CTMC 占有率的 Chapman-Kolmogorov 微分方程式（11.24）。

11.2.5.2 马尔可夫补偿模型

马尔可夫补偿模型包括马尔可夫链 $Q(t)$ 和累计补偿 $X(t)$。其中，$Q(t)$ 从集合 $\mathcal{Q}$（其描述可能的系统操作模式）中取值，而 $X(t)$ 则可表示一些感兴趣的性能测量量。最常研究的马尔可夫补偿模型是速率补偿模型（参见参考文献[25,26]及其中的参考文献）。速率补偿模型的累积补偿根据以下获得

$$\frac{\mathrm{d}X(t)}{\mathrm{d}t} = f(Q(t))$$

式中，$f: \mathcal{Q} \to \mathbb{R}$ 是（离散状态依赖）补偿增长率。累积补偿中的脉冲由于系统中组件的故障或维修而捕获一次性的影响。马尔可夫补偿形式也可以作为最普遍的 SHS 公式的特例来恢复。在式（11.7）中使 $f(q,x,t) = f(q)$ 可恢复马尔可夫补偿模型框架。

11.3 SHS 在光伏系统经济学中的应用

本案例演示了 SHS 框架在具有多台逆变器的住宅级光伏系统的累计收入建模中的应用。所研究的光伏系统是 Gable Home：美国能源部 2009 年太阳能十项全能项目建成的太阳能房屋[27]。该光伏电气系统由 40 个 225W 单晶模块组成。通过两台 5kW 并网逆变器，将光伏直流电变换为可为公共设施供电的交流电。

系统中逆变器可靠性模型的状态转换图如图 11.1 所示。描述可靠性模型的 CTMC 采用集合 $Q = \{0,1,2\}$ 中的值。在运行模式 2 中，两个逆变器同时工作；在运行模式 1 中，单个逆变器工作；而在运行模式 0 中，两台逆变器都出现故障。故障率、修复率和共因故障率分别由 λ、μ 和 λ_c 表示。图 11.1 中的状态转换图由以下转换速率决定

$$\lambda_{21} = 2\lambda, \ \lambda_{20} = \lambda_c$$
$$\lambda_{10} = \lambda, \ \lambda_{01} = \lambda_{12} = \mu \tag{11.27}$$

246 | 电力电子系统可靠性

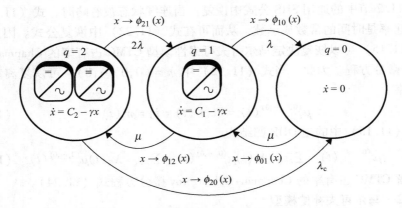

图 11.1 光伏系统可靠性模型中状态转换结构图

利息补偿是运营光伏系统的累计收入，用 $X(t)$ 表示。在操作模式 i 下累计收入增长的恒定速率由 C_i（美元/年）表示。此外，考虑每个操作模式下的折损率 γ（考虑自然磨损和折旧）。三种操作模式下管理累计收入演变的系统由以下表示

$$f(q,x) = \begin{cases} C_2 - \gamma x & q = 2 \\ C_1 - \gamma x & q = 1 \\ 0 & q = 0 \end{cases} \qquad (11.28)$$

由于故障而导致的模式转换，累计收入值与更换或修理逆变器的一次性费用有关。由于操作模式 i 到模式 j 的故障转换，累计收入的脉冲变化被表示为 C_{ij}（美元）。⊖ 下式给出描述离散和连续状态如何被转换所影响的复位映射

$$\phi_{21}(q,x) = (1, x - C_{21}), \phi_{20}(q,x) = (0, x - C_{20})$$
$$\phi_{10}(q,x) = (0, x - C_{10}), \phi_{01}(q,x) = (1, x), \phi_{12}(x) = (2, x) \qquad (11.29)$$

工业界十分关注如何确定光伏系统的累计收入的矩，即 $\mathbb{E}[X(t)]$、$\mathbb{E}[X^2(t)]$ 的确定，可以采用基于 SHS 的框架来解决。为此，首先定义 CTMC 的每个状态的测试函数：

$$\psi_i^{(m)}(q,x) = \begin{cases} x^m & q = i \\ 0 & q \neq i \end{cases}, i \in \mathcal{Q} = \{0,1,2\} \qquad (11.30)$$

由式（11.8）可知，扩展算子由以下确定

$$(L\psi_0^{(m)})(q,x) = -\mu \psi_0^{(m)}(q,x) + \lambda \left(\psi_1^{(1)}(q,x) - C_{10}\psi_1^{(0)}(q,x)\right)^m +$$

⊖ 成本模型中的参数考虑了通货膨胀率或现金流的时变性。例如，参考文献 [13] 中的模型 $C_i(t) = C_i e^{-\delta t}$ 和 $C_{ij}(t) = C_{ij} e^{-\delta t}$，$\delta$ 为与时间相关的折损率[13]。

第 11 章 随机混合系统模型在电力电子系统性能和可靠性分析中的应用 | 247

$$\lambda_c (\psi_2^{(1)}(q,x) - C_{20}\psi_2^{(0)}(q,x))^m \quad (11.31)$$

$$(L\psi_1^{(m)})(q,x) = m c_1(t)\psi_1^{(m-1)}(q,x) - m\gamma\psi_1^{(m)}(q,x) - (\lambda+\mu)\psi_1^{(m)}(q,x) +$$
$$2\lambda(\psi_2^{(1)}(q,x) - C_{21}\psi_2^{(0)}(q,x))^m + \mu\psi_0^{(m)}(q,x) \quad (11.32)$$

$$(L\psi_2^{(m)})(q,x) = m c_2(t)\psi_2^{(m-1)}(q,x) - m\gamma\psi_2^{(m)}(q,x) - (2\lambda+\lambda_c)\psi_2^{(m)}(q,x) +$$
$$\mu\psi_1^{(m)}(q,x) \quad (11.33)$$

在式 (11.31) ~ 式 (11.33) 中应用 Dynkin 公式 [式 (11.15)]，得到以下 m 阶条件矩的微分方程组，

$$\frac{d}{dt}\mu_0^{(m)}(t) = -\mu\mu_0^{(m)}(t) + \lambda\left((-1)^m C_{10}^m \pi_1(t) + \sum_{k=0}^{m-1}\binom{m}{k}\mu_1^{(m-k)}(t)(-1)^k C_{10}^k\right) +$$
$$\lambda_c\left((-1)^m C_{20}^m \pi_2(t) + \sum_{k=0}^{m-1}\binom{m}{k}\mu_2^{(m-k)}(t)(-1)^k C_{20}^k\right) \quad (11.34)$$

$$\frac{d}{dt}\mu_1^{(m)}(t) = mc_1(t)\mu_1^{(m-1)}(t) - m\gamma\mu_1^{(m)}(t) - (\lambda+\mu)\mu_1^{(m)}(t) +$$
$$2\lambda\left((-1)^m C_{21}^m \pi_2(t) + \sum_{k=0}^{m-1}\binom{m}{k}\mu_2^{(m-k)}(t)(-1)^k C_{21}^k\right) + \mu\mu_0^{(m)}(t)$$
$$(11.35)$$

$$\frac{d}{dt}\mu_2^{(m)}(t) = mc_2(t)\mu_2^{(m-1)}(t) - m\gamma\mu_2^{(m)}(t) - (2\lambda+\lambda_c)\mu_2^{(m)}(t) + \mu\mu_1^{(m)}(t)$$
$$(11.36)$$

式中，$\pi_0(t)$、$\pi_1(t)$ 和 $\pi_2(t)$ 是不同模式的占有率。累计收入的 m 阶矩由下式给出

$$\mathbb{E}[X^m(t)] = \mu_0^{(m)}(t) + \mu_1^{(m)}(t) + \mu_2^{(m)}(t) \quad (11.37)$$

在式 (11.34) ~ 式 (11.36) 中代入 $m=0$ 可以恢复 Chapman-Kolmogorov 方程：$\dot{\pi}(t) = \Lambda\pi(t)$，其中 $\pi(t) = [\pi_0(t), \pi_1(t), \pi_2(t)]^T$，由下式给定

$$\Lambda = \begin{bmatrix} -\mu & \lambda & \lambda_c \\ \mu & -(\lambda+\mu) & 2\lambda \\ 0 & \mu & -(2\lambda+\lambda_c) \end{bmatrix}$$

为了案例说明，考虑以下仿真参数。转换速率假设为 $\lambda = 0.1$ 年$^{-1}$，$\lambda_c = 0.001$ 年$^{-1}$，$\mu = 30$ 年$^{-1}$。假设脉冲成本是前期逆变器安装成本 $C_{\text{inverter}} = 2850$ 美元的一小部分；使用该模型，$C_{21} = C_{10} = \rho C_{\text{inverter}}$ 及 $C_{20} = 2\rho C_{\text{inverter}}$，设定 ρ 的额定值为 6%，额定折损率根据参考文献 [28] 设置为 0.7%。双逆变器系统 C_2 的收入率假设为 1125 美元/年，假定 $C_1 = C_2/2$。该计算基于美国国家可再生能源实验室为伊利诺伊州的春田市开发的 PVWatts 计算工具得到，其假设总体系统损耗为 14%，逆变器效率为 96%，DC/AC 尺寸比为 1.1（假定逆变器的额定功率为 5kW）。

为了进行比较，对累计收入的演变模型进行了模拟，其他投资为 $2C_{inverter}$，收入增长率为 d。图 11.2 绘制了光伏系统的预期累计收入，并描绘了 $d=1\%$、3%、7% 的其他投资的累计收入。图中曲线的交点表明光伏逆变器的投资相比其他投资开始有收益的时刻，即逆变器成本的预期回收时间。图 11.3 绘制了光伏系统的折损率 $\gamma=0.1\%$、5%、10% 的预期累计收入，并描绘了 $d=1\%$ 的其他投资的累计收入。从图 11.4 中可以看出，当折损率增长 2 个数量级，预期回收时间只增加 3 年左右。根据拟订的维修模式，当前期逆变器维修成本增长 10%~100% 时，预期的回收时间将增加一倍以上。

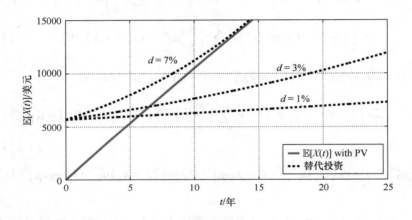

图 11.2　光伏系统的收入增长率 $d=1\%$、3%、7% 的预期累计收入

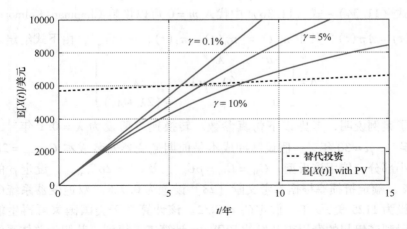

图 11.3　光伏系统的折损率 $\gamma=0.1\%$、5%、10% 的预期累计收入

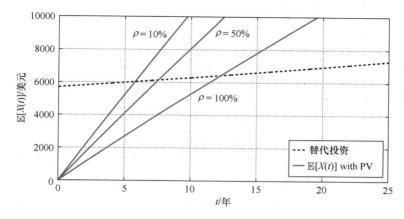

图 11.4　光伏系统的不同维修成本的预期累计收入

11.4　总结

本章介绍了基于 SHS 的框架来分析电力电子系统的性能和可靠性。在仅包含离散状态的常规可靠性模型的基础上，SHS 模型包含了基于物理学或行为模型的功率变换器连续状态。基于 Dynkin 公式，获得了连续状态矩，并讨论了如何将矩运用到动态风险评估中。最后介绍了 SHS 框架在光伏系统中预期累计收入建模的应用。

参 考 文 献

[1] J. P. Hespanha, "A model for stochastic hybrid systems with application to communication networks," *Nonlinear Analysis*, Special Issue on Hybrid Systems, vol. 62, no. 8, pp. 1353–1383, September 2005.

[2] J. P. Hespanha, "Modelling and analysis of stochastic hybrid systems," *IEE Proceedings – Control Theory and Applications*, vol. 153, no. 5, pp. 520–535, September 2006.

[3] J. Endrenyi, *Reliability Modeling in Electric Power Systems*. New York, NY: John Wiley & Sons, 1978.

[4] O. Ardakanian, S. Keshav, and C. Rosenberg, "Markovian models for home electricity consumption," in *Proceedings of the 2nd ACM SIGCOMM Workshop on Green Networking*, 2011, pp. 31–36.

[5] S. Koch, J. L. Mathieu, and D. S. Callaway, "Modeling and control of aggregated heterogeneous thermostatically controlled loads for ancillary services," in *Proceedings of the Power Systems Computation Conference*, August 2011.

[6] G. Grimmett and D. Stirzaker, *Probability and Random Processes*. Oxford:

Oxford University Press, 1992.

[7] A. R. Teel, A. Subbaraman, and A. Sferlazza, "Stability analysis for stochastic hybrid systems: A survey," *Automatica*, vol. 50, no. 10, pp. 2435–2456, 2014.

[8] M. H. A. Davis, *Markov Models and Optimization*. Boundary Row, London: Chapman & Hall, 1993.

[9] S. V. Dhople, Y. C. Chen, L. DeVille, and A. D. Domínguez-García, "Analysis of power system dynamics subject to stochastic power injections," *IEEE Transactions on Circuits and Systems I: Regular Papers*, vol. 60, no. 12, pp. 3341–3353, December 2013.

[10] K. Steliga and D. Szynal, "On Markov-type inequalities," *International Journal of Pure and Applied Mathematics*, vol. 58, no. 2, pp. 137–152, 2010.

[11] R. A. Sahner, K. S. Trivedi, and A. Puliafito, *Performance and Reliability Analysis of Computer Systems*. Norwell, MA: Kluwer Academic Publishers, 2002.

[12] M. Rausand and A. Høyland, *System Reliability Theory*. Hoboken, NJ: Wiley Interscience, 2004.

[13] G. J. Anders and A. M. Leite da Silva, "Cost related reliability measures for power system equipment," *IEEE Transactions on Power Systems*, vol. 15, no. 2, pp. 654–660, May 2000.

[14] P. M. Anderson and S. K. Agarwal, "An improved model for protective-system reliability," *IEEE Transactions on Reliability*, vol. 41, no. 3, pp. 422–426, September 1992.

[15] A. M. Bazzi, A. D. Domínguez-García, and P. T. Krein, "Markov reliability modeling for induction motor drives under field-oriented control," *IEEE Transactions on Power Electronics*, vol. 27, no. 2, pp. 534–546, February 2012.

[16] S. V. Dhople and A. D. Domínguez-García, "Estimation of photovoltaic system reliability and performance metrics," *IEEE Transactions on Power Systems*, vol. 27, no. 1, pp. 554–563, February 2012.

[17] S. V. Dhople, A. Davoudi, A. D. Domínguez-Garciía, and P. L. Chapman, "A unified approach to reliability assessment of multiphase dc–dc converters in photovoltaic energy conversion systems," *IEEE Transactions on Power Electronics*, vol. 27, no. 2, pp. 739–751, February 2012.

[18] H. Behjati and A. Davoudi, "Reliability analysis framework for structural redundancy in power semiconductors," *IEEE Transactions on Industrial Electronics*, vol. 60, no. 10, pp. 4376–4386, October 2013.

[19] M. L. Shooman and A. K. Trivedi, "A many-state Markov model for computer software performance parameters," *IEEE Transactions on Reliability*, vol. R-25, no. 2, pp. 66–68, June 1976.

[20] D. F. Lazaroiu and E. Staicut, "A Markov model for availability of a packet-switching computer network," *IEEE Transactions on Reliability*, vol. R-32, no. 4, pp. 358–365, October 1983.

[21] J. T. Blake, A. L. Reibman, and K. S. Trivedi, "Sensitivity analysis of reliability and performability measures for multiprocessor systems," in *Proceedings of the ACM Sigmetrics*, 1988, pp. 177–186.

[22] M. Tainiter, "An application of a Markovian model to the prediction of the reliability of electronic circuits," *IEEE Transactions on Reliability*, vol. R-12, no. 4, pp. 15–25, December 1963.

[23] K. Kim and K. S. Park, "Phased-mission system reliability under Markov environment," *IEEE Transactions on Reliability*, vol. 43, no. 2, pp. 301–309, June 1994.

[24] D. Wang and K. S. Trivedi, "Reliability analysis of phased-mission system with independent component repairs," *IEEE Transactions on Reliability*, vol. 56, no. 3, pp. 540–551, September 2007.

[25] G. Horváth, S. Rácz, Á. Tari, and M. Telek, "Evaluation of reward analysis methods with MRMSolve 2.0," in *Proceedings of the International Conference on Quantitative Evaluation of Systems*, 2004, pp. 165–174.

[26] G. Horváth, S. Rácz, and M. Telek, "Analysis of second-order Markov reward models," in *Proceedings of the International Conference on Dependable Systems and Networks*, June 2004, pp. 845–854.

[27] S. V. Dhople, J. L. Ehlmann, C. J. Murray, S. T. Cady, and P. L. Chapman, "Engineering systems in the gable home: A passive, net-zero, solar-powered house for the U.S. Department of Energy's 2009 Solar Decathlon," in *Proceedings of the Power and Energy Conference at Illinois, 2010*, 2010, pp. 58–62.

[28] D. C. Jordan, R. M. Smith, C. R. Osterwald, E. Gelak, and S. R. Kurtz, "Outdoor PV degradation comparison," in *Proceedings of the IEEE Photovoltaic Specialists Conference*, June 2010, pp. 2694–2697.

第 12 章
容错可调速驱动系统

Prasad Enjeti, Pawan Garg, Harish Sarma Krishnamoorthy

得克萨斯农工大学，美国

12.1 引言

本章详细研究了可调速驱动（ASD）系统的容错控制。首先，讨论了影响ASD可靠性的重要因素，然后对ASD系统中各种功率变换器结构和容错控制方法进行介绍。

提高电机驱动系统效率的最有效方法之一是采用ASD系统来代替机械设备，如控制阀和齿轮。电能变换过程中将近38%的能量损耗由电机驱动设备（如泵、压缩机和风扇）引起[1]。图12.1展示的是一个结合了电机和输入电源的现代电机驱动系统（MDS），ASD是其中一个重要组成部分。在泵站、石油化工、水泥产业、采矿业、钢铁厂、金融市场等应用领域，MDS得到了广泛应用[2,3]。在这些应用领域的制造过程中，任何中断都会造成巨大的损失，这不仅包括生产损失，还有后续成本。因此，从系统角度看，MDS对企业运行成本和收益的影响至关重要。与此同时，电机驱动器在电动车辆及军队、医院等可靠性需求较高

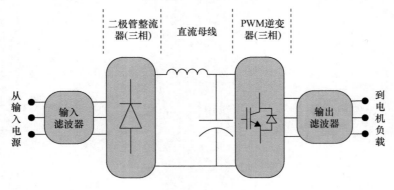

图 12.1 传统两电平三相 MDS 拓扑[2,3]

的场合，其安全性问题引起了极大关注，任何的故障中断都会导致无法弥补的后果。综合以上分析，由于财物损失和安全隐患两方面原因，许多学者针对 ASD 的故障模式展开了大量研究工作[4]。

电机驱动器是一种复杂的系统，其通常工作在恶劣条件下，承受的应力或机械磨损也会加速其老化过程，并引发多种故障（见图 12.2）[4]。图 12.2 描述了影响 MDS 子系统可靠性的各种因素。而本章将仅详细介绍影响 ASD 可靠性的因素。

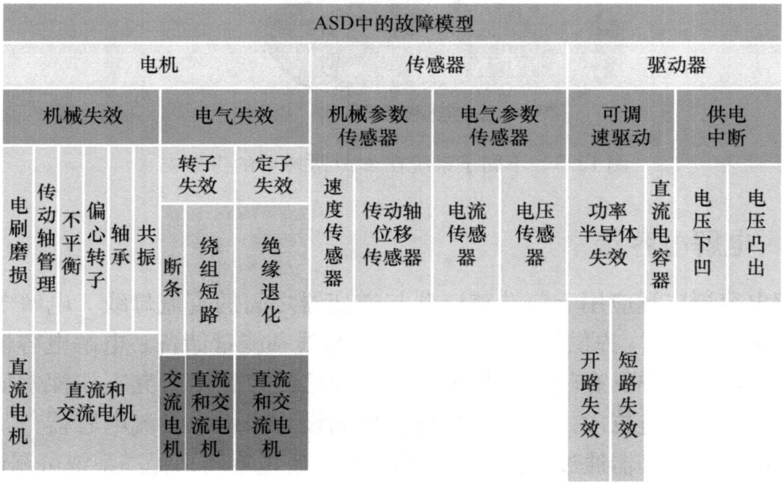

ASD中的故障模型							
电机				传感器		驱动器	
机械失效		电气失效		机械参数传感器	电气参数传感器	可调速驱动	供电中断
电刷磨损	传动轴管理 / 不平衡 / 偏心转子 / 轴承 / 共振	转子失效（断条/绕组短路）	定子失效（绝缘退化）	速度传感器 / 传动轴位移传感器	电流传感器 / 电压传感器	功率半导体失效（开路失效/短路失效）	直流电容器 / 电压下凹 / 电压凸出
直流电机	直流和交流电机	交流电机	直流和交流电机				

图 12.2 影响电机驱动系统故障的主要因素[4]

12.2 影响 ASD 可靠性的主要因素

典型的 ASD 系统（见图 12.1）由三个子系统组成：前端整流器、直流母线和逆变器。该拓扑结构使用二极管和绝缘栅双极晶体管（IGBT）或金属氧化物半导体场效应晶体管（MOSFET）作为功率器件，直流母线采用电解/薄膜电容器。由于常规拓扑不包括冗余设计，三个子系统中的任意一个故障均会导致 ASD 故障。现场经验得出的数据显示，约 35% 的 ASD 故障都是由电力电子电路故障所导致[4]，功率器件已经被认为是驱动系统中故障率最高的器件之一，多达 40% 的三相逆变器故障是功率半导体故障引起的，影响 MDS 可靠性的主要因素将在本节中简要讨论（见图 12.3）。

12.2.1 功率器件

功率器件，如 MOSFET、IGBT、可控硅整流器（SCR），是电机驱动的重要组成部分。为了降低寄生参数带来的影响，现代驱动器通常采用高功率密度的功率模块。不同功率模块会导致热应力和机械应力的不均匀分布，加速功率模块的疲劳，从而引起故障。大功率 IGBT 模块的另一种故障模式是电压击穿或雪崩故障。由寄生双极结型晶体管（BJT）门限引起的 IGBT 故障机理已经得到了大量研究，例如，由关断期间导通压降变化速率尖峰而导致的击穿以及热击穿。

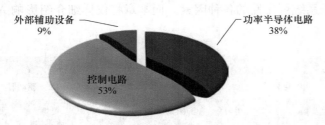

图 12.3 不同子系统在 ASD 故障中的份额[4]

12.2.2 电解电容器

电解电容器广泛应用于前端整流器与逆变器之间的直流母线。电解电容器为低电压穿越（LVRT）提供了一个稳定的直流母线和能量储备。电解电容器成本较高并且在现场运行中具有较高的故障率。目前已经有大量研究工作探索如何改进电容器的生产和制造技术，并通过拓扑和控制设计来优化直流电容器[5,6]。目前，一些汽车的电机驱动器通过用薄膜电容器代替电解电容器来提高系统可靠性。

12.2.3 其他因素

12.2.3.1 电机

ASD 系统的安装可能影响电机的可靠性。电机故障也会影响 MDS 的可靠性。根据商业安装数据，轴承和绕组故障共计占电机故障的 70%[7,8]。

12.2.3.2 绕组故障

具有长引线电缆的高频脉宽调制（PWM）逆变器的 ASD 系统可能会在电机端[9,10]引起大的电压过冲。参考文献 [11] 中的电磁线绝缘寿命曲线说明了增加电缆长度和开关频率对电压尖峰的影响。长时间的电压应力会导致绝缘材料的逐渐老化，并最终引起灾难性的故障[8,9]。

12.2.3.3 轴承电流

PWM 技术的应用通常导致中性线与地之间的高频共模电压。该电压会引起电机轴承产生高频电流，并逐渐侵蚀轴承座圈，最终导致机械故障[9,10]。电气接地在抑制轴承电流的产生和大小方面起着至关重要的作用。

12.2.3.4 输入扰动

基于电力质量的调查以及相关标准，输入电压降超过 13%，且时间超过一个半周期可导致 MDS 跳闸。尽管在下垂事件期间通过停机可保护电力电子器件，但同样可能导致生产损失。在需要不间断工作的工业应用中，可能导致更加巨大的影响[6,12]。

12.2.3.5 传感器失效

ASD 传感器在运行中可能出现连接中断、掉电、直流偏置和增益变化等异常现象[13]。不完整或杂乱的采样信息可能导致闭环控制系统的不稳定。

由于高可靠性 MDS 需求的不断增长，ASD 的容错设计研究引起了极大的关注，本章将介绍现有的容错技术，并对半导体器件故障类型从以下两个方面进行讨论：①开路故障和②短路故障。间歇性驱动故障将产生类似于开路或短路故障的效果。在随后的讨论中，半导体器件、IGBT、MOSFET 和开关等名称可以互换使用。

12.3 容错 ASD 系统

容错 ASD 系统是一个在组件或子系统出现故障时不会导致系统的失效或关闭[14]。从用户的角度来看，容错 ASD 系统的两个最重要指标是容错度和故障后性能。容错度是指导致系统关闭的故障数。ASD 在故障后运行的表现非常重要，在一些 ASD 系统中，即使发生故障，系统仍被允许在较低性能指标下运行。

容错运行有三个阶段：①故障诊断；②故障隔离；③控制或硬件重配置。ASD 应用中的故障诊断本身就是一个广泛的领域，超出了当前讨论的范围。因此本章将主要讨论故障隔离和控制或硬件重配置两部分。

12.4 容错系统设计中的变换器故障隔离

故障隔离过程指故障开关或故障桥臂的电气隔离，用于确保故障不会传播或导致级联故障。因此，故障隔离是实现容错运行的重要一步。为防止级联故障，设计隔离方案时要考虑以下几点要求：①隔离速度，②故障覆盖范围，③隔离方案精度，④对系统正常运行的影响，⑤成本和复杂性。

需要注意的是，短路意味着 S_{a1} 和 S_{a2} 都有短路故障（见图 12.4）。桥臂开路故障定义为点"a"与"A"断开。在参考文献 [15] 中，讨论了五个典型的两电平变换器隔离方案，具体如图 12.5 所示。

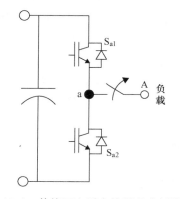

图 12.4 传统两电平变换器的半桥结构

这些隔离方案也可以扩展到其他变换器拓扑。

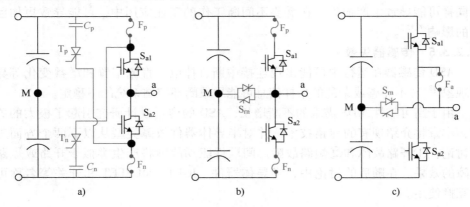

图 12.5 两电平变换器的三种故障隔离策略[15]

- 图 12.5a 中的策略（a）：如果开关 S_{a1} 发生故障（短路或断开），则可以通过执行以下步骤来隔离。
  - 关闭 S_{a2}，避免任何瞬变的大电流损坏 S_{a2}。
  - 打开 T_n，打开一个通路，使熔断熔丝 F_p。

电容器 C_p 和 C_n 设计以使其实现最小隔离时间，有助于关闭三端双向开关元件的 T_p 和 T_n。

- 图 12.5b 中的策略（b）：如果 S_{a2} 发生故障（短路），则按以下步骤进行隔离。
  - 关闭 S_{a1}，避免瞬变大电流损坏 S_{a1}。
  - 打开三端开关或双向开关 S_m，电流从直流母线中流过并熔断熔丝 F_p。

在开关开路故障情况下，开关的门控信号将被禁止，且 S_m 开关管导通。这将使输出电压钳位在直流母线中点，从而抑制故障桥臂中的电流。

- 图 12.5c 中的策略（c）：如果开关 S_{a2} 故障（开路或短路），则可以按照以下步骤隔离 a 相支路。
  - 如果 S_{a1} 开路，则打开 S_{a2} 和 S_m。这将触发下部直流母线电容器短路并熔断熔丝 F_a。逆变器 a 相被隔离。
  - 如果 S_{a1} 短路，则
    - 关闭 S_{a2}。
    - 打开 S_m。母线电容器短路，将熔丝 F_a 熔断，逆变器 a 相被隔离。

参考文献 [15] 中讨论了这三种技术的另外两种变形，运行方式与上述三种策略相似。

表 12.1 总结了三种不同的故障隔离策略。

表 12.1 故障隔离策略总结

技 术	故障隔离范围	隔离精度	缺 点
策略（a）	S_{a1} 和/或 S_{a2} 的开路/短路失效（任何故障都可以被转化为相开路失效）	• 只隔离故障开关器件	• 熔丝增加了直流母线通路的寄生电感 • 需要应用相对大量的器件 • C_p 和 C_n 这两个电容器需要被改变以适应大电压幅值 • 熔丝的 i^2t 值必须低于半导体器件的承受能力
策略（b）	S_{a1} 和/或 S_{a2} 的短路失效	• 只隔离故障开关器件 • 以防开路故障，逆变器的桥输出被钳位到直流母线中点	• 直流母线上的熔丝增加了通路上的寄生电感 • 在开路故障时，开关保持电气连接。然而，在故障后运行时，逆变器的相输出被钳位到直流母线中点 • 接近直流母线中点是必要的
策略（c）	S_{a1} 或 S_{a2} 的开路/短路失效	• 隔离故障桥，并且连接逆变器的桥输出和直流母线中点	• 它不能处理 S_{a1} 和 S_{a2} 的同时失效 • 接近直流母线中点是必要的

12.5 容错系统设计中的控制或硬件重配置

文献中已经提出了许多容错系统。控制或硬件重配置技术的种类繁多，为了便于分析讨论，这些方法被大致分为三类：①拓扑技术，②软件技术，③冗余硬件技术。这三种方法在后面各节中有更详细的说明。拓扑技术部分讨论了自身具有冗余状态的电路，在某些故障模式下，这些拓扑可以以低输出性能状态继续运行，无需任何修改。在其他情况下，可以使用软件技术来优化运行。冗余硬件技术包括在原始系统基础上增加冗余硬件。虽然添加硬件增加了系统成本，但它在故障后运行方面提供了优势。本部分内容的结构如图 12.6 所示，概述了现有的容错 ASD 技术。

对于无故障运行的逆变器，我们做出以下假设：
- 逆变器相电压输出为 1pu 时调制指数为 1.15（三次谐波注入）下获得的最大相电压。
- 逆变器最大相电流为 1pu。
- 在故障后运行中，电压和电流（以 pu 为单位）的计算在逆变器的电压和电流应力范围内。

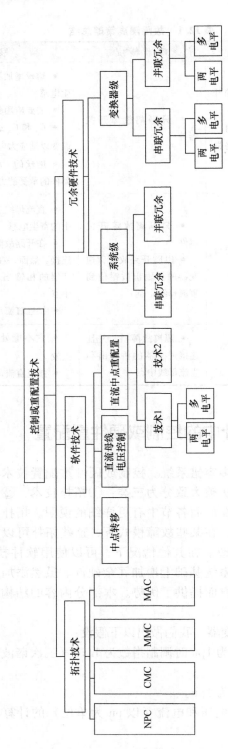

图 12.6 容错系统的控制或硬件重配置

软件和拓扑密切相关,在检测到故障并隔离后,拓扑和软件冗余方法都需要改变控制策略。拓扑技术是指使用具有冗余切换状态的拓扑,这些拓扑可以在故障后继续运行,控制策略的变化很小。软件技术是指通过控制策略的修改,将输出电压、总谐波失真(THD)等性能指标保持在最佳工作点附近。拓扑技术和软件技术的优点在于,可以在现有的系统中仅修改控制策略实现容错运行。冗余硬件技术通常需要在设计阶段便考虑进去,难以在现有的系统中实现。但冗余硬件技术能够显著增强系统故障后的性能。

12.5.1 拓扑结构

多电平逆变器通过添加开关能够引入额外电平。这些开关参与变换器的正常运行,在保持相同输出电压的同时增加了冗余开关状态。空间矢量 PWM 方法通常利用调整开关状态来避免故障开关的引入,同时保持稳定的输出电压。冗余状态的存在可以用于容错控制,下面将讨论一些较为常用的拓扑。

12.5.1.1 中点钳位拓扑

三电平中点钳位(NPC)拓扑及其切换状态图如图 12.7 所示。NPC 拓扑包含三种输出开关状态:正(S_{a1} 和 S_{a2} 导通),负(S_{a3} 和 S_{a4} 导通),零(S_{a2} 和 S_{a3} 导通)。从图 12.7a 中可观察到,一旦 S_{a2} 发生故障,A 相输出端的负状态(-)将不可用,因为它会使底部直流母线电容器短路。故障后切换状态图如图 12.7b ②~⑦所示。从图 12.7b③可以看出,只要避免使用不可用的状态,逆变器就可以继续工作。由于这些状态处于六边形的输出边沿,例如,向量组合(-+-)、(-++)和(-++),此时最大调制系数也将减少到正常工作值的一半[16],同时可以发现有几个状态会导致正常运行的器件超过其允许的电压应力。由于每个器件(S_{a1},S_{a2},D_{a5})开路故障与短路故障的开关切换状态不同,因此 PWM 策略的调整还能够避免不可用状态导致的直流母线中点电压不平衡。该研究目前还面临一些其他挑战,例如,错误故障检测[17]和器件的过应力[18]。此外,由于上述的缺陷,常规 NPC 只能补偿开关短路型故障。

如图 12.7 所示,常规 NPC 拓扑可以通过修改电路增加冗余状态,如图 12.8 和图 12.9 所示。图 12.8 中所示的拓扑就是在传统 NPC 拓扑基础上通过添加一个隔离电路而得到。也可以利用 IGBT 代替钳位二极管 D_{a5} 和 D_{a6} 来得到图 12.9 所示拓扑。在正常情况下,新的冗余开关状态将被用来平衡器件间的功率损耗[19]。下面将分别对单开关短路和开路的故障案例进行讨论。

在图 12.8 所示的单开关短路故障情况下,故障桥臂可以转化为一个两电平半桥结构。如果 S_{a1} 短路,则每次 S_{a2} 和 S_{a3} 都打开时,直流母线电容器将通过 D_{a6} 短路。为了避免这个问题并实现可控隔离,可以采用晶闸管 T_n 导通的方式来熔断熔丝 F_2。故障桥臂以两电平模式工作,即不再使用零状态(S_{a2} 和 S_{a3} 导通)。

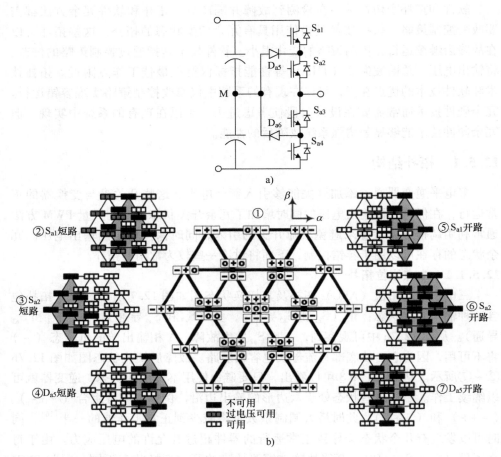

图 12.7　a) NPC 拓扑中 A_1 半导体短路和 b) 状态切换图[16,17]

故障覆盖范围仅限于顶部（S_{a1}，S_{a2}，D_{a5}）和/或底部（S_{a3}，S_{a4}，D_{a6}）一个开关的开关短路故障。此时，可用的最大输出电压保持不变，输出电压的 THD 也将下降，器件需要承受的电压应力为直流母线电压。相比之下，图 12.9 中的拓扑可以在单个开关短路故障后保持三电平输出运行。例如，如果 S_{a1} 短路，则晶闸管 T_n 导通以熔断熔丝 F_2，一旦 F_2 断开，则可以通过开关 S_{a2} 和 S_{a5} 的组合来获得零状态。其他开关状态保持不变。没有故障的器件必须承受整个直流母线电压，输出电压可保持在 1pu。图 12.9 所示的另一种故障后工作模式是通过打开 S_{a2} 和 S_{a5} 将相位中点连接到直流母线中点，然后应用 12.5.2.3 节所述的直流中点重配置技术 1。这种情况下，输出电压会降低，但器件不会承受过电压应力。从上述分析可以看出，两个拓扑结构（见图 12.8 和图 12.9）均可以承受单相短路故障的多个阶段，未故障的器件需要承受直流母线电压。变换器可以继续工作在两电平模式和三电平模式。

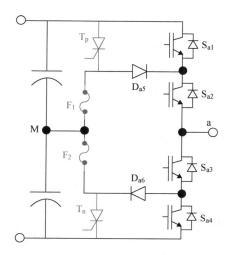

图 12.8 基于传统 NPC 拓扑的改进容错电路[19]

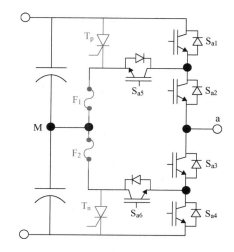

图 12.9 基于有源 NPC 拓扑的改进容错电路[15]

在图 12.9 所示的单开关断路故障的情况下，直流母线中点被连接到输出端，例如，如果开关 S_{a2} 断开，则可以打开 S_{a3} 和 S_{a6}，将相电压钳位到直流母线中点。重配置过程完成后，故障后运行可以使用 12.5.2.3 节讨论的直流中点重配置技术 1 使逆变器继续运行。这种情况下，器件不需要承受过应力，最大调制指数减小到原始值的一半。

在 T 形三电平逆变器中，当两个中间开关之一断开时，可以采用将故障相位变为两电平的方法来处理故障，故障后的逆变器运行原理与两电平逆变器相似。顶部和底部开关故障需要采用不同的隔离方法，如参考文献 [20] 所述。

12.5.1.2 级联多电平变换器拓扑

最初提出的级联多电平变换器（CMC）主要用于静态无功补偿[21]，此后，被广泛应用于大功率电机驱动[22,23]。典型的 CMC 拓扑如图 12.10 所示。该拓扑具有固有的模块冗余。如果模块故障（如 A_1），故障模块会被 S_1 旁路掉，故障运行也将采用容错控制方案[24]。此时有两种选择。第一种方法通过旁路其余两个相位（B_1 和 C_1）中相应的健康模块来保持变换器稳定的输出电压，这种方法将无法充分利用逆变器。由于 CMC 可以有效地利用冗余切换状态，因此另一种方法是在空间矢量调制冗余的基础上采用容错控制（通常，在 NPC 变换器中，当 CMC 遇到故障时，一些空间矢量会变得不可用）。在故障后运行中，通过选择适当的开关状态能够获得相同的输出电压。参考文献 [25，26] 在 60°g-h 坐标系中定义了空间矢量，以减少开关状态选择的复杂度。基于该坐标系，目前

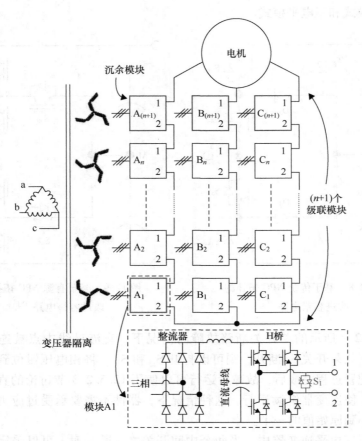

图 12.10 $(n+1)$ 个模块的 CMC 拓扑在电机驱动中的应用

已经提出大小交替（LSA）调制方案来降低故障后运行的 THD。为了最大程度保证逆变器稳定地输出电压，也可以采用中点偏移（NPS）法。这一方法将在 12.5.2.1 节中详细讨论。

12.5.1.3 模块化多电平变换器拓扑

参考文献 [27] 介绍了模块化多电平变换器（MMC）的运行模式（见图 12.11）。参考文献 [28, 29] 讨论了 MMC 在电机驱动应用中的电压控制方法，参考文献 [30] 讨论了该拓扑的其他变体及其应用。MMC（如 CMC）利用拓扑的模块冗余进行故障后运行，当器件（S_{11}，S_{12}）发生故障（开路/短路）时，可以旁路故障子模块，并引入冗余子模块。例如，如果 S_{11} 故障，则开关 S_{12} 断开。旁路开关 S_1 以熔断熔丝 F_1。在后续的故障后运行中，开关 S_1 保持接通以旁路故障模块 A_1。如果不存在冗余子模块，则会导致输出电压不平衡。为了解决这个问题，参考文献 [31] 引入了容错控制策略，它利用基于载波旋转的调制来实现电压平衡。一旦检测到故障，调整所有三相子模块的参考信号。重配置后的调制信号将平衡各相的输出电压。

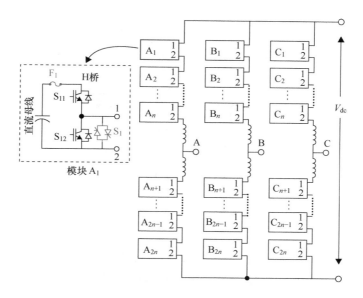

图 12.11 每相具有 2n 个子模块的 MMC 拓扑[31]

12.5.1.4 多电平有源钳位拓扑

如前面介绍的 CMC 和 MMC，三相开关组合的冗余使得这些逆变器即使在故障后运行中也能产生相同的输出电压。多电平有源钳位（MAC）拓扑将这种冗余体现在单相开关状态中。当故障发生时，冗余特性使控制器能够选择一个传导替换路径来保持相同的输出电压。然而，这种冗余特性仅针对某一个输出电平或特定的半导体器件。例如，如果 S_{n11} 失效，则不存在备用路径，电平 1 丢失。此外，在某些其他故障情况下，正常器件可能承受较高的电压应力。图 12.12 显示了不同半导体器件在输出端 O 处获得电平 4 的开关状态。然而，在修改后的开关状态中，有两个器件将承受过电压。参考文献［32］提出了一种改进的开关策略来消除导

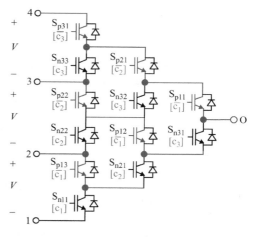

图 12.12 在 MAC 输出端获得电平 4 的正常开关状态（浅灰色代表电流流通路径）

致过电压的开关状态（见图 12.13）。

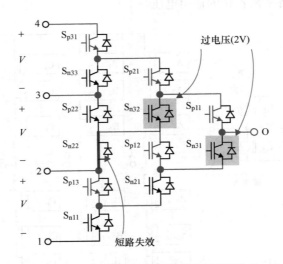

图 12.13　改变开关状态以获得电平 4 而导致 S_{n32} 和 S_{n31} 的过电压（浅灰色表示电流路径）[32]

小结：多电平变换器拓扑能够提供结构上的冗余特性，可在半导体器件故障后继续运行。本小节讨论的拓扑结构见表 12.2。

表 12.2　多电平变换器冗余结构小结

拓　扑	优　点	缺　点
中点钳位（NPC）	• 可以用低压器件 • 减少至两电平的拓扑可能带有合适的故障隔离电路	• 在故障后运行中，直流母线电压的平衡是一个挑战 • 错误故障检测已经被报告 • 在特定的故障状态下，器件可能会经历过电压 • 在伴随减小的输出电压的特定故障状态中，没有任何调整和过电压应力的故障后运行是可能的
级联多电平变换器（CMC）	• 模块化的结构 • 易于隔离故障（只要旁路掉继电器/反并联晶闸管） • 如果级联足够的子模块，旁路掉（由于失效）一个子模块对系统性能的影响很小	• 极其复杂的控制 • 在故障后运行中，输出电压低于正常运行时的值

(续)

拓扑	优 点	缺 点
模块化多电平变换器（MMC）	• 模块化的结构 • 易于隔离故障（只要旁路掉继电器/反并联晶闸管） • 如果级联足够的子模块，旁路掉（由于失效）一个子模块对系统性能的影响很小 • 需要多个直流电源	• 大体积的电解电容器使得模块化的子模块具有低可靠性 • 极其复杂的控制 • 在故障后运行中，输出电压低于正常运行时的值
多电平有源钳位（MAC）	• 在每一相提供多个通路 • 对于特定的开关状态，内相冗余可以被获得	• 在特定的故障状态时，器件会经历过电压 • 只有通过一个开关组合才能达到几个电平，因此当相应的器件发生故障时就无法实现 • 故障后控制计划会很复杂

12.5.2 控制策略

12.5.2.1 中点偏移技术

CMC 和 MMC 拓扑的模块冗余特性能够保证在故障期间维持稳定的输出，从成本的角度看，这种方法提供了一种低成本的最优解决方案[2]。本小节将讨论故障后运行的中点偏移（NPS）技术，也被称为基本相移补偿（FPSC）。

NPS 技术通常应用于多电平变换器，通过采用 NPS 技术可以充分利用 CMC 拓扑结构中的冗余模块。一旦检测到故障，变换器中的故障模块将被旁路，如 12.5.1.2 节所述。三相桥臂中，工作模块的数量不同，因此导致逆变器三相输出电压的不平衡。故障后运行模式主要有两种。第一种是在三相中旁路相同数量的模块。这种方法有助于保持输出平衡。然而，也会带来输出电压降低，变换器利用率不足的问题。第二种是 NPS 技术，也是最优的方法。在 NPS 中，通过调整相角实现在相电压不平衡条件下输出端线电压的平衡[24]。该调节系统的中点与平衡状态下的中点不再相同，因此，这种方法被称为 NPS 方法。该技术仅适用于逆变器中点未连接到电机中点的应用中。

传统的调制技术如图 12.14 和图 12.15 所示。假设故障后 V_a-V_b、V_b-V_c 和 V_c-V_a 相量之间的角度分别为 α、β 和 γ。由于采用 NPS 方法后线电压保持平衡，所以需要满足式（12.1）~式（12.5）。

$$V_{ab} = V_a^2 + V_b^2 - 2 \cdot V_a \cdot V_b \cdot \cos\alpha \qquad (12.1)$$

$$V_{bc} = V_b^2 + V_c^2 - 2 \cdot V_b \cdot V_c \cdot \cos\beta \qquad (12.2)$$

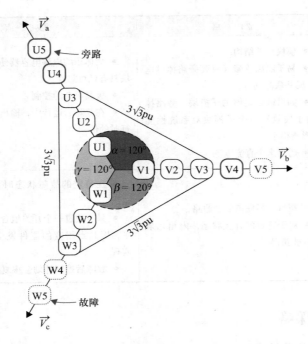

图 12.14 具有 2 个模块的 CMC 变换器相量图，c 相 W4 和 W5 故障，b 相 V5 故障

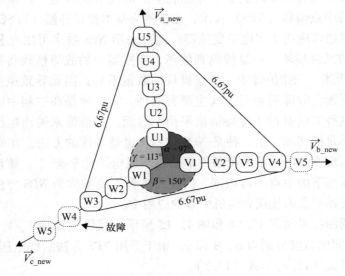

图 12.15 采用 NPS 方法后 CMC 的三相电压相量[33,34]

$$V_{ca} = V_c^2 + V_a^2 - 2 \cdot V_c \cdot V_a \cdot \cos\gamma \tag{12.3}$$

$$V_{ab} = V_{bc} = V_{ca} \tag{12.4}$$

$$\alpha + \beta + \gamma = 360° \tag{12.5}$$

式中，α、β 和 γ 的值可以通过求解非线性三角方程来获得[33]。需要注意的是，这种方法在某些情况下可能无法得到解析解，此外，在某些故障情况下，偏移的中点可能位于由线电压相量形成的三角形之外（见图 12.16），得到的结果为次优解，这时，需要采用其他不同的方法（见图 12.17）。两个较小的相量（例如，具有更多故障模块的相）相隔 180°，例如，假设 b 相和 c 相比 a 相故障模块数量多，相量 b 和相量 c 相差 180°，即 $\beta = 180°$，然后求解第三相量值（V_{a_new}），求出剩余的相间角 α 和 γ。该解可以从式（12.6）和式（12.7）得到。

$$V_{a\_new} = \sqrt{V_b^2, V_c^2 + V_b \cdot V_c} \tag{12.6}$$

$$\alpha = \arcsin\left[\frac{\sqrt{3}}{2 \cdot V_{a\_new}} \cdot (V_b + V_c)\right], \gamma = 180° - \alpha, \beta = 180° \tag{12.7}$$

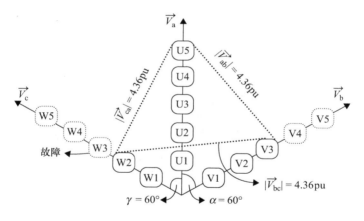

图 12.16 中点位于三角形之外的 NPS 方法的解决方案，导致次优解[33]

该技术能得到一个解决方案，但其仅适用于通过传统方法不能得到解析解或从传统方法中只能获得次优解的情况。

参考文献 [15] 中提出通过三次谐波注入的方法提高调制范围，平衡的三次谐波对于消除线电压中的谐波至关重要。注入三次谐波的幅值由故障后具有最小可用电压的相来决定。例如，在图 12.18 中，在模块 W3 故障时，模块 U1、U2、V1、V2、W1 和 W2 可以与三次谐波注入保持平衡。线电压变为 $2 \times 1.15\sqrt{3}$（见图 12.19）。在这种情况下，U3 和 V3 剩余模块之间的相位可以通过 NPS 技术来计算。所产生的线电压约为故障前线电压的 96%（见图 12.19）。

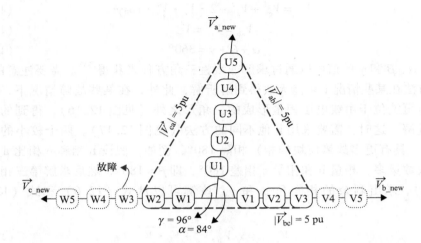

图 12.17　$\beta=180°$ 的修正电压相量及 α 和 γ 的调整值会导致线电压的升高[33]

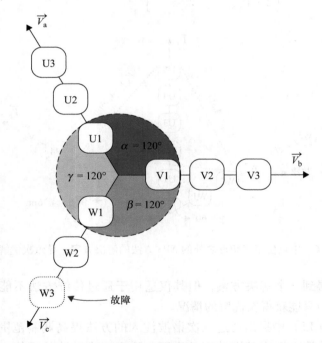

图 12.18　平衡 CMC 系统具有一个 c 相故障模块（W3）结构图

参考文献 [34] 中提到的一个重要预防措施是关于由 NPS 引起的负载功率因数变化。参考文献 [33] 提出基频的零序电压可以在一个相位上产生负的有功功率。新的负载功率因数取决于负载电流和逆变器与负载电压之间的相角，

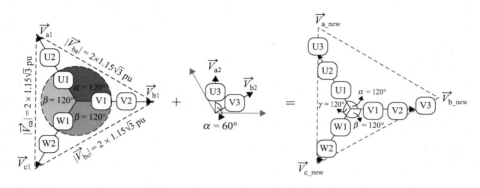

图 12.19　采用三次谐波注入技术提升 CMC 系统的调制范围[15]

负功率可能导致功率模块的损坏，需要对负载功率因数有所限制。目前，对用于闭环控制的调制技术已有大量研究，例如，峰值减小技术和空间矢量调制。参考文献［35］提出一种广义载波调制方法，其利用非基本零序分量来修改调制信号。该方法在线性调制区域内能够获得良好的性能。虽然这里没有讨论，但不对称 CMC 的容错控制技术在文献中也同样进行了研究。

12.5.2.3 节讨论了一种等效的 NPS 技术，称为直流母线中点重配置。

12.5.2.2　直流母线电压控制

如 12.5.2.1 节所述，CMC 的固有结构冗余特性已经被广泛用于容错控制运行。NPS 技术能够获得最佳输出电压，另一个可用于容错控制的变量是直流母线电压[19]，这种技术通常用于 STATCOM 应用中。H 桥工作在整流状态用以吸收将直流母线充电到故障前状态的实际功率。参考文献［36］中提出了一种基于再生模块的用于电机驱动应用场合的 CMC 变换器。在再生模块中，三相二极管整流器由三相 PWM 整流器代替，为达到故障前输出电压提供了一个新的自由度。首先，利用 NPS 方法获得最大可能的输出线电压的最佳相移，如果该线电压低于故障前线电压，则增加直流母线电压以获得所需的输出线电压。利用剩余的所有健康模块来共同承担直流母线电压，可以减少器件上的电压应力。然而，器件和直流母线则必须按照大于额定功率的指标来进行设计。

12.5.2.3　直流母线中点重配置

传统的三相两电平拓扑可以在故障条件下以较低输出性能继续运行，该技术与先前讨论的方法的一个主要区别在于其仅当存在公共直流母线时才能使用。由于 CMC 中不存在公共直流母线，所以这种技术无法使用。直流母线中点重配置可以通过两种不同的方式实现。

1. 技术 1——直流母线中点与逆变器相的重配置

（1）两电平

图 12.20 所示方法中，通过双向开关将直流母线中点连接到故障相。如果

S_{ap} 发生故障（开路或短路），则触发 S_{ap} 的隔离过程，并且在检测到故障后立即禁用支路 S_{an} 中其他器件的门控信号。然后，控制器打开重配置开关（S_{ra}），将直流母线中点连接到故障相。最终得到的系统与参考文献 [37] 中讨论的 B4 逆变器或四开关逆变器类似。这种重配置的结果是故障相电流（a 相）取决于两个健康相电流（b 相和 c 相），通过控制这两个逆变器相电流，可以获得平衡的正序定子电流。在基于载波的调制策略中，调整健康相电压（b 相和 c 相）的相位角，如图 12.21 所示，可以创建平衡的线电压。然而，如图 12.21 所示，在故障后运行中，逆变器相电压将下降到最大值的一半，为 0.5pu（三次谐波注入下调制系数为 1.15）。为便于理解，图 12.22 展示了空间矢量 PWM 策略。基于载波和空间矢量的 PWM 策略中的线电压降低到正常工作条件下的 $1/\sqrt{3}$，正常运行和故障后运行（c 相故障并连接到中点 o）瞬时相电压如图 12.23 所示。在正常工作期间，a、b、c 相的相电压只能有一个组合（$V_{dc}/2, V_{dc}/2, -V_{dc}/2$）或（p, p, n），所有其他组合可以通过对称来得到。在故障后运行中，则可以使用两种独特的组合（p, n, o）和（p, p, o）（其他变体，如（n, n, o））。

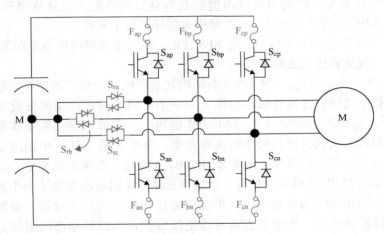

图 12.20 用于三相电机驱动的直流中点重配置技术[37]

由于电机相电压的降低，系统将在弱磁模式下工作，此时转速约为额定转速的一半。逆变器的当前输出能力与故障前保持一致。因此，即使在故障后运行中也可以产生额定电机转矩。该系统可以在该重配置的状态下输出一半的额定功率。

（2）多电平

直流母线中点重配置技术也被用于 NPC 逆变器，采用此技术的两个主要拓扑如图 12.24 和图 12.25 所示。第一个拓扑（见图 12.24）利用双向开关将输出端连接到直流母线中点[38]。第一种拓扑变形后可以得到有源 NPC 拓扑，其在前

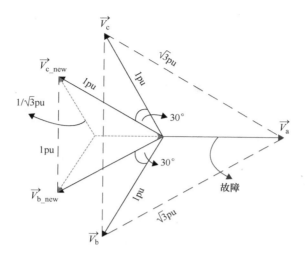

图 12.21 逆变器 a 相故障后，b 相和 c 相的修正相量图，以及基于载波调制方案的直流母线中点重配置技术

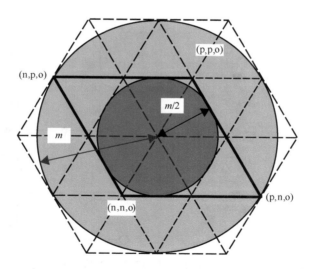

图 12.22 基于空间矢量的调制技术，当一相故障后，将其连接到直流母线中点，最大调制比将减少一半（从 $2/\sqrt{3}$ 到 $1/\sqrt{3}$）

面已经简要讨论（见图 12.25）。传统 NPC 拓扑中钳位二极管被 IGBT 替代[39]，在器件故障期间，输出将 S_{a5}/S_{a6} 连接到直流母线中点。与两电平逆变器一样，重配置后，这两种方式的输出电压将会降低。然而，这些器件没有超过额定运行范围，并且扩展了故障覆盖范围以切换开路和短路故障。

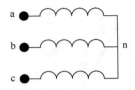

	V_{ao}	V_{bo}	V_{co}	V_{an}	V_{bn}	V_{cn}
故障 (p,n,o)	$V_{dc}/2$	$-V_{dc}/2$	0	$V_{dc}/2$	$-V_{dc}/2$	0
故障 (p,p,o)	$V_{dc}/2$	$V_{dc}/2$	0	$V_{dc}/6$	$V_{dc}/6$	$-V_{dc}/3$
正常 (p,p,n)	$V_{dc}/2$	$V_{dc}/2$	$-V_{dc}/2$	$V_{dc}/3$	$V_{dc}/3$	$-2V_{dc}/3$

图 12.23 关于"o"(直流母线中点)的逆变器瞬时相电压和
关于"n"(电机中点)的电机相电压

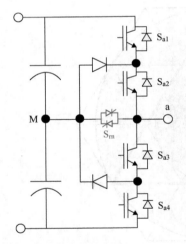
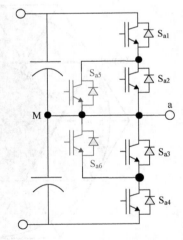

图 12.24 为直流母线中点重配置而 图 12.25 NPC 拓扑改进(也称有源 NPC)
改进的 NPC 变换器桥臂[38]   以启用直流中点重配置[39]

2. 技术 2——直流母线中点与电机中点的重配置

直流母线中点重配置也可以用于连接电机中点。一旦检测到故障(见图 12.26),故障开关(S_{ap})将被隔离,另一个开关(S_{an})支路被禁用,并且重配置双向开关(S_{rn})导通,将直流中点连接到电机中点,剩余的两个健康桥臂(b 相和 c 相)的控制也将被调整[40]。在故障后运行中,可以通过调整健康

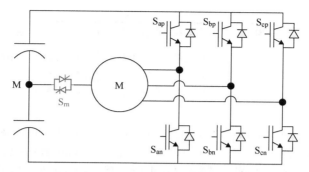

图 12.26 技术 2 在故障后运行时重配置直流中点到电机中点[40]

相 b 和 c 中电流的大小和相位角来保持转矩，如图 12.27 所示。如果假定故障后电流为 1pu，则转矩产生的电流减小到 $1/\sqrt{3}$ pu。在这种情况下，中性电流是原来相电流值的 $\sqrt{3}$ 倍。此外，由于系统不平衡，无法注入三次谐波电压。这将导致系统的电压容量从 1pu 降至 0.866pu。

小结：容错控制技术使系统在故障后以较低代价的方式继续运行。本小节讨论的三种控制技术总结见表 12.3。

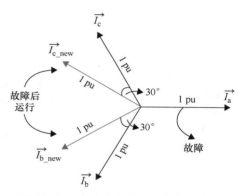

图 12.27 直流中点重配置技术 2 中的电流相量图以保持转矩输出

表 12.3 控制技术总结

技 术	拓 扑	优 点	缺 点
NPS	CMC	• 在故障后运行时，可以获得优化的输出电压 • 可获得平衡的线电压 • 所有的健康模块都参与到故障后运行 • 为了减小实时的计算量，可以以查表的形式来应用	• 仅仅应用于电机中点没有与逆变器星形点连接的情况 • 在故障后运行时输入电流的 THD 和输出电压的 THD 增加了 • 在一些负载状态下，非回馈驱动会经历直流母线电压的激增 • 故障后运行中健康模块的不平衡负荷（如果需要额定负荷） • 在故障后运行中，全电压输出是达不到的（如果没有超过额定值） • 在 NPS 后的负载功率因数取决于负载和中点的偏移

(续)

技　术	拓　扑	优　点	缺　点
直流母线电压控制	CMC	• 提高了可用的故障后电压 • 获得平衡的线电压	• 只能与有源前端拓扑一起使用 • 直流母线电压的提高会要求半导体器件承受过电压应力
直流母线中点到逆变器相的重配置（技术1）	两电平和多电平变换器 不适用于 CMC 和 MMC	• 平衡的输出电压 • 对两电平和多电平变换器都有用（典型的是NPC）	• 需要接触到直流母线的中点 • 线频率电流会流过直流母线电容器 • 输出线电压被减小到 $1/\sqrt{3}$ pu • 输出功率被减半 • 在额定转速的一半时，较低的相电压使磁场减弱
直流母线中点到电机中点的重配置（技术2）	两电平和多电平变换器 不适用于 CMC 和 MMC	• 平衡的输出电压 • 最小的重配置硬件需求 • 可以处理电机绕组的开路故障	• 要求可接触到直流母线中点和电机中点 • 在电机中点和直流母线中点的第四根线会增加系统损耗 • 三次谐波的注入是不可能的 • 较大的中点电流（是相电流的$\sqrt{3}$倍，在故障后运行时如果相电流被限制于1pu） • 在故障后运行时，输出转矩减小（没有过电流）

12.5.3 冗余硬件技术

冗余硬件技术可以进一步分为两个级别：①系统级和②变换器级。下面主要分析和讨论文献中提出的定义和新技术。

12.5.3.1 系统级

系统级冗余硬件技术，通过在现有系统中的串联或并联变换器来引入冗余。串联和并联表示冗余硬件相对于负载的连接类型。这两种方法都已经得到了广泛应用。

在串联逆变器/级联逆变器方法中，系统级增加了一个串联逆变器[41-44]。这种拓扑结构也被称为双变换器拓扑，并且已经用于开放绕组感应电机[45]以及具有独立相驱动的通用多相电机[42]，它能有效转化为驱动电机单独一相的单相逆变器。从图12.28可以看出，每相电压具有三种状态：$+V_{dc}$、$-V_{dc}$和0。这些开关状态类似于三电平逆变器。冗余状态的存在允许容错运行。图12.28所示的串联逆变器的容错能力限于单个开路/短路的开关故障和桥臂断路故障。在故障后运行中，拓扑的功率处理能力降低。这种方法通常在多相电机（≥3相）

的情况[42]中发生。参考文献［46］提出了适用于具有公共直流母线的双变换器拓扑的不同容错策略的分析，参考文献［47］提出了具有不同直流母线的两个级联逆变器的改进型拓扑。并联冗余/交错变换器的概念不仅在电机驱动应用中广泛使用，而且在 DC/DC 变换器、AC/DC 变换器、有源功率滤波器、DFIG 等中也得到了广泛应用。功率变换器模块的并联也被用于分布式电源系统/微网系统中。交错变换器通常用于驱动更高功率的负载[48]，实现高功率因数，降低 THD，减小无源（电容器/磁性）元件，以及提高效率，另外还能够提供固有的硬件冗余。

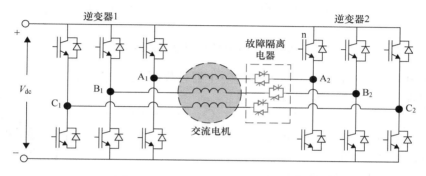

图 12.28 系统级冗余-串联变换器[41]

具有并联冗余的系统可以通过两种方式运行（见图 12.29）。当只有子系统 1 在运行且故障发生时，子系统 2 将被投入以隔离故障子系统 1。另一种方法是在正常条件下同时运行两个子系统。这种方法可实现高功率输出与较低的电网和负载谐波。然而，这种方法的负载分配和环流将是一个需要面临的挑战。根据不同的应用场合，目前已经提出了不同的控制方法来实现动态负载分配[49-51]并使环流最小化[52-55]。在电机驱动中，交错并联的运行方式在石油和天然气行业的兆瓦级驱动器中已经得到了应用[56-58]。另一种策略是使用具有相同直流母线的交错逆变器[48,59]。这种策略与交错子系统方法相同，需要解决负载分配和环流问题。

12.5.3.2 变换器级

变换器级冗余将冗余硬件（单个或多个）引入现有的变换器拓扑，以实现容错运行。额外的功率半导体器件或桥臂可以采用串联或并联冗余的方式实现更高的可靠性。

1. 串联冗余开关

（1）两电平

图 12.30 所示的功率半导体器件的级联堆叠常用于高压应用场合，如高压直流（HVDC）输电系统和工业驱动器[60-62]。级联连接可以等效为一个具有较

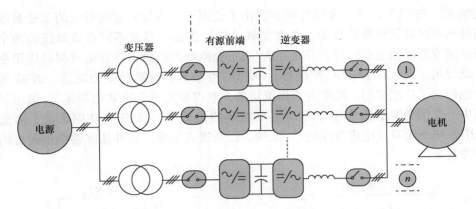

图 12.29　系统级冗余-并联变换器[57]

高耐压值的半导体器件。当堆叠中的一个器件发生故障时，可以将其旁路（短路）以保证其余器件继续运行。需要注意的是，在故障发生后，其余健康器件将承受更高的电压。功率半导体器件的级联连接面临的一些挑战包括：静态和动态电压均衡、栅极驱动延迟、器件参数扩散、热循环、破裂风险、短路后未定义的故障模式和换相期间的高 dV/dt[60,62,63]。一些新型封装的 IGBT 也已被开发以克服这些挑战[64]。IGBT/二极管故障后会导致压装短路故障[65]。这使得在故障后无法中断系统运行。然而，据报道，由于老化和金属间化合物，随后的一段时间内，出现故障的可能性为开路状态，具有较差的导电性[66]。解决开路故障的另一种方法是晶闸管并联[67]。

（2）多电平

飞跨电容器级联多电平变换器（FCMC）拓扑具有固有的冗余状态。参考文献 [68] 提出了一种改进的 FCMC 拓扑，其实现了与冗余级联开关类似的级联冗余（见图 12.31）。

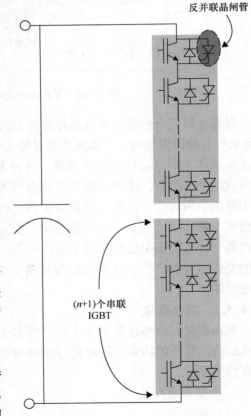

图 12.30　中压两电平变换器应用中反并联晶闸管的级联冗余开关[60,62,63]

在单个开关故障时，所提出的具有 n 个开关的拓扑被重配置并简化为 $(n-1)$ 个开关，使用反并联晶闸管可以旁路故障开关，并且利用固有冗余状态和改变故障后的调制方案以保持电容器电压平衡。

2. 并联冗余开关

（1）两电平

并联功率半导体通常用于提升功率处理能力[69]。使用并联半导体提高可靠性可以通过两种方式实现：待机/离线冗余开关和在线冗余开关[70]。例如，参考文献[71]中描述了用于矩阵变换器的基于并联开关的冗余设计。如图 12.32 所示，将双向开关（S_R）与辅助重配置电路一起并入矩阵变换器，以替代故障后运行中的故障开关。

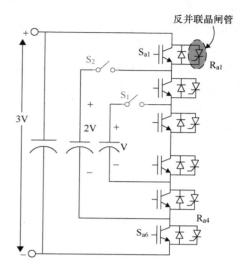

图 12.31 具有级联开关（S_1 和 S_2）的改进 FCMC 和用于容错的反并联晶闸管[68]

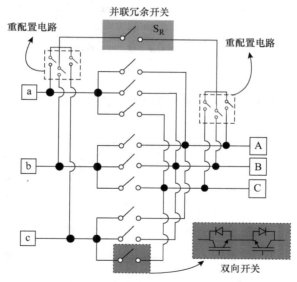

图 12.32 矩阵变换器中并联冗余双向开关[71]

在参考文献[72]中，离线冗余并联开关已经被添加到两电平三相逆变器中以提高可靠性（见图 12.33）。在开路或短路开关故障的情况下，冗余开关 S_{Rp}（或 S_{Rn}）代替高端（或低端）开关。单极双掷（SPDT）继电器可以用作隔离和配置电路。反并联二极管可实现电流的平滑换向,并防止大的 di/dt。在这种拓扑结构的一个变形中,分流连接的冗余半桥被添加到变换器,以便实现容错运行[73,74],该方式也被称为相位冗余拓扑(见图12.34)。半导体开关故障后,含有故障开关的整个半桥将被隔离并用冗余支路替代。例如,如果 S_{ap} 失效,则 S_{an} 打开,熔断熔丝 F_{ap} 和 F_{an} 以隔离故障桥臂,然后开启 S_{ra},禁止 S_{ap} 和 S_{an} 驱动信号,开启 S_{dp} 和 S_{dn}。如果开关 S_{ap} 发生开路故障,则 S_{ap} 和 S_{an} 的门控信号将被禁用,驱动开关 S_{dp} 和 S_{dn},备用冗余相由另外三相分别承担以降低成本。

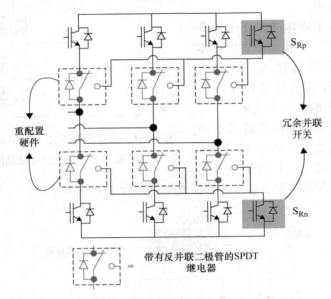

图 12.33 两电平变换器中的离线冗余并联开关[72]

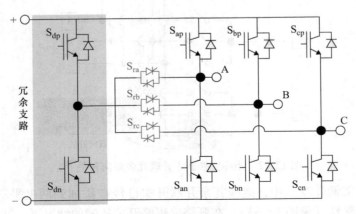

图 12.34 两电平变换器的相位冗余方法[73,74]

除了为三相桥臂备用的单个半桥之外，还可以分别为每相添加备用冗余支路。图 12.35 所示为离线冗余支路，其可以在故障后连接到电机中点[41]，该方式称为双开关冗余拓扑。参考文献 [75-77] 讨论了这种拓扑的控制方法。单相感应电机中使用的调制策略同样可以扩展到三相电机[78]，以实现故障后电压的稳定输出。如前面讨论的直流母线中点重配置技术 2，转矩电流减小到 $1/\sqrt{3}$pu，因此故障后变换器输出功率降低到 $1/\sqrt{3}$pu，中线上的电流为 $\sqrt{3}$pu。与图 12.26 中的拓扑相比，这种拓扑的优点包括平衡的直流母线电压和线电压增加到 1pu。参考文献 [76] 提出一种不同的控制策略，顶部或底部的三个开关都可以承受故障，但缺点是不能组合。故障发生后的相电流是单相的，电压则与故障前相同，但转矩电流降至 $1/\sqrt{3}$pu，中线电流也为 $\sqrt{3}$pu。

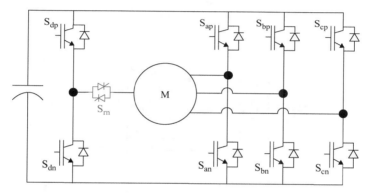

图 12.35　使用图 12.5a 所示的隔离方案将冗余支路连接到电机中点[41]

三相逆变器的冗余支路也可以在正常工作中使用以降低共模电压。从参考文献 [4] 可以看出，可以通过对图 12.34 中的拓扑进行一定修改达到补偿 ASD 输入电源干扰的效果（见 12.2.3.4 节）。完整的 ASD 系统拓扑如图 12.36 所示，故障覆盖类似于图 12.34 所示的拓扑。

（2）多电平

目前已有方法针对 MAC 拓扑的在线冗余并联开关进行分析（见图 12.37）。在参考文献 [32] 中，MAC 拓扑的关键节点上添加了并联开关（S_{Rp3}，S_{Rp2}，S_{Rp1}，S_{Rn3}，S_{Rn2}，S_{Rn1}）以实现单开关断路故障的容错运行。单开关短路或多开关故障可能会降低变换器运行的输出电平。健康的开关可能在故障后运行中需要承受较高的电压。

针对 NPC 变换器也有文章提出了冗余并联运行方式，最简单的方法是类似于图 12.34 中的拓扑。另一种方法是添加一个在线冗余的并联支路。图 12.38 和图 12.39 是两个不同的拓扑，其使用一个参与故障前运行的冗余支路。第一种方法将具有飞跨电容（FC）结构的第四条支路添加到标准的三相 NPC 逆变器

| 280 | 电力电子系统可靠性

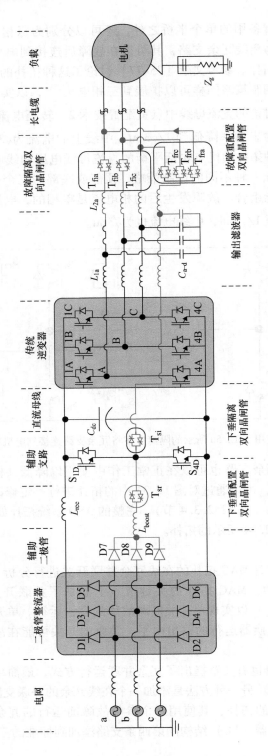

图 12.36 具有共模抑制和输入电压下垂补偿的容错 ASD 拓扑[4]

中。第四条支路在正常工作状态下参与变换器的运行,并产生一个中点电压。可以通过选择 FC 桥臂的开关模式来控制 FC 上的电压。在故障前,可以通过改变调制策略降低输出电压的 THD 或损耗。在半导体器件故障的情况下,四个桥臂可以重配置为标准 NPC 变换器[79]。如果 a 相开关故障,则需要使用相应变换器桥臂上的开关熔断熔丝 F_a 和 F_d,然后,驱动 S_{ra} 和 S_{dn}。最后,调整控制策略以配置冗余支路来替换故障桥臂。类似的原理也适用于图 12.39 所示的拓扑[80],也有文献提出了一种适用于 T 形三电平变换器的冗余支路方法[81]。

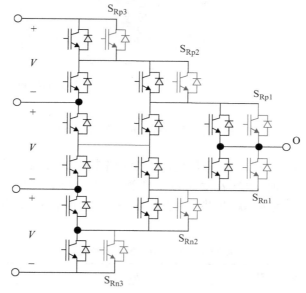

图 12.37 含冗余并联开关的 MAC 变换器[32]

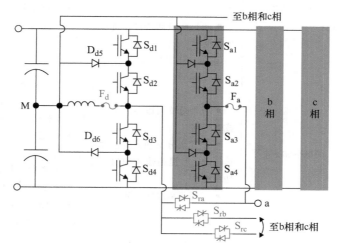

图 12.38 具有第四个桥臂的改进 NPC 变换器[79]

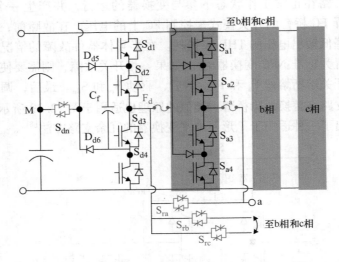

图 12.39 具有并联冗余桥臂的改进 NPC 变换器[80]

小结：为保证变换器在故障后仍能够全功率输出，冗余硬件方案得到了广泛应用。所有冗余硬件方案都属于以下两类：①系统级和②变换器级。这些方案可进一步分为级联或并联配置方案。本小节的要点已经总结在表 12.4 中。

表 12.4 冗余硬件的技术总结

技术	拓扑	优点	缺点
系统级串联	两电平和多电平拓扑	• 高质量输出波形（因为多于两电平） • 可以获得低共模和高输出电压	• 可能有更高的导通损耗 • 至少增加一倍的器件数
系统级并联	两电平和多电平	• 冗余分支可以在线工作或者待机 • 当冗余分支加入到正常运行时，可提高输入和输出功率质量 • 故障隔离过程是简化的	• 环流可能成为一个问题 • 增加 n 倍的器件数（n 是并联变换器/分支的数量） • 静态和动态的负载分配是个挑战 • 成本贵，由于单个故障后，整个分支会被隔离 • 故障后的功率输出被减小（如果冗余分支是在线运行）

（续）

技 术	拓 扑	优 点	缺 点
变换器级串联	两电平和多电平变换器	• 可以用低额定功率器件获得高阻断电压 • 比系统级冗余便宜	• 串联开关增加了导通损耗 • 健康的器件在故障后运行中比在正常运行中阻断更高的电压 • 静态和动态的负载分配是个挑战 • 高 di/dt 会是个问题；平衡栅极驱动延迟是关键
变换器级并联	两电平和多电平变换器	• 冗余开关可被应用于待机或者在线 • 通过并联开关可获得高电流等级 • 在线冗余硬件可被用于一些对象，如中点平衡或者共模的减小。自由化调制策略来追求其他的对象（THD或者功率损耗） • 比系统级冗余便宜	• 故障隔离很复杂 • 复杂的重配置过程需要精准的计时/控制 • 当许多器件并联时，电流分配是具有挑战性的

12.6 总结

ASD 用于从电动汽车到海上石油钻机等各种应用场合中，能够在恶劣的环境下运行。这些苛刻的工作条件可能会导致 MDS 中半导体器件的故障。在连续运行和其他一些关键应用中，故障带来的损失将会非常昂贵并具有潜在的安全隐患。这导致在 MDS 领域进一步对容错控制的研究。

本章将容错驱动器技术大致分为拓扑、控制和冗余硬件技术。研究表明，这些方法在故障后性能、故障覆盖和成本方面各具特色。根据已经讨论的容错变换器拓扑的优缺点及其应用，表 12.5 中给出了简要总结。

表 12.5 容错拓扑的总结

拓扑 （图号）	故障覆盖				增加的硬件		分离直流母线	其他应力过元器件	备 注
	单开关短路	桥臂短路	单开关开路	桥臂开路	电机绕组故障	开关器件	熔丝		
传统的两电平拓扑	×	×	×	×	—	—	☺	—	• 无故障承受能力

(续)

拓扑 (图号)	故障覆盖				增加的硬件		分离直流母线	其他过应力元器件	备　　注
	单开关短路	桥臂短路	单开关开路	桥臂开路	电机绕组故障	开关器件	熔丝			
两电平拓扑 (图 12.20)	✓	✓	✓	✓	×	3	6	☹	☺	• 桥臂开路失效指桥臂中点、双向晶闸管端口之间开路 • 为了保证故障后运行，需要控制直流母线中点电压 • 在故障后运行中，输出相电压被减半，同时电流保持在 1pu
两电平拓扑 (图 12.26 使用图 12.5a 的隔离方案)	✓	✓	✓	✓	✓ (打开)	1	0	☹	☹ (双向晶闸管额定电流为 $\sqrt{3}$pu)	• 保持额定转矩输出的故障后运行中，要求具有过载通流能力 • 要求接触到电机中点 • 大电流流过电机中点到直流母线中点（双向晶闸管额定电流为 $\sqrt{3}$pu） • 低频电流流过直流母线电容器 • 输出相电压减小到 0.866pu
两电平拓扑 (图 12.33)	✓	✓	✓	×	×	5	6 SPDT 继电器	☺	☺	• 机械继电器动作缓慢 • 由于额外硬件造成的损耗可以被最小化 • 在正常运行时，在冗余器件上没有应力 • 在故障后运行中不改变输出电压、电流 • 该拓扑允许一个桥臂中两个开路开关失效 • 不需要隔离方案
两电平拓扑 (图 12.34)	✓	✓	✓	✓	×	5	6	☺	☺	• 没有电容器电压平衡的问题 • 正常输出电压、电流可以被获得，无元器件过应力

（续）

拓扑 （图号）	故障覆盖				增加的硬件		分离直流母线	其他过应力元器件	备注
	单开关短路	桥臂短路	单开关开路	桥臂开路	电机绕组故障	开关器件	熔丝		
两电平拓扑（图12.35 使用图12.5a的隔离方案）	✓	✓	✓	✓	✓（打开）	6	6	☺	☹（S_{dp}、S_{dn} 和 S_m 的额定电流为 $\sqrt{3}$pu）	• 较大的中点电流（$\sqrt{3}$pu 电流） • 随着三次谐波的注入，输出电压可以被提高到1pu 或者故障前的值 • 故障后运行需要复杂的控制 • 不需要接触到直流母线中点 • 无需直流母线电压平衡 • 在多个上开关或者多个下开关的多相中，可以承受单个开关开路失效（不是上下开关的组合）
传统NPC拓扑（图12.7）	×	×	×	×	×	—	—	☹	—	• 若无过电压，可以实现故障后运行（如开路故障A1） • 由于开关失效的影响各不相同，因此单个器件的开路或短路失效不等同于整个变换器的失效。桥臂短路失效可能性小
NPC拓扑（图12.24）	✓	×	✓	✓	×	3	0	☹	☺	• 直流中点重配置技术1被用在基于载波的PWM，或低调制比的空间矢量调制中。在两种情况下，输出电压低于故障前的电压 • 桥臂短路可能性较小
NPC拓扑（图12.8）	✓	×	×	×	×	3	6	☹	☹	• 拓扑等效为两电平拓扑，可实现全功率输出 • 输出电压THD和共模电压上升 • 器件应力高 • 桥臂短路可能性较小

（续）

拓扑 （图号）	故障覆盖					增加的硬件		分离直流母线	其他过应力元器件	备注
	单开关短路	桥臂短路	单开关开路	桥臂开路	电机绕组故障	开关器件	熔丝			
有源 NPC 拓扑（图12.9）	✓	×	✓	×	×	3	6	☹	☺	• 多相中出现单开关故障时依然可全功率输出，器件应力高 • 故障桥臂运行在两电平模式 • 允许开路故障，控制策略需重新配置 • 桥臂短路可能性较小
有源 NPC 拓扑（图12.25）	✓	×	✓	×	×	3	6	☹	☺	• 调制比降低为一半或采用 NPS 方法 • 器件不需要承受过电压 • 桥臂短路可能性较小
NPC 拓扑（图12.38）	✓	×	✓	✓	×	9 和 8	4	☹	☺	• 故障后可全功率输出 • 开关器件无需预留过多余量 • 冗余桥臂可维持稳定的中点电压 • 桥臂短路可能性较小
双全桥拓扑（图12.28）	✓	×	✓	✓	✓（打开）	3	0	☺	☺	• 系统损耗根据冗余变换器运行状态进行变化 • 故障后，健康桥臂可独立实现电流控制，两相输出
MAC 拓扑（图12.12）	×	×	×	×	×	—	—			• 系统包含冗余 • 故障后运行控制策略复杂 • 单开关失效导致输出电压电平无法正常输出
改进的 MAC 拓扑（图12.37）	×	×	✓	×	×	2（$m-1$）（电平数）	6	—	☺	• 冗余的开关状态和额外的开关器件保证单开关开路故障的正常运行 • 能够应对开关短路故障 • 故障后控制较为复杂

（续）

拓扑（图号）	故障覆盖					增加的硬件			分离直流母线	其他过应力元器件	备注
	单开关短路	桥臂短路	单开关开路	桥臂开路	电机绕组故障	开关器件	熔丝			
CMC 拓扑（图 12.10）	✓	×	✓	✓	×	3m（级联模块数）	0	—	☺	• 开路和短路失效发生在模块中 • 保持输出电压平衡有四种模式：①冗余模块或旁路健康模块平衡电压；②利用矢量调制中冗余开关模块；③使用 NPS 或 FPSC 技术；④母线电压控制 • 前三种方式会导致输出电压降低，具体取决于失效模块数量
MMC 拓扑（图 12.11）	✓	✓	✓	✓	×	3m（级联模块数）	3m	—	☺	• 电解电容器体积大，并且降低模块可靠性 • 由于大容量母线电容器，需要在直流母线上配置熔丝，避免开关短路引起的其他故障 • 故障后控制复杂 • 故障后输出电压降低

假设：计算元器件成本时采用以下等效关系，1SCR = 0.5IGBT，1discrete diode = 0.5IGBT，1triac = 1IGBT。其他假设：在正常运行中，1pu 相电压是调制因子在 1.15 的情况下获得的峰值输出相电压，此时，峰值相电流和输出功率（VA）均被定义为1pu。在故障运行时，已存在的变换器/系统中，过电压、过电流应力可以被避免。尽管会降低输出性能，但通过控制可以调整保持 1pu 的输出电压和 1pu 的输出电流。

√—包含所提情况；×—不包含这种情况；☺—满意；☹—不满意。

参 考 文 献

[1] P. Waide and C. U. Brunner. (2011, May 1). *Energy-Efficiency Policy Opportunities for Electric Motor-Driven Systems.* Available: https://www.iea.org/publications/freepublications/publication/EE_for_ElectricSystems.pdf

[2] D. Eaton, J. Rama, and P. Hammond, "Neutral shift [five years of continuous operation with adjustable frequency drives]," *Industry Applications Magazine, IEEE,* vol. 9, pp. 40–49, 2003.

[3] R. A. Epperly, F. L. Hoadley, and R. W. Piefer, "Considerations when applying ASDs in continuous processes," *IEEE Transactions on Industry Applications,* vol. 33, pp. 389–396, Mar/Apr. 1997.

[4] P. Garg, S. Essakiappan, H. Krishnamoorthy, and P. Enjeti, "A fault tolerant 3-phase adjustable speed drive topology with active common mode voltage suppression," *IEEE Transactions on Power Electronics*, vol. 30, no. 5, pp. 2828–2839, May 2015.

[5] S. J. Castillo, R. S. Balog, and P. Enjeti, "Predicting capacitor reliability in a module-integrated photovoltaic inverter using stress factors from an environmental usage model," in *North American Power Symposium, 2010*, 2010, pp. 1–6.

[6] J. L. Duran-Gomez, "New approaches to improve the performance of adjustable speed drive (ASD) systems under power quality disturbances," Ph.D. dissertation, Texas A&M University, 2000.

[7] A. von Jauanne and Z. Haoran, "A dual-bridge inverter approach to eliminating common-mode voltages and bearing and leakage currents," *IEEE Transactions on Power Electronics*, vol. 14, pp. 43–48, Jan. 1999.

[8] A. Von Jouanne and P. N. Enjeti, "Design considerations for an inverter output filter to mitigate the effects of long motor leads in ASD applications," *IEEE Transactions on Industry Applications*, vol. 33, pp. 1138–1145, 1997.

[9] A. Von Jouanne, D. A. Rendusara, P. N. Enjeti, and J. W. Gray, "Filtering techniques to minimize the effect of long motor leads on PWM inverter-fed AC motor drive systems," *IEEE Transactions on Industry Applications*, vol. 32, pp. 919–926, Jul/Aug. 1996.

[10] A. Von Jouanne and P. N. Enjeti, "Design considerations for an inverter output filter to mitigate the effects of long motor leads in ASD applications," *IEEE Transactions on Industry Applications*, vol. 33, pp. 1138–1145, Sep/Oct. 1997.

[11] ABB Industrial Systems, Inc. (Apr. 1998, May 1). Effects of AC Drives on Motor Insulation. Available: http://www.aic-controls.com/fullpanel/uploads/files/abb-technical-guide-us102-motor-cable-lengths.pdf

[12] J. L. Duran-Gomez, P. N. Enjeti, and W. Byeong Ok, "Effect of voltage sags on adjustable-speed drives: a critical evaluation and an approach to improve performance," *IEEE Transactions on Industry Applications*, vol. 35, pp. 1440–1449, Nov/Dec. 1999.

[13] D. U. Campos-Delgado, D. R. Espinoza-Trejo, and E. Palacios, "Fault-tolerant control in variable speed drives: a survey," *IET Electric Power Applications*, vol. 2, pp. 121–134, 2008.

[14] R. V. White and F. M. Miles, "Principles of fault tolerance," in *Conference Proceedings of 11th Annual Applied Power Electronics Conference and Exposition, 1996*, vol. 1, pp. 18–25, 1996.

[15] W. Zhang, D. Xu, P. Enjeti, H. Li, J. Hawke, and H. Krishnamoorthy, "Survey on fault-tolerant techniques for power electronic converters," *IEEE Transactions on Power Electronics*, vol. 29, pp. 6319–6331, Dec. 2014.

[16] L. Shengming and L. Xu, "Strategies of fault tolerant operation for three-level PWM inverters," *IEEE Transactions on Power Electronics*, vol. 21, pp. 933–940, 2006.

[17] A. K. Jain and V. T. Ranganathan, "Vce sensing for IGBT protection in NPC

three level converters – causes for spurious trippings and their elimination," *IEEE Transactions on Power Electronics,* vol. 26, pp. 298–307, 2011.

[18] P. Jong-Je, K. Tae-Jin, and H. Dong-Seok, "Study of neutral point potential variation for three-level NPC inverter under fault condition," in *Industrial Electronics, 2008. IECON 2008. 34th Annual Conference of IEEE,* 2008, pp. 983–988.

[19] P. Lezana, J. Pou, T. A. Meynard, J. Rodriguez, S. Ceballos, and F. Richardeau, "Survey on fault operation on multilevel inverters," *IEEE Transactions on Industrial Electronics,* vol. 57, pp. 2207–2218, 2010.

[20] C. Ui-Min, L. Kyo-Beum, and F. Blaabjerg, "Diagnosis and tolerant strategy of an open-switch fault for T-type three-level inverter systems," *IEEE Transactions on Industry Applications,* vol. 50, pp. 495–508, 2014.

[21] P. Fang Zheng, L. Jih-Sheng, J. W. McKeever, and J. VanCoevering, "A multilevel voltage-source inverter with separate DC sources for static VAr generation," *IEEE Transactions on Industry Applications,* vol. 32, pp. 1130–1138, 1996.

[22] J. Rodriguez, L. Jih-Sheng, and P. Fang Zheng, "Multilevel inverters: a survey of topologies, controls, and applications," *IEEE Transactions on Industrial Electronics,* vol. 49, pp. 724–738, 2002.

[23] E. Morris and D. Armitage. (Oct. 18, 2014). Choosing a Motor Control Platform and Drive System. Available: http://www05.abb.com/global/scot/scot216.nsf/veritydisplay/4fb66e46af347939c1256ed800338956/$file/fact%20packs%20part2.pdf

[24] P. W. Hammond and M. F. Aiello, "Multiphase power supply with plural series connected cells and failed cell bypass," United States Patent, 1999.

[25] W. Sanmin, W. Bin, S. Rizzo, and N. Zargari, "Comparison of control schemes for multilevel inverter with faulty cells," in *Industrial Electronics Society, 2004. IECON 2004. 30th Annual Conference of IEEE,* vol. 2, pp. 1817–1822, 2004.

[26] W. Sanmin, W. Bin, L. Fahai, and S. Xudong, "Control method for cascaded H-bridge multilevel inverter with faulty power cells," in *Applied Power Electronics Conference and Exposition, 2003. APEC '03. 18th Annual IEEE,* vol. 1, pp. 261–267, 2003.

[27] R. Marquardt and A. Lesnicar, "A new modular voltage source inverter topology," in *Conference Record of EPE,* 2003, pp. 0–50.

[28] M. Hagiwara and H. Akagi, "Control and experiment of pulse width-modulated modular multilevel converters," *IEEE Transactions on Power Electronics,* vol. 24, pp. 1737–1746, 2009.

[29] M. Hagiwara, K. Nishimura, and H. Akagi, "A medium-voltage motor drive with a modular multilevel PWM inverter," *IEEE Transactions on Power Electronics,* vol. 25, pp. 1786–1799, 2010.

[30] H. Akagi, "New trends in medium-voltage power converters and motor drives," in *2011 IEEE International Symposium on Industrial Electronics,* 2011, pp. 5–14.

[31] S. Ke, X. Bailu, M. Jun, L. M. Tolbert, W. Jianze, C. Xingguo, and

J. Yanchao, "A modulation reconfiguration based fault-tolerant control scheme for modular multilevel converters," in *Applied Power Electronics Conference and Exposition,* 28th Annual IEEE, 2013, pp. 3251–3255.

[32] J. Nicolas-Apruzzese, S. Busquets-Monge, J. Bordonau, S. Alepuz, and A. Calle-Prado, "Analysis of the fault-tolerance capacity of the multilevel active-clamped converter," *IEEE Transactions on Industrial Electronics,* vol. 60, pp. 4773–4783, 2013.

[33] P. Lezana and G. Ortiz, "Extended operation of cascade multicell converters under fault condition," *IEEE Transactions on Industrial Electronics,* vol. 56, pp. 2697–2703, 2009.

[34] P. W. Hammond, "Enhancing the reliability of modular medium-voltage drives," *IEEE Transactions on Industrial Electronics,* vol. 49, pp. 948–954, 2002.

[35] F. Carnielutti, H. Pinheiro, and C. Rech, "Generalized carrier-based modulation strategy for cascaded multilevel converters operating under fault conditions," *IEEE Transactions on Industrial Electronics,* vol. 59, pp. 679–689, 2012.

[36] P. Lezana, G. Ortiz, and J. Rodriguez, "Operation of regenerative cascade multicell converter under fault condition," in *COMPEL 2008. 11th Workshop on Control and Modeling for Power Electronics, 2008,* 2008, pp. 1–6.

[37] H. W. van der Broeck and J. D. Van Wyk, "A comparative investigation of a three-phase induction machine drive with a component minimized voltage-fed inverter under different control options," *IEEE Transactions on Industry Applications,* vol. IA-20, pp. 309–320, 1984.

[38] S. Farnesi, P. Fazio, and M. Marchesoni, "A new fault tolerant NPC converter system for high power induction motor drives," in *2011 IEEE International Symposium on Diagnostics for Electric Machines, Power Electronics & Drives,* 2011, pp. 337–343.

[39] L. Jun, A. Q. Huang, L. Zhigang, and S. Bhattacharya, "Analysis and design of active NPC (ANPC) inverters for fault-tolerant operation of high-power electrical drives," *IEEE Transactions on Power Electronics,* vol. 27, pp. 519–533, 2012.

[40] L. Tian-Hua, F. Jen-Ren, and T. A. Lipo, "A strategy for improving reliability of field-oriented controlled induction motor drives," *IEEE Transactions on Industry Applications,* vol. 29, pp. 910–918, 1993.

[41] B. A. Welchko, T. A. Lipo, T. M. Jahns, and S. E. Schulz, "Fault tolerant three-phase AC motor drive topologies: a comparison of features, cost, and limitations," *IEEE Transactions on Power Electronics,* vol. 19, pp. 1108–1116, Jul. 2004.

[42] T. M. Jahns, "Improved reliability in solid-state AC drives by means of multiple independent phase drive units," *IEEE Transactions on Industry Applications,* vol. IA-16, pp. 321–331, 1980.

[43] B. C. McCrow, A. G. Jack, D. J. Atkinson, and J. A. Haylock, "Fault tolerant drives for safety critical applications," in *IEE Colloquium on New Topologies for Permanent Magnet Machines (Digest No: 1997/090),* 1997, pp. 5/1–5/7.

[44] L. de Lillo, L. Empringham, P. W. Wheeler, S. Khwan-on, C. Gerada, M. N. Othman, and H. Xiaoyan, "Multiphase power converter drive for fault-tolerant machine development in aerospace applications," *IEEE Transactions on Industrial Electronics,* vol. 57, pp. 575–583, 2010.

[45] H. Stemmler and P. Guggenbach, "Configurations of high-power voltage source inverter drives," in *5th European Conference on Power Electronics and Applications*, 1993, pp. 7–14.

[46] J. A. Restrepo, A. Berzoy, A. E. Ginart, J. M. Aller, R. G. Harley, and T. G. Habetler, "Switching strategies for fault tolerant operation of single DC-link dual converters," *IEEE Transactions on Power Electronics,* vol. 27, pp. 509–518, Feb. 2012.

[47] B. V. Reddy, V. T. Somasekhar, and Y. Kalyan, "Decoupled space-vector PWM strategies for a four-level asymmetrical open-end winding induction motor drive with waveform symmetries," *IEEE Transactions on Industrial Electronics,* vol. 58, pp. 5130–5141, 2011.

[48] M. Hashii, K. Kousaka, and M. Kaimoto, "New approach to a high-power GTO PWM inverter for AC motor drives," *IEEE Transactions on Industry Applications,* vol. IA-23, pp. 263–269, 1987.

[49] U. Borup, F. Blaabjerg, and P. N. Enjeti, "Sharing of nonlinear load in parallel-connected three-phase converters," *IEEE Transactions on Industry Applications,* vol. 37, pp. 1817–1823, 2001.

[50] L. Shiguo, Y. Zhihong, L. Ray-Lee, and F. C. Lee, "A classification and evaluation of paralleling methods for power supply modules," in *Power Electronics Specialists Conference, 1999. PESC 99. 30th Annual IEEE,* vol. 2, pp. 901–908, 1999.

[51] J. M. Guerrero, J. C. Vasquez, J. Matas, M. Castilla, and L. G. de Vicuna, "Control strategy for flexible microgrid based on parallel line-interactive UPS systems," *IEEE Transactions on Industrial Electronics,* vol. 56, pp. 726–736, 2009.

[52] L. Asiminoaei, E. Aeloiza, P. N. Enjeti, and F. Blaabjerg, "Shunt active-power-filter topology based on parallel interleaved inverters," *IEEE Transactions on Industrial Electronics,* vol. 55, pp. 1175–1189, 2008.

[53] T. Yoshikawa, H. Inaba, and T. Mine, "Analysis of parallel operation methods of PWM inverter sets for an ultra-high speed elevator," in *Applied Power Electronics Conference and Exposition, 2000. APEC 2000. 15th Annual IEEE,* vol. 2, pp. 944–950, 2000.

[54] J. G. Ciezki and R. W. Ashton, "The Control of Parallel-Connected Inverters for U.S. Navy Shipboard Applications," Department of Electrical and Computer Engineering, Naval Postgraduate School, Monterey, CA, Tech. Rep. NPS-EC-01-003, 2001. Available: https://calhoun.nps.edu/bitstream/handle/10945/35235/NPS-EC-01-003.pdf?sequence=1&isAllowed=y

[55] H. Ming, H. Haibing, X. Yan, and H. Zhongyi, "Distributed control for AC motor drive inverters in parallel operation," *IEEE Transactions on Industrial Electronics,* vol. 58, pp. 5361–5370, 2011.

[56] T. Geyer and S. Schroder, "Reliability considerations and fault-handling

strategies for multi-MW modular drive systems," *IEEE Transactions on Industry Applications,* vol. 46, pp. 2442–2451, 2010.

[57] S. Schroder, P. Tenca, T. Geyer, P. Soldi, L. Garces, R. Zhang, T. Toma, and P. Bordignon, "Modular high-power shunt-interleaved drive system: a realization up to 35 MW for Oil & gas applications," in *Industry Applications Society Annual Meeting, 2008. IAS '08*. IEEE, 2008, pp. 1–8.

[58] R. Baccani, R. Zhang, T. Toma, A. Iuretig, and M. Perna, "Electric systems for high power compressor trains in oil and gas applications – system design, validation approach and performance," in *Annual Turbomachinery Symposium,* 2007, pp. 61–68.

[59] X. Lei and S. Jian, "Motor drive system EMI reduction by asymmetric interleaving," in *IEEE 12th Workshop on Control and Modeling for Power Electronics,* 2010, pp. 1–7.

[60] Y. Shakweh and P. Aufleger, "Multi-megawatt, medium voltage, PWM, voltage source, sine-wave-output converter for industrial drive applications," in *7th International Conference on Power Electronics and Variable Speed Drives, 1998. (Conf. Publ. No. 456),* 1998, pp. 632–637.

[61] R. Chokhawala, B. Danielsson, and L. Angquist, "Power semiconductors in transmission and distribution applications," in *Proceedings of the 13th International Symposium on Power Semiconductor Devices and ICs, 2001. ISPSD '01,* 2001, pp. 3–10.

[62] N. Shammas, R. Withanage, and D. Chamund, "Review of series and parallel connection of IGBTs," *IEE Proceedings – Circuits, Devices and Systems,* vol. 153, pp. 34–39, 2006.

[63] Y. Shakweh and E. A. Lewis, "Assessment of medium voltage PWM VSI topologies for multi-megawatt variable speed drive applications," in *Power Electronics Specialists Conference, 1999. PESC 99. 30th Annual IEEE,* vol. 2, pp. 965–971, 1999.

[64] S. Bernet, "Recent developments of high power converters for industry and traction applications," *IEEE Transactions on Power Electronics,* vol. 15, pp. 1102–1117, 2000.

[65] Y. Uchida, Y. Seki, Y. Takahashi, and M. Ichijoh, "Development of high power press-pack IGBT and its applications," in *Proceedings of the 22nd International Conference on Microelectronics, 2000,* vol. 1, pp. 125–129, 2000.

[66] W. Rui, F. Blaabjerg, W. Huai, M. Liserre, and F. Iannuzzo, "Catastrophic failure and fault-tolerant design of IGBT power electronic converters – an overview," in *39th Annual Conference of the IEEE Industrial Electronics Society, IECON,* 2013, pp. 507–513.

[67] A. L. Julian and G. Oriti, "A comparison of redundant inverter topologies to improve voltage source inverter reliability," *IEEE Transactions on Industry Applications,* vol. 43, pp. 1371–1378, 2007.

[68] K. Xiaomin, K. A. Corzine, and Y. L. Familiant, "A unique fault-tolerant design for flying capacitor multilevel inverter," *IEEE Transactions on Power Electronics,* vol. 19, pp. 979–987, 2004.

[69] C. Keller and Y. Tadros, "Are paralleled IGBT modules or paralleled IGBT inverters the better choice?," in *5th European Conference on Power Elec-*

[70] H. Behjati and A. Davoudi, "Reliability analysis framework for structural redundancy in power semiconductors," *IEEE Transactions on Industrial Electronics,* vol. 60, pp. 4376–4386, 2013.

[71] J. Andreu, I. Kortabarria, E. Ibarra, I. M. de Alegria, and E. Robles, "A new hardware solution for a fault tolerant matrix converter," in *Industrial Electronics, 2009. IECON '09. 35th Annual Conference of IEEE,* 2009, pp. 4469–4474.

[72] A. Cordeiro, J. Palma, J. Maia, and M. Resende, "Combining mechanical commutators and semiconductors in fast changing redundant inverter topologies," in *EUROCON – International Conference on Computer as a Tool (EUROCON), 2011 IEEE,* 2011, pp. 1–4.

[73] S. Bolognani, M. Zordan, and M. Zigliotto, "Experimental fault-tolerant control of a PMSM drive," *IEEE Transactions on Industrial Electronics,* vol. 47, pp. 1134–1141, 2000.

[74] S. Yantao and W. Bingsen, "Analysis and experimental verification of a fault-tolerant HEV powertrain," *IEEE Transactions on Power Electronics,* vol. 28, pp. 5854–5864, 2013.

[75] S. Bolognani, M. Zordan, and M. Zigliotto, "Experimental fault-tolerant control of a PMSM drive," *IEEE Transactions on Industrial Electronics,* vol. 47, pp. 1134–1141, Oct. 2000.

[76] R. L. A. Ribeiro, C. B. Jacobina, A. M. N. Lima, and E. R. C. da Silva, "A strategy for improving reliability of motor drive systems using a four-leg three-phase converter," in *16th Annual IEEE Applied Power Electronics Conference and Exposition,* vol. 1, pp. 385–391, 2001.

[77] M. Beltrao de Rossiter Correa, C. B. Jacobina, E. R. Cabral da Silva, and A. M. N. Lima, "An induction motor drive system with improved fault tolerance," *IEEE Transactions on Industry Applications,* vol. 37, pp. 873–879, 2001.

[78] D. G. Holmes and A. Kotsopoulos, "Variable speed control of single and two phase induction motors using a three phase voltage source inverter," in *Industry Applications Society Annual Meeting, 1993, Conference Record of the 1993 IEEE,* vol. 1, pp. 613–620, 1993.

[79] S. Ceballos, J. Pou, E. Robles, I. Gabiola, J. Zaragoza, J. L. Villate, and D. Boroyevich, "Three-level converter topologies with switch breakdown fault-tolerance capability," *IEEE Transactions on Industrial Electronics,* vol. 55, pp. 982–995, 2008.

[80] S. Ceballos, J. Pou, J. Zaragoza, E. Robles, J. L. Villate, and J. L. Martin, "Fault-tolerant neutral-point-clamped converter solutions based on including a fourth resonant leg," *IEEE Transactions on Industrial Electronics,* vol. 58, pp. 2293–2303, 2011.

[81] Z. Wenping, L. Guangyuan, X. Dehong, J. Hawke, P. Garg, and P. Enjeti, "A fault-tolerant T-type three-level inverter system," in *Applied Power Electronics Conference and Exposition, 29th Annual IEEE,* 2014, pp. 274–280.

第13章
风力发电和光伏系统基于任务剖面的可靠性设计

Frede Blaabjerg, Ke Ma, Dao Zhou, Yongheng Yang

奥尔堡大学,丹麦

13.1 可再生能源发电系统的任务剖面

电力电子系统的任务剖面会改变系统中器件所承受的应力,间接影响了变换器的成本和可靠性。在可再生能源应用中,变换器运行环境相对恶劣,任务剖面复杂,电力电子变换器需要承受较大的功率波动(例如,风电机组高达几兆瓦)。此外,变换器需要执行电网需求的一系列复杂功能,同时需要保证能够在恶劣的环境条件下(如昼夜温度波动、太阳辐照度变化、灰尘、振动、湿度环境等[1,2])稳定运行。本节主要介绍风电机组和光伏系统的典型任务剖面和需求。

13.1.1 运行环境

作为整个风电机组的输入,风能(通过风速计算得到)是决定整个系统设计、控制、维护、能量产出以及整体成本的重要因素。在施工和设计阶段,首先需要对风电机组运行的风况进行预设。通常,在风电机组的设计阶段使用风力等级来进行评估;风力等级的主要参数是平均风速、50年极端阵风和湍流[3]。由于电力电子变换器的负载变化主要是由风速及其变化引起的,所以了解风力等级对于变换器可靠性计算和性能分析具有重要意义。表13.1所示为常用的风况分类,基于威布尔分布的年风速分布如图13.1所示。

图13.2所示为实际1年的风速曲线[4],其为80m轮毂高度、3h的平均风速,数据来源于丹麦Thyborøn附近的风电场,纬度为56.71°,经度为8.20°。所选择的风速属于IEC 61400 I-a风力等级(见表13.1),平均风速为8.5~10m/s。从图13.2中可以看出风速从0m/s到28m/s大幅波动。如果不针对机械和电气部件采取适当的控制,波动可能会影响到电网的运行,引发电网稳定性问题。此外,系统中的组件可能需要承受较大的功率循环,这可能也会导致系

统故障[5-9]。因此，在风电机组应用的电力电子变换器的控制和设计中，应仔细考虑风速的波动[10]。

表 13.1 根据 IEC 61400[3] 的风力等级

风 力 等 级	Ⅰ-a	Ⅰ-b	Ⅱ-a	Ⅱ-b	Ⅲ-a	Ⅲ-b	Ⅳ-b
湍流①	18%	16%	18%	16%	18%	16%	16%
年平均风速②/(m/s)	10		8.5		7.5		6
50年极端阵风③/(m/s)	70		59.5		52.5		42

① 在 15m/s 的风速下测量湍流，量化 10min 内风速的变化量。
② 风电机组轮毂高度测量的参数。
③ 3s 平均风速。

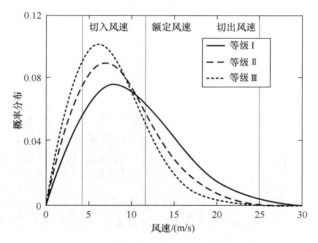

图 13.1 IEC 61400 标准定义的不同风力等级的年风速分布

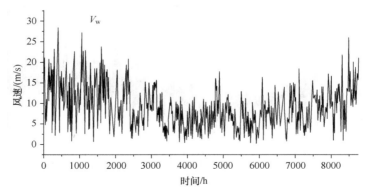

图 13.2 基于 IEC 61400 标准的丹麦某风电场年风速（3h 平均风速）的任务剖面

类似于风电机组的情况，包括太阳辐射和环境温度在内的任务剖面对于光伏系统的设计、控制和运行也非常重要，因为其直接影响光伏的输出功率。随着现场经验的积累和监测技术的进步，各种电力电子系统，例如光伏逆变器，能够提供更好的任务剖面数据[11]。这为在合理的置信水平内预测逆变器的寿命和光伏系统的最大功率输出提供了更多可能性[11,12]。

图 13.3 所示为光伏系统的年度任务剖面，原始数据采样频率为 5Hz[12]，图 13.3 中每 5min 重新采样一次。由图 13.3 可以看出，太阳辐射和环境温度在一年中剧烈变化，说明了太阳能光伏能量的间歇性。间歇性将导致功率波动，所以需要采用最大功率点跟踪（MPPT）控制来最大化能量产出（即最小化功率损耗）。电力电子系统的可靠性与温度负荷存在很强的耦合关系[4,12-15]，并受到任务剖面的影响。因此，不同的时间尺度任务剖面可能会影响电力电子系统的使用寿命[4]。此外，当光伏渗透率逐渐增加时，产生的能量波动也可能导致电网稳定性问题。因此，在光伏系统的控制和设计中，需认真考虑任务剖面。此外，电力电子技术、监测技术以及智能控制策略的进步也有助于延长光伏系统的生命周期，降低光伏能量的成本。

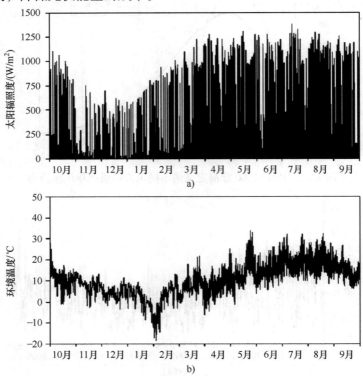

图 13.3　光伏系统的年度实地任务剖面（采样频率为 5min 采样一次）：
a）太阳辐照度；b）环境温度

13.1.2 电网要求

电网要求通常称为电网规范。因此，大多数国家已经发布电网规范来指导可再生能源的接入，并且电网规范要求也在不断更新[16-20]，例如，并网的风电机组。对于光伏系统也有相应的电网要求，要求的更新是可再生能源电网渗透程度的间接反映，该要求通常涵盖从中压（MV）到超高压（EHV）宽范围的电压水平。从电力系统的角度来看，电网规范期望使可再生能源系统成为常规发电厂。以风电机组为例，电网扰动中的功率可控性、电能质量、故障穿越能力和网络扰动下的电网支撑能力通常在电网规范中受到高度的重视。下面的讨论举例说明了不同国家的风电机组的电网规范，大多数电网规范对于单个风电机组或风电场都是有效的，需说明的是这些规范是动态的，可能会逐年变化。

13.1.2.1 有功功率控制

根据大多数国家（如丹麦、爱尔兰和德国）的电网规范，单个风电机组必须能够在给定的功率范围内控制并网点（PCC）的有功功率。典型地，有功功率根据系统频率进行调节，以保持系统频率的稳定。图13.4所示为丹麦和德国电网规范中通过有功功率调节进行频率控制的特性。

对于通过输电线连接的大规模风电场，风电机组被视为传统发电厂，根据输电系统运营商（TSO）的要求提供宽范围的受控的有功功率。此外，其还需参与电力系统的一次和二次控制。一般而言，风电场通常预留一定的功率容量，在需要额外的有功功率的情况下提供足够的支持，以降低所需的储能系统容量。

13.1.2.2 无功功率控制

在正常运行期间，由风电机组或风电场输送的无功功率也需根据电网规范在一定范围内调整。然而，无功功率控制行为在不同国家的电网规范中有所不同。

例如，如图13.5所示，丹麦和德国电网规范都规定了用于风电机组的无功功率的范围。此外，TSO通常将根据电网电压水平定义风电场提供的无功功率范围。应该注意的是，无功功率控制应该在分钟级的时间常数下缓慢实现[16]。

13.1.2.3 故障穿越能力

除了正常运行之外，大多数TSO在电网条件异常（例如，电压骤降（称为低电压穿越，LVRT））的情况下对风电机组和风电场提出了严格的规范。在这些情况下，风电机组需要在规定的时间内保持与电网的连接，图13.6[16-21]定义了各种电网电压跌落的边界以及允许的风电场承受扰动的时间。目前，不对称电网故障期间电压幅度的定义仍在讨论中，在大多数电网规范中没有明确规定。

此外，风力发电系统还应提供无功功率（高达100%的电流容量），以支持故障穿越期间的电压恢复。图13.7显示了丹麦和德国电网规范规定的电网电压

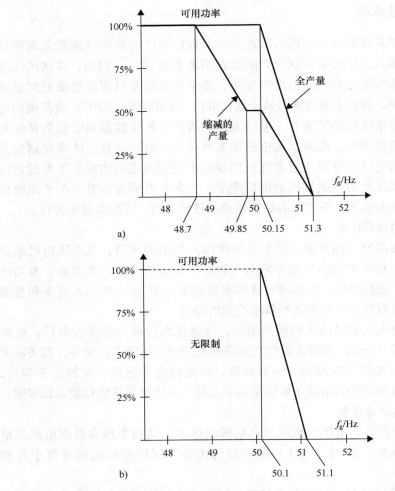

图 13.4 风电机组的频率控制曲线：a) 丹麦电网[19]；b) 德国电网[20]

跌落时，风电场所需提供的无功电流[19,20]。

这些电网规范在过去十年中对风电机组提出了巨大挑战，并且也大力推动了风力发电应用中电力电子学的发展。一方面，这些要求增加了每千瓦时的成本；另一方面，它们使风力发电技术更加适合高效利用并集成到电网中。可以预期，未来更严格的电网规范将不断挑战风电机组，并加速电力电子技术的发展。

13.1.2.4 未来的光伏系统并网规范

光伏系统正在高速发展，并在一些地区作为电能的主要来源。同时，对光伏系统的要求也变得比以往更加严苛。目前，尽管光伏的电力容量与单个风电

第 13 章　风力发电和光伏系统基于任务剖面的可靠性设计 | 299

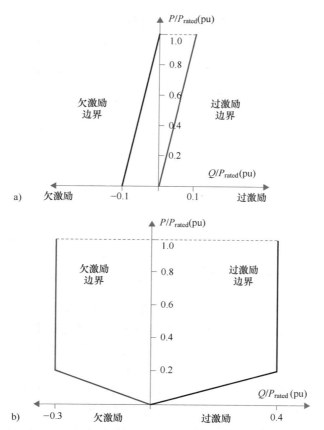

图 13.5　不同发电功率下的无功功率范围：a）丹麦电网规范[18]；b）德国电网规范[20]

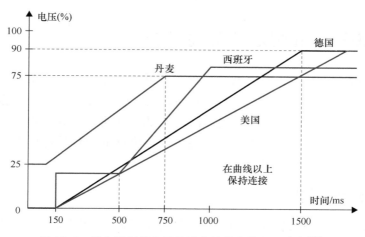

图 13.6　风电机组低电压故障穿越能力的电压分布[21]

机组的能力无法相比，但是如前所述，风电机组的电网需求正在转型为光伏系统，因为随着光伏发电技术的不断成熟，大型光伏系统的数量在不断增加。

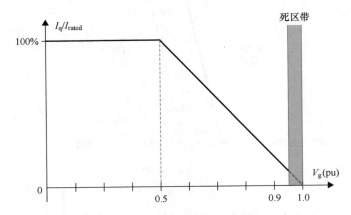

图 13.7　电网电压跌落时丹麦和德国电网规范对无功电流的要求

尽管如此，但是光伏系统的电网规范在不同功率水平上存在差异。对于具有较高额定功率的大型光伏系统，其不能够因为提供辅助服务（如频率调节）而影响电网电压和电网频率。这种情况下，光伏系统的电网规范与风电机组的电网规范相似，特别是当光伏系统的功率额定值可达几兆瓦时。事实上，一些国家正在讨论电网规范的修改，例如，有功功率削减和无功功率注入，以覆盖更加广泛的应用场合（例如，从数千瓦的住宅系统到数百千瓦的商业光伏电站）[19-24]。综上所示，越来越严格的电网规范要求光伏系统具有更高的灵活性，这需要通过先进的电力电子技术来实现。

13.2　基于任务剖面的可靠性评估

考虑到能源的成本，电力电子系统在可再生能源领域的可靠性越来越受到关注。如图 13.8 所示[25,26]，风电变换器和光伏逆变器的故障率分别占所有风电机组和光伏系统的 13% 和 37%。这揭示了电力电子可靠性在可再生能源系统中的重要性。因此，电力电子器件可靠性的改善将有助于延长可再生能源的工作寿命，从而进一步降低能源成本。

13.2.1　热应力的影响

电力电子变换器的可靠性和鲁棒性运行都与其任务剖面密切相关。任务剖面反映了系统在整个运行周期内的运行条件[27]。在违反强度和应力分析的情况下，可能会发生故障，导致故障的因素可能是环境负荷（如热、机械、湿度等）

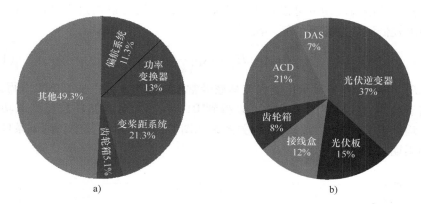

图 13.8 各子系统在可再生能源系统故障率中的百分比：a) 风电机组；b) 光伏系统

或功率负载（如使用情况、电气操作）。如图 13.9 所示[28]，从各种应力在电力电子系统中的分布，可以看出热循环占整个故障率一半以上[28-30]。

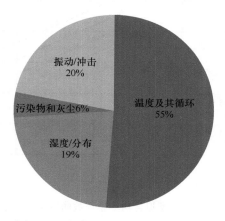

图 13.9 电力电子系统中的应力分布

13.2.2 功率器件的寿命模型

为了对热循环产生的故障进行分析，功率器件制造商通过功率循环对器件进行测试。通过控制功率器件的电流，功率器件被重复加热和冷却。由于不同层之间的热膨胀系数不同，热-机械应力导致了功率器件故障的发生。从功率循环测试可以看出，芯片与直接键合铜（DBC）之间的连接、键合线的连接和芯片区域之间的连接是最常见的故障机理[32-34]。为了进行加速测试，功率循环引入的电流几乎等于额定电流，循环周期通常在几百毫秒到几十秒之间。由于制造期间的参数偏差，个体功率器件的功率循环可能不同。可靠性由 B10 寿命定义，描述当故障数量为总数量的 10% 时的工作时间。

在较高的结温波动下可以获得功率循环数，然后可以通过 Coffin-Manson 方程推导出较低温度变化下的循环次[35]：

$$N = A \cdot dT_j^\alpha \cdot \exp\left(\frac{E_a}{k_b \cdot T_{jm}}\right) \tag{13.1}$$

式中，E_a 和 k_b 分别表示活化能和玻耳兹曼常数，α 和 A 分别从 LESIT 获得。

基于均匀失效机理的假设，可以得到 B10 寿命的功率循环数与测试功率循环的平均结温 T_{jm} 和结温波动 dT_j 的关系，如图 13.10 所示。其中，测试条件为固定循环周期（即 1.4s）。

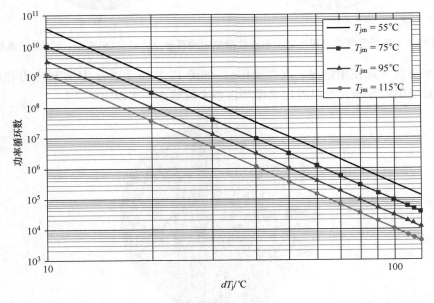

图 13.10 根据 Coffin-Manson 模型拟合功率循环数曲线与平均结温和结温波动的实例

由于模块层之间的热时间常数存在差异[35,36]，循环周期与器件的功率循环能力密切相关，应将这一因素考虑在内：

$$\frac{N(t_{on})}{N(0.7s)} = \left(\frac{t_{on}}{0.7s}\right)^\beta \tag{13.2}$$

式中，t_{on} 通常表示循环周期，$N(0.7s)$ 表示 $t_{on}=0.7s$ 时的功率循环数，β 表示循环周期的影响[35]。

13.2.3 不同时间尺度负荷的转移

应力分析是评估变换器可靠性的关键环节。然而从电应力到热应力的转换是可再生能源系统中的一大挑战。如图 13.11 所示，风电变换器中功率半导体的热循环从毫秒到一年变化，分别由电特性（基频电流）和环境特性（环境温度和风速）引起。为了准确量化功率器件的热应力，必须对短期热循环和长期热循环进行分别处理。

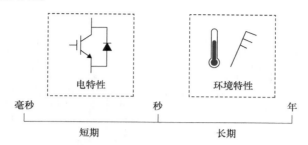

图 13.11　功率半导体在风电变换器中的短期和长期热循环

第一组热行为主要是由变换器中的快速周期性电流引起的，与电网或电机的基频同步。这种干扰下的功率器件的温度会以较小的幅度快速周期性地摆动。仿真结果如图 13.12 所示，变换器在额定条件下运行[31]，可以观察到 20ms 内的 T_j 和 T_c。可以看出，结温 T_j 以恒定振幅在 50Hz 下振荡，而壳温 T_c 几乎保持不变。

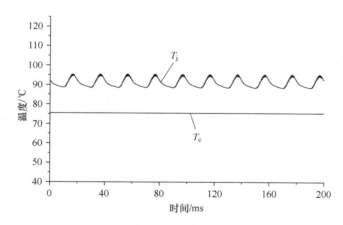

图 13.12　当风速 $v_w = 12\text{m/s}$（20ms，0.5ms 时间步长，$T_{ref} = 40℃$）时，功率器件内的短期热特性

第二组热行为主要是由变换器系统输入功率的长期变化引起的。电力电子系统在可再生能源应用中的输出功率与风速和太阳辐照度密切相关，波动强烈且依赖环境。如图 13.13 所示[31]，一年的风速转化为功率器件的结温和壳温。可以看到许多从 15℃ 到 90℃ 的不规则热循环，根据功率器件的可靠性模型，这可能导致缩减器件的寿命[37]。光伏逆变器中也已经识别出了功率器件的类似热分布，如参考文献 [15] 所述。

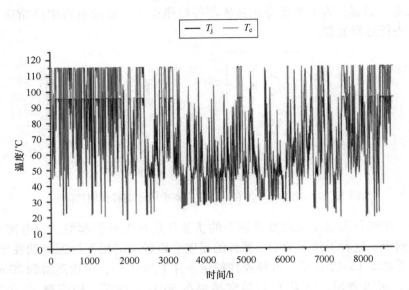

图 13.13　图 13.2 给定任务剖面下的热行为（IGBT 的结温 T_j 和壳温 T_c，采样率为 3h）

13.2.4　寿命预测方法

当上述热曲线可用时，可以根据平均结温、结温波动、循环周期和循环数来提取短期热循环和长期热循环。通过使用年负荷分布（年风速或太阳辐照度的概率分布）计算短期热循环，同时借助雨流计数获得长期热循环的温度信息。

为了分析功率半导体的寿命消耗，引入了年消耗寿命（CL）的概念，

$$CL_i = \frac{n_i}{N_i} \tag{13.3}$$

式中，n_i 是年度任务剖面下的 dT_{ji} 的循环数，N_i 是根据式（13.1）和式（13.2）得到的相应的失效循环数。

根据 Miner 法则[38]，每年的总消耗寿命（TCL）依赖于不同温度循环的贡献，可以表示为

$$TCL = \sum_i CL_i \tag{13.4}$$

TCL 的倒数定义了 B10 寿命。

13.3　风电机组的可靠性评估

根据发电机、电力电子器件和速度控制的类型，风电机组通常分为几个类别[39,40]。在这些风电机组中，电力电子器件扮演着不同的角色，并且具有不同

的额定功率。到目前为止，具有部分功率变换器的双馈感应发电机（DFIG）占据了风电机组的大部分市场，如图 13.14a 所示。但在不久的将来，具有全功率变换器的同步发电机（SG）预计将接管风能市场，成为主要解决方案[41,42]，如图 13.14b 所示。背靠背功率变换器在 DFIG 系统中被称为电网侧变换器和转子侧变换器，而电网侧变换器和发电机侧变换器，处于永磁同步发电机（PMSG）系统中，如图 13.14 所示。

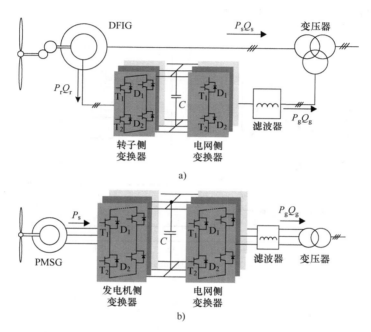

图 13.14 风电市场主流风电机组：a）DFIG 系统；b）PMSG 系统

基于 2MW DFIG 的部分功率风电机组和基于 2MW PMSG 的全功率风电机组进行了可靠性评估的案例研究。考虑短期的热循环，比较了两种配置中背靠背功率变换器的寿命。然后评估了电网规范和任务剖面对可靠性的影响。

13.3.1 风电变换器的寿命预测

为了估计功率变换器的寿命，需要分析变换器中"最弱"部分，由于功率模块中功率半导体（IGBT 或二极管）承受主要电和热应力，因此被视为对寿命影响最大的器件。如参考文献［34］所述，不管风电机组中的变换器拓扑如何，IGBT 是电网侧变换器中承受最大负荷的器件，二极管在转子侧变换器或发电机侧变换器中承受最大热应力。因此，这两种功率器件的寿命成为寿命预测关注的焦点。

如参考文献［34］所述，可以得到功率半导体的热分布。根据式（13.1）

和式（13.2）可以计算出 B10 寿命的功率循环周期。图 13.15 所示分别为 DFIG 系统和 PMSG 系统中背靠背变换器寿命预测结果。对于 DFIG 系统，电网侧变换器和转子侧变换器显示出不同的特性，可以看出，在并网变换器在同步运行时，功率周期变得非常高，然而，在转子侧变换器中，同步运行时的功率周期非常低，不仅是由于其较大的结温波动，还因为非常低的工作频率。对于 PMSG 系统，如果风速低于额定值（即 12m/s），电网侧变换器和发电机侧变换器功率循环数均与风速成反比，如图 13.15b 所示。

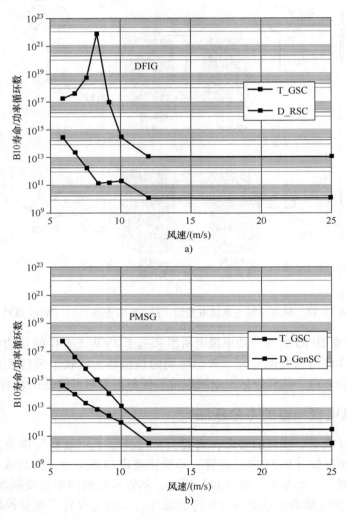

图 13.15　各种风速下应力最大的功率半导体的功率循环数：
a) DFIG 系统；b) PMSG 系统

为了评估器件每年的消耗寿命和总消耗寿命,还应考虑年度风速分布,预计每年的热循环总数。不同风力等级的年风速分布如图 13.1 所示。根据式 (13.4) 可以得到每年的消耗寿命,对 DFIG 系统和 PMSG 系统进行单独研究,结果如图 13.16a、b 所示,从切入 (4m/s) 到切出 (25m/s) 风速之间的运行是寿命消耗的主要部分。对于 DFIG 系统,背靠背变换器表现不同,与同步转速运转时的转子侧变换器相比,电网侧变换器的寿命消耗变化较大。对于 PMSG 系统,发电机侧变换器和电网侧变换器的寿命消耗的转折点在额定风速。高于额定风速时,随着风速的增加,寿命消耗随着风速的增加而降低。

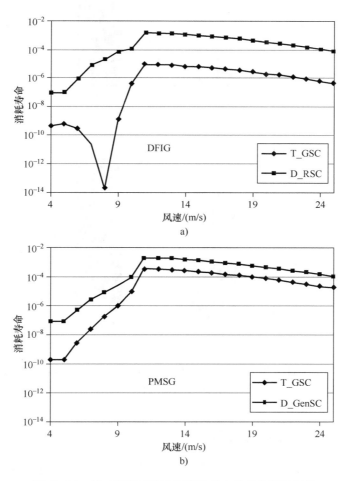

图 13.16 基于类别 I 风速的背靠背功率变换器每年的
寿命消耗:a) DFIG;b) PMSG

总消耗寿命如图 13.17 所示。PMSG 系统中背靠背变换器与 DFIG 系统相比内部变换器寿命差异相对较小。

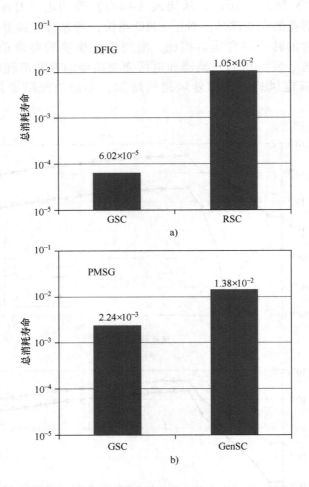

图 13.17　电网侧变换器和转子侧变换器/发电机侧变换器总消耗寿命的比较：
a) DFIG；b) PMSG

13.3.2　任务剖面对寿命的影响

风电机组的电力电子变换器需要在不同的条件（例如，电网规范，风速曲线）下运行，下面就任务剖面对变换器可靠性的影响进行了研究。DFIG 系统的转子侧变换器和 PMSG 系统的电网侧变换器必须满足电网规范，因此，分别针对 DFIG 系统和 PMSG 系统中的两个功率变换器展开研究。

13.3.2.1 电网规范

无功功率注入在 LVRT 运行中是一种有效的方式，德国、丹麦、英国等很多具有强大风力发电的国家要求风电机组在正常运行中提供无功功率。如图 13.5b 所示，其中一个电网要求由德国 TSO 建立，如果产生的有功功率高于最高功率的 20%，则应提供高达 40% 过激励（OE）和 30% 欠激励（UE）的无功功率。图中 NOR 表示系统正常运行情况，即电网和风电机组之间没有无功功率的交换。

图 13.18 描述了三种无功功率注入（UE、NOR 和 OE）情况下功率半导体的消耗寿命。对于 DFIG 系统，与 NOR 运行相比，OE 运行显著降低了功率半导

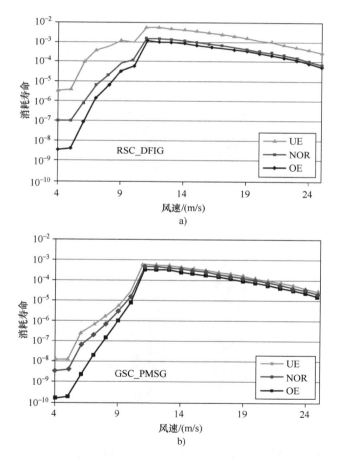

图 13.18 消耗寿命与无功功率注入：a) DFIG 系统转子侧变换器；
b) PMSG 系统电网侧变换器

体的可靠性，UE 运行略微提高了可靠性。相比之下，对于 PMSG 系统，OE 和 UE 运行能在所有风速下产生较高寿命消耗。

在本案例研究中也分析了电网规范对可靠性成本的影响，结果如图 13.19 所示。在 DFIG 系统中，如果全年提供 OE 无功功率，寿命大大缩短到 NOR 运行时的近 1/4。对于 PMSG 系统，与 NOR 运行相比，OE 运行几乎将寿命缩短了 1/2。

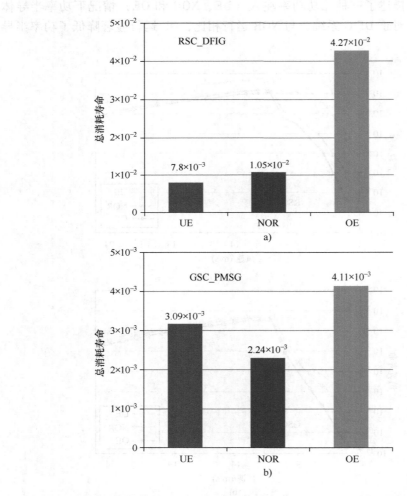

图 13.19　电网规范对总消耗寿命的影响：a) DFIG 系统转子侧变换器；b) PMSG 系统电网侧变换器

13.3.2.2 风速剖面

根据 IEC 61400 标准[3]，图 13.1 中的三个风力等级将用于比较不同风速的影响。图 13.20 比较了消耗寿命的结果。可以看出，在 DFIG 系统和 PMSG 系统中，从切入风速（4m/s）到额定风速（12m/s），消耗寿命存在差异。此外，由于 I 级风速从额定风速到切出风速（25m/s）的概率最高，因此其消耗寿命最高，其次是 II 级和 III 级风速。本案例研究中的消耗寿命也如图 13.21 所示，这表明高风力等级将导致风电机组配置中功率变换器的寿命较短。

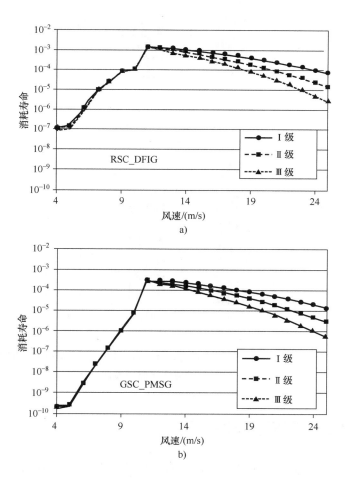

图 13.20 各种风力等级的消耗寿命：a) DFIG 系统转子侧变换器；b) PMSG 系统电网侧变换器

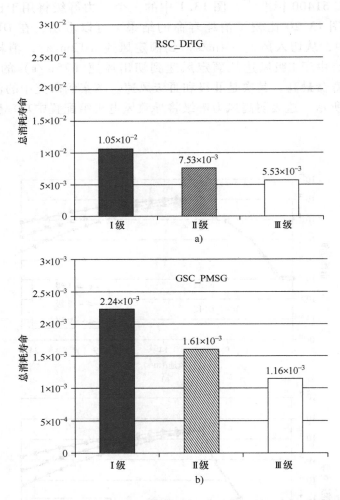

图 13.21 各种风力等级的总消耗寿命：a) DFIG 系统转子侧变换器；
b) PMSG 系统电网侧变换器

13.4 光伏系统的可靠性评估

考虑到苛刻的运行条件，例如在具有故障穿越操作的电压骤降以及客户需求不断增加的情况下，光伏系统的可靠性受到严峻的挑战。以下介绍和描述了光伏系统中使用的主要拓扑，在不同的运行模式中分析并网光伏系统长期正常运行下的可靠性，基于年度任务剖面采用热优化控制的 LVRT 技术，旨在提升和优化逆变器可靠性。

13.4.1 光伏逆变器

与风力发电技术不同,太阳能光伏系统每个发电单元(例如,单独的光伏板或光伏串)产生的功率要低得多。因此,作为光伏系统的配置通常并联和/或串联多个光伏板以增加输出功率。由于效率和体积的限制,光伏逆变器中无变压器拓扑非常普遍。无变压器光伏系统可以根据功率级别进行分类,如图13.22所示[43,44]。串联逆变器和多模块串联逆变器是单相配置中最常用的解决方案。然而,由于缺乏电气隔离,光伏板和地面之间可能会出现漏电流,如果不能正确处理,则会导致安全问题。因此,无变压器逆变器需要最小化漏电流,一些新颖的无变压器光伏逆变器被提出。

13.4.1.1 H 桥拓扑

H 桥逆变器(见图13.23)是经典单相 DC/AC 变换系统的解决方案。然而,在无变压器光伏系统中,脉宽调制(PWM)策略需要优化设计,否则可能会产生较高的共模电压(高 dv_{pe}/dt),导致大的漏电流,这种方案在无变压器光伏系统中是不可取的,无法满足并网标准[45,46]。在 H 桥逆变器的几种调制策略中,可以采用双极性调制方案,因为它可以有效消除漏电流,但也观察到其效率相对较低(<96.5%)。

为了减少共模噪声、提高效率同时保持 H 桥逆变器给出的所有其他优点,在光伏应用中通过添加旁路开关的拓扑被提出[46-53],具体如下。

13.4.1.2 HERIC 拓扑

如图13.24所示,高效可靠的逆变器概念(HERIC)[54]与 H 桥拓扑相比,在逆变器的交流输出端使用两个额外的开关(S_5D_5、S_6D_6),以最大限度地减少漏电流。HERIC 拓扑的共模特性与双极性 PWM 调制的 H 桥拓扑的共模特性类似,光伏阵列端子的接地电压只具有正弦形状,同样的高效率也可以在单极性 PWM 的 H 桥变换器实现。因此,HERIC 拓扑结构在效率方面(据报道高达98%)更适合于无变压器光伏系统,并广泛应用于2.5~5kW 的功率范围的单相应用中[56]。

13.4.1.3 H6 逆变器

另一个单相无变压器拓扑为 H6 逆变器[55,57],在 H 桥拓扑基础上增加了两个额外的开关和二极管,如图13.25所示。

H6 拓扑的共模行为与 HERIC 拓扑类似,因为光伏阵列的对地共模电压只有正弦形状,频率是电网频率。该拓扑是无变压器光伏系统的另一个解决方案,因为其可以实现更低的漏电流。市面上已经存在几款商业产品采用该拓扑,报道显示的 H6 逆变器效率可达97%。

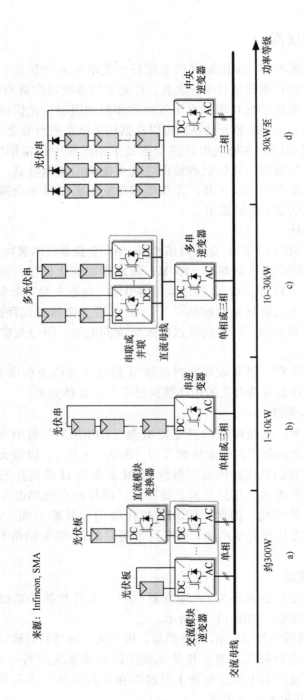

图13.22 不同并网光伏逆变器结构、典型应用以及额定功率：a) 小型系统模块逆变器；b) 住宅用串联逆变器；c) 住宅或商业用多串逆变器；d) 用于商业级或公用事业级光伏电站的中央逆变器

来源：Infineon, SMA

第 13 章 风力发电和光伏系统基于任务剖面的可靠性设计 | 315

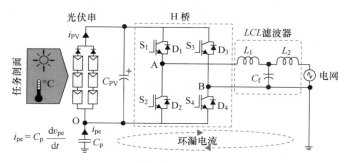

图 13.23 用于光伏应用的 H 桥无变压器拓扑（v_{pe}：共模电压，i_{pe}：漏电流）

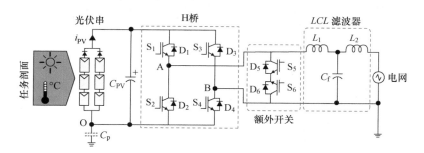

图 13.24 HERIC 无变压器单相光伏逆变器系统

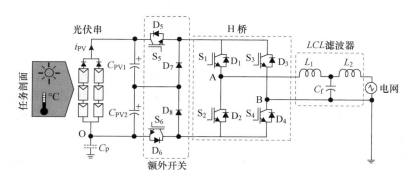

图 13.25 H6 无变压器单相光伏逆变器系统

13.4.2 单相光伏系统的可靠性评估

由于太阳能光伏能源的间歇性，无变压器光伏逆变器的功率开关器件会长时间承受不平等热负荷分布[27,58-61]，时变的热负荷（其表现为波动的结温）是电力电子器件的主要故障之一[59-66]。随着先进的无变压器逆变器投入市场，需要考虑到这些光伏逆变器在任务剖面下的可靠性，因此有必要在光伏系统的设计过程中将可靠性考虑在内。下文旨在将图 13.3 所示的任务剖面转化为逆变器功率器件的热负荷。

基于任务剖面的分析方法能够分析不同时间尺度的性能，如图 13.26 所示。对于短期任务剖面（毫秒到秒），可以直接获得热负荷曲线；而对于长期任务剖面（几分钟到几个月），获得瞬时热负荷将非常耗时。基于如图 13.26b 所示的查表法可以获得热负荷曲线[67]。

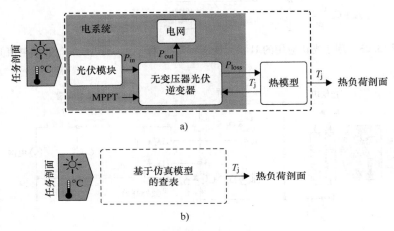

图 13.26 不同时间尺度的任务剖面转换为热负荷的方法（T_j—功率器件的结温）：
a) 短期任务剖面；b) 长期任务剖面

根据图 13.26 所示的分析方法，图 13.3 所示任务剖面可以转换为与寿命预测密切相关的热负荷，并可以根据具体的寿命模型提取有用信息。图 13.27 所示为年度任务剖面下三个不同的无变压器光伏逆变器的半导体热负荷（例如，最大结温 T_{jmax}）。由图 13.27 可以看出，尽管无变压器光伏逆变器（H6 和 HERIC）能够保持更高的效率，但是如先前预测，开关器件的热负荷是不相等的，H6 逆变器中额外器件的最大结温最高，表示较高的功率损耗，而 HERIC 逆变器表现出不同的特性。上述分析说明目前仍然需要大量研究工作用于无变压器光伏逆变器中额外开关器件的设计优化。

基于上述分析，可以评估三个无变压器光伏逆变器中功率半导体器件的寿命。首先，采用雨流计数算法分析了图 13.27 所示的热负荷，分析结果如图 13.28 所示。在图中可以看出，H6 逆变器的额外器件需要承受更多的功率循环数，这表明用于减小漏电流的额外器件成为对变换器寿命影响最大的器件。因此，在设计基于 H6 逆变器的无变压器光伏系统时，需要选择更加可靠的功率器件。相较于 H6 逆变器，在基于 HERIC 逆变器的无变压器光伏系统中，额外的器件具有更少的功率循环数，并且其他器件的功率循环数甚至比全桥双极性

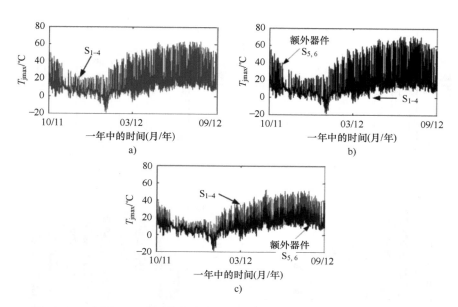

图 13.27 在图 13.3 所示的年度任务剖面下，三个不同 3kW 无变压器并网光伏逆变器的功率器件热负荷（最大结温 T_{jmax}）：
a) 双极性调制全桥；b) H6 逆变器；c) HERIC 逆变器

逆变器的循环数更小。这意味着，在同样的任务剖面下，HERIC 逆变器可以实现最高的可靠性，同时也保持较高的效率，如参考文献 [68] 所述。

应该注意的是，式（13.3）和式（13.4）的功率开关器件的寿命可以通过式（13.1）和式（13.2）的寿命模型获得。然而，寿命模型的参数是在参考文献 [72] 中提及的特定条件（例如，$0.07s \leq t_{on} \leq 63s$）下提取的，因此定量预测误差将是不可避免的。为了减少参数依赖性和可靠性模型依赖性，式（13.4）给出的寿命被归一化。

$$\overline{LC} = \frac{LC}{LC_b}$$

$$= \frac{\sum_i \frac{n_i}{(\Delta T_{ji})^\alpha (ar)^{\beta_1 \Delta T_{ji}} [C + (t_{oni})^\gamma] e^{E_a/(k_B T_{jmi})}}}{\sum_l \frac{n_l}{(\Delta T'_{jl})^\alpha (ar)^{\beta_1 \Delta T_{ji}} [C + (t'_{onl})^\gamma] e^{E_a/(k_B T_{jml})}}} \quad (13.5)$$

式中，$\overline{LC}$ 是归一化寿命消耗，LC_b 是 LC 归一化的基准。

图 13.29 显示了根据式（13.5）分析得到的三个光伏逆变器的归一化寿命，图 13.28 所示为计数结果。选择全桥双极性（即 S_{1-4}）的功率开关器件的寿命作为归一化的基准寿命消耗。从图 13.29 中可以看出，与其他器件以及 HERIC 逆变器相比，H6 逆变器的额外功率开关器件消耗更多的寿命。这意味着 H6 逆变

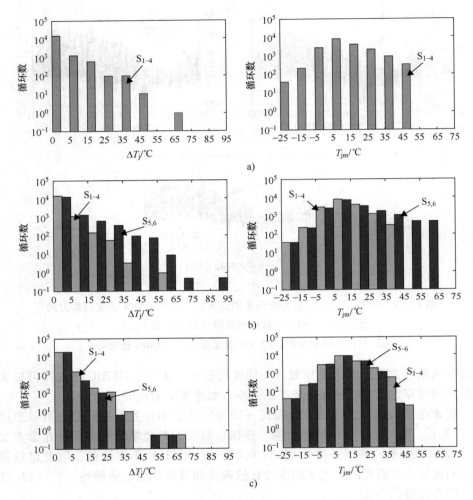

图 13.28 图 13.27 所示热负荷的雨流计数结果（循环振幅 ΔT_j 和平均结温 T_{jm} 处的循环数分布）：a) FB 双极性逆变器；b) H6 逆变器；c) HERIC 逆变器

器的额外器件老化发生得更快，整个 H6 系统相对其他两个无变压器光伏逆变器而言寿命较短，这进一步证实了 HERIC 逆变器是一种相对可靠的解决方案。

13.4.3 光伏系统的热应力优化运行方案

以下案例分析通过适当的功率分配（例如，适当的功率因数）来介绍功率器件的结温可控性。值得注意的是，影响器件温度的因素众多，例如，电流应力 i、电压应力 v、环境温度 T_a、开关频率 f_s 和功率损耗 P_{loss}。器件温度与故障机理之间的关系可简单地表示为

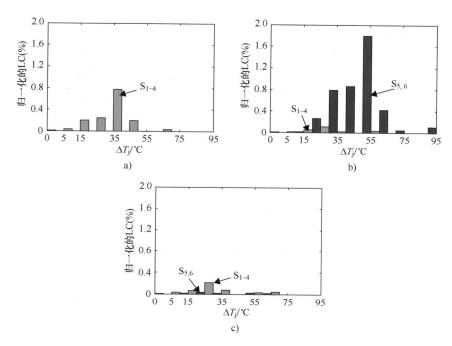

图 13.29 三种无变压器光伏逆变器在相同任务剖面下的归一化寿命（寿命比较）：
a）全桥双极性逆变器；b）H6 逆变器；c）HERIC 逆变器

$$T_j = f(i, v, T_a, f_s, P_{loss}, \cdots) \tag{13.6}$$

功率损耗和电流应力与注入功率关系紧密。根据式（13.6）得到的功率损耗曲线，可以改变功率器件上热应力分配，影响寿命。因此，可以通过适当的控制方法，注入有功功率和无功功率来间接地改变功率器件的结温。

该控制策略的实现如图 13.30a 所示，根据系统运行条件优化整个控制系统（例如，故障穿越运行模式下，根据电压骤降深度确定注入的无功功率），有功功率和无功功率的分配可以实现控制结温的目标。

图 13.30b 所示为通过功率控制实现结温控制的流程图。这种热优化方法的关键是将温度参考值转换为功率参考值，可以通过两种方式实现：一种方法是基于数学推导，该方法需要了解功率器件材料、拓扑结构、开关方案等。功率损耗和结温之间的耦合关系增加了推导的复杂性；另一种方法是以查表为基础，以牺牲精度为代价。为了创建令人满意的查表以确定最佳功率参考，首先需要研究不同运行状态（无功功率和有功功率的变化分配）下的特性，例如图 13.31 所示的 NPC 逆变器在不同状态下的温度分布。然后，研究适当的功率控制算法以实现结温控制的可行性。

为了进一步阐述用于温度控制的热优化控制方法，图 13.32 所示为单相光

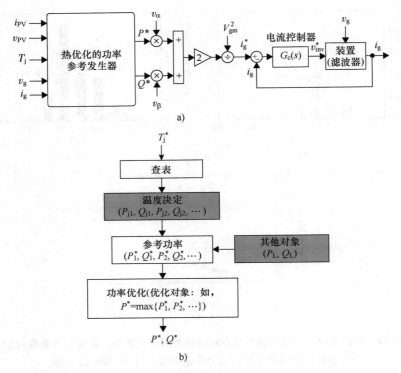

图 13.30 图 13.23 所示的光伏系统的热优化控制的实现：a) 整体控制结构；b) 热优化方法流程图

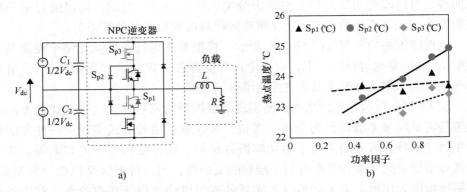

图 13.31 不同功率因数下的单相三电平 NPC 光伏逆变器：a) 实验设置；b) 测试结果

伏系统在电网故障下的案例分析，通过功率控制实现恒定的器件结温。由图可以看出，只要适当地生成功率参考，IGBT 功率器件的结温在故障穿越期间可以保持恒定，同时可以注入无功功率用于补偿电压跌落。

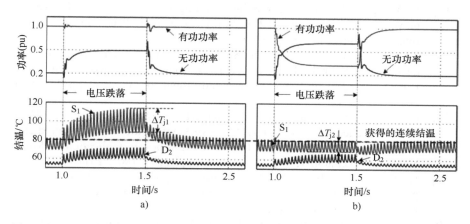

图 13.32 电网故障（0.4pu）下的 1kW 单相并网光伏系统的仿真结果：a) 不采用和 b) 采用热优化控制方法实现结温控制

13.5 总结

本章讨论了可再生能源系统中电力电子技术的发展和需求，并指出电力电子变换器可靠性研究对新能源系统发展具有重要意义。然后，基于风力发电和光伏系统的变换器拓扑的分析，提出在变换器设计中应将新能源系统任务剖面考虑在内。本章详细介绍了基于任务剖面的可靠性设计方法的基本原理，热应力转化过程，以及可靠性设计中面临的实际问题，通过风力发电和光伏系统的案例阐述了如何将任务剖面转化为功率半导体器件的使用寿命。

随着可再生能源技术的蓬勃发展，电力电子可靠性引起越来越多的关注。因此，在复杂工况下实现高可靠性电力电子器件面临许多新的机遇和挑战。值得一提的是，目前电力电子的可靠性计算和分析仍在进行中，考虑到功率半导体技术的快速发展，在最终产品设计中还会遇到许多新的问题。

参 考 文 献

[1] REN21 – Renewables 2012 Global Status Report, Jun. 2012. (Available: http://www.ren21.net)

[2] Report of Danish Commission on Climate Change Policy, "Green energy – the road to a Danish energy system without fossil fuels," Sept. 2010. (Available: http://www.klimakommissionen.dk/en-US/)

[3] Wikipedia "IEC 61400," June 2013.

[4] K. Ma, M. Liserre, F. Blaabjerg, "Lifetime estimation for the power semiconductors considering mission profiles in wind power converter," in Proc. of ECCE' 2013, Sep. 2013.

[5]   E. Wolfgang, L. Amigues, N. Seliger, G. Lugert, "Building-in reliability into power electronics systems," The World of Electronic Packaging and System Integration, pp. 246–252, 2005.

[6]   D. Hirschmann, D. Tissen, S. Schroder, R. W. De Doncker, "Inverter design for hybrid electrical vehicles considering mission profiles," IEEE Conference on Vehicle Power and Propulsion, vol. 7–9, pp. 1–6, Sept. 2005.

[7]   C. Busca, R. Teodorescu, F. Blaabjerg, S. Munk-Nielsen, L. Helle, T. Abeyasekera, P. Rodriguez, "An overview of the reliability prediction related aspects of high power IGBTs in wind power applications," Microelectronics Reliability, vol. 51, no. 9–11, pp. 1903–1907, 2011.

[8]   E. Wolfgang, "Examples for failures in power electronics systems," presented at ECPE Tutorial on Reliability of Power Electronic Systems, Nuremberg, Germany, Apr. 2007.

[9]   S. Yang, A. T. Bryant, P. A. Mawby, D. Xiang, L. Ran, P. Tavner, "An industry-based survey of reliability in power electronic converters," IEEE Transactions on Industry Applications, vol. 47, no. 3, pp. 1441–1451, May/Jun. 2011.

[10] A. Isidori, F. M. Rossi, F. Blaabjerg, K. Ma, "Thermal loading and reliability of 10-mw multilevel wind power converter at different wind roughness classes," IEEE Transactions on Industry Applications, vol. 50, no. 1, pp. 484–494, Jan/Feb. 2014.

[11] E. Koutroulis, F. Blaabjerg, "A new technique for tracking the global maximum power point of PV arrays operating under partial-shading conditions," IEEE Journal of Photovoltaics, vol. 2, no. 2, pp. 184–190, Apr. 2012.

[12] Photovoltaic Research Group, Department of Energy Technology, Aalborg University. (Available: http://www.et.aau.dk/research-programmes/)

[13] H. Wang, M. Liserre, F. Blaabjerg, "Toward reliable power electronics – challenges, design tools and opportunities," IEEE Industrial Electronics Magazine, vol. 7, no. 2, pp. 17–26, Jun. 2013.

[14] H. Huang, P. A. Mawby, "A lifetime estimation technique for voltage source inverters," IEEE Transactions on Power Electronics, vol. 28, no. 8, pp. 4113–4119, Aug. 2013.

[15] Y. Yang, H. Wang, F. Blaabjerg, K. Ma, "Mission profile based multi-disciplinary analysis of power modules in single-phase transformerless photovoltaic inverters," in Proc. of EPE ECCE Europe'13, pp. P.1–P.10, Sept. 2013.

[16] Report of the International Renewable Energy Agency (IRENA), "Renewable power generation costs in 2012: an overview," Released in 2013. (Available: http://www.irena.org/)

[17] S. Faulstich, P. Lyding, B. Hahn, P. Tavner, "Reliability of offshore turbines–identifying the risk by onshore experience," in Proc. of European Offshore Wind, Stockholm, 2009.

[18] B. Hahn, M. Durstewitz, K. Rohrig, "Reliability of wind turbines – experience of 15 years with 1500 WTs," Wind Energy, Springer, Berlin, 2007.

[19] K. O. Kovanen, "Photovoltaics and power distribution," Renewable Energy

Focus, vol. 14, no. 3, pp. 20–21, May/Jun. 2013.

[20] Y. Xue, K. C. Divya, G. Griepentrog, M. Liviu, S. Suresh, M. Manjrekar, "Towards next generation photovoltaic inverters," in Proc. of ECCE'11, pp. 2467–2474, 17–22 Sept. 2011.

[21] D. Hirschmann, D. Tissen, S. Schroder, R. W. De Doncker, "Inverter design for hybrid electrical vehicles considering mission profiles," IEEE Conference on Vehicle Power and Propulsion, vol. 7–9, pp. 1–6, Sept. 2005.

[22] D. Rosenwirth, K. Strubbe, "Integrating variable renewables as Germany expands its grid" [Online]. (Available: http://www.renewableenergyworld.com/, Mar. 21, 2013)

[23] Y. Yang, P. Enjeti, F. Blaabjerg, H. Wang, "Wide-scale adoption of photovoltaic energy: grid code modifications are explored in the distribution grid," IEEE Industry Applications Magazine, vol. 21, no. 5, pp. 21–31, Sept.–Oct. 2015.

[24] H. Kobayashi, "Fault ride through requirements and measures of distributed PV systems in Japan," in Proc. of IEEE-PES General Meeting, pp. 1–6, 22–26 Jul. 2012.

[25] S. Faulstich, P. Lyding, B. Hahn, P. Tavner, "Reliability of offshore turbines – identifying the risk by onshore experience," in Proc. of European Offshore Wind, Stockholm, 2009.

[26] B. Hahn, M. Durstewitz, K. Rohrig, "Reliability of wind turbines – experience of 15 years with 1500 WTs," Wind Energy, Springer, Berlin, 2007.

[27] Y. Yang, H. Wang, F. Blaabjerg, K. Ma, "Mission profile based multi-disciplinary analysis of power modules in single-phase transformerless photovoltaic inverters," in Proc. of EPE 2013, pp. 1–10, 2013.

[28] "ZVEI – Handbook for robustness validation of automotive electrical/electronic modules," Jun. 2013.

[29] Y. Song, B. Wang, "Survey on reliability of power electronic systems," IEEE Transaction on Power Electronics, vol. 28, no. 1, pp. 591–604, Jan. 2013.

[30] D. Hirschmann, D. Tissen, S. Schroder, R. W. De Doncker, "Reliability prediction for inverters in hybrid electrical vehicles," IEEE Transactions on Power Electronics, vol. 22, no. 6, pp. 2511–2517, Nov. 2007.

[31] K. Ma, M. Liserre, F. Blaabjerg, T. Kerekes, "Thermal loading and lifetime estimation for power device considering mission profiles in wind power converter," IEEE Transactions on Power Electronics, vol. 30, no. 2, pp. 590–602, Feb. 2015.

[32] ABB Application Note, Load-cycling capability of HiPaks, 2004.

[33] A. Wintrich, U. Nicolai, T. Reimann, "Application manual power semiconductors," ISLE verlag, Ilmenau, 2011.

[34] D. Zhou, F. Blaabjerg, M. Lau, M. Tonnes, "Thermal cycling overview of multi-megawatt two-level wind power converter at full grid code operation," IEEJ Journal of Industry Applications, vol. 2, no. 4, pp. 173–182, Jul. 2013.

[35] U. Scheuermann, R. Schmidt, "A new lifetime model for advanced power modules with sintered chips and optimized Al wire bonds," in Proc. of PCIM 2013, pp. 810–813, 2013.

[36] D. Zhou, F. Blaabjerg, M. Lau, M. Tonnes, "Thermal profile analysis of

doubly-fed induction generator based wind power converter with air and liquid cooling methods," in Proc. of EPE 2013, pp. 1–10, 2013.

[37] C. Busca, R. Teodorescu, F. Blaabjerg, S. Munk-Nielsen, L. Helle, T. Abeyasekera, P. Rodriguez, "An overview of the reliability prediction related aspects of high power IGBTs in wind power applications," Microelectronics Reliability, vol. 51, no. 9–11, pp. 1903–1907, 2011.

[38] B. Bertsche, "Reliability in automotive and mechanical engineering," Springer, Berlin, 2008.

[39] F. Blaabjerg, Z. Chen, S. B. Kjaer, "Power electronics as efficient interface in dispersed power generation systems," IEEE Transactions on Power Electronics, vol. 19, no. 4, pp. 1184–1194, 2004.

[40] F. Blaabjerg, K. Ma, "High power electronics – key technology for wind turbines," in Power electronics for renewable energy systems, transportation and industrial applications (eds H. Abu-Rub, M. Malinowski, and K. Al-Haddad), John Wiley & Sons Ltd., Chichester, 2014.

[41] F. Blaabjerg, K. Ma, "Future on power electronics for wind turbine systems," IEEE Journal of Emerging and Selected Topics in Power Electronics, vol. 1, no. 3, pp. 139–152, 2013.

[42] F. Blaabjerg, M. Liserre, K. Ma, "Power electronics converters for wind turbine systems," IEEE Transactions on Industry Application, vol. 48, no. 2, pp. 708–719, 2012.

[43] S. B. Kjaer, J. K. Pedersen, F. Blaabjerg, "A review of single-phase grid-connected inverters for photovoltaic modules," IEEE Transactions on Industry Application, vol. 41, no. 5, pp. 1292–1306, Sept.–Oct. 2005.

[44] S. B. Kjaer, "Design and control of an inverter for photovoltaic applications," PhD Thesis, Department of Energy Technology, Aalborg University, Aalborg, Denmark, Jan. 2005.

[45] R. Teodorescu, M. Liserre, P. Rodriguez, Grid converters for photovoltaic and wind power systems, John Wiley & Sons Ltd., Chichester, 2011.

[46] Y. Yang, F. Blaabjerg, H. Wang, "Low voltage ride-through of single-phase transformerless photovoltaic inverters," IEEE Transactions on Industry Application, vol. 50, no. 3, 1942–1952, May/Jun. 2014.

[47] E. Koutroulis, F. Blaabjerg, "Design optimization of transformer-less grid-connected PV inverters including reliability," IEEE Transactions Power Electronics, vol. 28, no. 1, pp. 325–335, Jan. 2013.

[48] D. Meneses, F. Blaabjerg, O. Garciía, J. A. Cobos, "Review and comparison of step-up transformerless topologies for photovoltaic ac-module application," IEEE Transactions on Power Electronics, vol. 28, no. 6, pp. 2649–2663, Jun. 2013.

[49] M. Meinhardt, G. Cramer, "Multi-string-converter: the next step in evolution of string-converter technology," in Proc. of EPE'01, pp. P.1–P.9, 2001.

[50] S. V. Araujo, P. Zacharias, R. Mallwitz, "Highly efficient single-phase transformerless inverters for grid-connected PV systems," IEEE Transactions Industry Electronics, vol. 57, no. 9, pp. 3118–3128, Sept. 2010.

[51] R. Gonzalez, J. Lopez, P. Sanchis, L. Marroyo, "Transformerless inverter

[52] S. R. Gonzalez, C. J. Coloma, P. L. Marroyo, T. J. Lopez, G. P. Sanchis, "Single-phase inverter circuit for conditioning and converting DC electrical energy into AC electrical," International Patent Application, Pub. No. WO/2008/015298, 7 Feb. 2008.

[53] T. Kerekes, R. Teodorescu, P. Rodriguez, G. Vazquez, E. Aldabas, "A new high-efficiency single-phase transformerless PV inverter topology," IEEE Transactions Industry Electronics, vol. 58, no. 1, pp. 184–191, Jan. 2011.

[54] H. Schmidt, S. Christoph, J. Ketterer, "Current inverter for direct/alternating currents, has direct and alternating connections with an intermediate power store, a bridge circuit, rectifier diodes and a inductive choke," German Patent DE10 221 592 A1, 4 Dec. 2003.

[55] R. Gonzalez, J. Lopez, P. Sanchis, L. Marroyo, "Transformerless inverter for single-phase photovoltaic systems," IEEE Transactions Power Electronics, vol. 22, no. 2, pp. 693–697, Mar. 2007.

[56] Sunways, Yield-oriented solar inverters with up to 98% peak efficiency. Product category. (Available: http://www.sunways.eu/en/)

[57] S. R. Gonzalez, C. J. Coloma, P. L. Marroyo, T. J. Lopez, G. P. Sanchis, "Single-phase inverter circuit for conditioning and converting DC electrical energy into AC electrical," International Patent Application, Pub. No. WO/2008/015298, 7 Feb. 2008.

[58] Y. Yang, H. Wang, F. Blaabjerg, "Reliability assessment of transformerless PV inverters considering mission profiles," International Journal of Photoenergy, vol. 2015, pp. 1–10, 2015 [Open Access].

[59] S. E. De León-Aldaco, H. Calleja, F. Chan, H. R. Jiménez-Grajales, "Effect of the mission profile on the reliability of a power converter aimed at photovoltaic applications – a case study," IEEE Transactions Power Electronics, vol. 28, no. 6, pp. 2998–3007, Jun. 2013.

[60] H. Wang, M. Liserre, F. Blaabjerg, "Toward reliable power electronics: challenges, design tools, and opportunities," IEEE Industry Electronics Magazine, vol. 7, no. 2, pp. 17–26, Jun. 2013.

[61] H. Huang, P. A. Mawby, "A lifetime estimation technique for voltage source inverters," IEEE Transactions Power Electronics, vol. 28, no. 8, pp. 4113–4119, Aug. 2013.

[62] P. McCluskey, "Reliability of power electronics under thermal loading," in Proc. of CIPS, pp. 1–8, 6–8 Mar. 2012.

[63] H. Lu, C. Bailey, C. Yin, "Design for reliability of power electronics modules," Microelectronics Reliability, vol. 49, no. 9–11, pp. 1250–1255, Sept.–Nov. 2009.

[64] M. Ciappa, "Lifetime prediction on the base of mission profiles," Microelectronics Reliability, vol. 45, no. 9–11, pp. 1293–1298, Sept.–Nov. 2005.

[65] F. Chan, H. Calleja, "Reliability estimation of three single-phase topologies in grid-connected PV systems," IEEE Transactions Industry Electronics, vol. 58, no. 7, pp. 2683–2689, Jul. 2011.

[66] K. Ma, M. Liserre, F. Blaabjerg, T. Kerekes, "Thermal loading and lifetime estimation for power device considering mission profiles in wind power converter," IEEE Transactions on Power Electronics, vol. 30, no. 2, pp. 590–602, Feb. 2015.

[67] Plexim Gmbh., "PLECS – The simulation platform for power electronics systems," Workshop Documentation, vol. 1, Aalborg, Oct. 2014.

[68] H. Schmidt, C. Siedle, J. Ketterer, "DC/AC converter to convert direct electric voltage into alternating voltage or into alternating current," U.S. Patent 7046534, Issued May 16, 2006.

[69] U. Scheuermann, "Reliability of advanced power modules for extended maximum junction temperatures," Bodo's Power Systems, pp. 26–30, Sept. 2014.

第 14 章
光伏系统中电力电子变换器可靠性

Jack Flicker, Robert Kaplar

桑迪亚国家实验室,美国

14.1 光伏系统简介

光伏(PV)发电系统是一个平衡系统(BOS),逆变器将光伏模块产生的额定直流功率转换为交流功率,通过电力网络输送供给各种用电单元(见图14.1)。作为系统直流侧和交流侧之间的接口,逆变器必须满足严格的电网要求。

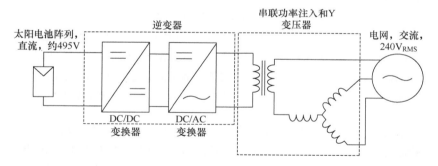

图 14.1 光伏系统的能量流动。太阳电池阵列产生 500V 直流电压,通过 DC/DC 和 DC/AC 变换器将直流电转换成交流电,通过电网进行传输

光伏逆变器的拓扑结构和控制方式种类很多,整体结构通常包含 DC/DC 变换器与 DC/AC 逆变器。由于应用场合不同,逆变器按多种方式进行分类,例如,基于逆变器的拓扑结构(例如,单级与多级,隔离与非隔离,单相与三相),基于光伏系统整体结构(例如,单极与双极,接地与未接地)或基于功率处理能力(大规模场站约 500kW,住宅规模约 5kW,微逆变器约几百瓦)。

14.1.1 DC/DC 变换

太阳电池或模块可以被认为是一种光电二极管,其特性曲线是电流-电压

（IV）曲线。在黑暗环境中，太阳电池可以看作为一个普通的二极管。然而，在光照条件下，太阳电池产生电流，导致 IV 曲线中的负电流偏移 I_L，二极管曲线存在于第四象限中。第四象限中的 IV 曲线（正电压和负电流）具有负乘积，该负功率表示功率输出（见图 14.2）。

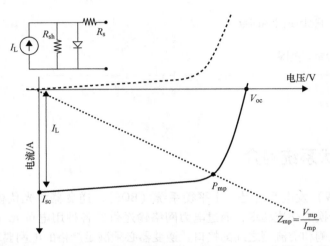

图 14.2　黑暗环境中，太阳电池类似于二极管（虚线）。光照条件下，将产生电流，在 IV 曲线的第四象限（实线）中显示为偏移量 I_L。太阳电池或模块特征由三方面来描述：短路电流（I_{sc}）、开路电压（V_{oc}）和最大功率点（P_{mp}）。太阳电池的电路图可以描述为并联二极管的电流源，还包括分流电阻（R_{sh}）和串联电阻（R_s）以建立非理想模型。逆变器的直流侧通过改变逆变器的输入阻抗来实现最大化功率传输，通过调节功率点 P_{mp} 匹配负载曲线（Z_{mp}）

太阳电池的 IV 曲线有以下几方面的参数特征：短路电流（I_{sc}）、开路电压（V_{oc}）和最大功率点（P_{mp}）。短路电流定义为在零电压下电池的输出电流，是针对给定光照下的最大输出电流。开路电压定义为对应于零输出电流时的电压，或 IV 曲线与正电压轴线交叉的点。最大功率点定义为电池的最大输出功率（功率是施加的电压和输出电流的乘积），出现在 IV 曲线的"拐点"处，即输出电流开始迅速下降的点。在电路图中，理想的太阳电池可以被描述为与电流源并联的简单二极管；可以通过添加等效串联和分流电阻来建立一个非理想模型。

在直流侧，逆变器负责确保最大功率点跟踪（MPPT）。MPPT 通过改变逆变器的输入阻抗来匹配光伏模块的最大功率曲线，通常采用 DC/DC 变换器（也可以采用基于脉冲宽度调制技术的一些单级拓扑改变输入阻抗，同时实现从 DC 到 AC 的能量变换）。有多种算法可用于 MPPT，最主流的算法包括恒压跟踪（CVT），扰动和观察（P&O 或爬山法）[1]，增量电导（INC）[2]，周期扫描[3]。多数相对复杂的算法可以轻松达到效率（称为跟踪因子）大于 95%[4]。对于理想的 MPPT 算法，对光伏模块施加的电压总是产生 P_{mp}，实际应用中 MPPT 算法通常以 0.5~5Hz 在 P_{mp} 附近振荡，具体频率和幅度取决于控制系统和算法的速度和精度。

为了降低光伏阵列中的 DC 传输损耗，期望的运行电压尽可能升高（电流尽可能降低）。出于安全考虑，美国限制光伏阵列的最大输出电压 V_{oc} 为 600V（由美国国家电气规范（NEC）第 690.7 条[5]规定；值得注意的是，一些大规模发电设备在美国以及欧洲的安装不受 NEC 的约束，运行电压高达 1000V_{oc}）。温度变化会导致阵列 V_{oc} 的安全级别降低（较低的环境温度导致带隙加宽，增加了阵列的 V_{oc}[3]），并且 V_{mp} 工作在 V_{oc} 的 80%，典型的阵列 V_{mp} 大约为 475~525V。因此，除了实现 MPPT 之外，逆变器的 DC 输入端需要将 V_{mp} 降低到 AC 注入所需的电压。

除了 MPPT 控制/算法之外，逆变器直流侧最重要的设计考虑之一是直流母线电压纹波（V_{ripple}）。逆变器中 V_{ripple} 会将模块的峰值电压从 V_{mp} 升为 $V_{mp} \pm V_{ripple}$（见图 14.3）。这将导致模块的输出功率存在低频波动，平均功率输出（P_{avg}）小于 P_{mp}。根据模块 IV 曲线不难看出，V_{mp} 的偏差会对 P_{avg} 产生较大影响，降低模块的利用率（P_{avg}/P_{mp}）。

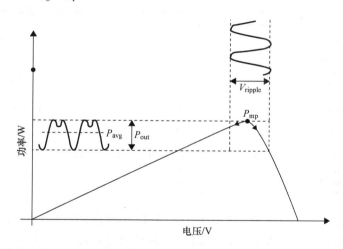

图 14.3 纹波电压（V_{ripple}）使工作电压在光伏模块的最大功率点（P_{mp}）附近振荡，降低了输出平均功率（P_{avg}）[8]

在 DC/DC 变换器中，DC 输入端的 V_{ripple} 可以通过求解母线电容器上的电流来计算[6]：

$$V_{ripple} = \frac{V_{mp}}{32 \cdot L \cdot C \cdot f^2} \tag{14.1}$$

式中，C 为母线电容器的电容值，L 为电路电感，f 为开关频率。

可以看出，纹波电压与母线电容成反比，增大电容值可以减少 V_{ripple}，以最大化光伏阵列的利用率。为了限制该电压纹波，逆变器通常需要一个大容量储能元件（电容器或电感器）[7]。然而，出于经济和/或工程原因，这些储能元件的数量或（物理或电气）尺寸受到一定限制，在所有单相逆变器直流侧都可以观察到一定幅值的电压纹波 V_{ripple}[3]。不同于单相逆变器，由于相位支路之间的相互作用，三相逆变器通常在 DC 母线上具有非常小的电压纹波。

14.1.2 DC/AC 变换

逆变器的工作目标是控制输出电流以相同的频率和相位角（$\varphi \approx 0$）向电网注入能量。虽然光伏逆变器的 DC/AC 变换器从拓扑结构上看是相对简单的功率变换单元，但整个系统是一个复杂的开关/监控系统。

逆变器的主要功能是输出满足电力质量标准（例如，北美的 IEEE 1547[9] 或欧洲的 IEC 61727[10]）的功率，具体标准见表 14.1。然而，根据当地/全国的法令和/或设备的复杂程度，还需要通过逆变器来调节光伏模块的功率输出，连接/断开与电网的连接，管理 VAR（如无功功率），观测和报告系统状态，以及监控孤岛运行[11]。

表 14.1 北美（IEEE 1547）和欧洲（IEC 61727）的电力质量标准

标准	IEEE 1547	IEC 61727
标称功率/kW	30	10
THD（%）	<5	<5
功率因数	>0.94	0.9（在 50% 额定功率）
直流电流注入（%）	<0.5	<1
电压范围/V	97~121（88%~110% V_{nominal}）	196~253（85%~110% V_{nominal}）
频率范围/Hz	59.3~60.5	50±1

随着控制方案复杂度的增加，组件之间的相互作用变得难以预测，这在增加逆变器功能的同时，大大增加了组件可靠性设计的难度。目前，逆变器的软件部分非常复杂，可以被认为是系统的"虚拟组件"，在使用条件下很难进行调试。软件错误导致的组件故障通常归因于组件故障⊖，这导致在软件故障时，实际组件的故障率更高。随着逆变器变得越来越复杂，软件将成为影响逆变器可靠性的主要问题。

逆变器运行中，安全监控和故障检测受到越来越多的关注。数据显示，逆

⊖ 例如，软件代码中的错误可能会引起 H 桥一个桥臂的过电流故障。这会导致 IGBT 发生灾难性故障，通常会由技术人员记录为 IGBT 的故障，而真正的根源是控制部分。

变器在孤岛运行中需要防止大量安全问题㊀；屋顶系统的故障事件[12-16]引起的大量火灾已经揭示了逆变器中的各种故障检测技术㊁的重要性[13]。

除了未检测到的灾难性问题之外，逆变器面临的可靠性问题之一是确定故障的阈值。如果阈值过低，则会出现"误检"错误，将逆变器脱机"修理"。但是，如果阈值过高，则会导致某些故障未被发现。目前，行业中仍在讨论如何适当检测和设计阈值，以便在各种工况下（天气、配置和电气）减少或消除"干扰跳闸"，同时还可以检测可能出现的最坏情况（最难以检测）故障。

14.2 光伏系统中功率变换器的可靠性

在缺乏有利的政策监管和财务激励的条件下，光伏系统在历史上无法与传统的化石燃料竞争。美国能源部（DOE）估计，当安装系统成本为 1 美元/W（0.05~0.06 美元/kWh）[17]时，光伏系统可以与其他能源达到相同的竞争力。到 2050 年，美国电力市场的光伏渗透率将达到 18%。

截至 2013 年，大规模光伏系统安装成本为 3.00 美元/W[18]。之前和目前的大多数研究都集中在光伏模块技术的生产成本上，DC/AC 逆变器的成本在很大程度上被忽略。随着光伏模块的价格下降，逆变器的价格变得越来越受关注。逆变器占总光伏成本的 8%~12%[11]。截至 2010 年，逆变器和相关的功率器件为 0.25 美元/W[19]，远远高于 2017 年 DOE 能耗指标 0.10 美元/W[17]。

逆变器组件的主要价格驱动因素之一是逆变器的可靠性[20,21]。光伏模块寿命相对较长，保修期可达 20 年。从系统的平均故障间隔时间（MTBF）来看，住宅将达 520 年，公用事业系统达到 6600 年[22]。相比之下，逆变器组件的现场 MTBF 通常只有 1~16 年[22,23]，典型保修期只有 3~5 年[20]，其中几项（例如，由 PV Powered 公司制造的某些单元）的保修长达 10 年。对于寿命最优的逆变器，在光伏模块的使用寿命期间内也需要多次更换或修理。逆变器的维修成本高，不仅仅是由于更换部件和人员费用，还包括由于故障带来的停机损失，例如，在停机期间的电力损失，购买备用功率的成本，以及故障之前的任何性能下降带来的损失[20]。

根据光伏拓扑结构可以看出，单个逆变器的故障可能会影响大量串并联模块的功率输出，因此逆变器的可靠性问题至关重要。根据 SunEdison（位于北美

㊀ 防孤岛保护要求逆变器检测电网的脱离并关闭电力输出操作，从而保护可能正在进行下行维护的电气工人。

㊁ 部分包括。NEC 要求对串联电弧故障进行检测，而尚未要求检测并联电弧故障。尽管并联电弧故障检测能够提高系统的安全性，但由于当前串联电弧故障检测器已经带来一系列"误跳闸"问题，因此，业内目前都并未有意继续对并联电弧进行检测。

的光伏电站运营商，全球有超过 750 个光伏电站）提供的数据，逆变器的损失在 2010 年 1 月至 2012 年 3 月之间占总能量损失的 36%（见图 14.4）[24]。

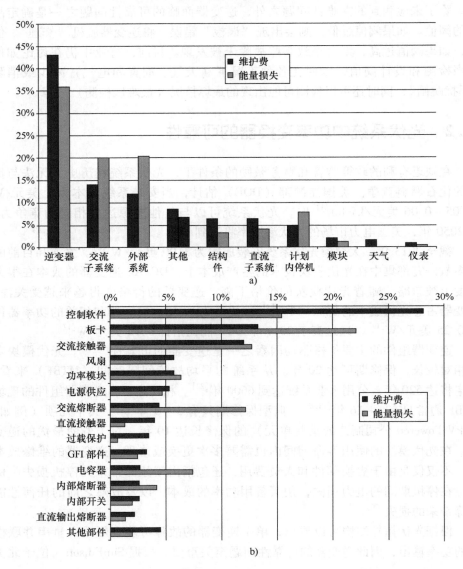

图 14.4　a) 2010 年 1 月至 2012 年 3 月期间，SunEdison 运行的 350 个光伏系统中逆变器故障在各项统计中所占百分比，包括 43% 的维护费和 36% 的能量损失；b) 逆变器内部的各种部件的故障百分比[24]

除了系统的复杂性外，逆变器还必须在相对苛刻、不断变化的环境中工作。例如，温度范围为 -30~70℃，湿度条件为 0~100%，和/或腐蚀性环境。

14.2.1 电容器

直流母线电容器是逆变器中最脆弱的环节之一[11,25]，功率循环[27]和较高的电容器内部温度[28]会导致逆变器寿命降低多达50%[26]。根据SunEdison提供的数据显示，27个月的时间里，电容器带来的损失占总能量损失的7%[24]。行业内有关逆变器中的电解电容器和薄膜电容器的可靠性研究很多，大多数制造商逐渐采用金属化薄膜电容器代替电解电容器以延长寿命。

电容器寿命终止可以分为灾难性和老化故障两个类别[29]。灾难性故障是电路中电容器功能的完全丧失。这些故障可能会导致电容器开路或短路，爆炸，介质损坏，对其他电气部件造成危害，或液体及气体从电容器内部泄漏。老化故障是指电容参数超出"可接受"性能极限，制造商之间的性能极限差异很大，判断依据主要包括：漏电流增加，等效串联电阻（ESR）增加（通常电解电容器为300%，金属化薄膜电容器为150%），介电常数降低（通常电解电容器为40%），或电容值减小（通常电解电容器为20%，金属化薄膜电容器为5%～10%）[30,31]。电解电容器往往会灾难性故障，而金属化薄膜电容器则倾向于老化故障。

电解电容器有两种主要的故障模式：物理模式和化学模式。电解电容器的主要物理故障机理是聚合物电解质蒸发，电解液体积的减少导致电容器寄生电阻的增加[32]。电解质的蒸发可能是由于纹波电流增加导致的内部温度升高，或质量差的密封导致的电解液蒸发。电解质蒸发作为电解电容器的主要老化机理已经被广泛接受[32,33]。

电解电容器的化学失效中，泄漏电流消耗水会驱动氧化铝的降解，该反应导致三种不同类型的失效。第一，降解会改变氧化物的质量，相比通过阳极氧化形成的氧化物而言质量较差，劣质氧化物替代高品质氧化物会减少电容器的等效电容值。第二，由于电解液体积的减少，水的消耗导致更高的寄生电阻值。反应的产物除了氧化物之外还有氢气。由于电容器可以是气密的，防止电解质的蒸发，所以随着时间的推移，氢气气体积聚在罐内部会增加内部压力。一旦内部压力达到大气压，则泄压阀释放，使电容器爆裂。同时，当电解液暴露于空气之后，电解质蒸发导致电容器失效。

随着分段薄膜的出现，金属化薄膜电容器很少发生故障。随着时间的推移，金属化薄膜电容器逐渐老化降级，直到参数低于规格，这被称为软故障[34]。

金属化薄膜电容器中存在两种降解类型[35]。第一个也是最常见的[31]是自愈行为。对于自愈行为，电容器的总体电容值略有减小，当自愈行为频繁发生时，最终会导致电容器开路。电解电容器的灾难性故障往往会短路，并且可能会对电容器本身以及其他电气部件造成很大的损害[36,37]，因此，与其相比，薄膜电容器的故障更为理想。

在自愈行为期间，局部放电的能量会加热蒸发一定体积的金属化电极（蒸发的体积与施加的电压成正比[38]）。该放电产生与聚合物表面相互作用的局部等离子体，聚合物降解产生低分子量物质，富氧的聚合物在蒸发时往往会形成CO，具有较低氧组成的聚合物倾向于形成更有可能桥接相对电极并形成短路的导电石墨丝[35]。低分子量聚合物被认为是较差的自愈聚合物，可能无法自愈，从而引起短路电极和灾难性的故障。

即使对于具有良好自愈行为的聚合物，电容器内的气体的形成也可能引起故障的发生。随着自愈行为的重复作用，气体的产生增加了套管内的压力，提高了表面侵蚀、跟踪和聚合物分解的降解速率[31]。这意味着局部故障使得相邻区域更容易发生电击穿[35]。过多的气体也可能导致罐膨胀和压力释放[39]（通常仅在老化失效后才会发生）。在压力释放之前，气体可能致密度过高导通电极，该行为被称为闪络（也是灾难性故障）。为了防止这种情况，制造商可以选择用液体（液体浸渍）代替空气（干式缠绕）填充金属化薄膜电容器[40]。

第二种降解机理是在电极/电介质界面处的电子撞击聚合物接触面引起的。该行为会在聚合物中产生自由基，反过来又与吸收的 H_2O 或 O_2 反应。这种相互作用可引起聚合物接触面断裂或交联，降低了膜的物理性能[35]。

14.2.2　IGBT/MOSFET

作为逆变器的主要部件，半导体可靠性对于逆变器性能和使用寿命至关重要。IGBT 或 MOSFET 模块的典型故障模式是热-机械应力导致的封装老化或芯片的电气性能退化。最常见的热-机械故障模式是由于键合线脱离或芯片附着层的退化（见图 14.5），典型的电气性能退化是由于栅极氧化物的破坏，寄生晶闸管的接通，或封装密封剂材料的疲劳引起的。大多数老化模式是正反馈机理，其中老化导致结温升高，进一步加速热应力引发的老化机理[41]。

IGBT/MOSFET 模块由于环境温度，负载引起的散热器温度波动（热循环），短时间（约 1s）突然的负载变化造成的温度变化而受到循环热应力。例如，在典型的基于 IGBT 的 H 桥系统中，由于寄生电阻、载流子冲击电离和半导体结中的电流挤压，4% 的受控功率作为热量消散[43]。模块能够承受的功率循环数通常受到封装结构和相邻层之间的热膨胀系数（CTE）不匹配的限制[44]。尽管不同的设计方案略有不同，但通用封装如图 14.5 所示。

晶体管芯片（管芯）使用导电和导热性的芯片附着材料（焊料、环氧树脂等）连接到双层铜板粘合板。双层铜板粘合板上的母线通过键合线（通常为铝）连接到管芯上的焊盘。双层铜板粘合板本身通过另一个附着层连接到铜板。铜板通过导热油脂连接到空气或水冷散热片上，以散发硅芯片的热量。整个系统被封装在绝缘体中并用塑料外壳保护。

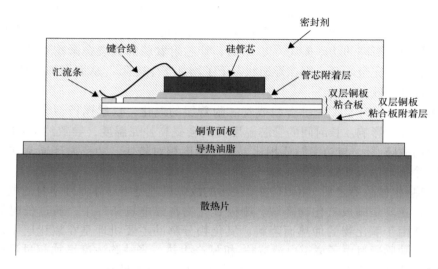

图 14.5　IGBT 模块的封装。该模块由管芯与用于控制其电子和热性能的元件组成[45]

通常，功率模块中有多达 800 个楔形键合线连接到管芯上[46]，键合线受热-机械降解机理[47-49]的影响会带来诸多可靠性问题。模块的功率循环提高了半导体的结温，该温度变化通过导线的电阻转移到引线键合处。铝键合线和硅管芯之间的热膨胀系数不匹配（以及键合线的膨胀/收缩）增加了硅/铝连接处的机械应力，最终导致键合线失效[43]。这些故障可导致芯片的功能的失效或增加其他线/芯片键合处的附加应力，承受更多的电流。

电流密度的增加可能导致 $V_{CE(on)}$ 的增加。随着时间的推移和功率循环数的增加，$V_{CE(on)}$ 将逐渐增加[49]。$V_{CE(on)}$ 的增加导致功耗、结温和封装应力的上升。为了解决该问题，可以通过使用铜线来减轻线束剥离。与铝相比，铜具有更高的导热性，并且热膨胀系数差异相对较小，因此温度循环引起的应力相对较低[46]。

由于热膨胀系数不匹配、连接层空隙、重复的功率循环以及剪切应变引起的裂纹会导致双层铜板粘合板的管芯逐渐老化[50-53]。管芯附着层通常由金属共晶材料（SnPb、SnAgCu 或 AuSi）制成。这些金属焊料具有优异的电气特性、热传递性能和高延展性（以适应热膨胀系数不匹配）[54]。SnPb 焊料在电子工业中是主流选择。然而，由于人体健康和环境问题，大多数公司已经逐渐不再采用含铅的焊料。其他共晶焊料通常非常昂贵，许多制造商正在逐渐使用环氧树脂。环氧树脂通过高于渗滤阈值的金属浓度来确保电导率，价格相对较低，但是热传递和延展性比金属共晶焊料差，尤其是当存在杂质或纯度较低的金属，或非理想的金属/环氧树脂界面时[54]。

功率循环可能会导致管芯附着层的破裂，影响管芯的热传递，进一步引起模块的结温上升和应力的增加[51]。芯片键合线的破裂也增加了少数载流子通过器件 n^- 体的"过渡时间"（因为集电极无法有效地清除少数载流子），关断时间的增加导致了更高的功率损耗[55]，最后，管芯附着层的破裂会影响管芯的电气控制。若焊接完全断开，则在导通状态下了增加寄生电阻（从而增加功耗），并且电气控制失效。

短期功率循环会加速键合线或管芯附着层的老化，双层铜板粘合板附着层也受热循环的影响。长时间的管芯温度升高会提高外壳温度，导致约 1×10^3 个循环后的故障[56]。与功率循环相比，老化速度相对较快，功率循环通常在小于 1×10^6 个循环后发生故障[57]。

在热-机械故障之后，IGBT 中最突出的故障机理是半导体器件本身的电气性能退化，主要是栅极氧化物降解。栅极氧化物在强电场条件下，通过长时间施加电场或由于氧化物的加热而降解。氧化物分解的主要机理是在氧化层中形成缺陷，该缺陷通过电子隧道电流或热-机械产生热，当缺陷浓度增加超过渗透阈值时，缺陷开始重叠，并最终形成绝缘氧化物层的导电路径。

由于没有氧化物是完美的绝缘体，通常在器件中会通过栅极氧化物发生导电，形成热缺陷，特别是在高电场下。这种传导会加热氧化物并促使陷阱的形成。当陷阱浓度增加超过渗透阈值时，陷阱开始重叠并形成传导通路。这种传导通路的形成被称为软击穿，一旦发生软击穿，可能会发生热失控，传导的增加进一步导致更多陷阱的形成，不断加速热传导[58]。如果氧化物通过这种热失控而被持续加热，氧化物将熔化和释放氧形成导电的硅长丝，这种故障模式被称为硬故障[59]。

当施加了强电场时也可能形成缺陷，导致快速的氧化物降解。在高电场值下，电子将穿过氧化物并撞击栅电极，将动能转移到电子-空穴对[60]。一些孔被注入到氧化物中，剪切硅-氧键以形成陷阱（阳极空穴注入或"$1/E$"模型）[58,61,62] 或在栅极/氧化物界面破坏硅-氢键以产生游离质子（氢释放模型）[63-65]，通过与氧空位结合而产生陷阱。

由于二氧化硅四面体结构与所施加的电场（所谓的热化学或"E"模型）的热-机械应力相互作用[67-69]，即使没有显著的电子隧道效应，氧化物也会因长期暴露于低电场而退化[66]。在这种机理中，109°的标称氧-硅-氧键角会越来越大，当达到150°以上时，键被严重削弱，可能破裂，形成氧空位和硅-硅键（所谓的 E' 缺陷）[70]。硅-硅键特别脆弱，并且由于施加电场而可能导致相邻的硅-氧键（极性键）进一步变形，硅-氧键的变形应变会破坏弱硅-硅键，形成空穴陷阱。

由于漏极和源极之间的电位差，阳极空穴注入模型、氢释放模型和热化学模型无法完全描述晶体管的击穿特性[71]。在高横向场的影响下，电子和空穴获得足够的能量，使得它们不再与晶格平衡[72]。所谓的"热载体"可能由于晶体管沟道中的冲击电离而产生电子-空穴对。电子-空穴对分离，空穴进入衬底，同时电子进入栅极氧化层并形成陷阱。虽然不会导致灾难性故障，但是充电的陷阱会导致晶体管特性（例如，阈值电压、驱动电流和跨导）的变化，可能会损害晶体管在其电路环境中的正常工作。此外，热载体的存在会显著减少氧化物破坏的时间[73]。

氧化物击穿会形成绝缘氧化物的导电路径，一旦发生击穿，栅极电流就会大大增加。对于硬击穿，栅极电流在导通状态下可能增加 10^2 倍，而在关断状态下增加 10^6 倍。对于氧化层的软击穿，器件在关断状态下的漏电流增加[75]。

由于氧化物中的存储电荷，氧化物降解也会影响 V_T。虽然随着温度的升高 V_T 降低（由于硅的带隙降低）[46]，随着时间的推移，氧化层中负电荷的存在导致 V_T 增加[76]。这种 V_T 偏移可以用作氧化物降解的指标，并且作为形成导电路径的预测因子[77]。

对于高压应用场合，模块密封剂的降解可能是累积损伤的一个因素[78]。该密封剂通常由软（通常为硅胶）电介质组成，用于绝缘硅模具，提供抗冲击和抗振动，并排除湿气和其他腐蚀性物质。该密封剂层的降解是两种老化机理的产物，即"电树"和"水树"[78]。

电树是一种在高压下，包含杂质、机械缺陷、气体空隙或其他不均匀性物体的聚合物中产生大的局部电场的过程。如果空间足够大，不均匀性气体会在冠状放电中离子化，局部放电可能会发出臭氧气体、高能量离子或紫外线辐射，这会降低邻近的聚合物区域并形成更多的空隙和裂缝。在正反馈环路中，局部放电区域会逐渐增大。最终，局部放电会导致部分导通、分支、三维分布、树状图，称为电树。如果这些树的生长不受抑制，则它们可能通过密封剂的导电通路并导致失效。然而，这种故障机理可能只适用于通风树，或者对于空气流动中的场合（例如，在 IGBT 模块外壳的非密封密封件的情况下）[79]。

在水树中，尽管电压应力远小于电树[81,82]，但存在类似的失效机理[80]。如果密封剂处于潮湿环境[83]，水可能扩散到密封剂中并由于电压梯度而传播[80,81]。最终的结果是形成填充有水的微滴的隧道，增加局部电场和部分放电次数，或加速电树的形成[84]。

14.3 可靠性研究的挑战

通过使用半导体器件获取太阳能的概念可以追溯到 20 世纪 40 年代[85]，但在过去的 50 年中，与传统能源相比，由于较高的发电成本，该技术主要适用于高精尖市场，比如在航天器上，陆上光伏产业并不成熟。随着近年来太阳能的成本下降，光伏利用率呈指数级增长。新技术、融资方式和经营模式使太阳能具有良好的发展趋势。下面将介绍光伏行业中的一些新的运行/使用模式及其对未来电力系统可靠性的影响。

14.3.1　高级逆变器功能

公用事业光伏发电量的增长主要受法律规定（特别是国家立法）和公共关系的影响。太阳能的成本下降（从 2010 年的 21.4 美分/kWh 降至 2013 年的 11.2 美分/kWh[18,86]）使电网连接的光伏电站运行量大幅增加。

太阳能和风能具有波动性、随机性和不确定性[87]。对于给定的功率平衡区（美国有 100 多个），能源供应和负荷必须始终保持平衡[88]。

供电或需求出现较大变化时可能导致超出 UL 1547 标准，将导致电压或频率的偏差。对于按照最大发电能力和确定负荷设计的电网，随机能源的全面整合，同时保持了消费者期望的高可靠性和低成本将是后续设计的重大挑战。此外，由于太阳能来源不是传统的旋转电机，无法增加电网频率响应⊖，因此频率偏移很容易发生在新能源渗透率高的场合。

多年来可再生能源的渗透率一直很低（<1%），其电力生产的偏差对整个电网的运行而言是无关紧要的。然而，随着渗透率的增加，波动能量对电网造成的影响变得更加严重，同时电网故障事件的风险会变大。研究发现，新能源渗透率在 5%（由于云瞬变）[89]到 50%[90]区间内时，电网存在不稳定的风险，这主要取决于电网的刚度和光伏阵列的地理位置[91]。当与可再生能源、存储和可切断负载的组合配对时，渗透率可以达到 100%（在某些条件下）依然可以保持安全稳定运行[92]。

如果电网电压或频率发生偏离，电力公司会要求光伏逆变器与电网断开连接，采用传统手段来纠正电网状况。然而，由于逆变器是能够几乎瞬时改变其电压和频率特性的功率变换单元，它们可以用作稳定电网电压或频率的工具。下一代光伏逆变器可以"跨越"电网中的电压或频率干扰，而不断开。在自动（对电网事件的自动响应）或各种指令模式下改变功率输出频率和有功/无功功率流的情况，以帮助稳定电网电压或/和频率（见图 14.6）。这些新的操作模式的组合被称为"高级逆变器功能"，并且认为它们的广泛实施将在可变的和不确定的发电条件下稳定电网，从而允许可再生能源的更高渗透。

光伏逆变器实现电网电压稳定的一种方法是通过改变电压和电流波形之间的相位角来实现有功功率（W）与无功功率（Volts-Amps Reactive 或 VAR）比值的改变[93]。电压和电流之间的相位角的余弦被称为功率因数（PF）。电网通常保持在功率因数接近 1，以便最大限度地提高功率效率。然而，大多数电动机和非线性电源（以及传输线）是非线性的，需要调整为单位功率因数，否则可

⊖ 与电网没有任何势能的说法相反，传统的旋转电机通过微小的瞬时转速变化来抵抗频率变化，因此能量的供求不必在每个瞬时之间保持平衡。逆变器可以用"虚拟惯性"来模拟这种频率变化的影响，所需的控制方案是一个挑战。

能导致电网稳定性问题。

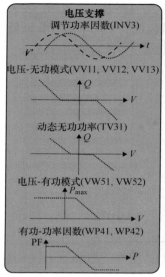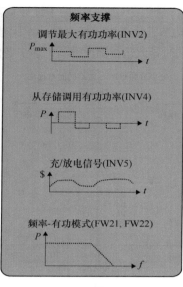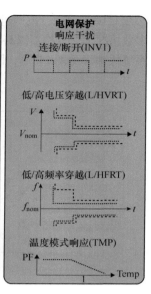

图 14.6 由 IEC TC 61850-90-7 定义的自主高级逆变器功能（频率穿越除外）[94]。高级功能分为根据线路电压改变有功（P）和无功（Q）的电压支持功能（左），改变 P 的频率支持功能（中），以及保持逆变器与电网连接的电网干扰和抗瞬变扰动事件的功能（右）
（由美国桑迪亚国家实验室的 JayJohnson 提供）

例如，在炎热的天气，平衡区可能会遇到比预期更多的空调使用量。这些大的感性负载引起电流浪涌，降低了线路电压并使功率因数降低。随着额外的感性负载在正反馈机制中联机，较低的线路电压导致更高的电流涌入。高电流流动导致架空线发热，热膨胀导致其下垂。最后，一条线将与一棵树接触，并与地面接触。这导致更多的电流在剩余的架空线之间流动，架空线在可能导致停电的级联故障中进一步发热和下垂，并最终短路到地面。⊖

电力系统中，通常通过增加电容来处理电压偏差，诸如并联电容器组的方法。⊖然而，电容器组通常价格昂贵并且具有可靠性问题。另一方面，逆变器可以通过改变控制策略等效为电感或电容，在部分场合起到支撑作用。

⊖ 这种情况，加上控制软件错误，导致 2003 年美国东北部大停电。通常，可以通过潮流控制和其他安全功能来弥补一条架空线故障（称为 N-1 事件）。间接事件（N-2、N-3 等）通常很难通过控制的方式对故障区域提供服务而不带有任何损失。

⊖ 用于抵消感性负载的其他方法包括负载分接开关（LTC）、电压调节器、静态同步补偿器（STATCOM）、静态 VAR 补偿器（SVC、TCR、TCS、TRS）、静态同步串联补偿器（SSSC）、晶闸管控制器（TCSC、TSSC、TCSR、TSSR、TCPST、TCPR、TCVL、TCVR）、统一潮流控制器（UPFC）、线间潮流控制器（IPFC）等。详细说明请参见参考文献［95］。

但是，以这种方式运行的光伏逆变器在设计运行中存在一些问题。设计人员必须对设备的运行范围进行量化计算，以有助于设计宽范围内高效率变换器。在大多数情况下，变换器以高功率因数正常运行。在功率因数较低的工况下运行会降低系统效率（见图 14.7），同时导致运行温度升高，加快老化速度，缩短使用寿命。

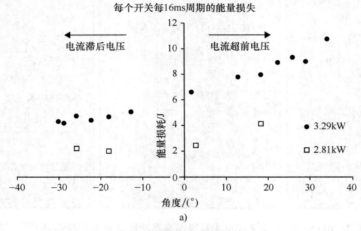

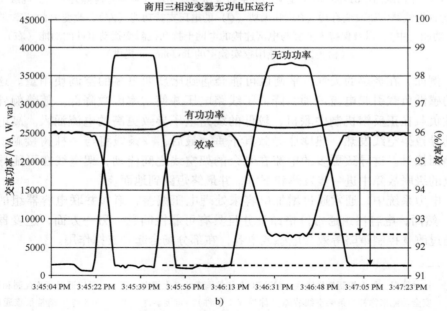

图 14.7　低功率因数操作可能对组件和系统损耗有显著影响：a）在 16ms 功率周期内，每个 MOSFET 的平均能量损耗是功率因数的函数。在这种逆变器中，低功率因数与单位功率因数相比损失超过 60%；b）系统显示出类似的效果，工作效率在低功率因数条件下显著降低。这些损失直接转化为热量，增加了组件的工作温度并降低了使用寿命（由桑迪亚国家实验室 Sigifredo Gonzalez 提供）

例如，在功率因数为 1 的条件下运行时，逆变器工作效率为 96%，然而当功率因数为 0.55 时，效率将降至 91.3%。尽管数值上效率变化很小，但能量损失增加了一倍，这对组件工作温度产生极大的影响，并大大降低组件的使用寿命。

当然，对于电网电压偏移，逆变器只会在非常短的时间进行补偿，所以由于逆变器运行模式而导致的加速老化并不严重。在将来高渗透率运行中，可以利用逆变器以更常规的方式参与电网的调控工作。当电网放松管制时，金融市场在不同的时间尺度上开放频率响应服务（通过有功发电的变化进行电网稳定）。虽然美国电力公司规模的电压调节服务⊖目前还没有开放市场⊜，但似乎在不久的将来，电压支持服务可能会成为一种赢利手段。低成本、快响应的逆变器将成为在这种运行模式下的理想选择。

市场促使运营商在各种功率因数上，所有时段都将逆变器全功率输出，由于逆变器运行会带来热应力，因此逆变器寿命会受到影响。逆变器可以 24h 对无功功率进行调控，市场上最新一代的逆变器已经具备了此功能，使连续 VAR 支持成为可能[98]。

从过去五年到未来几年，电网大规模采用了先进的逆变器技术参与稳定电网电压和频率，提高了可再生能源发电的渗透率，减小了可再生能源波动和不确定性带来的影响。然而，必须注意的是，这些先进的运行模式增加了电力系统的损耗，并且缩短了部分元器件的使用寿命，因此有必要权衡电网稳定性以及与元器件寿命之间关系，特别是随着市场化的大力推动，这些功能在未来将与经济利益直接相关，将作为逆变器的基本功能被考虑在设计和运行过程中。

14.3.2 高 W_{DC}/W_{AC} 比能量变换

新安装的光伏阵列的价格一直在持续下降，主要是由于光伏模块价格下降。⊜ 光伏模块通常是太阳能装置最昂贵的部件；然而，最近的定价趋势显示，对于整个系统而言，光伏模块的成本所占比例越来越小。这表明阵列尺寸的增加所引起系统成本的增加非常小。为了在系统的整个生命周期内充分利用价格便宜的光伏模块并且补偿系统损耗（温度，污染，面板劣化），许多系统设计人员已

⊖ 一些具有较大感性负载的用户（如医院、工厂）可能会选择以此方式控制逆变器，降低感性特性，调节 PF 值，避免额外的费用。

⊜ 电压调节功能在美国是强制要求，会带来一部分固定使用成本（美元/月）。法国等其他国家/地区则采用 2~3 年的市场清算来进行。有关金融市场及其运作的详细讨论，请参见参考文献 [96,97]。

⊜ 原材料价格下降、竞争加剧、规模经济和经验曲线效应都是造成这一现象的重要因素。

经在阵列中增加了额外的模块,从而使直流侧与交流侧功率比(W_{DC}/W_{AC})⊖大于 1[99]。过去这一比例一直保持在 1~1.2。然而,随着模块价格的持续下降,直流侧与交流侧功率比已经上升到 1.25~1.5,甚至在一些较新的应用设备中高达 2.0。

高 W_{DC}/W_{AC} 比的优点是使得光伏发电更加平稳,发电的平稳性和可预测性至关重要,能够使新能源发电单元具有类似于传统发电单元的输出特性。具有高 W_{DC}/W_{AC} 比的光伏系统中,发电生产曲线不再像抛物线,更接近典型的负载生成的矩形波形(见图 14.8)。

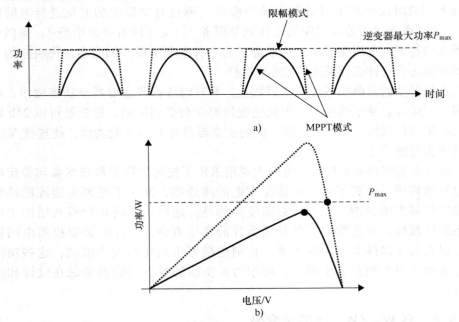

图 14.8 a)对于 $W_{DC}/W_{AC}=1$,光伏阵列的功率输出为抛物线,因为逆变器最大功率点跟踪阵列 IV 曲线,而 IV 曲线随着太阳辐照度的变化而变化(实线)。随着 W_{DC}/W_{AC} 比的增加(虚线),功率输出分布看起来更加矩形,类似于传统的电力分布图。早上和晚上,逆变器处于 MPPT 模式。然而,随着直流侧的电源增加到逆变器最大额定功率,逆变器停止 MPPT 模式并进入限幅模式。在这种模式下,功率输出等于 P_{max},由于逆变器没有紧密跟踪 P_{mp},所以阵列的功率输出对于由于辐照度的变化引起的阵列 IV 曲线变化不敏感。b)$W_{DC}/W_{AC} \approx 1$(实线)的阵列的 IV 曲线,具有对应于阵列 P_{mp} 的工作点(黑点)。对于 $W_{DC}/W_{AC} > 1$(虚线),工作点不在 P_{mp},而是工作电压高于 V_{mp} 的 P_{max}。这种高功率、高电压(通常是高温)的工作状态对于逆变器是具有挑战性的,并且可能对系统寿命产生负面影响

⊖ 例如,在 $5kW_p$ 逆变器的直流侧添加 $6kW_p$ 的模块。这些模块能够输出 6kW(在标准测试条件下为额定值,但可能会有所不同,具体取决于辐照度、温度和其他环境条件),但是逆变器只能向交流侧输出 5kW,因此没有利用任何额外的能量。

对于高 W_{DC}/W_{AC} 比系统，早上电力生产与传统系统相比更加陡峭。在某些点上，光伏面板功率输出达到逆变器的最大额定功率 P_{max}。逆变器不能运行在最大额定功率以上，因此从 MPPT 模式，其中电压工作点由 P_{mp} 决定，切换为限幅模式，其中电压工作点 ($V > V_{mp}$) 由逆变器运行模式决定，逆变器不再处于阵列 IV 曲线的 V_{mp}，而是处于较高的工作电压。这意味着由于辐照度变化导致的阵列 IV 曲线的变化对逆变器的交流电源输出不会产生明显影响。

DC/AC 比越高，逆变器处于限幅模式运行时间越长。在许多大规模的光伏阵列中，逆变器可以在限幅模式下保持最大功率输出 6~8h。这种限幅模式运行对于逆变器来说非常具有挑战，因为需要逆变器承受高电压（通常为高温、最大功率）工作多个小时。与正常的 MPPT 操作相比，功率器件在长时间段内经受更大的电压和温度应力，导致更高的老化速率和较短的使用寿命。

14.3.3 模块化变换器

传统光伏逆变器通过一个集中的单元连接到一个或多个光伏组件串，功率范围从住宅规模系统的 3kW 到大规模的 500kW。在过去 10 年中，出现了多种新的拓扑结构。为了使光伏与传统能源的成本具有类似的市场竞争力，市场经济引导逆变器设计向两个方向发展（见图 14.9）：①大型集中式大规模逆变器（约 500kW）和②小型模块化模块级电力电子逆变器（MLPE，约 250W）。

MLPE（也称为 AC 模块）通常称为微型逆变器和直流功率优化器，是与光伏模块集成⊖的电力电子设备，每个模块都包含一个功率调节器。这种功率拓扑在系统级上提供了许多优点，由于每个模块的功率变换和 MPPT 独立进行处理，所以消除了模块 IV 曲线不匹配和模块被阴影遮挡的影响。每个模块可以在其 P_{mp} 上运行，独立于其他模块，从而提高阵列的总发电量。

如前所述，变换器故障在系统故障中占有很大百分比。在此情况下，MLPE 的独立和分布式架构优势明显。与串联或集中式系统拓扑不同，当 MLPE 单元出现故障时，它仅影响其所连接的模块，而不是多个模块。由于每个 MLPE 故障只会中断约 250W 的生产，所以运行操作人员可以自由地优化运行和维护（例如，技术人员更换部件），最大程度降低成本。因此，在大量模块增加带来的可靠性降低与分布式模块带来的可靠性提升之间存在一个平衡点（尤其是初

⊖ 集成方式多样，一些单元可以直接集成到模块框架或接线盒中，而另一些则用螺栓固定在模块底片上。尽管对什么是真正的"交流模块"尚未达成共识，但是许多公司已使用此类术语来宣传其最新一代产品。

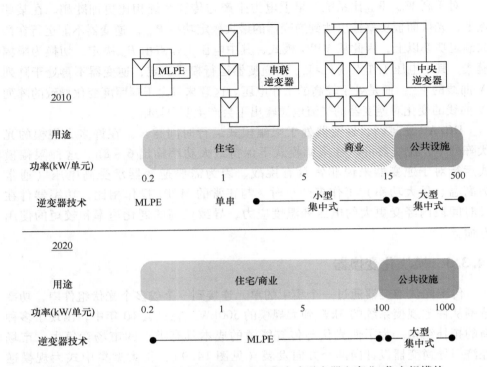

图 14.9 传统技术中,逆变器技术由大型集中式逆变器和商业/住宅规模的小型逆变器组成。在过去 10 年中,逆变器技术逐渐向更大的功率发展(约 1MW/逆变器),在住宅/商业方面实现更小的功率(约 250W)。小功率处理单元安装在每个光伏面板上,该单元称为 MLPE

期故障率[⊖])。

其次,由于电压[⊖](约 70V)和功率处理要求相对适中(约 250W),功率处理拓扑与微电子和消费级开关电源类似。与大功率拓扑结构相比,模块化变换器的拓扑结构具有较低功率等级,低额定值器件可用于延长使用寿命。

与传统的集中式逆变器配置相比,MLPE 具有一些缺点。首先,由于其安装接近光伏模块,可能会在白天承受更加极端的外部环境(例如,温度循环),这会对可靠性带来负面影响。

与大多数材料故障机理一样,MLPE 单元的故障时间(TTF)受到温度

⊖ 制造差异引起的故障一直是光伏逆变器关注的问题。逆变器单元在车间制造过程中组装在一起,容易受到安装变化的影响。MLPE 单元以组装方式安装减少了产品初期故障率。

⊖ 与传统的集中式逆变器相比,低工作电压具有安全优势,并降低了阵列上电弧故障的危险。由于 MLPE 单元连接在模块上或模块附近,因此 MLPE 阵列中的绝大多数导体没有电弧危险。

影响（最高温度 T_{max} 或昼夜温度步长 ΔT 取决于具体的故障机理）。运行温度是环境温度、太阳辐照度和气流的函数。环境温度和太阳辐照度在设备使用寿命内是不受控制的变量。通常，MLPE 通过散热设计优化温度带来的影响，改变光伏模块和变换器的角度和空隙能够显著降低模块的温度和故障时间[101,102]。

模块制造商对屋顶运行温度进行了大量的分析，并且已经得到一些研究结果以量化和减小故障时间（见图 14.10）。然而，附加的功率变换器通常采用背板温度，该量化数据并不可用。最近的一项研究表明[103]，在具有 $1000W/m^2$ 辐照度的 MLPE 单元的模块中，背板温度高于环境温度 35℃。本研究监测模块温度，而不是内部 MLPE 温度，内部温度可能会更高。

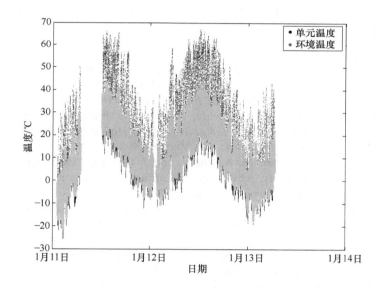

图 14.10　微型逆变器单元与环境温度的多年温度数据比较。由于功率处理能力，逆变器单元在更大的昼夜周期下运行会更热

由于在许多情况下，MLPE 单元与光伏面板一起出售，因此，客户要求 MLPE 单元与光伏组件（约 25 年）类似的使用寿命和保修。

在竞争激烈的市场环境中为光伏设备提供 25 年保修是具有挑战性的。因此，每种器件的可靠性统计和寿命的延长对于实施光伏解决方案至关重要。与成熟的技术不同，MLPE 市场刚刚起步（MLPE 单元的大规模实施不到 10 年），因此不存在长期使用数据。对于实际光伏工业应用场合，客户要求的 25 年寿命是一个长远的目标。如果没有标准化的可靠性测试和长期使用寿命数据，何时能够实现 MLPE 具有 25 年现场使用寿命将依然是未知数。

参 考 文 献

[1] O. Wasynezuk, "Dynamic behavior of a class of photovoltaic power systems," *IEEE Transactions on Power Apparatus and Systems*, vol. 102 (9), pp. 3031–3037, 1983.

[2] K. H. Hussein, I. Muta, T. Hoshino, and M. Osakada, "Maximum photovoltaic power tracking: an algorithm for rapidly changing atmospheric conditions," *IEEE Proceedings on Generation, Transmission and Distribution*, pp. 59–64, 1995.

[3] A. Luque and S. Hegedus, *Handbook of Photovoltaic Science and Engineering*, Chichester: Wiley, 2011.

[4] M. A. G. de Brito, L. P. Sampaio, L. G. Junior, and C. A. Canesin, "Evaluation of MPPT techniques for photovoltaic applications," *IEEE International Symposium on Industrial Electronics, 2011*, pp. 1039–1044, 2011.

[5] National Fire Protection Association, *National Electrical Code, 2014 Edition, NFPA70*, Quincy, MA.

[6] M. Salcone and J. Bond, "Selecting film bus link capacitors for high performance inverter applications," *Electric Machines and Drives Conference, IEMDC '09, IEEE International*, 2009.

[7] C. Siedle and V. D. Ingenieure, *Comparative Investigations of Charge Equalizers to Improve the Long-Term Performance of Multi-Cell Battery Banks*, vol. 245, Dusseldorf: VDI Verlag, 1998.

[8] J. Flicker, R. Kaplar, M. Marinella, and J. Granata, "PV inverter performance and reliability: what is the role of the bus capacitor?," *IEEE Photovoltaic Specialists Conference*, Austin, TX, 2012.

[9] IEEE, *1547-IEEE Standard for Interconnecting Distributed Resources with Electric Power Systems*, New York, NY: IEEE, 2003.

[10] I. E. C. 61727, *IEC61727-Photovoltaic (PV) Systems: Characteristics of the Utility Interface*, Geneva: International Electrotechnical Commission, 1996.

[11] Y. Xue, K. C. Divya, G. Griepentrog, M. Liviu, S. Suresh, and M. Manjrekar, "Towards next generation photovoltaic inverters," *IEEE Energy Conversion Congress and Exposition*, 2011.

[12] J. Flicker and J. Johnson, *Photovoltaic Ground Fault and Blind Spot Electrical Simulations*, Albuquerque, NM: Sandia National Laboratories, 2013. Available: http://energy.sandia.gov/wp/wp-content/gallery/uploads/SAND2013-3459-Photovoltaic-Ground-Fault-and-Blind-Spot-Electrical-Simulations.pdf

[13] G. Ball, B. Brooks, J. Flicker, J. Johnson, A. Rosenthal, J. C. Wiles, and L. Sherwood, *Inverter Ground-Fault Detection 'Blind Spot' and Mitigation Methods*. Solar American Board for Codes and Standards, June 2013.

[14] J. Flicker and J. Johnson, *Analysis of Fuses for 'Blind Spot' Ground Fault Detection in Photovoltaic Systems*. Solar American Board for Codes and Standards, July 2013. Available: http://solarabcs.net/about/publications/reports/blindspot/pdfs/analysis_of_fuses-June-2013.pdf

[15] B. Brooks, *The Ground-Fault Protection Blind Spot: Safety Concern for Larger PV Systems in the U.S.* Solar American Board for Codes and Standards, January 2012.

[16] H. Laukamp, "Statistical failure analysis of German PV installations," *PV Brandsicherheit Workshop*, Köln, Germany, 26 January 2012 (in German).

[17] *$1/Watt Photovoltaic Systems,* US Department of Energy, White Paper 2010. Available: http://books.google.com/books?id=W7vIvoBzDooC&pg=PA93&dq=intitle:Semiconductor+Material+and+Device+Characterization&cd=12&source=gbs_api

[18] D. J. Feldman, G. Barbose, R. Margolis, T. James, S. Weaver, N. Darghouth, R. Fu, C. Davidson, S. Booth, and R. Wiser, *Photovoltaic System Pricing Trends*. National Renewable Energy Laboratory, PR-6A20-62558, 2014. Available: http://www.nrel.gov/docs/fy14osti/62558.pdf

[19] L. Bony, S. Doig, C. Hart, and E. Maurer, *Achieving Low-Cost Solar PV: Industry Workshop Recommendations for Near-Term Balance of System Cost Reductions*, Snowmass, CO: Rocky Mountain Institute (RMI), 2010.

[20] A. Ristow, M. Begovic, A. Pregelj, and A. Rohatgi, "Development of a methodology for improving photovoltaic inverter reliability," *IEEE Transactions on Industrial Electronics*, vol. 55 (7), pp. 2581–2592, July 01, 2008.

[21] B. Jablonska, H. Kaan, M. Leeuwen, and G. Boer, "PV-prive project at ECN: five years of experience with small-scale AC module PV systems," *Presented at the 20th European Photovoltaic Solar Energy Conference and Exhibition,* 2005.

[22] A. Maish, "Defining requirements for improved photovoltaic system reliability," *Progress in Photovoltaics*, pp. 165–173, 1999.

[23] A. B. Maish, C. Atcitty, S. Hester, D. Greenberg, D. Osborn, D. Collier, and M. Brine, "Photovoltaic system reliability," *Conference Record of the Twenty Sixth IEEE Photovoltaic Specialists Conference*, 1997.

[24] A. Golnas, "PV system reliability: an operator's perspective," *38th Photovoltaic Specialists Conference*, Austin, TX, 2012.

[25] W. Bower and D. Ton, *Summary REPORT on the DOE High-tech Inverter Workshop*. DOE Office of Energy Efficiency and Renewable Energy, 2005.

[26] C. Rodriguez and G. Amaratunga, "Long-lifetime power inverter for photovoltaic AC modules," *IEEE Transactions on Industrial Electronics*, vol. 55 (7), pp. 2593–2601, July 01, 2008.

[27] T. Von Kampen and E. Sawyer, "Reliability considerations of inverter/DC link capacitor using PP film and 105C engine coolant," *Proceedings of the International Microelectronics and Packaging Society*, 2008.

[28] S. G. J. Parler, "Thermal modeling of aluminum electrolytic capacitors," *Conference Record of the 1999 IEEE Industry Applications Conference*, 1999.

[29] C. Kulkarni, G. Biswas, X. Koutsoukos, J. Celaya, and K. Goebel, "Experimental studies of ageing in electrolytic capacitors," *Annual Conference of the Prognostics and Health Management Society*, 2010.

[30] D. Guo, "Wear analysis and degradation mechanism of film metallized capacitor," *Power Capacitor (China)*, vol. 2, pp. 12–15, 1995.

[31] W. Sarjeant, J. Zirnheld, and F. MacDougall, "Capacitors," *IEEE Transactions on Plasma Science*, vol. 26 (5), pp. 1368–1392, 1998.

[32] M. L. Gasperi, "Life prediction model for aluminum electrolytic capacitors," *Conference Record of the 1996 IEEE Industry Applications Conference*, 1996.

[33] H. Ma and L. Wang, "Fault diagnosis and failure prediction of aluminum electrolytic capacitors in power electronic converters," *31st Annual Conference of IEEE Industrial Electronics Society*, 2005.

[34] J. Zhao and F. Liu, "Reliability assessment of the metallized film capacitors from degradation data," *Microelectronics and Reliability*, vol. 47 (2–3), pp. 434–436, 2007.

[35] C. W. Reed and S. W. Cichanowskil, "The fundamentals of aging in HV polymer-film capacitors," *IEEE Transactions on Dielectrics and Electrical Insulation*, vol. 1 (5), pp. 904–922, 1994.

[36] G. Buiatti, S. Cruz, and A. Cardoso, "Lifetime of film capacitors in single-phase regenerative induction motor drives," *IEEE International Symposium on Diagnostics for Electric Machines, Power Electronics and Drives*, pp. 356–362, 2007.

[37] H. Matsui, T. Fujiwara, and K. Fujiwara, "Metalized film capacitors with high energy density for rail vehicles," *Conference Record of the 1997 IEEE Industry Applications Conference 32nd IAS Annual Meeting*, 1997.

[38] B. Walgenwitz, J. H. Tortai, N. Bonifaci, and A. Denat, "Self-healing of metallized polymer films of different nature," *Proceedings of the 2004 IEEE International Conference on Solid Dielectrics*, 2004.

[39] W. Sarjeant, F. MacDougall, D. Larson, and I. Kohlberg, "Energy storage capacitors: aging, and diagnostic approaches for life validation," *IEEE Transactions on Magnetics*, pp. 501–506, 1997.

[40] A. Schneuwly, P. Groning, L. Schlapbach, C. Irrgang, and J. Vogt, "Breakdown behavior of oil-impregnated polypropylene as dielectric in film capacitors," *IEEE Transactions on Dielectrics and Electrical Insulation*, vol. 5 (6), pp. 862–868, 1998.

[41] S. Lefebvre, Z. Khatir, and F. Saint-Eve, "Experimental behavior of single-chip IGBT and COOLMOS devices under repetitive short-circuit conditions," *IEEE Transactions on Electron Devices*, vol. 52 (2), pp. 276–283, 2005.

[42] J. He, M. C. Shaw, J. C. Mather, and R. C. J. Addison, "Direct measurement and analysis of the time-dependent evolution of stress in silicon devices and solder interconnections in power assemblies," *IEEE Industry Applications Conference*, 1998.

[43] V. Smet, F. Forest, J.-J. Huselstein, F. Richardeau, Z. Khatir, S. Lefebvre, and M. Berkani, "Ageing and failure modes of IGBT modules in high-temperature power cycling," *IEEE Transactions on Industrial Electronics*, vol. 58 (10), pp. 4931–4941, 2011.

[44] H. Ye, M. Lin, and C. Basaran, "Failure modes and FEM analysis of power

electronic packaging," *Finite Elements in Analysis and Design*, vol. 38 (7), pp. 601–612, 2002.
[45] J. Flicker, R. Kaplar, B. Yang, M. Marinella, and J. Granata, "Insulated gate bipolar transistor reliability testing protocol for PV inverter applications," *Progress in Photovoltaics: Research and Applications*, vol. 22 (9), pp. 970–983, September 01, 2014.
[46] M. Ciappa, "Selected failure mechanisms of modern power modules," *Microelectronics Reliability*, vol. 42, pp. 653–667, 2002.
[47] P. Malberti and M. Ciappa, "A power-cycling-induced failure mechanism of IGBT multichip modules," *International Symposium on Testing and Failure Analysis*, 1995.
[48] V. Mehrotra, J. He, M. S. Dadkhah, K. Rugg, and M. C. Shaw, "Wirebond reliability in IGBT-power modules: application of high resolution strain and temperature mapping," *International Society of Power Semiconductor Devices and ICs*, 1999.
[49] V. A. Sankaran, C. Chen, C. S. Avant, and X. Xu, "Power cycling reliability of IGBT power modules," *IEEE Industry Applications Society Annual Meeting*, 1997.
[50] B. J. Baliga, *Power Semiconductor Devices*, Boston, MA: PWS Publishing Company, 1996.
[51] D. W. Brown, M. Abbas, A. Ginart, I. N. Ali, P. W. Kalgren, and G. J. Vachtsevanos, "Turn-off time as an early indicator of insulated gate bipolar transistor latch-up," *IEEE Transactions on Power Electronics*, vol. 27 (2), pp. 479–489, 2012.
[52] H. Delambilly and H. Keser, "Failure analysis of power modules – a look at the packaging and reliability of large IGBTs," *IEEE Transactions on Components Hybrids and Manufacturing Technology*, pp. 412–417, 1993.
[53] W. Wu, M. Held, P. Jacob, P. Scacco, and A. Birolini, "Proceedings of international symposium on power semiconductor devices and IC's: ISPSD '95," *International Symposium on Power Semiconductor Devices and IC's: ISPSD '95*, 1995.
[54] J. Harris and M. Matthews, "Selecting die attach technology for high-power applications," *Power Electronics Technology*, pp. 1–6, November 01, 2009.
[55] T. Aoki, "A discussion on the temperature-dependence of latch-up trigger current in Cmos/Bicmos structures," *IEEE Transactions on Electron Devices*, vol. 40 (11), pp. 2023–2028, 1993.
[56] W. Wu, M. Held, P. Jacob, P. Scacco, and A. Birolini, "Thermal stress related packaging failure in power IGBT modules," *Proceedings of the 7th International Symposium on Power Semiconductor Devices and ICs*, 1995.
[57] W. Wu, M. Held, P. Jacob, P. Scacco, and A. Birolini, "Investigation of the long term reliability of power IGBT modules," *International Symposium on Power Semiconductor Devices and IC's*, 1995.
[58] R. Degraeve, G. Groeseneken, R. Bellens, M. Depas, and H. E. Maes, "A consistent model for the thickness dependence of intrinsic breakdown

in ultra-thin oxides," *International Electron Devices Meeting*, 1995.

[59] H. Lin, D. Lee, T. Wang, et al., "New insights into breakdown modes and their evolution in ultra-thin gate oxide," *International Symposium on VLSI Technology, Systems, and Applications,* Hsinchu, Taiwain, 2001.

[60] R. Rodriguez, J. H. Stathis, and B. P. Linder, "Modeling and experimental verification of the effect of gate oxide breakdown on CMOS inverters," *IEEE International Reliability Physics Symposium*, 2003.

[61] C. Hu and Q. Lu, "A unified gate oxide reliability model," *IEEE International Reliability Physics Symposium*, San Diego, CA, 1999.

[62] T. Tomita, H. Utsunomiya, Y. Kamakura, and K. Taniguchi, "Hot hole induced breakdown of thin silicon dioxide films," *Applied Physics Letters*, vol. 71 (25), pp. 3664–3666, 1997.

[63] D. Dimaria and J. Stasiak, "Trap creation in silicon dioxide produced by hot-electrons," *Journal of Applied Physics*, vol. 65 (6), pp. 2342–2356, 1989.

[64] J. Sune and E. Wu, "A new quantitative hydrogen-based model for ultra-thin oxide breakdown," *Transactions of the IRE Professional Group on Audio*, pp. 97–98, July 12, 2001.

[65] K. Um, *IGBT Basic II*. Fairchild Semiconductor, April 2002. Available: http://ieeexplore.ieee.org/xpls/abs_all.jsp?arnumber=1042815

[66] J. Suehle and P. Chaparala, "Low electric field breakdown of thin SiO_2 films under static and dynamic stress," *IEEE Transactions on Electron Devices*, vol. 44 (5), pp. 801–808, 1997.

[67] A. Berman, "Time-zero dielectric reliability test by a ramp method," *Reliability Physics Symposium*, pp. 204–209, 1981.

[68] D. L. Crook, "Method of determining reliability screens for time dependent dielectric breakdown," *Reliability Physics Symposium*, pp. 1–7, 1979.

[69] J. W. McPherson and D. A. Baglee, "Acceleration factors for thin gate oxide stressing," *Reliability Physics Symposium,* pp. 1–5, 1985.

[70] J. McPherson and H. Mogul, "Underlying physics of the thermochemical E model in describing low-field time-dependent dielectric breakdown in SiO_2 thin films," *Journal of Applied Physics*, vol. 84 (3), pp. 1513–1523, 1998.

[71] H. Liu, Y. Hao, and J. Zhu, "A thorough investigation of hot-carrier-induced gate oxide breakdown in partially depleted N- and P-channel SIMOX MOSFETs," *Microelectronics Reliability*, vol. 42 (7), pp. 1037–1044, 2002.

[72] C. T. Wang, *Hot Carrier Design Considerations for MOS Devices and Circuits*, New York, NY: Tavistock Publications, 1992.

[73] F. Crupi, B. Kaczer, G. Groeseneken, and A. De Keersgieter, "New insights into the relation between channel hot carrier degradation and oxide breakdown short channel nMOSFETs," *IEEE Electron Device Letters*, vol. 24 (4), pp. 278–280, 2003.

[74] W. K. Henson, N. Yang, and J. J. Wortman, "Observation of oxide breakdown and its effects on the characteristics of ultra-thin-oxide nMOSFETs," *IEEE Electron Device Letters*, vol. 20 (12), pp. 605–607, 1999.

[75] T. Pompl, H. Wurzer, M. Kerber, R. C. W. Wilkins, and I. Eisele, "Influ-

ence of soft breakdown on NMOSFET device characteristics," *IEEE International Reliability Physics Symposium*, 1999.

[76] N. Patil, D. Das, K. Goebel, and M. Pecht, "Identification of failure precursor parameters for insulated gate bipolar transistors (IGBTs)," *International Conference on Prognostics and Health Management*, 2008.

[77] N. Patil, J. Celaya, D. Das, K. Goebel, and M. Pecht, "Precursor parameter identification for insulated gate bipolar transistor (IGBT) prognostics," *IEEE Transactions on Reliability*, vol. 58 (2), pp. 271–276, 2009.

[78] J.-H. Fabian, S. Hartmann, and A. Hamidi, "Analysis of insulation failure modes in high power IGBT modules," *IEEE Industry Applications Society Meeting*, vol. 2, pp. 799–792, October 02, 2005.

[79] N. Malik and A. Al-Arainy, *Electrical Insulation in Power Systems*, New York, NY: CRC Press, 1998.

[80] S. L. Nunes and M. T. Shaw, "Water treeing in polyethylene – a review of mechanisms," *IEEE Transactions on Electrical Insulation*, vol. EI-15 (6), pp. 437–450, 1980.

[81] H. Matsuba and E. Kawai, "Water tree mechanism in electrical insulation," *IEEE Transactions on Power Apparatus and Systems*, vol. 95 (2), pp. 660–670, 1976.

[82] A. Ashcraft, *Water Treeing in Polymeric Dielectrics*, Moscow, Russia: World Electrical Congress, 1977.

[83] T. Yoshimitsu and T. Nakakita, "New findings on water tree in high polymer insulating materials," *Conference Record of the IEEE International Symposium on Electrical Insulation*, Institute of Electrical and Electronic Engineers, Philadelphia, PA, June 12–14, 1978, pp. 116–121.

[84] R. Patsch and J. Jung, "Water trees in cables: generation and detection," *IEEE Proceedings – Science Measurement and Technology*, vol. 146 (5), pp. 253–259, 1999.

[85] R. Ohl, "Light-sensitive electric device including silicon," U.S. Patent Patent 2,402,662, 1948.

[86] *Solar Progress Report: Advancing Toward a Clean Energy Future*. United States Department of Energy, May 2014. Available: http://www.whitehouse.gov/sites/default/files/docs/progress_report–advancing_toward_clean_energy_future.pdf

[87] E. Ela, V. Diakov, E. Ibanez, and M. Heaney, *Impacts of Variability and Uncertainty in Solar Photovoltaic Generation at Multiple Timescales*, National Renewable Energy Laboratory. NREL/TP-5500-58274, 2013. Available: http://www.nrel.gov/docs/fy13osti/58274.pdf

[88] NERC Resources Subcommittee Technical Report, *Balancing and Frequency Control*, North American Electric Reliability Corporation, January 26, 2011.

[89] S. M. Chalmers, M. M. Hitt, J. T. Underhill, P. M. Anderson, P. L. Vogt, and R. Ingersoll, "The effect of photovoltaic power generation on utility operation," *IEEE Transactions on Power Apparatus and Systems*, vol. PER-5 (3), pp. 524–530, 1985.

[90] M. Thomson and D. G. Infield, "Impact of widespread photovoltaics

generation on distribution systems," *IET Renewable Power Generation*, vol. 1 (1), pp. 33–40, 2007.

[91] M. A. Eltawil and Z. Zhao, "Grid-connected photovoltaic power systems: technical and potential problems – a review," *Renewable and Sustainable Energy Reviews*, vol. 14 (1), pp. 112–129, January 2010.

[92] K. Knorr, B. Zimmermann, D. Kirchner, M. Speckmann, R. Spickermann, M. Widdel, M. Wunderlick, R. Mackensen, K. Rohrig, F. Steinke, P. Wolfrum, T. Leveringhaus, T. Stock, L. Hofmann, D. Filzek, T. Gobel, B. Kusserow, L. Nicklaus, and P. Knight, *Kombikraftwerk 2 Final Report*. 2014. Available: http://www.kombikraftwerk.de/mediathek/abschlussbericht.html (in German).

[93] J. D. Glover, M. Sarma, and T. Overbye, *Power Systems Analysis and Design*, Boston, MA, 2007.

[94] International Electrotechnical Commission (IEC) Technical Report 61850-90-7, *Communication Networks and Systems for Power Utility Automation – Part 90-7: Object Models for Power Converters in Distributed Energy Resources (DER) Systems*, Geneva, Switzerland, 2013.

[95] N. G. Hingorani and L. Gyugyi, *Understanding FACTS*, New York, NY: Wiley-IEEE Press, 2000.

[96] Y. G. Rebours, D. S. Kirschen, M. Trotignon, and S. Rossignol, "A survey of frequency and voltage control ancillary services – part II: economic features," *IEEE Transactions on Power Systems*, vol. 22 (1), pp. 358–366.

[97] Y. G. Rebours, D. S. Kirschen, M. Trotignon, and S. Rossignol, "A survey of frequency and voltage control ancillary services – part I: technical features," *IEEE Transactions on Power Systems*, vol. 22 (1), pp. 350–357.

[98] *Q at Night: Reactive Power Outside of Feed-In Operation*, December 22, 2014. Available: http://www.sma.de/fileadmin/Partner/SMA_Connect/WP_QATNIGHT.AEN132110W.pdf

[99] *DC Loading of Distributed PV Systems Utilizing AE 3TL Inverters*, Advanced Energy Application Note ENG-AE3TL-DCLoading-260-02, 2014. Available: solarenergy.advanced-energy.com/upload/File/Application Notes/ENG-AE3TL-DCLoading-260-02.pdf

[100] B. Vermeersch, G. De Mey, M. Wójcik, J. Pilarski, M. Lasota, J. Banaszczyk, A. Napieralski, and M. De Paepe, "Chimney effect on natural convection cooling of electronic components," *IMAPS Advanced Technology Workshop on Thermal Management*, Palo Alto, CA, October 13–16, 2008, pp. 1–6.

[101] B. Gebhart, *Buoyancy-Induced Flows and Transport*, New York, NY: Taylor & Francis, 1988.

[102] W. M. Rohsenow, J. P. Hartnett, and E. N. Ganić, *Handbook of Heat Transfer Fundamentals*, New York, NY: McGraw-Hill Companies, 1985.

[103] *The Energy Performance of In-roof PV*, Viridian Solar, Briefing, January 2014. Available: http://www.viridiansolar.co.uk/Briefings/08_In-roof_Performance_of_PV.pdf

第 15 章
计算机电源的可靠性

Yaow-Ming Chen

台湾大学，中国

影响计算机电源的可靠性的因素多种多样，在设计阶段和制造过程中，必须建立统一的方法来验证不同情况下电源的性能，以确保产品的可靠性。本章将介绍确保计算机电源可靠性的常用方法。

15.1 设计目标和需求

本章中提到的计算机电源涉及固定或移动式，包括但不限于：台式计算机的内部或外部电源，DC/DC 变换器，电压调节模块（VRM），笔记本电脑的外部 AC 适配器。

在向客户交付产品之前，电源制造商需要进行不同的可靠性测试。通常情况下，电源制造商需要提出一个需要从客户端验证的可靠性方案，以确保其产品的质量和可靠性。这通常被称为电气可靠性资格认证，目的是在分析和测试监督下，以受控的方式降低故障风险。

通常，电气可靠性认证计划包括可靠性工程活动，报告可交付成果，到期日要求等。电气可靠性认证计划的示例见表 15.1。根据客户与电源制造商的协议，可以在计划中增加更多可靠性工程活动的项目，如电容器寿命分析或风扇测试。此外，每个资质项目开始时，客户应提交详细的可靠性资质安排表并经客户批准。独立的测试无法反映系统设计的裕量和缺陷。因此，可靠性认证计划需要考虑电应力和环境因素，进行分析与测试相平衡的结合。

表 15.1 可靠性认证案例

可靠性工程项目	报告交付产出	到期日要求	备 注
1. 可靠性资质安排	对所有可靠性资质活动的详细的安排，包括何时何地及何方活动	前 45 天	EVT
2. 热剖面分析	提供一份汇总热技术的数据，基于最坏情况、最高环境温度和多热源的分析	热剖面分析活动 10 天后	EVT&DVT

(续)

可靠性工程项目	报告交付产出	到期日要求	备注
3. 降额分析	提供一份电子元器件应力和耐久性的报告，基于最坏情况、最大环境温度和多热源分析	降额分析活动 15 天后	EVT&DVT
4. 加速寿命测试	提供一份报告，基于电源系统的工况及自毁温度及振动限制	加速寿命测试 15 天后	EVT&DVT
5. 冲击和振动测试	提供一份报告，基于电源系统的由于冲击和振动产生的机械和电气设计问题	加速寿命测试 15 天后	DVT

注：EVT—工程认证测试；DVT—设计认证测试。

可靠性测试报告中，应包括以下内容：
- 测试方法、过程和校准设备的描述。
- 在测试样品上具有清晰标签的照片，外部和外盖均已移除。
- 详细测量和记录的数据，并附有执行摘要、观察和建议。
- 任何通过或失败的评估（包括任何替代设计的建议）。
- 对于使用的任何非标准流程进行充分的参考说明。
- 所有引用的数据资料、规格和文件。

15.1.1 设计失效模式和影响分析

设计失效模式和影响分析（DFMEA）是设计实现之前找到设计缺陷的一种技术[1-2]。这种解决方案已被应用于不同的工程学科，包括计算机电源制造。DFMEA 是一种自下而上的方法，用于检查单点故障对整体系统性能的影响。

DFMEA 的三大任务目标是

1）认识和评估产品中每个部件的潜在故障模式及其对产品的影响。

2）确定可以消除或减少潜在故障发生的动作。

3）记录改进未来设计的过程。

在 DFMEA 过程中，应首先确定严重度、发生可能度和检测度的排名。常用的 DFMEA 排名表见表 15.2。

风险优先级（RPN）是严重度、发生可能度和检测度的乘积，其提供了针对每种效应重要性的相对度量[2-5]。

$$RPN = 严重度 \times 发生可能度 \times 检测度 \tag{15.1}$$

例如，可以发现故障模式具有低严重度、中等发生可能度和绝对不确定检测度。根据表 15.2，其 RPN = $2 \times 3 \times 5 = 30$。RPN 越高，其关联故障模式的优先级越高，需要优先解决。即使其 RPN 较低，也必须消除安全隐患（严重度等级为5）故障模式。

表15.2　DFMEA 排名表

严重度		
排名	描述	解释
5	有危险	与安全有关的灾难性损害
4	高	产品失能
3	中	产品可以工作，但是性能下降
2	低	产品可以工作，但是操作舒适程度低
1	无	没有影响
发生可能度		
排名	描述	解释
5	很高	必然损坏，概率小于 1/3
4	频繁	频繁损坏，概率小于 1/8
3	中等	偶尔损坏，概率小于 1/80
2	不频繁	极少损坏，概率小于 1/150000
1	很少	不太可能损坏，概率小于 1/1500000
检测度		
排名	描述	解释
5	完全不确定	除非灾难性损害发生，否则很难检测，或者没有设计控制
4	微小	比较微小的机会可从设计控制检测到一些潜在的损坏或者后继的损害模式
3	低	有比较低的机会可从设计控制检测到一个潜在的损坏或者后继的损害模式
2	中	有中等的机会可从设计控制检测到一个潜在的损坏或者后继的损害模式
1	高	有比较高的机会可从设计控制检测到一个潜在的损坏或者后继的损害模式

　　由于 DFMEA 是基于弱点的系统分析方法，因此需要一个信息共享和状态交互的工作表。电力公司使用的 DFMEA 工作表的一个例子见表 15.3。通常，电源变换器制造商需要在设计完成之前向客户提供总结报告。应该提到，如果客户不能接受故障的影响，即使 RPN 值不高，也必须修改设计以消除故障模式。

表 15.3　DFMEA 工作表示例

项目	功能（电源功能描述）	潜在的失效模式	失效可能造成的影响	严重度 (S)	潜在的原因/故障的机理	发生可能度 (O)	电流设计控制预防	电流设计控制检测	检测度 (D)	RPN
Fuse1	保护元件的交流输入	开路	没有输出	4	冲击电流、交流电压过低或者发热	1	全面功率保护，对交流敏感	开通测试	2	8
		短路	没有影响	1	焊接桥	1	N/A	外观检测/开通测试	2	2
继电器	备用电路的开关	Pin1 与 Pin2、Pin3 与 Pin4 开路	没有输出	4	元器件过电压、热和元器件损坏	1	检测元器件应力和功率等级	开通测试	2	8
		Pin1 与 Pin4、Pin2 与 Pin3 短路	因为输入短路，巨大的短路电流将会冲击电容器和其他元器件	4	焊接桥	1	N/A	外观检测	3	12
Q52	功率校正电路的 MOSFET 的主开关	开路	功率校正电路失效	4	不良焊接或者元器件丢失	1	N/A	开通测试	2	8
		短路	没有输出	4	元器件过电压、过热、老化和元器件损坏	1	检测元器件应力和功率等级	开通测试	2	8

编号	名称	故障模式		故障影响		检测方法	故障原因	测试类型		
M1	功率校正电路的控制芯片	Pin3、Pin4、Pin5、Pin6、Pin7、Pin8、Pin9、Pin11、Pin12、Pin13、Pin18 开路	4	功率校正电路的芯片不能正常工作	1	N/A	不良焊接和元器件丢失	开通测试	2	8
		Pin15 与 Pin16 短路	4	功率校正电路的芯片不能正常工作	1	检测元器件应力和功率等级	元器件过电压、过热、老化和元器件损坏	开通测试	2	8
T5	DC/DC 变换的主变压器	Pin1、Pin2、PinA、PinB 开路	4	没有输出	1	检测元器件应力和功率等级	元器件过电压、过热、老化和元器件损坏	开通测试	2	8
		Pin1 与 Pin2、PinA 与 PinB 短路	4	因为输入短路，巨大的短路电流会损坏电容器和其他元器件	1	N/A	焊接桥	开通测试	2	8
D704	同步整流电路的缓冲电路	开路	4	V_{ds} 电压瞬间增高	1	N/A	不良焊接和元器件丢失	降额测试	4	16
		短路	4	没有输出	1	检测元器件应力和功率等级	元器件过压、过热、老化和元器件损坏	开通测试	2	8

15.2 热剖面分析

热剖面分析的目的是测量和记录所有最坏情况下关键电子元器件的温度，应包括所有潜在供应商的替代元器件的测量。设计工程师必须确保所有操作配置，包括待机模式和最小气流条件，以捕获最坏情况。热测试数据应用于其他鉴定程序，如降额分析、电容器寿命计算和可靠性预测。

为了进行热剖面分析，应确定不同数量的样品用于 EVT 和 DVT。热剖面分析应包括材料清单（BOM）上每个参考标识符的计划元器件供应商。

测试中通常使用热电偶测量温度，热电偶接头必须靠近或接触测量目标。如果热电偶连接到不同极性的部件，则需要在导体上配置额外的电气绝缘套管。热电偶通常通过捆扎、胶接或焊接固定，不影响与被测量部件的热接触。

用螺纹捆绑主要用于圆形物品，胶接提供了更好的热黏合，并降低了暴露于空气的表面积。焊接可以为焊料黏附的金属表面提供更好的导热性和更大的机械安全性。目前，使用高导热性胶水将热电偶固定到部件上是测量设备温度的主流方式。此外，热电偶的连接点应能够反映部件的真实温度，有些部件可能需要两个以上的测量点。图 15.1 显示了关键元器件（如电容器、MOSFET 和电感器）内标注圈内推荐的热电偶连接方式。

a)　　　　　　　　　　　b)　　　　　　　　　　　c)

图 15.1　不同元器件的热电偶连接方式：a）电容器；b）MOSFET；c）电感器

热剖面分析包括温度测量的方法和结果，被测设备的图片及其对应的热图像并排放置在热剖面中，以方便比较。测试样品及其热图像示例如图 15.2 所示。热图像仅提供热测试的有限信息，因为对于许多元器件，难以直接测量其温度。因此，需要使用热电偶来测量不同元器件的温度。

热测量必须按照可靠性工程人员规定的采样率记录，采用的热电偶类型应经客户认可，并且必须在测量程序开始之前提供安装位置、测量元器件和气流图的信息。间接测量的元器件温度应根据可靠性工程人员商定的方法进行估算，在指定的工作温度和待机状态下进行热测量。温度必须稳定至少 30min，最大变化值为 ±1℃。图 15.3 显示了连接到不同元器件的许多热电偶的电源图。热电偶及其电线应配置良好，不会影响电源的正常空气流通。通常，在测试期间需要不断地记录不同元器件的温度。图 15.4 显示了整个测试中同一显示器上不同元器件的温度曲线。常见的热测量摘要，包括部件号、元器件说明、温度限制和判断信息，见表 15.4。

图 15.2 测试样品及其热图像示例

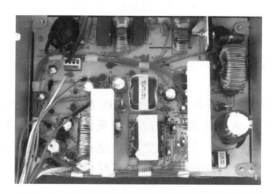

图 15.3 包含多种元器件和热电偶的电源示例

表 15.4 热测量总结示例

编号	位置	厂家	型号	标称温度/℃	降额限制/℃	判断	备注
2	Q1	FAIRCHILD	FQP13N50C	150	135	PASS	
28	D71	ON	MBR2045CTG	175	157.5	PASS	
32	C35	LTEC	TKD1HM4R7D11A-5*11-P5	105	95	PASS	
43	C73	TEAPO	SE025M0047A5F-P0511-P5	105	95	PASS	
49	RT2	THINKING	TTC05103KSYA02	125	125	PASS	
60	T1: Wire	ACBEL	API P/N R25F06-0001I	130	110	PASS	
62	T2	FE-TRONIC	API P/N R25C65-0001I	130	110	PASS	
69	L8: Croe	ACBEL	API P/N R21D59-0001I	130	90	PASS	

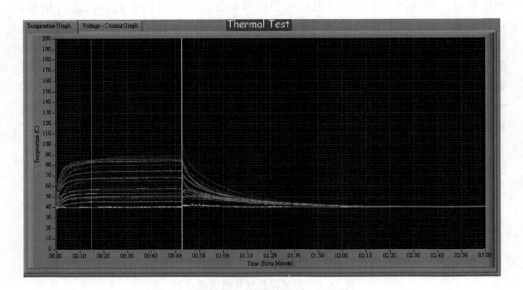

图 15.4　不同元器件的温度曲线

15.3　降额分析

降额分析的目的是验证在稳态运行或瞬态条件下是否会超过元器件额定值[6]。元器件的降额设计将减少应力降低故障率，还可以减少材料、制造和运行状态变化的影响，在元器件参数变化时继续运行。为了确保可靠的电力变换产品，电源制造商需要向客户提供降额方法、条件和结果的详细信息。

全面降额分析是设计过程的一部分。在选择元器件之前，应详细分析每个关键参数，包括电压、电流、温度和其他应力因素，将其考虑在降额设计过程中。有时，也需要考虑包括机械应力因素。例如，机械弯曲会导致多层陶瓷电容器（MLCC）的裂纹，导致电气故障。

不同类型元器件的降额水平或应力因子在降额分析中起关键作用。应力因子定义为实际应力和额定应力的比值：

$$\text{应力因子 SF} = \frac{\text{实际应力}}{\text{额定应力}} \times 100\% \tag{15.2}$$

例如，在 200V 使用的 250V 额定部件具有 80% 的应力因子。一些参数（如温度）的应力因子表示为数量（如 25℃），而不是百分数。表 15.5 显示为一个典型示例。

表 15.5　降额分析示例

元器件类型	参　数	10 年应力因子	5 年应力因子
电　阻　器			
碳质电阻器	功耗	≤60%	≤70%
	最大工作电压	≤60%	N/A
	低于最大温度限制	≥25%	≥25%
零欧姆电阻器	电流	≤85%	≤85%
固定膜电阻器	功耗	≤60%	≤70%
	最大工作电压	≤70%	≤70%
	低于最大温度限制	≥25%	≥25%
	SMD 最大体温度	100℃	100℃
电　容　器			
固定 MLCC	直流电压	≤80%	≤80%
	低于最大温度限制	≥10%	≥10%
固定铝电解电容器	直流电压	≤80%	≤85%
	纹波电流	≤70%	N/A
	低于最大温度限制	≥10%	≥10%
	寿命（使用电容器寿命公式）	10 年（25℃，满载）	5 年（25℃，满载）

表 15.5 中列出的参数反映了元器件故障的主要原因，为电路设计人员提供了设计指南。例如，电解电容器故障是由于过电压、反向电压、纹波电流、工作温度和电解质蒸发。然而，功耗和环境温度是导致电阻器故障的主要原因。通过安全认证的元器件认为可达到 100% 核定额定值。按照最坏情况分析，100% 是元器件可以承受的最大电压。以下举例说明应力比的计算。

示例 1：变换器输出为 $12V_{dc} + 3\%$，需要采用应力因子小于 80% 的电容器。因此，所选电容器应满足：$(12 \times 1.03)/V_{rated} \times 100\% < 80\%$。额定电容器电压应高于 15.45V。

示例 2：电容器的额定温度为 105℃。如果采用"温度低于最大限制 >25℃"这一降额准则，那么符合降额准则的最高工作温度为 105℃ −25℃ =80℃。

示例 3：二极管的最大结温电阻器规定为 130℃，其从结到壳的热阻为 3℃/W。

如果功耗为 2.5W，外壳温度为 80℃，则结温计算为 80℃ +（3℃/W × 2.5W）= 87.5℃。因此，在规定的工作条件下二极管的应力因子为（87.5℃/130℃）× 100% = 67.3%。

应力因子根据变换器的运行状态而变化，其高度依赖于客户的需求。减小应力因子需要提高所用元器件的额定值。电源制造商遵循客户提供的测试程序和标准进行设计优化。通常，需要包括主要和备用元器件源，并且需要进行不同负载水平的测量，例如 100% 和 80%。供应商通常使用最坏情况的应用程序在减值分析报告中提供最坏情况的元器件应力，电压参数的最坏情况可能发生在最大输入电压时，但是当施加最小输入电压时，会出现最大电流。对于无法进行电气测量的元器件，允许使用计算的方式进行估计。

15.4 电容器寿命分析

众所周知，电解电容器在功率变换器的所有元器件中寿命最短[7]。电解电容器的故障是由电压、温度或纹波电流等许多因素引起的。电容器寿命分析的目的是确保所有电容器，特别是电解电容器，在功率变换器的各种使用环境具有足够的预期寿命。该分析所需的数据来自前面的热剖面分析和降额分析。寿命分析应包括来自每个参考标志的多个（主要和替代）供应商的所有电容器。通常，客户将提供给电源制造商首选供应商清单，以确保更可靠的元器件供应。电容器寿命基于最坏情况运行条件，即最大系统工作温度，每天 24h，每周工作 7 天。

电容器寿命的确定受许多因素的影响，包括材料、温度、电压和降额因子。电解电容器最全面的故障率可以在军用手册 MIL-HDBK-217 中找到：

$$\lambda_c = \lambda_b \cdot \pi_T \cdot \pi_C \cdot \pi_V \cdot \pi_{SR} \cdot \pi_Q \cdot \pi_E \text{（故障数}/10^6 h\text{）} \quad (15.3)$$

式中，λ_b 是基于电容器结构和材料的基本故障率，π_T 是环境温度系数，π_C 是电容因子，π_V 是电压应力因子，π_{SR} 是串联电阻系数，π_Q 是品质因数，π_E 是环境因数。式（15.3）表明电容器的故障率取决于许多不同的因素，其中对可靠性影响最大的两个因素为操作温度和电压应力。

不同的计算机电源公司对于不同类型的电容器都有自己的寿命方程。此外，电容器供应商也会通过特殊的方式估计其产品的使用寿命。电容器寿命方程应在电源制造商及其客户之间通过讨论得到。一般来说，客户将提供电容器寿命分析的方程，以下是两种电容器的常用寿命公式。

15.4.1 铝电解电容器

铝电解电容器的寿命公式如下所示：

$$\lambda_c = \lambda_b \cdot \pi_{T,\text{ext}} \cdot \pi_{T,\text{int}} \cdot \pi_V \cdot \pi_Q \qquad (15.4)$$

式中，λ_b 是电容器供应商提供的基本寿命，$\pi_{T,\text{ext}}$ 是与外部温度相关的函数，$\pi_{T,\text{int}}$ 是与内部温度相关的函数，π_V 是与电压应力相关的函数，π_Q 是与质量相关的函数。

式（15.4）中包含的函数可以根据不同的应用和要求而变化。常用的简化 $\pi_{T,\text{ext}}$ 是

$$\pi_{T,\text{ext}} = 2^{\left(\frac{T_{\max}-T_a}{10}\right)} \qquad (15.4\text{a})$$

式中，$T_{\max}$ 是电容器的额定温度，T_a 是应用中的外壳温度。

一个常用的简化 $\pi_{T,\text{int}}$ 是

$$\pi_{T,\text{int}} = 2^{\left(\frac{\Delta T_o - \Delta T_i}{\Delta T_o}\right)} \qquad (15.4\text{b})$$

式中，ΔT_o 是由于额定纹波电流引起的核心温度升高，ΔT_i 是由应用中纹波电流 i_{rapp} 与额定纹波电流 i_{ro} 的比例引起的核心温度升高。通常，大多数电容器制造商使用固定的 ΔT_o 来将电容器保持在其最高温度和电压，然后逐渐增加纹波电流来确定其额定纹波电流，ΔT_i 的表达式是

$$\Delta T_i = \Delta T_o \left(\frac{i_{\text{rapp}}}{i_{\text{ro}}}\right)^2 \qquad (15.4\text{c})$$

π_V 和 π_Q 的常用函数是

$$\pi_V = 1.05 - \frac{\left(\frac{V_a}{V_r} - 0.6\right)^2}{2} \qquad (15.4\text{d})$$

$$\pi_Q = \frac{\ln(\lambda_b \times T_{\max})}{13.1} \qquad (15.4\text{e})$$

式中，V_r 是额定电压，V_a 是施加电压。

15.4.2 Os-con 型电容器

Os-con 型电容器是采用高导电性有机半导体为电解质材料的铝固体电容器，具有杂散电阻小、寿命长的优点，已经被广泛应用在计算机电源，用于减小电压纹波，提高电源系统的可靠性。由于材料特性的差异，Os-con 型电容器的寿命方程与电解电容器的寿命方程并不相同，用于描述电容器寿命的通用方程如下式所示：

$$\lambda_{\text{Os-con}} = \lambda_b \times 10^{\left(\frac{T_{\max}-T_a}{20}\right)} \times F_d \qquad (15.5)$$

式中，F_d 是频率降额因子，如图 15.5 所示。由式（15.5）可以看出，Os-con 型电容器不适用于线性频率调节的应用场合，主要适合于高频应用。

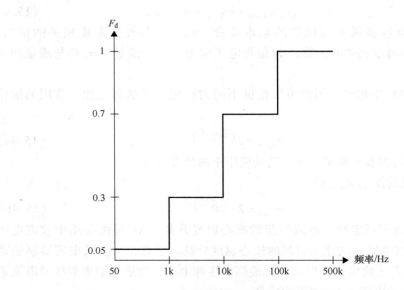

图 15.5 Os-con 型电容的典型频率降额因子与频率的关系

15.5 风扇寿命

  风扇是功率变换器散热的重要部件，是功率变换器内部价格相对便宜的部件，但若风扇故障则可能会引发系统故障，导致严重损坏。变换器设计过程中，风扇的可靠性常常被忽视。通常，可靠性可交付清单包括：风扇规格、无铅可靠性鉴定、降额、设计验证测试和第三方可靠性测试[11-13]。

  几乎所有用于计算机电源的风扇都由直流电动机驱动。因此，风扇可以通过按照控制方式进行分类：PWM 控制、电压控制或热敏电阻器控制。风扇规格必须指定其尺寸、电压、功率、控制类型、RPM、气流、噪声水平、预期寿命和轴承/润滑剂类型。

  应该注意的是，风扇是在计算机电源系统内部唯一的旋转部件，因此其基于机械的寿命可能会影响系统的可靠性。影响风扇寿命的一个重要因素是轴承，其寿命通常称为 L10（或 B10）寿命，定义为在疲劳失效模式中当 10% 的轴承失效时的使用寿命，或者，90% 的轴承仍在运转时的使用寿命。L10 寿命是理论计算的寿命值，可能无法充分代表轴承的使用寿命。其他因素，如负载、温度、材料缺陷或污染物，都可能对轴承寿命产生重大影响。除了轴承寿命外，还需要通过对叶轮和润滑剂的分析来确定故障模式。

  与其他电子元件不同，DVT 包含非功能（存储）测试，以确保风扇能够满足系统规格。通常，测试的温度/湿度范围比运行范围宽。常用的操作试验条件为 0~70℃，10%~90%RH，存储试验条件为 -40~70℃，5%~95%RH。风扇寿命分析需要进行存储和运行测试的四角循环测试过程，在测试过程中，随机选择的风扇将被放置在具有受控温度和湿度的环境内。客户需要提供每个步骤的持续时间和测试温度/湿度坡度。

典型的温度/湿度存储测试流程如图 15.6a 所示，运行测试的测试流程如图 15.6b 所示。测试从室内条件（25℃，40%RH）O 点开始。然后，测试条件开始向 A、B、C、D 移动，并最终返回到 O。在特定点或两点之间括号内的数字表示测试步骤和持续时间。例如，步骤 1 在 4h 内从 O 点进入 A 点，步骤 2 在 A 点停留 24h。放置点和温度/湿度坡度可能会有所不同，通常由客户定义。

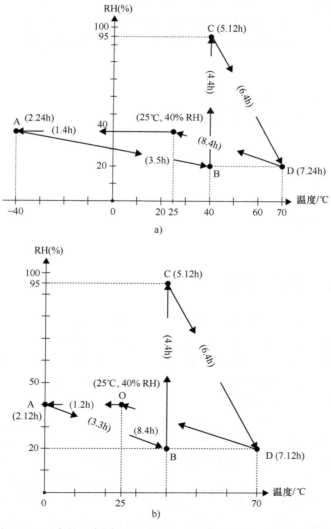

图 15.6　风扇的四角循环测试流程：a）存储测试；b）运行测试

风扇也需要进行热冲击测试，通常在两个极端（-40℃和70℃）之间采用数十次热冲击循环。热冲击试验需要规定最小停留时间，如30min。

风扇寿命分析包括一系列性能测量和测试，性能测量包括速度（RPM）、电流和噪声（dBA）。测试样品首先在测试之前测量初始值。然后，按顺序进行四角存储试验、四角运行试验和热冲击试验。每次测试后，需要对所有测试样品进行测量。分析报告中应包含不同阶段的四项测量。

除了上述设计测试之外，风扇供应商必须使用客户定义的风扇加速寿命测试进行至少6周的可靠性测试，包括功率循环和参数测试。由于风扇具有不同的规格和控制参数，因此其测试参数是不同的。例如，需要对PWM风扇测量不同占空比的RPM（例如，0%、10%、50%和100%），而电压控制风扇需要在不同的施加电压水平下测量RPM（例如，最大值、最小值和中点）。

当风扇无法达到规则中的任一指标时，风扇将视为失效。常见的失效标准是

- 无法旋转。
- 无法在RPM公差范围内旋转。
- 吸收的电流大于额定值。
- 异常噪声。
- 机械开裂。
- 油脂渗漏。
- 外壳松动。
- 叶轮接触外壳。
- 风扇冒烟。

15.6 高加速寿命测试

为了保证市场中功率变换器的竞争力，产品设计阶段是测试变换器最大限制的最佳阶段。传统的测试方法使新产品在正常运行条件下运行，该老化测试需要许多周期（天或周）。加速应力测试（AST）则提供了一系列的过应力，通过加速疲劳来发现产品的弱点。不同方面的AST被开发和研究出来，用于测试不同阶段的计算机电源性能。

高加速寿命测试（HALT）、高加速应力筛选（HASS）和高加速应力检验（HASA）统称为AST[14-18]。HALT是一种在设计过程中常用的测试手段，用于通过测试-失效-修复过程来提高产品的鲁棒性和可靠性，其中施加的应力超出了规定的运行限制。元件制造商也采用HASS测试-失效-修复过程，其中施加的应力超出了规定的运行限制，因此能够在早期发现制造过程问题。HASA与HASS具有相同的测试过程，但仅在选定的样品上执行。由于HALT主要用于设

计阶段，而 HASS/HASA 主要用于制造过程，本节将重点介绍 HALT。

HALT 的测试在 HALT 环境室中进行，可以同时向被测器件提供受控的温度和振动。HALT 室中被测器件的照片如图 15.7 所示，HALT 室的外观如图 15.7a 所示，而图 15.7b 显示了放置在室内的被测器件。自动测试设备（ATE）为测试器件提供所需的电源和各种负载，如图 15.7c 所示。

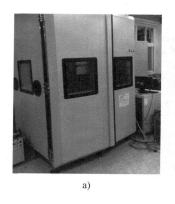  

a)　　　　　　　　　　b)　　　　　　　　　　c)

图 15.7　HALT 室和被测器件：a）HALT 室外观；b）放置在 HALT 室内的被测器件；c）为 HALT 室提供辅助支持的 ATE

HALT 室必须定期校准。要求能够产生所需的快速热变化率（如 50℃/min）并保持热稳定性。此外，它应该能够产生具有 6 自由度（X、Y 和 Z 与俯仰、滚动和偏航）同时发生随机冲击振动以及宽带振动频谱（如 10Hz～4kHz）。此外，需要使用带有相关仪器（如仪表和频谱分析仪）的校准热电偶和加速度计来监测测试并准备测试报告。由于器件在 HALT 期间运行，因此可编程电压源、电子负载以及适当的电缆和连接器是必需的。

在进行 HALT 之前，所有被测样品都应在规格范围内。热电偶应连接到热中性点，远离高散热部件或气流，以确保整个样品达到预定温度。振动加速度计应该足够小，以安装在样品的中心位置，并且重量要求足够轻，不会显著影响样品的振动动态特性。在 HALT 期间施加热和振动应力的顺序如下：

- 低温应力。
- 高温应力。
- 振动应力。
- 组合温度-振动应力。

15.6.1　低温应力

低温应力测试图的示例如图 15.8 所示。低温测试从 0℃ 开始，最低测试温度通常设置在 -60℃，尽管样品可能会在达到最低温度前就发生失效。初始阶段，所有样品都应在室温下根据其规格正确运行，通常采用诊断测试程序对所有规格执行完整的功能测试。

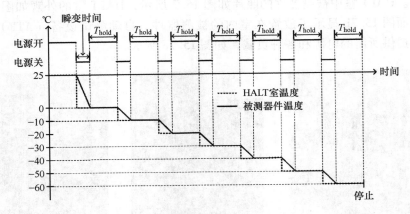

图 15.8 低温应力测试图的示例

在每个温度应力步骤测试之前，所有样品都需要断电，将 HALT 室温度降至 0℃。等系统达到稳定的温度，将所有样品通电。所有样品功能需要通过运行诊断测试程序来验证。HALT 室温度需要保持在 0℃ 至少 $T_{hold}(\min)$，诊断测试程序结束后，所有样品都断电，温度应力步骤测试完成。

然后，将 HALT 室温度降低 10℃ 至新的步骤温度，一旦达到稳定的温度，所有样品都通电，在 $T_{hold}(\min)$ 内运行诊断测试程序。当所有样品通过诊断测试程序，关闭电源，并完成温度应力步骤。按照该步骤进行所有步骤温度的测试，直到达到最低温度（-60℃）或所有样品测试功能失效。

如果样品在特定步骤温度（$-X$℃）失效，则温度升高 5℃，再次运行测试程序。如果所有样品都通过测试程序，则低工作极限温度为 $-(X-5)$℃，否则，低工作极限温度为 $-(X-10)$℃。

15.6.2 高温应力

除了起始温度为 60℃，最高温度通常为 120℃ 以外，高温应力测试方法与低温应力测试相似。高温步骤测试图的一个例子如图 15.9 所示。高温应力也用于确定高工作极限温度。如果样品在特定步骤温度（Y℃）下失效，然后将温度降低 5℃，再次运行测试程序。如果所有样品都通过测试程序，则高工作极限温度变为 $(Y-5)$℃。否则，高工作极限温度为 $(Y-10)$℃。

15.6.3 振动应力

在振动应力测试期间，HALT 室温度保持在 25℃，所有样品运行在诊断测试程序控制下。通常，振动应力测试的起点为 $10G_{rms}$，最大振动水平为 $50G_{rms}$，最大振动水平取决于客户应用的需要。在每个振动应力水平期间，测试时间必须持续 $T_{hold}(min)$。振动应力测试的典型步骤如图 15.10 所示。

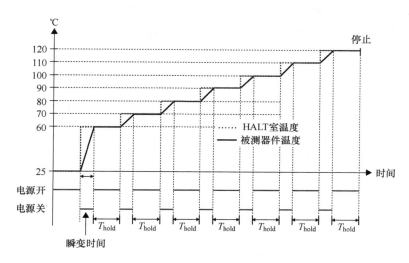

图 15.9　高温步骤测试图示例

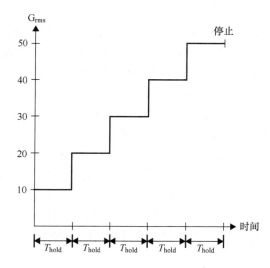

图 15.10　振动应力测试的典型步骤

如果诊断测试程序出现故障，应停止振动测试，查找故障原因。如果故障无法消除，则最后的振动水平将记录为破坏极限上限值（UDL）。如果不存在故障，则最后的振动水平将记录为运动极限上限值。

15.6.4 组合温度-振动应力

环境室用于提供组合的热和振动应力测试环境。由于该测试为组合应力测试，因此温度和振动水平略低于通过温度或振动应力测试获得的运行极限。典型的组合温度-振动应力测试曲线如图 15.11 所示。

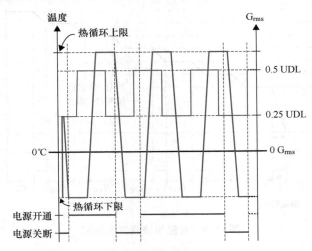

图 15.11 典型的组合温度-振动应力测试曲线示例

热循环具有非常陡峭的温度斜坡（如 60℃/min），并在两个设定点之间运行。通常，上部热循环设定点低于高工作温度极限 10℃，较低的工作温度极限值为 10℃。每个温度设定点的停留时间应足够长，以完成诊断程序以及不同水平的振动应力。

振动测试有两个层次。通常，采用从振动应力测试得到的 UDL 的 25% 和 50% 的振动水平。每个振动水平的停留时间取决于热循环的停留时间 T_{hold}。每个振动级别（25% 或 50%）应在 T_{hold} 的一半期间执行。

进行组合应力测试的电源样本需要随机选择，在组合测试期间，应执行诊断测试程序以验证电源的功能，并且运行一定数量的热循环以完成组合的温度和振动应力测试。如果发生任何故障，测试过程应停止，故障样品应从环境室中移除，进行故障分析以确定原因。常见的 HALT 过程的机械故障是螺钉或铆钉松动，塑料中的裂纹，部件的不对准或永久变形。诊断测试程序发出的异常噪声或故障称为功能故障。

15.7 振动、冲击和跌落测试

振动和冲击测试的目的是确保模块、组件和焊点足够坚固，还可以为进一步提升变换器的设计质量提供依据。振动测试包括两次随机振动、运行和停止，以及一次正弦波振动测试[19]。

15.7.1 振动测试

随机振动与周期性（如正弦）振动的定义形成鲜明对比。随机振动包含给定限度内的所有频率，并且可能同时发生。任何离散频率的振动幅值都是测试设备可用性能力内的高斯曲线的函数。

通常用于描述随机运动的参数是功率谱密度，功率谱密度单位为 g^2/Hz，其中 g 为重力加速度，可用米制单位 m/s^2 表示。随机振动的能量通过功率谱密度在频率范围内的积分来表示，记为 G_{rms}。G_{rms} 是功率谱密度的方均根（rms）值。对于纯正弦函数，峰值是 $X_{\text{peak}} = \sqrt{2} X_{\text{rms}}$。然而，当假设均值为零时，信号的有效值等于标准差。因此，对于复杂的随机振动，其峰值和方均根值之间关系难以简单量化，固定随机时间长度内的峰值通常是有效值的 3 或 4 倍。

振动测试中，需要选取一定数量的样品（通常为 3 个）进行测试，并且每个样品在整个测试过程中都在满载条件下运行。常用的振幅为 $2.6G_{\text{rms}}$，谱密度见表 15.6。测试样品应能够承受在 3 个轴上每个轴至少 10min 的随机振动。运行模式振动测试后，所有样品均需要满足所有要求的规格。

表 15.6 运行振动测试的振动谱密度

频率/Hz	功率谱密度/(g^2/Hz)	斜率/(dB/倍频程)
5~350	0.015	0.0
350~500	N/A	-6.0
500	0.0074	0.0

另一方面，振动测试具有较高的振动水平，通常高达 $6.06G_{\text{rms}}$，谱密度见表 15.7。所有测试的样品应该能够承受所有 3 个轴上每轴至少 10min 的随机振动。所有的样品应该能够在随机振动测试后满足所有要求的规格。

表 15.7 存活振动测试的振动谱密度

频率/Hz	功率谱密度/(g^2/Hz)	斜率/(dB/倍频程)
20	0.01	0.0
20~80	N/A	3.0
80~350	0.04	0.0
350~2000	N/A	-3.0
2000	0.007	0.0

频率范围为 5~450Hz 的正弦波振动的振幅水平为 $0.75G_{\text{rms}}$，速度为 1 倍频程/min。在正弦波扫描之后，应注意 4 个最大振幅的谐振频率。测试样品需要在所有 3 个轴上的每个频率上进行至少 10min 的振动测试。这是一种非运行的测试，所有测试样品应该能够在永久性损坏中存活。

15.7.2 冲击和跌落测试

完整的冲击测试包括 4 种不同的类型：运行、非运行、梯形和跌落。通常，每次测试至少包含 3 个样品。

对于运行冲击测试，测试对象应在满载条件下工作，并在整个测试过程中执行。样品需要经受 3.0ms 的半个正弦波脉冲，有效加速度为 $20g$。

对于非运行冲击测试，有效加速度增加到 $80g$，脉冲和持续时间相同。此外，应该对每个样品的 6 个面进行该测试。测试样品应在非运行冲击测试后依然能够达到产品规格。

梯形冲击测试也是非运行测试。梯形冲击的速度变化为 0.746m/s，有效加速度为 $50g$。梯形冲击应至少 3 次施加到样品的 6 个面中。在以前的测试中，测试样品应在冲击后依然满足产品规格。

对于跌落测试，样品从 1m 的高度自由下落并撞击混凝土表面。由于每个样品具有 6 个面和 8 个角，因此在相同样品上应进行总共 28 次测试。对于每个面和角进行 2 次运行和非运行测试。样品应该能够在整个跌落测试后仍满足产品规格。

15.8 制造一致性测试

电源制造商需要在制造阶段连续测试产品，称为制造一致性测试。测试的目标是确定任何可能的故障原因，包括不同生产过程中的工艺。

在最终组装和功能测试之前，所有产品都应用在线测试和自动光学或高分辨率 X 射线检测。在所有制造的印制电路板上进行该测试，以确保工艺品质并检测焊接或组件错位故障。在早期阶段测试之后，将执行一个完整的功率变换器装置的组装。许多类型的测试，包括功能测试、压力测试、安全测试、质量保证（QA）和可靠性测试将在制造过程中或之后应用于产品。

ATE 需要对每个制造单位进行功能测试。每个功率变换器应通过功能规范规定的每个参数。电源制造商应与客户就功能测试方法达成协议。

在制造的功率变换器通过功能测试之后进行压力测试，根据客户的要求，可能需要在 100% 或选定的产品样本上进行老化测试。在制造阶段，对 100% 的产品进行 HASS，对低百分比的样品进行 HASA。

所有功率变换装置应通过功能规格和适用的标准（如 EMC 要求或 IEC 标准）所规定的安全测试。应进行 QA，以确保符合功能和机械尺寸要求。

15.8.1 持续可靠性测试

除了在不同制造阶段进行的测试之外，产品首次出货之后需要进行持续可靠性测试（ORT）[20]。ORT 以样品为基础，确保过程和元件老化不影响产品的长期可靠性。ORT 用于在客户体验异常之前识别生产过程中的任何变异性。通常情况下，ORT 可进一步分为长期测试和短期测试两部分。

对于长期测试，ORT 通过长期运行，直到产品寿命终止。完成长期 ORT 的设备无法再销售，必须妥善处理。所需数量的样本通常由客户确定。并不是每个产品都需要长期 ORT。短期 ORT 应该运行足够长的时间来检测早期故障。对于大多数电源制造商来说，所谓的 ORT 被称为短期 ORT。完成短期 ORT 的设备可以通过重新测试过程循环回收，如果组合的应力水平和时间效应不会降低长期可靠性，则可以将其销售。然而，大多数电源制造商丢弃 ORT 样品。

ORT 应在产品使用期限内测试各个生产基地的产品。应该指出的是，ORT 不是验证产品设计或查找细小问题的方法。ORT 的样品数量由以下因素决定：第一个客户出货日期、风险因素、电源复杂性、运送数量和可接受的质量等级。

危险因素的高低对 ORT 起重要作用。在第一个客户发货日期前 6 个月，所有电源都被视为"高风险"。如果在 20 周内出现任何 ORT 故障，或制造成品率不符合设定目标，产品仍被视为"高风险"。相反，如果过去 20 周内没有 ORT 故障，并且 6 个月后制造产量达到设定目标，所有电源都被视为"低风险"。危险因素将影响产品所需的样品量。

ORT 样品取自生产线，必须能够代表一周的产品。通过这种方式将 ORT 样品的测试结果与相应周内制造的电源性能建立联系。

每周 ORT 样品量见表 15.8，对于两周 ORT，每天抽取样品直到达到总抽取样品量（在一周内完成）。样品在两周后进行测试。在第一周之后，总是有两套正在测试的 ORT 样品。测试的周期可能会根据客户的实际需求而变化。例如，如果特殊电源产品已经定期稳定地制造一段时间，则测试周期可以减少到一周。另一方面，对于新开发的产品，根据客户的要求，测试期可能会增加到 3 周以上。

表 15.8　推荐的每周 ORT 样品量

批　　量	高　风　险	低　风　险
≤25	4	2
26~100	6	4
101~250	10	6
251~500	14	12
501~1200	20	16
1201~3200	24	18
>3200	26	20

ORT 老化测试方法的规格示例见表 15.9。在进行 ORT 前后，所有样品必须在满负载下达到规格要求。在 ORT 期间，样品分为两组，一组为 100~120V_{ac} 线

电压，另一组为 220～240V_{ac}。测试室温度应保持在 50～55℃ 之间。允许强制通风，但是循环的空气不能直接吹在样品上。给定老化时间的典型输入功率循环图如图 15.12 所示。输入电源开启 45min，关闭 5min，然后，程序进入快速功率循环 10min。在快速功率循环期间，输入电源分别打开和关闭 30s，共 10 个循环进行 10min。有时，客户将根据不同的应用需求设置不同的功率循环。

表 15.9　ORT 老化测试方法的规格

线电压	分两部分，一半在 100～120V_{ac}，一半在 220～240V_{ac}
老化温度	测试室温度 50～55℃
老化时间	14 天（或者具体说明）
功率循环（T_{on}-T_{off}）	45min 开，5min 关，10min 快速功率循环
负载	95%±5% 的额定功率
快速功率循环	30s 开，30s 关，10 个循环（10min）

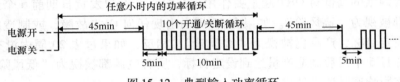

图 15.12　典型输入功率循环

15.9　总结

本章介绍了计算机电源可靠性的基本概念。为了确保计算机电源的可靠性，需要由电源制造商执行可靠性的测试方案，主要包括工作环境、参数/组件分析和品种测试。在设计和制造阶段需要完成许多测试任务，电源性能和规格需要在不同的运行条件下进行验证。为了确保和提高电源的可靠性，即使在产品出货后，测试也需要继续进行。

参 考 文 献

[1] Z. Zhong, C. Zhou, and P. Cao, "AMT failed mode analysis by integration of hardware-in-loop and DFMEA," *CECNet 2012*, pp. 134–137.

[2] D. Ling, H.-Z. Huang, W. Song, Y. Liu, and M. J. Zuo, "Design FMEA for a diesel engine using two risk priority numbers," *RAMS 2012*, pp. 1–5.

[3] J.-M. Cai; X.-M. Li, and G.-H Yang, "The risk priority number methodology for distribution priority of emergency logistics after earthquake disasters," *MSIE 2011*, pp. 560–562.

[4] Y. Zhao, G. Fu, B. Wan, and C. Pei, "An improved cost-based method of Risk Priority Number," *IEEE PHM 2012*, pp. 1–4.

[5] Y. Zhao, G. Fu, and B. Wan, "An improved risk priority number method based on AHP," *RAMS 2013*, pp. 1–7.

[6] Z. Huang, "De-rating design and analysis for safety and reliability," *RAMS 2014*, pp. 1–7.

[7] B. Abdi, R. Ghasemi, and S. M. M. Mirtalaei, "The effect of electrolytic capacitors on SMPS's failure rate," *International Journal of Machine Learning and Computing*, vol. 3 (3), pp. 300–304, June 2013.

[8] M. L. Gasperi, "Life prediction model for aluminum electrolytic capacitors," *IEEE Industry Applications Conference* 1996, pp. 1347–1351.

[9] A. Dehbi, W. Wondrak, Y. Ousten, and Y. Danto, "High temperature reliability testing of aluminum and tantalum electrolytic capacitors," *Microelectronics Reliability*, vol. 42 (6), pp. 835–840, June 2002.

[10] R. Jano and D. Pitica, "Accelerated ageing tests for predicting capacitor lifetimes," *IEEE SIITME 2011*, pp. 63–68.

[11] X. Tian, "Cooling fan reliability: failure criteria, accelerated life testing, modeling and qualification," *RAMS 2006*, pp. 380–384.

[12] S. Narasimhan, G. Shankaran, and S. Basak, "Modeling of fan failures in networking enclosures," *IEEE SEMI-THERM 2012*, pp. 249–254.

[13] O. Hyunseok, M. H. Azarian, M. Pecht, C. H. White, R. C. Sohaney, and E. Rhem, "Physics-of-failure approach for fan PHM in electronics applications," *PHM 2010*, pp. 1–6.

[14] A. Barnard, "Ten things you should know about HALT & HASS," *RAMS 2012*, pp. 1–6.

[15] M. Silverman, "Summary of HALT and HASS results at an accelerated reliability test center," *RAMS 1998*, pp. 30–36.

[16] M. Silverman, and J. Hofmeister, "The useful synergies between prognostics and HALT and HASS," *RAMS 2012*, pp. 1–5.

[17] R. Schmidt, and C. Spindler, "Failure assessment and HALT test of electrical converters," *RAMS 2012*, pp. 1–6.

[18] H. McLean, "From HALT results to an accurate field MTBF estimate," *RAMS 2010*, pp. 1–5.

[19] Y. Liu, F. Sun, H. Zhang, Z. Zhou, and Y. Qin, "A comparison of two board level mechanical tests-drop impact and vibration shock," *APM 2011*, pp. 199–203.

[20] F. Schenkelberg, "Establishing effective ORT requirements," *RAMS 2012*, pp. 1–6.

第16章
大功率变换器可靠性

Rik W. De Doncker, Nils Soltau, Hanno Stagge, Marco Stieneker

亚琛工业大学，德国

16.1 大功率应用

本章主要介绍大功率变换器的主要应用场合和一些设计准则，并讨论了一种基于晶闸管的新型中压变换器。最后，简要介绍大功率逆变器和 DC/DC 变换器。

16.1.1 概述

大功率中压变换器系统的开关频率通常在 300~700Hz 的低频范围下工作。多电平变换器被广泛应用在中压场合，因为该变换器结构具有较高数量的开关状态，较低的总谐波畸变率（THD）。使用该变换器拓扑，能够减小无源滤波器的尺寸，并且可以克服中压功率器件的低开关频率的缺点。使用软开关 DC/DC 变换器，工作频率可能会增加到千赫兹范围，以减少无源元件的尺寸和重量。

随着无源元件的尺寸越来越小，变换器系统的尺寸和重量都显著地降低，无源滤波器的成本也随之降低。在如工业驱动、牵引驱动和风电机组的应用中，这些因素对变换器系统的推广和使用起决定性作用。另外，由于随着电力电子技术的进一步发展和广泛应用，电力电子产品已经变得越来越便宜，所以在经济上需要减少以铜和钢为材料的无源元件，增加变换器系统中的半导体的使用份额。

大功率变换器广泛应用于电气工程领域的许多场合，下面主要从驱动应用和电网应用两方面来概述其在不同场合的应用。对于不同应用场合，大功率变换器系统的要求基本一致，包括鲁棒性、可靠性、效率和生命周期成本。

16.1.1.1 驱动应用

大功率变换器驱动应用主要涉及工业制造、可再生能源和牵引驱动系统等领域。兆瓦级工业驱动系统用于控制电力、石油和天然气、金属锻造、化工、造纸和采矿行业的压缩机、泵和磨机等设备的速度。火车、机车、重型非公路车辆和船用推进系统是牵引行业的主要应用。由于工业驱动器通常是静止的，所以小尺寸和重量是次要的。

驱动系统的功率变换器通常由两个部分组成：电机侧变换器和电网侧变换器。如果仅需要单向功率流，例如，对于电机应用，电网侧可以利用二极管整流器。在某些应用中，也使用晶闸管整流器。对于风电行业，基于 IGBT 的并网变换器使用广泛，可以通过它进行电网运行的调控。

风电机组的功率额定值在低兆瓦范围内。随着功率的增加，中压驱动器变得越发有吸引力，以减少将塔架机舱中变换器系统连接到地面上变压器的电缆中的传导损耗。将来风电场的收集器可以使用直流变换器，用于连接到高压直流（HVDC）线路或电网，通过变换器基站将整个风电场的功率变换成几百兆瓦。

16.1.1.2 电网应用

电力电子变换器越来越多地被用于电网以稳定和控制功率。柔性交流传输系统（FACTS）用于提供无功功率并提高故障期间的电网稳定性。随着电网规范的要求越来越高，将来还需要更多的电力电子系统。有源滤波和 HVDC 传输是电力电子系统的典型应用。相比交流输电系统，直流具有诸多优势，将来也可以使用直流配电网。由于无源变压器不能用于变换直流，所以这些系统需要采用包含电力电子系统的有源变电站。

16.2 基于晶闸管的大功率器件

20 世纪 50 年代后期，晶闸管成为大功率应用的主要电力电子器件。高电压、大电流以及低正向导通状态电压器件的使用首次实现了高效率的大功率电能变换。

目前，基于晶闸管的电力电子系统仍然很重要。由于其低导通损耗、快速开关、高浪涌电流额定值及其低功率驱动，相比其他功率电子开关而言，该器件仍具有显著优势。目前，晶闸管仍然是具有最高电压等级和电流额定值的器件。基于传统的晶闸管，目前已经开发出许多增强型器件。以下介绍了这些器件中的四个。

16.2.1 集成门极换向晶闸管（IGCT）

一般来说，当电流反向并降至保持电流以下时，晶闸管关断，只有特殊的晶闸管能够被强制关闭，例如，晶闸管是门极可关断晶闸管（GTO）和门极换向晶闸管（GCT）。它们能被负门极电流（$-I_g$）关闭。所需电流由关断增益决定：

$$\beta = \frac{I_a}{I_g} \tag{16.1}$$

式中，I_a 是要关闭的阳极电流[1-3]。

对于 GTO，关断增益在 3~5 的范围内[4]，GCT 以单位关断增益运行，负门极脉冲等于关断时的阳极电流。由此，GCT 具有改进的开关性能，不需要 GTO 的缓冲电路。目前的应用中，GCT 几乎完全取代了变换器设计中的 GTO。

单位增益关断需要大的负门极脉冲，对 GCT 的门极驱动单元（GDU）有非常高的要求。此外，GDU 和 GCT 之间的连接必须确保非常小的寄生电阻 R_s 和电感 L_s 以实现陡峭的电流脉冲。因此，GDU 和 GCT 通常集成在一个单元中，称为 IGCT。

如图 16.1 所示，GDU 直接连接到 GCT。此外，IGCT 中电解电容器和 MOSFET 占据大部分空间。

图 16.1 IGCT 由压装外壳中的 GCT（左）和 GDU（右）组成

GDU（开通和关断 GCT）的主要目的及其实现如下面所示。开通单元如图 16.2a 所示，开关 S_1、S_2 和 S_3 用于控制 L_1 和 L_2 中的电流。打开 S_2 或 S_3，电流流入驱动 GCT。

关断单元的基本原理图如图 16.2b 所示。通过开关 S_4，承受 GDU 的电源电压（20V 的范围）的电容器与门极反向连接，负门极电压导致大电流脉冲以关闭 GCT。

下面将讨论基于晶闸管的器件的可靠性和故障模式。GTO 的失效模式之一是高关闭增益下的细丝形成[5,6]。IGCT 由于其较低的关断增益和较低的无源元件数量而更加可靠。与 IGCT 相比，GTO 和 IGBT 故障率分别高出 1.6 或 2.3 倍[7]。研究表明，3MVA 三相 IGCT 逆变器的平均故障间隔时间（MTBF）高于 45 年。失效分布为[6]

- GCT：13%。
- 钳位电路⊖：8%。

⊖ 额外的无源缓冲器元件[6]。——原书注

- GDU：53%。
- GDU 供电：26%。

显然，与 GCT 和辅助设备相比，GDU 失效率较高。根据参考文献 [6] 可知，故障的主要原因来自于光纤和逻辑电路。

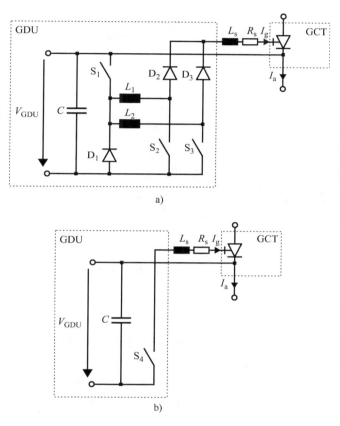

图 16.2　GCT　GDU 示意图：a) 开通电路；b) 关断电路

16.2.2　内部换向晶闸管（ICT）

图 16.1 所示的大量电容器和 MOSFET 属于 IGCT 的关闭单元。这些元器件使 IGCT 大而笨重，ICT 通过集成到 GCT 的压装外壳中而使关断单元的尺寸最小化，GCT 晶片本身保持不变[8,9]。

如图 16.3b 所示，电容器和 MOSFET（由原理图中的单个器件表示）集成到压装外壳中。因此，换向电感显著降低，所需的电容减小。因此，可以使用陶瓷电容器，其具有较低的等效串联电感。与 IGCT 的外部电解电容器相比，所需的电容量仅为 10% 左右[8]。

与 IGCT 相比，ICT 的主要优点是增加了安全操作区域和可靠性。已经证明，当 GCT 晶片作为 ICT 运行时，最大关断电流提升 35%。此外，GDU 的数量减少了一半以上，其功耗显著降低[9]。

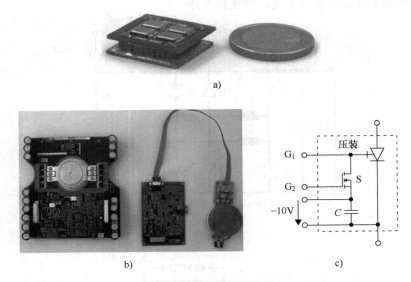

图 16.3 ICT：a) 关断单元；b) IGCT（左）和 ICT（右）；c) 等效电路

16.2.3 双 ICT

20 世纪 90 年代，专家们提出将快速开关器件作为 MOSFET 并联到具有低导通损耗的器件，如 IGBT 或 IGCT[10]。该方法能够利用两种器件的优点，即低开关损耗和低导通损耗。类似地，也可以并行使用两个不同的 GCT，其中一个 GCT 设计用于良好的导通，另一个用于快速开关性能（通过适当调整充电载体寿命来实现[11]）。

然而，使用分立器件，器件之间的寄生电感和电阻降低了器件性能。在双 ICT 中，两个 GCT 同轴扩散到一个晶片上（见图 16.4a）[11]。内部 GCT 针对低导通电压进行了优化，这被称为"导通 GCT"。当双 ICT 导通时，电流主要流经内部 GCT，传导损耗较小。位于晶片外圈的 GCT 主要针对开关损耗，因此被称为"开关 GCT"。其目的是在双重 ICT 关断时提供最佳性能。在一个晶片上的集成使得 GCT 结构之间的寄生电感最小化，优化了电流动态分流。

图 16.4c 显示了双 ICT 的关断过程。最初，两个 GCT 都处于导通状态，导通 GCT 在总电流中占有很高的份额，通过首先关闭导通 GCT 来启动序列，该 GCT 与开关 GCT 的导通电压相关。由于导通电压相对较低，因此该关断序列的损耗可以忽略不计，随后，开关 GCT 被关断。由于它是为此专门设计的，与具

有等效导通状态损耗的常规 IGCT 相比，关断损耗降低。

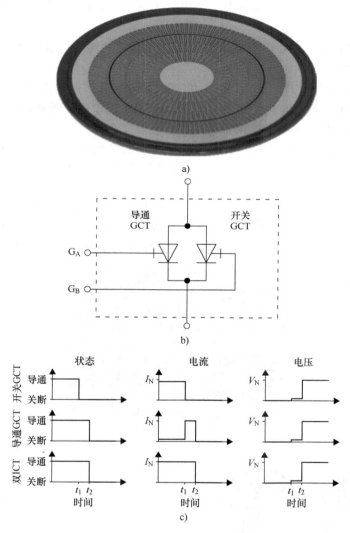

图 16.4 双 ICT：a）同一个晶片上的两个 GCT；b）等效电路；c）关断序列

与具有相同硅面积的单个 GCT 相比，双 ICT 实现了更高的效率，特别是在硬开关应用中。考虑到相同的损耗密度，电流密度可以增加 56% 或开关频率乘以 4.8[12]。

16.2.4 ETO/IETO

发射极关断晶闸管（ETO）是一种 GCT，通过两个 MOSFET[13,14] 进行控制。一个 MOSFET 与 GCT 的阴极串联，而并联 MOSFET 连接到栅极，如图 16.5b 所示。两个 MOSFET 都不会暴露于高电压。最大电压由 PN 结的栅极-阴极正向电压加上阴极开关 S_2 的电压降决定。例如，对于 4000VETO，阴极开关的瞬态电压保持在 60V 以下[14]。

与 IGCT 相比，ETO 具有更小的 GDU，更低的功耗，以及 MOS 可控制开关（类似于 IGBT）。

为了关断器件，开关 S_1 首先关闭。随后 S_2 打开，阳极电流被迫转换到栅极，导致 GCT 的单位增益关断[15]。然而，为了实现单位关断增益，特别是在过电流期间，阴极-栅极换向回路中的杂散电感至关重要[14]。

为了使关断能力最大化，整个 MOS 结构被整合到压装外壳中，用于最小化杂散电感，如图 16.5a 所示[15-17]。该集成发射极关断晶闸管（IETO）的等效电路如图 16.5b 所示。

对于 ETO，IETO 具有小型 GDU。事实上，IETO GDU 只是信用卡的尺寸（见图 16.5b），其功耗小于 IGCT GDU 的 1/6。此外，通过低感应换向路径增加关断能力。当使用商用的 520A GCT 晶片，在硬切换条件下，IETO 可以将最大

a)

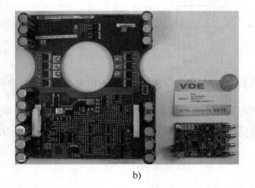 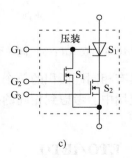

b)   c)

图 16.5　IETO：a）在压装外壳中集成 MOSFET；b）IGCT GDU（左）和 IETO GDU（右）；c）等效电路

关断电流增加到 1600A[17]。

16.2.5　基于晶闸管的器件的可靠性

如 16.2.1 节所述，与 IGBT 相比，IGCT 本身是一个非常可靠的器件。如果 IGCT 失效，则等离子体被包含在密封的压装外壳内。笨重的 GDU 与其电解电容器和众多元器件为失效率最高的元器件。

ICT、双 ICT 和 IETO 将关断单元集成到压装外壳中，减少电容和元器件。因此，为了代替电解电容器，可以使用陶瓷电容器来提供较低的串联电阻，改善低温的稳定性和更长的寿命。

电容的减小也减少了 GDU 的元器件总量。常规 IGCT 额定 5.5kV 和 520A 需要 300 个 GDU。相比之下，ICT、双 ICT 和 IETO 的 GDU 分别需要 131、259 和 124 个元器件。

最后，关断单元的集成可以使 GCT 和 GDU 之间采用导线连接，允许 GDU 和器件之间保持较远的距离，降低了 GDU 的温度。此外，负载电流保持在（密封的）压装外壳内，增加了器件的安全性，并降低了 GDU 的热应力。

基于晶闸管的电力电子器件非常高效可靠，其在大功率变换方面具有很大的潜力，值得进一步开发和研究。

16.3　大功率逆变器拓扑

16.3.1　两电平变换器

在中等功率和大功率的应用中，用于从交流到直流的电力变换的最常用电路是三相全桥拓扑或两电平电压源变换器，如图 16.6 所示。图 16.6 中仅示出了单相，并网变换器以及变频器通常有三相，也可以在多相逆变器中使用任意数量的相数。

该电路的输出电压 u_{AN} 只能取 $+U_{dc}/2$ 或 $-U_{dc}/2$。由于这种低电压电平（即开关状态数），输出信号的谐波含量高，使得滤波成本高昂，这是中压并网应用中两电平变换器拓扑的主要缺点之一。受限于电力电子器件的最大电压和电流，两电平变换器的使用范围主要在低兆瓦额定功率的应用中。

器件的并联可以产生更高的输出功率；然而，它需要额外的措施来确保半导体开关之间的电流共享。此外，通过提高器件的电流额定值会导致电缆、无源元件和连接器中的损耗提高。因此，经常使用的方法是通过器件串联来提高系统电压。图 16.7 所示为每个开关位置由两个 IGBT 串联而构成的两电平变换器。为了确保所有串联器件（特别是在动态条件下）均匀的电压共享，必须采用缓冲电路或有源电压平衡控制（在晶体管的情况下），但这会导致额外的能量损失和成本。

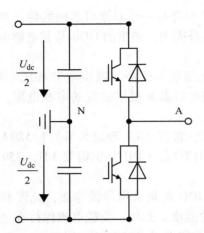

图 16.6　两电平电压源变换器半桥结构[18]　　图 16.7　两电平变换器中串联开关结构[18]

16.3.2　多电平变换器

上述两电平变换器的缺点可以通过多电平变换器拓扑来克服。如名称所示，多电平变换器的输出可以采用两个以上的离散值。一般来说，n 电平变换器产生具有 n 个不同值的输出相电压波形。因此，三相系统中的线电压具有 $2n+1$ 个电平。与其两电平对应相比，多电平拓扑的主要优点是输出电压的谐波失真明显降低（在类似的开关频率）。随着电平的增加，可输出的电压（以及因此最大可获得的视在功率）增加，输出端子处的谐波失真减小。对于 n 电平逆变器，有效输出开关频率比单个半导体器件的开关频率高 $n-1$ 倍。然而，最大的电平数是有限的，并且对感性负载的绝缘也会产生较大应力。

参考文献 [19] 引入的多电平变换器的广义结构，如图 16.8 所示，单个桥臂有四个输出电平，与其他电路相比，该拓扑的元器件数量相当多。对于 n 电平，它由 $\sum_{i=1}^{n-1} i$ 个基本单元组成，每个单元包括两个开关、两个反并联的二极管和一个电容器。所有电容器都被充电到电压 $U_{dc}/(n-1)$，其中 U_{dc} 是变换器输入端上的整个 DC-link 电压，所有半导体器件的额定电压相同。

这种变换器特性可以降低半导体损耗和平衡电容器电压。由于元器件数量众多，广义多电平变换器拓扑结构可以作为适应实际应用的变换器拓扑分析的起点，通过从电路中去除单个开关、二极管和电容器，可以推导出多种多电平拓扑结构，例如中性点钳位（NPC）变换器、有源 NPC（ANPC）变换器或飞跨电容器（FLC）逆变器。

有关多电平变换器的更多内容可见参考文献［20，21］，它们涉及了不同拓扑结构、特点和应用中的案例。

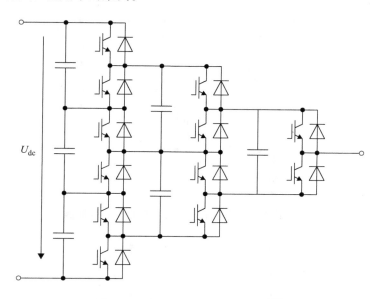

图 16.8　广义四电平变换器结构[18]

16.3.2.1　NPC 变换器

从图 16.8 中的广义多电平变换器开始，除去每个垂直线外的所有开关，除去除了连接到 DC- link 的所有电容器之外的所有电容器，然后在交叉处连接二极管能够得到四电平 NPC 变换器，也称为二极管钳位变换器（见图 16.9）。该拓扑的运行原理在下文中用参考文献［22］引入的三电平 NPC 逆变器的案例进行详细说明。

NPC 变换器的三电平版本（3L- NPC）是工业应用中最常用的多电平拓扑之一。等效电路图如图 16.10 所示。可以看出，变换器结构非常类似于传统的两电平变换器，每个开关位置由两个器件串联构成（见图 16.7）。然而，3L- NPC 具有两个附加的二极管，用于将上、下开关位置的中点钳位到 DC- link 的中点。

NPC 变换器由两个部分（S_1-S_3 和 S_2-S_4）组成。为了控制 3L- NPC 逆变器，两个开关总是处于导通状态，而其他开关处于关断状态，通过三种不同的状态（见图 16.11）来建立三个不同的输出电压值 u_{AN}。这些状态在表 16.1 中给出，其中"1"和"0"分别表示相应的开关状态。

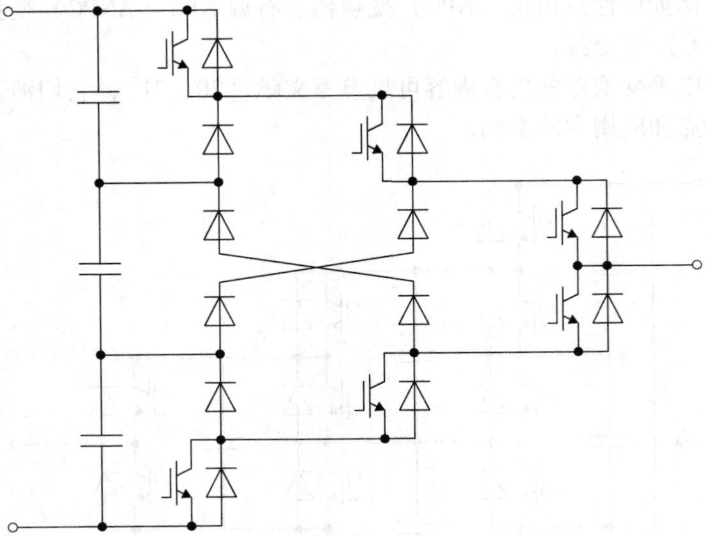

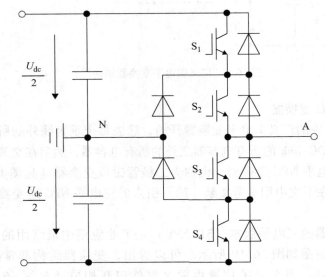

图 16.9　基于广义多电平拓扑的四电平 NPC 变换器[18]

图 16.10　三电平 NPC 逆变器[18]

三电平 NPC 变换器的缺点是内部（S_2，S_3）和外部（S_1，S_4）开关之间的应力不均。此外，电容器电压的平衡是多电平中的另一个问题，提高电平数会使得这个问题更加复杂。因此，商业 NPC 变换器通常只具有三个电平，并可以通过与钳位二极管并行地添加附加的有源关断器件（例如，IGBT）来改变内部和外部开关的损耗分布。所得到的拓扑结构称为 ANPC 变换器[23]。

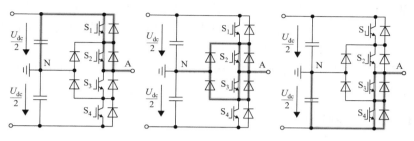

图 16.11　三电平 NPC 逆变器的开关状态[18]

表 16.1　三电平 NPC 逆变器的开关状态

S_1	S_2	S_3	S_4	u_{AN}
1	1	0	0	$+U_{dc}/2$
0	0	1	1	$-U_{dc}/2$
0	1	1	0	0

16.3.2.2　FLC 变换器

从广义多电平变换器中去除所有内部开关和二极管，推导出参考文献 [24] 中提出的 FLC 变换器。FLC 变换器不存在 NPC 变换器中电容器电压不平衡的影响，因为冗余的开关状态能够控制电容器的充电和放电。兆瓦级四电平 FLC 变换器已广泛应用于商业应用中，辅助谐振电路可以减少开关损耗[25]。

16.3.2.3　级联 H 桥变换器

参考文献 [26] 提出的级联 H 桥变换器也称为级联单元变换器，每相由 n 个串联的功率单元组成。三相桥臂呈星形连接。所有开关单元彼此隔离，包括作为输入级的六脉冲二极管整流器、电容式 DC-link 和输出级的 H 桥。每个单元由适当数量的隔离次级绕组的变压器供电。通过冗余功率单元和旁路开关绕过有缺陷的功率单元来实现冗余。

16.3.2.4　模块化多电平变换器

参考文献 [27] 提出的模块化多电平变换器（MMC 或 M2C）由上、下两个桥臂组成，每个桥臂具有相同数量的子模块。每个子模块包括 IGBT、二极管和电容器。通过调制桥臂中模块的开关状态，在输出端产生多电平波形。为了确保电容器电压均衡，每个模块中电容器两端的电压需实时测量并相互比较，适当选择要打开或关闭的单元。

MMC 的主要优点在于模块化和可扩展性，大大提高了交流电源质量[21]。

16.4　大功率 DC/DC 变换器拓扑

三相双有源桥（DAB）DC/DC 变换器[28]是大功率中压应用的典型拓扑。变压器隔离对半导体器件和变换器提供了安全保障，改进的控制策略对动态性能也进行了优化[29,30]，并且允许能量双向流动。此外，市售的电力电子标准模块（PEBB）可用于构建DC/DC变换器。

在本章中，对DAB拓扑进行了分析，讨论了基于DAB的模块化DC/DC变换器系统的设计。

16.4.1 DAB变换器

如图16.12所示。三相DAB DC/DC变换器由两个全桥变换器和一个中频或高频变压器组成[28]。一次侧全桥将直流电压V_p变换成交流。交流电压根据变压器的电压比n变换。二次侧全桥将交流电压整流为直流电压V_s。

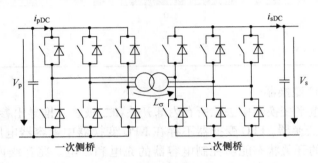

图16.12 三相DAB DC/DC变换器

由于变压器不需要纯正弦电压，所以全桥变换器可以以基波开关频率而不是脉冲宽度调制（PWM）进行工作。因此，交流频率等于电力电子变换器的开关频率f_{sw}。与PWM变换器相比，开关损耗明显减小。

f_{sw}对变压器的特性有显著的影响。频率越高，尺寸和重量越小，变压器的磁心损耗就越小。但是全桥变换器的半导体限制了最大开关频率。

如参考文献[31]所示，已经开发了以$f_{sw}=1kHz$，$V_p=V_s=5kV$的5MW中压DC/DC变换器。

16.4.1.1 功率传递

如图16.13所示，基频开关状态导致施加到变压器端子的六级电压波形。v_{1a}、v_{1b}和v_{1c}是一次电压，v_{2a}、v_{2b}和v_{2c}是二次电压。在变压器的一次侧和二次侧端子上调制的电压之间引入相移或负载角φ决定其杂散电抗X_σ之间的电压。考虑到变压器的单位电压比（$n=1$），这些电压导致一次侧的相电流i_{1p}、i_{2p}和i_{3p}等于二次侧上的电流i_{1s}、i_{2s}和i_{3s}。图16.13还显示了直流输入电流i_{pDC}和直流输出电流i_{sDC}的波形图。而DAB的功率传递P_{DAB}可以通过控制负载角φ来实现。忽略电力电子变换器和变压器的损耗，P_{DAB}可以用式（16.2）计算。

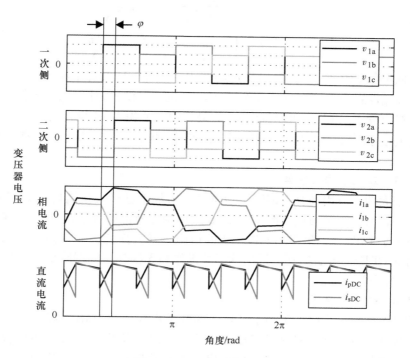

图 16.13 三相 DAB 波形

$$P_{DAB} = \frac{V_p^2}{\omega L_\sigma} d \begin{cases} \dfrac{2\varphi}{3} - \dfrac{\varphi^2}{2\pi} & 0 \leqslant \varphi \leqslant \dfrac{\pi}{3} \\ \varphi - \dfrac{\varphi^2}{\pi} - \dfrac{\pi}{18} & \dfrac{\pi}{3} \leqslant \varphi \leqslant \dfrac{2\pi}{3} \end{cases} \quad (16.2)$$

L_σ 是变压器的杂散电感，$\omega = 2\pi f_{sw}$ 是交流电压的角频率。$d = V_p/V_s'$ 给出一次和二次直流电压的动态电压比。因此，$V_s' = V_s/n$，一次电压与二次电压和考虑变压器的电压比 n 直接相关。从图 16.14 中可以看出，φ 等于 $\pi/2$ 时可以实现最大功率传递。

16.4.1.2 杂散电感设计

根据式（16.2），变压器的杂散电感 L_σ 影响 DAB 的功率（P_{DAB}）传递。增加 L_σ 导致较低的电流增加值以及较低的最大 P_{DAB}。因此，L_σ 的设计与 DC/DC 变换器的额定功率相关：

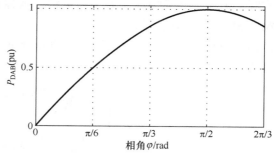

图 16.14 DAB 功率传递和相角的关系

$$L_{\sigma,\max} = \frac{V_p^2}{\omega P_{\text{nom}}} d \begin{cases} \frac{2\varphi}{3} - \frac{\varphi^2}{2\pi} & 0 \leq \varphi \leq \frac{\pi}{3} \\ \varphi - \frac{\varphi^2}{\pi} - \frac{\pi}{18} & \frac{\pi}{3} \leq \varphi \leq \frac{2\pi}{3} \end{cases} \tag{16.3}$$

在额定负载角 φ_{nom} 下，输出额定功率 P_{nom}。由于最大功率输出时，$\varphi = \pi/2$，因此将 φ_{nom} 设置为 $\pi/3$ 确保了安全裕度。L_σ 也可以设置为比 $L_{\sigma,\max}$ 更小的值。

通过改变 V_p 和 V_s，可以找到 L_σ 的最佳值，使得 DAB 设计的所有运行点中交流电流最小[32]，从而减小半导体器件和变压器上的电流应力，提高了系统的效率。

16.4.1.3 功率半导体器件

对于大功率应用场合，IGBT 和 IGCT 在市场上已经大量销售。IGBT 的优点在于相对较低的开关损耗，但是在 DAB 应用中导通损耗占主导地位。IGCT 的传导性能优于 IGBT，如果不采取进一步的措施，开关损耗会非常高。因此，通常会使用 IGCT 降低导通损耗，采用软开关操作和无损耗缓冲器降低开关损耗，提高 DAB 的效率[31]。

16.4.1.4 软开关技术

软开关运行大大降低了功率半导体的开关损耗。在 DAB 变换器运行中，功率器件导通，反并联二极管承载电流。式（16.4）给出了一次侧桥接软开关的条件，而如果式（16.5）满足，则确保了软开关运行。i_{pk} 和 i_{sk} 分别是一次侧桥和二次侧桥的第 k 相中的电流。

$$i_{pk}\left((k-1)\cdot 2 \cdot \frac{\pi}{3}\right) < 0 \Leftrightarrow i_{sk}(0) > 0 \tag{16.4}$$

$$i_{pk}\left((k-1)\cdot 2 \cdot \frac{\pi}{3} + \varphi\right) > 0 \Leftrightarrow i_{sk}\left((k-1)\cdot 2 \cdot \frac{\pi}{3} + \varphi\right) < 0 \tag{16.5}$$

当相电流在该相的主开关和次开关的开关实例之间过零时，可以保证软开关。

在软开关运行中，开启（零电压开关（ZVS））时，开关两端的电压几乎为零，实际上消除了开通损耗。如果为全桥变换器的第一相确保 ZVS，由于对称性，第二相和第三相也是如此。

然而，ZVS 的实现主要取决于动态电压比 d 和转移功率。一次侧桥的软开关条件为

$$d < \begin{cases} \dfrac{1}{1 - \dfrac{3\varphi}{2\pi}} & 0 \leq \varphi \leq \dfrac{\pi}{3} \\ \dfrac{1}{\dfrac{3}{2} - \dfrac{3\varphi}{2\pi}} & \dfrac{\pi}{3} \leq \varphi \leq \dfrac{2\pi}{3} \end{cases} \tag{16.6}$$

二次侧桥条件为

$$d < \begin{cases} 1 - \dfrac{3\varphi}{2\pi} & 0 \leq \varphi \leq \dfrac{\pi}{3} \\ \dfrac{3}{2} - \dfrac{3\varphi}{2\pi} & \dfrac{\pi}{3} \leq \varphi \leq \dfrac{2\pi}{3} \end{cases} \qquad (16.7)$$

图 16.15 中的实线显示,软开关的运行点依赖于 P_{DAB}、φ 和 d。当 $d=1$ 时,DAB 允许在整个 φ 范围内和 P_{DAB} 范围内进行软开关。然而,如果 d 不等于 1,则一次侧或二次侧桥在较小的负载角度下进行硬开关。对于 d 的增加,一次侧为硬开关,二次侧离开了软开关运行范围。可以看出,随着 φ 的减小,硬运行的边界越来越近。因此,偏离 $d=1$ 并逐渐变小时能够确保软开关。

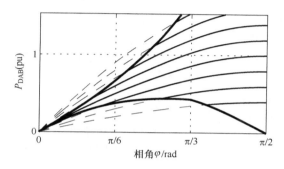

图 16.15　软开关运行区域与 φ、P_{DAB} 和 d 之间的关系

16.4.1.5　缓冲器

无损缓冲器被用于提高 DAB DC/DC 变换器的工作效率。与功率开关(见图 16.12)并联的电容器降低了关断期间的电压上升,导致开关损耗的显著降低。电容为 1μF 的缓冲器能够将开关损耗降低 70%[33]。

然而,必须确保缓冲电容器在并联的半导体被接通之前完全放电。否则,电容器由功率开关短路,并且由于高的热应力和短路电流,可能损坏半导体器件。

软开关运行能够避免该事故的发生。在缓冲电容器转换到反并联二极管之前,交流负载电流对其放电。同时,与变换器桥臂中的相反开关的缓冲电容器被充电[32]。该过程必须在上下开关切换死区时间内完成,以避免 DC-link 的短路。

在软开关中,电流方向确保了缓冲电容器的充电。此外,AC-link 电流的幅度在死区时间必须足够高。因此,软开关操作受限于最小 P_{DAB}。

或者,可以采用辅助谐振换向极(ARCP)[34],以允许缓冲电容器充放电过程超出软开关区域[35]。此外,交流负载电流可以用 ARCP 升压,以允许小功率传输[36]。

16.4.2　模块化 DC/DC 变换器系统

直流输电和配电网的互连需要大量 DC/DC 变换器,例如,大规模风电场和光伏电站。这些变换器使得新能源发电单元能够适应不同的电压,控制功率流,并提供电隔离。

然而,DC/DC 变换器必须根据不同的要求进行设计。为了降低工程和生产成本,模块化 DC/DC 变换器被提出用于适应多种应用场合。

作为模块化 DC/DC 变换器系统中最小的单元,DAB 可以仅开发一次后组合使用。根据不同工况,通过串联的方式改变电压额定值,并联提高额定功率[37,38]。图 16.16 显示了一个示例的示意图。

本章仅考虑在变压器一次和二次侧使用一个全桥变换器的 DAB。因此,变换器系统内的 DAB 总数 N_{tot} 等于安装的一次侧桥的数目 N_p 或二次侧桥的数目 N_s ($N_p = N_s$)。

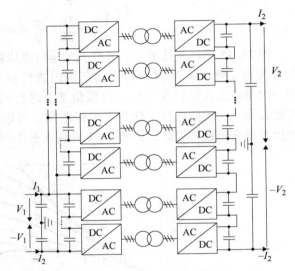

图 16.16 模块化 DC/DC 变换器与 MVDC(左)和 HVDC(右)系统的连接

16.4.2.1 系统设计

如图 16.16 所示,DC/DC 变换器系统的一次电压 $V_{p,sys}$ 和二次电压 $V_{s,sys}$ 取决于串联全桥变换器的数量:

$$V_{p,sys} = N_{p,series} V_p \tag{16.8}$$

$$V_{s,sys} = N_{s,series} V_s \tag{16.9}$$

式中,$N_{p,series}$ 和 $N_{s,series}$ 分别是一次侧和二次侧串联全桥变换器的数量,可以彼此不同。然而,N_p 必须等于 N_s。

$$N_p = N_s \tag{16.10}$$

如果一次侧串联和二次侧并联,则可以实现式(16.10)。在这种情况下,可以分别用式(16.11)和式(16.12)计算 N_p 和 N_s。

$$N_p = N_{p,series} N_{p,par} \tag{16.11}$$

$$N_s = N_{s,series} N_{s,par} \tag{16.12}$$

将式(16.11)和式(16.12)代入式(16.10)得到式(16.13),可用于估计所需的并联变换器串数量:

$$N_{p,series} N_{p,par} = N_{s,series} N_{s,par} \tag{16.13}$$

模块化 DC/DC 变换器系统的额定功率 P_{sys} 由 DAB 的总量决定:

$$P_{\text{sys}} = N_{\text{tot}} P_{\text{DAB}} \tag{16.14}$$

可以通过并联附加 DAB 来增加额定功率。因此，模块化 DC/DC 变换器系统可以适应多种应用场合。

16.4.2.2　冗余设计

对高系统可靠性的应用场合，DC/DC 变换器系统也同样具有优势。

当单个 DAB 故障时，该变换器电压将丢失。如果系统继续运行，剩余的 DAB 必须补偿电压。因此，在变换器系统中应用的 DAB 必须设计具有一定安全裕度。在故障期间，每个 DAB 的工作电压同时均匀增加，直到再次达到系统端子的原始值。在这种情况下运行时，需旁路掉有缺陷的 DAB[39]。

系统和每个 DAB 可以设计为允许旁路故障的 DC/DC 变换器。除了备用 DAB 的额外投资成本外，在正常运行期间冗余系统的效率会降低，这是由于补偿故障而保留的电压阻断能力的结果，半导体器件没有被充分利用。

此外，冗余可以通过并联的 DAB 来实现，可以确保较低的串联的损耗。与使用额外的串联 DAB 的冗余相反，这种方法不会导致效率降低，但成本较高。

大规模的 DC/DC 变换器系统的模块化能够降低系统设计、生产、维护和修理成本。变换器系统可以适应多种应用场合，DAB 是系统中最小的单元，只需被开发一次，并且变换器系统的维护策略和维修过程相同，技术人员不必对每个变换器系统进行培训，备件的物流和库存策略可以得到优化。

参 考 文 献

[1]　R. H. van Ligten and D. Navon. "Base turn-off of p-n-p-n switches". In: *Records of the Western Electronic Show and Convention (IRE WESCON).* Ed. by Institute of Radio Engineers (1960), pp. 49–52.

[2]　J. M. Goldey, I. M. Mackintosh, and I. M. Ross. "Turn-off gain in p-n-p-n triodes". In: *Solid-State Electronics* 3.2 (1961), pp. 119–122.

[3]　D.R. Muss and C. Goldberg. "Switching mechanism in the n-p-n-p silicon controlled rectifier". In: *IEEE Transactions on Electron Devices* 10.3 (May 1963), pp. 113–120.

[4]　K. Lilja and H. Gruning. "Onset of current filamentation in GTO devices". In: *Power Electronics Specialists Conference, 1990. PESC '90 Record., 21st Annual IEEE* (1990), pp. 398–406.

[5]　H. Bleichner, K. Nordgren, M. Rosling, M. Bakowski, and E. Nordlander. "The effect of emitter shortings on turn-off limitations and device failure in GTO thyristors under snubberless operation". In: *IEEE Transactions on Electron Devices* 42.1 (Jan. 1995), pp. 178–187.

[6]　P. K. Steimer, H. E. Gruning, J. Werninger, E. Carroll, S. Klaka, and S. Linder. "IGCT-a new emerging technology for high power, low cost inverters". In: *Industry Applications Magazine, IEEE* 5.4 (Jul. 1999), pp. 12–18.

[7] P. Steimer, O. Apeldoorn, Eric Carroll, and A. Koellensperger. "IGCT technology baseline and future opportunities". In: *Transmission and Distribution Conference and Exposition, 2001 IEEE/PES*. Vol. 2 (2001), pp. 1182–1187.

[8] P. Koellensperger. "The Internally Commutated Thyristor. Concept, Design and Application". PhD thesis. Institute for Power Electronics and Electrical Drives, RWTH Aachen University, 2011.

[9] P. Koellensperger and R. W. De Doncker. "The internally commutated thyristor – A new GCT with integrated turn-off unit". In: *Integrated Power Systems (CIPS), 2006 4th International Conference on* (Jun. 2006), pp. 1–6.

[10] Y. M. Jiang, G. C. Hua, E. X. Yang, and F. C. Lee. "Soft-switching of IGBTs with the help of MOSFETs". In: *VPEC Seminar*. Ed. by Virginia Power Electronics Center. 1992.

[11] P. Kollensperger, M. Bragard, T. Plum, and R. W. De Doncker. "The dual GCT – a new high-power device using optimized GCT technology". In: *Industry Applications, IEEE Transactions on* 45.5 (Sept. 2009), pp. 1754–1762.

[12] E. Van Brunt, A. Q. Huang, T. Butschen, and R. W. De Doncker. "Dual-GCT design criteria and voltage scaling". In: *Energy Conversion Congress and Exposition (ECCE), 2012 IEEE* (Sept. 2012), pp. 2596–2603.

[13] Yuxin Li, A. Q. Huang, and F. C. Lee. "Introducing the emitter turn-off thyristor (ETO)". In: *Industry Applications Conference, 1998. Thirty-Third IAS Annual Meeting. The 1998 IEEE*. Vol. 2 (Oct. 1998), pp. 860–864.

[14] Yuxin Li, A. Q. Huang, and K. Motto. "Experimental and numerical study of the emitter turn-off thyristor (ETO)". In: *Power Electronics, IEEE Transactions on* 15.3 (May 2000), pp. 561–574.

[15] M. Bragard, M. Conrad, H. van Hoek, and R. W. De Doncker. "The integrated emitter turn-off thyristor (IETO) – An innovative thyristor-based high power semiconductor device using MOS assisted turn-off". In: *Industry Applications, IEEE Transactions on* 47.5 (Sept. 2011), pp. 2175–2182.

[16] M. Bragard. "The Integrated Emitter Turn-Off Thyristor. An Innovative MOS-Gated High-Power Device". PhD thesis. Institute for Power Generation and Storage Systems, RWTH Aachen University, 2012.

[17] M. Bragard, H. van Hoek, and R. W. De Doncker. "A major design step in IETO concept realization that allows overcurrent protection and pushes limits of switching performance". In: *Power Electronics, IEEE Transactions on* 27.9 (Sept. 2012), pp. 4163–4171.

[18] Lecture Notes Power Electronics Control, Synthesis, Application", ISBN: 978-3-943496-01-7, © ISEA, RWTH Aachen University.

[19] F. Z. Peng. "A generalized multilevel inverter topology with self voltage balancing". In: *Industry Applications, IEEE Transactions on* 37.2 (Mar. 2001), pp. 611–618.

[20] H. Abu-Rub, J. Holtz, J. Rodriguez, and Ge Baoming. "Medium-voltage multilevel converters – State of the art, challenges, and requirements in industrial applications". In: *Industrial Electronics, IEEE Transactions on* 57.8 (Aug. 2010), pp. 2581–2596.

[21] S. Kouro, M. Malinowski, K. Gopakumar, J. Pou, L. G. Franquelo, Bin Wu, J. Rodriguez, M. A. Perez, and J. I. Leon. "Recent advances and industrial applications of multilevel converters". In: *Industrial Electronics, IEEE Transactions on* 57.8 (Aug. 2010), pp. 2553–2580.

[22] A. Nabae, I. Takahashi, and H. Akagi. "A new neutral-point-clamped PWM inverter". In: *Industry Applications, IEEE Transactions* on IA-17.5 (Sept. 1981), pp. 518–523.

[23] T. Bruckner and S. Bemet. "Loss balancing in three-level voltage source inverters applying active NPC switches". In: *Power Electronics Specialists Conference, 2001. PESC. 2001 IEEE 32nd Annual*. Vol. 2 (2001), pp. 1135–1140.

[24] T. A. Meynard and H. Foch. "Multi-level conversion: high voltage choppers and voltage-source inverters". In: *Power Electronics Specialists Conference, 1992. PESC '92 Record., 23rd Annual IEEE*. Vol.1 (Jun. 1992), pp. 397–403.

[25] C. Turpin, L. Deprez, F. Forest, F. Richardeau, and T. A. Meynard. "A ZVS imbricated cell multilevel inverter with auxiliary resonant commutated poles". In: *Power Electronics, IEEE Transactions on* 17.6 (Nov. 2002), pp. 874–882.

[26] P. W. Hammond. "A new approach to enhance power quality for medium voltage AC drives". In: *Industry Applications, IEEE Transactions on* 33.1 (Jan. 1997), pp. 202–208.

[27] A. Lesnicar and R. Marquardt. "A new modular voltage source inverter topology". In: *European Conference on Power Electronics and Applications (EPE)* (2003).

[28] R. W. De Doncker, D. M. Divan, and M. H. Kheraluwala. "A three-phase soft-switched high power density DC/DC converter for high power applications". In: *Industry Applications Society Annual Meeting, 1988, Conference Record of the 1988 IEEE*, vol. 1, pp. 796–805.

[29] S. P. Engel, N. Soltau, H. Stagge, and R. W. De Doncker. "Dynamic and balanced control of three-phase high-power dual-active bridge DC–DC converters in DC-grid applications". In: *Power Electronics, IEEE Transactions on* 28.4 (2013), pp. 1880–1889.

[30] S. P. Engel, N. Soltau, H. Stagge, and R. W. De Doncker. "Improved instantaneous current control for high-power three-phase dual-active bridge DC–DC converters". In: *Power Electronics, IEEE Transactions on* 29.8 (2014), pp. 4067–4077.

[31] N. Soltau, H. Stagge, R. W. De Doncker, and O. Apeldoorn. "Development and demonstration of a medium-voltage high-power DC-DC converter for DC distribution systems". In: *Power Electronics for Distributed Generation Systems (PEDG), 2014 IEEE 5th International Symposium on* (2014), pp. 1–8.

[32] R. U. Lenke. "A Contribution to the Design of Isolated DC-DC Converters for Utility Applications". PhD Thesis. Aachen, RWTH Aachen University, 2012.

[33] R. Lenke, H. van Hoek, S. Taraborrelli, R. W. De Doncker, J. San Sebastian, and I. Etxeberria Otadui. "Turn-off behavior of 4.5 kV asymmetric

IGCTs under zero voltage switching conditions". In: *Power Electronics and Applications (EPE 2011), Proceedings of the 2011–14th European Conference on* (2011), pp. 1–10.

[34] W. McMurray. "Resonant snubbers with auxiliary switches". In: *Industry Applications, IEEE Transactions on* 29.2 (1993), pp. 355–362.

[35] R. W. De Doncker and J. P. Lyons. "The auxiliary resonant commutated pole converter". In: *Industry Applications Society Annual Meeting, 1990., Conference Record of the 1990 IEEE* (1990), pp. 1228–1235.

[36] N. Soltau, J. Lange, M. Stieneker, H. Stagge, and R. W. De Doncker. "Ensuring soft-switching operation of a three-phase dual-active bridge DC-DC converter applying an auxiliary resonant-commutated pole". In: *Power Electronics and Applications (EPE'14-ECCE Europe), 2014 16th European Conference on* (2014), pp. 1–10.

[37] S. P. Engel, M. Stieneker, N. Soltau, S. Rabiee, H. Stagge, and R. W. De Doncker. De. "Comparison of the modular multilevel DC converter and the dual-active bridge converter for power conversion in HVDC and MVDC grids". In: *Power Electronics, IEEE Transactions on* 30.1 (2015), pp. 124–137.

[38] M. Stieneker, N. R. Averous, N. Soltau, H. Stagge, and R. W. De Doncker. "Analysis of wind turbines connected to medium-voltage DC grids". In: *Power Electronics and Applications (EPE'14-ECCE Europe), 2014 16th European Conference on* (2014), pp. 1–10.

[39] M. Stieneker and R. W. De Doncker. "System efficiency estimation of redundant cascaded-cell converters in applications with high-power battery energy storage systems". In: *Renewable Energy Research and Applications (ICRERA), 2012 International Conference on* (2012), pp. 1–6.